공학입문

창의적 공학설계

Fourth Edition

Mark N. Horenstein 저

이광수 . 이승기 . 윤효진 . 양순용 . 안동규 역

PEARSON

Human Science
휴먼싸이언스

Design Concepts for Engineers

Fourth Edition

MARK N. HORENSTEIN

Prentice Hall
is an imprint of

PEARSON

www.pearsonhighered.com

서문

『공학설계개론』은 공학 기초 과정용 교재이다. 이 책은 설계의 기초 원리와 관련 설계 도구를 소개하며, 여러 공학 분야의 예제들을 다루고 있다. 이러한 유형의 교재에서는 모든 공학 분야를 자세히 소개할 수는 없지만, 어떤 공학 분야를 전공하는 학생이라도 이용할 수 있을 정도로 기초적인 내용과 예제들을 다룬다. 이 책은 전체적으로 특정 공학 분야의 기술적 세부사항보다는 설계 프로세스 자체에 초점을 맞추고 있다. 경우에 따라서는 설계 프로세스에 관련된 핵심 이슈들을 학생들이 이해할 수 있도록 기술적 세부사항을 제공하기도 한다. 몇 군데에서 미적분학이 사용되고 있지만, 기초적인 대수에 관한 지식만 있으면 이 교재를 이해하는 데 별 문제가 없을 것이다. 컴퓨터의 이용과 문서화에 대한 논의가 계속 반복되고 있지만, 프로그래밍 언어에 대한 구체적인 지식이 요구되는 것은 아니다. 각 장의 내용은 독립적으로 작성되어 있어 어느 장에서 다른 장을 참조하거나 사전 이해를 요구하지 않는다. 그렇지만 이 교재는 통합된 내용을 다루고 있다.

설계는 하나의 문제가 여러 개의 답을 갖는다는 점에서 자유해답형 프로세스이다. 따라서 설계 교재를 위한 해답집의 작성은 어려운 작업이 될 수 있다. 그렇지만 연습문제와 단원복습문제의 부과에 있어 강사들을 돕기 위해 강사용 해설집이 제공되고 있다. 선택된 자유해답형 설계 문제들에 대해 해설집은 구체적인 답안보다는 강사들을 위한 지침들을 제공하고 있다. 이러한 지침들은 학생들에게 설계 프로세스를 지도하는 데 도움이 될 것이다. 분석형 문제들에 대해서는 구체적인 답안이 제공된다.

이 책 각 장의 내용들은 다음과 같다. 1장에서는 여러 공학 분야에 대한 짤막한 기술과 해당 분야의 주요 학회의 홈페이지 초록을 제공함으로써 이들 분야를 소개한다. 여러 분야를 포괄적으로 소개하고 있지만 모든 분야를 망라하는 것은 아니다. 2장에서는 먼저 "설계"라는 단어에 대한 여러 가지 정의를 제시한다. 또한 한 종류의 설계 사이클을 소개하면서, 설계 작업에 따라서는 다른 종류의 설계 사이클이 더 적합할 수도 있음을 강조하고 있다. 이 장은 또한 브레인스토밍 개념을 소개하고 브레인스토밍 세션 예들을 제시한다. 2장의 끝에서는 최종 산출물에 도달하기 위해 취할 수 있는 여러 방식을 보여주는 구체적 설계 예제들을 제시한다. 이 장에서 사용되는 "산출물"이라는 단어는 설계 프로세스의 목표를 말하는 것으로 판매용 물품을 의미하는 것은 아니다.

3장은 프로젝트 관리에 초점을 맞춘다. 이 장의 중심 테마는 팀워크, 조직, 일정 관리, 그리고 그 중요한 문서화 작업 등을 포함한다. 3장은 지적재산권에 관련된 법률적 이슈들에 대한 짤막한 논의로 맺는다.

4장에서는 여러 가지 공학 도구들을 소개한다. 각 절의 연관성 정도는 공학 분야마다 다르겠지만, 대부분의 전공에서 유용할 것이다. 단위 개념, 크기 표시와 오차 허용 한계, 도표 작성, 프로토타이핑, 역공학, 컴퓨터 분석, 스프레드시트, 입체 모델링 등이 이 장에서 다루는 주제들이다.

5장에서는 인간-기계 인터페이스를 다룬다. 이 장에서는 사람들이 기계와 상호작용하는 방법, 설계에서의 인체공학, 인식의 개념 등을 논의한다. 5장은 인간-기계 인터페이스의 좋은 예와 나쁜 예에 대한 다양한 사례 연구들로 맺는다.

6장에서는 고전적인 공학 관련 재난 사례들을 소개하고 최근의 뉴스 감이 었던 실패 사례들도 제시한다. 이 장은 공학 관련 재난들을 단순히 연대기 방식으로 제시하기보다는 공학도들이 어떻게 실수를 통해 배울 수 있는지에 초점을 맞춘다.

7장에서는 사람 사이의 의사소통을 다룬다. 대화, 발표, 구술 발표 등에 대해 자세히 논의하며, 각 영역에 대해 몇 가지 훌륭한 사례들을 소개한다.

공학도를 위한 설계 원리를 내용으로 하는 이 책의 개정판을 집필하는 작업은 필자로서는 즐거운 경험이었으며, 이 책을 교재로 이용하는 강사들이나 학생들도 이 책을 재미있게 읽을 수 있기를 희망한다.

저자 소개

Mark N. Horenstein은 보스턴대학 전기전자컴퓨터공학부 교수이다. MIT와 UC 버클리에서 학위를 받았으며, 학교에서는 주로 공학설계를 강의하고 있다. 1년차 공학 교과목을 자주 강의하며 졸업반 캡스턴 설계 과목을 개발해왔다. 졸업반 캡스턴 설계 과목에서 학생들은 현실적인 공학 및 사회적 서비스를 필요로 하는 고객들을 위해 제품이나 시스템을 개발하는 가상의 공학기업을 위해 일하게 된다. Horenstein 교수의 연구 분야는 전자기계 설계와 응용 전자기학 등이다.

감사의 글

기나긴 집필 과정 동안 지원해주며 비-공학도의 관점에서 설계 문제들에 대해 기꺼이 토의해 준 아내와 딸들에게 감사를 바친다.

2009년 보스턴에서 Mark N. Horenstein 씀

역자서문

이 책의 저자 Mark N. Horenstein은 전공분야와 독립적으로 모든 공학설계의 공통적인 요소들을 소개하고 사례를 통해 이러한 요소들을 설명하고 있다. 이러한 요소에는 아이디어의 창출 방법, 프로젝트의 관리와 팀워크, 공학설계에서 사용되는 도구들, 성공적인 공학설계를 위한 인간-기계 인터페이스의 고려, 공학설계에서의 실패와 교훈, 기술문서 작성 방법 등이 망라되어 있다.

이 책은 이러한 요소들을 설명하기 위해 자세한 이론이나 방법론을 이용하는 대신 간단한 설명을 제시한 후 풍부하고 현실감 있는 예제들을 이용하고 있다. 이 책은 공학의 세부전공에 상관없이 이용될 수 있으며, 이를 위해 다양한 전공분야에 관련된 예제들을 들면서도 타 전공의 학생들에게 부담이 될 수 있는 기술적 세부사항을 다루지는 않는다. 따라서 이 책은 공통적인 공학설계 입문서이며, 특정 전공분야의 세부적인 설계 교본으로 사용되기에는 적합하지 않다.

이 책의 강점은 전공에 상관없이 공학설계에서 공통적으로 필요한 내용들을 다루고 있다는 점이며, 다양한 분야의 예제들도 이러한 방향을 뒷받침하고 있다. 또 하나의 장점은 다른 어떤 공학설계 교재보다 풍부한 연습문제가 상당수의 절 끝에 제시되어 있어 해당 절의 복습에 유용하며, 또한 1장을 제외한 모든 장에 적게는 수십 개에서 많게는 100여 개에 이르는 단원복습문제를 제공하고 있다는 점이다. 특히 연습문제나 단원복습문제 중에는 간단한 개념의 복습이나 계산 등을 요하는 문제들도 있고, 동료들과의 팀 작업을 요하는 프로젝트 문제들도 상당 수 포함되어 있다. 이 책을 적절히 활용하고자 한다면 이러한 문제들의 해결에 많은 시간을 들일 것을 권고하고 싶다.

이 책의 원서에 나타나는 많은 용어들 중에는 공학 분야의 전문용어들이 많이 포함되어 있다. 이러한 전문용어들에 대해 해당 분야에서 사용되는 생소한 표현보다 가급적 일반인들이 이해할 수 있는 단어를 사용하기 위해 노력하였으나 일부 용어들은 적절히 대응시킬 수 있는 한글 용어들이 없는 경우도 많았다. 역자 나름대로 원어의 의미를 최대한 살린 한글 표현을 시도하였으나 일부 어색하고 부적절한 표현들이 남아있으리라고 생각하며, 훌륭한 저술이 번역자의 부족한 역량으로 훼손되지 않았을까 조심스럽다. 혹시 오류나 번역

용어에 대한 의견을 가진 독자들은 대표 역자(rhee@sm.ac.kr)에게 알려준다면 독자의 지대한 관심으로 알고 감사드리는 바이며, 후속 인쇄나 차기 번역본에 반영하게 될 것이다. 끝으로 이 번역본을 출판하기까지 여러 면에서 도움을 준 휴먼싸이언스 여러분께 감사의 뜻을 표한다.

2010년 1월
역자 씀

차 례

CHAPTER 1

공학이란 무엇인가?

목표

이 장에서는 다음과 같은 내용을 다룬다.

- 여러 공학 분야에 대한 소개
- 직업으로서의 공학
- 엔지니어와 다른 전문 직종 사이의 관계
- 공학 학회들에 대한 소개
- 공학설계의 기초: 지식, 경험, 직관

이 책을 읽고 있는 독자는 아마 공학입문 교과목의 수강생일 것이며, 공학을 선택한 것은 수학이나 과학 분야에 재능이 있어서일 것이다. 어쩌면 물건들을 분해하거나 사이버공간에서 놀기를 즐겨할 수도 있을 것이다. 어쩌면 다른 사람들을 돕기 위한 방법으로 공학에 관심을 가졌을 수도 있다. 혹은 단순히 고등학교 진로상담교사의 권고를 따랐을 수도 있다. 어떤 이유에서 공학을 공부하건 간에 발견, 창조, 희열 등으로 가득 찬 진로를 선택한 것이다. 대학에서의 학업을 끝낸 몇 년 후의 자신의 모습을 상상해보라. 엔지니어로서의 삶은 어떤 것일까? 대학에서의 수업은 자신의 업무와 경력과 어떤 관련이 있을까? 이 책은 몇 가지 중요한 공학 기술들을 가르치는 동시에 미래에 대한 비전을 정립하는 데에도 도움이 될 것이다.

향학열에 불타는 공학도로서 배워야 할 것들이 많을 것이다. 우선 공학의 기초에 해당되는 수학, 물리학, 화학, 생물 등의 지식을 갖추어야 한다. 전자회로, 역학, 구조학, 재료학, 전산학 등 자신이 전공하려는 분야도 공부해야 한다. 또한 평생학습 프로그램에 참여하여 최신의 기술적 진보에 뒤처지지 않는 방법을 배워야 한다. 기술적 진보를 쫓아가는 것은 참으로 중요한데, 오늘날 세상에서 매일같이 새로운 기술들이 개발되고 있기 때문이다. 현명한 엔지니어들은 모든 기술적 진보를 섭렵한다. 대학에서의 수업들을 통해 공학 세계에서 제구실을 하기 위해 필요한 지식과 수학적 기술을 갖추게 될 것이다. 그러나 설계 훈련에 대해 배우는 일도 중요하다. 엔지니어로서의 자격을 갖추기 위해서는 실제의 물건들을 만들 수 있는 능력이 있어야 한다. 엔지니어를 기초과학자들과 구분 짓는 것은 바로 설계이다. 물리학자, 화학자, 생명과학자 등이 구체적 현상을 관찰함으로써 일반적인 결론을 도출하는 일을 하는 반면, 엔지니어들은 일반적인 것에서 구체적인 것을 찾는 방향으로 행동한다. 어떤 작업을 수행하거나 사람들의 필요성을 충족시키거나 문제를 해결하기 위해 엔지니어들은 장치, 시스템, 구조물 등을 만들어내며 이때 자연법칙들을 이용한다. 설계 프로세스는 공학전문직의 핵심사항을 정의하고 있으며, 공학 분야에서 성공하기 위해서는 설계에 능숙해져야 한다. 이 책은 설계의 기본 원리들을 소개하고 수업 과제, 설계 프로젝트, 추후의 업무 등에서 이러한 원리들을 적용하는 데 도움을 줄 것이다.

1.1 공학 분야들에 대한 소개

공학에는 수많은 분야가 있다. 전 세계 공과대학의 웹사이트들을 찾아보면 거의 셀 수 없을 정도의 다양한 공학 프로그램을 접하게 될 것이다. 학교마다 이름들은 조금씩 다르지만 대부분의 공학도들은 표 1.1에 나열되어 있는 전통적인 공학 전공들 중의 하나를 통해 교육을 받고 있을 것이다(전공들은 영문 명칭에 대해 알파벳순으로 나열되어 있으며, 나열된 순서에 서열상의 의미가 부여된 것은 아니다.).

NAE(National Academy of Engineering; 미국 공학한림원)에서는 20세기에 이루어진 공학자들의 성취를 치하하는 뜻으로 21세기 초엽에 다음과 같은 성명을 발표하였다.

> "엔지니어들이 사회에 끼친 영향은 지대하다. 백 년 전만 해도 우리의 삶은 질병, 오염, 산림의 황폐화, 열악한 작업조건, 현대의 통신기술로도 채워질 수 없는 극심한 문화적 갈등 등과의 투쟁의 연속이었다. 20세기 말에 이르러 세계는 더 건강해지고 안전해졌으며 생산성이 높아졌는데, 이는 공학적 성취의 공로에 힘입은 바 크다."[1]

표 1.1 전통적 공학 전공

항공공학	컴퓨터공학	기계공학
농공학	전기공학	조선공학
건축공학	환경공학	원자력공학
생명의료공학	식품공학	해양공학
화학공학	산업공학	석유공학
토목공학	재료공학	시스템공학

[1] NAE 발표 (2000. 2. 22)

표 1.2 20세기의 20대 최우수 공학 업적 목록 (2000년 NAE에서 발표)

1. 전기화 (전기공학)	11. 고속도로 (토목공학)
2. 자동차 (기계공학)	12. 우주선 (항공공학)
3. 비행기 (항공공학)	13. 인터넷 (컴퓨터공학)
4. 상수도 (토목공학)	14. 화상 진단 (전기공학)
5. 전자회로 (전기공학)	15. 가전제품 (전기공학, 기계공학)
6. 라디오와 텔레비전 (전기공학)	16. 의료기술 (생명의료공학)
7. 농업기계화 (기계공학)	17. 석유 및 석유화학기술 (석유공학)
8. 컴퓨터 (컴퓨터공학)	18. 레이저 및 광섬유 (전기공학)
9. 전화 (시스템공학)	19. 원자력 기술 (원자력공학)
10. 에어컨과 냉장고 (기계공학)	20. 고성능 재료 (재료공학)

NAE는 구체적 예로 1900년 45세에 불과하던 인간의 평균수명이 2010년쯤에는 많은 국가에서 75세 이상으로 늘어날 텐데, 이러한 평균수명 증가는 의학 지식의 진보보다 공학적 성취의 공로가 더 크다고 지적하였다.

엔지니어들의 공로를 기리기 위해 NAE는 20세기의 공학부문 최우수 공적들로 표 1.2의 20개 공적 목록을 발표하였다. 각 공적으로 대표되는 주요 공학 분야를 괄호 안에 표시하고 있다.[2]

이 목록에서 주목할 점은 많은 수의 공학 분야들이 대표되고 있다는 사실과 목록상의 거의 모든 공적이 학제적 성격을 갖고 있다는 사실이다. 이러한 이정표적인 업적을 가능하게 한 것은 여러 분야의 엔지니어들의 협력이었던 것이다. 사실 이 목록에 포함되어 있는 개별 공학 분야들은 인류의 기술적 진보에 각기 중요한 역할을 담당하고 있다. 오늘의 학생들을 미래의 엔지니어들로 양성하는 것은 대학의 역할이었으며 앞으로도 마찬가지일 것이다.

표 1.1과 표 1.2를 읽어보면 엔지니어들은 다른 분야의 사람들과의 교류가 거의 없는 분야별 전문가라고 결론 내리기 쉽겠지만, 실상은 반대이다. 최고의 엔지니어들은 여러 다른 분야에 익숙하며 여러 전문 분야를 갖고 있는 다중전공 전문가들이다. 공학적 성공의 핵심은 광범위한 다중전공 교육이다. 엔지니어들이 좁은 훈련실에서 안주할 수 있었던 시절은 이미 지나갔다. 지난 세기의 위대한 공학적 성취들의 다수는 여러 전문 분야의 엔지니어들로 이루어지고 상호협력이 활발한 팀들에 의한 것이다. 원래 엔지니어들은 다중전공적 성격을 갖고 있지만, 대부분의 엔지니어들은 대학에서 특정 분야의 학위과정을 통해 교육을 받으며 자신의 전공을 활용하는 훈련에 많은 시간을 보낸다. 이러한 이유로 공학 및 설계에 대한 학습을 시작하기 전에 주요 공학 분야들의 특성을 먼저 살펴보기로 한다. 살펴보는 순서는 알파벳 순서에 따른다.

[2] 전직 우주조종사 닐 암스트롱에 의한 National Engineers Week 기고문 (2000년 2월)

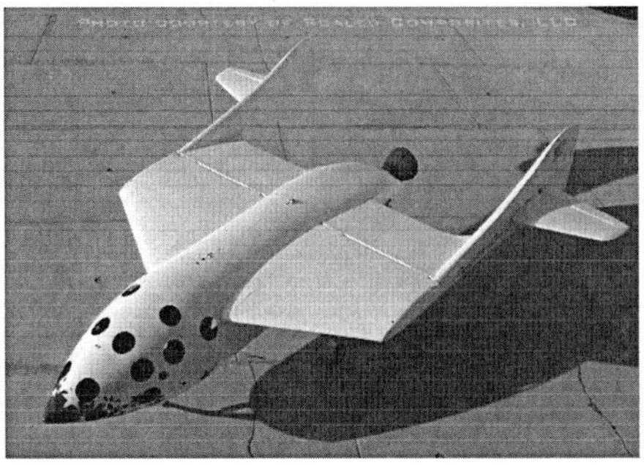

그림 1.1
최초의 민간자본 영업용 유인우주선 SpaceShipOne (사진제공: Scaled Composites, LLC)

1.1.1 항공공학(Aeronautical Engineering)

항공 엔지니어들은 로켓, 비행기, 우주비행선에서 초고속열차, 저 저항 고효율 차량, 헬륨 비행선 등에 이르는 모든 설계에서 공기역학, 유체역학, 구조역학, 제어시스템, 열전달이론, 응용 유체역학 등의 지식을 활용한다. 라이트 형제 시절 이래 과학자들과 타 분야의 엔지니어들과 협력하여 일하는 항공 엔지니어들은 인간의 비행이나 우주탐사를 현실화시켰다. 항공 엔지니어들은 여러 산업 분야에 취업하고 있지만 주로 대기업에서 대규모 프로젝트에 참여한다. 항공 산업의 주요 성과에는 1960년대 아폴로호의 달 착륙, NASA의 우주왕복선의 비행임무, 우주심층 탐사, 국제 우주정거장, 점보제트기, 차세대 공중급유 항공기 등이 포함된다. 민간 우주사업도 일부 결실을 맺고 있다. 그림 1.1에서는 민간 항공우주업체인 Scaled Composites에서 설계 제작한 유인우주선 SpaceShipOne을 보여주고 있다. 2004년 10월 4일 SpaceShipOne은 역사적 발진을 통해 (14일 동안 두 차례나) 328,000피트의 고도를 초과하여 비행한 최초의 민간 유인우주선이 되었으며, 천만 달러의 상금이 걸린 안자리 X상을 차지하였다.

1.1.2 농공학(Agricultural Engineering)

농업 엔지니어들은 대규모의 식품 생산에 수문학, 토질역학, 유체역학, 열전달이론, 연소이론, 최적화이론, 통계학, 기후학, 화학, 생물학 등의 원리를 응용한다. 농공학과는 주로 농업지역에 위치한 대학에 설치되어 있다. 세계 인구에 식량을 공급하는 것이 21세기의 가장 어려운 과제 중의 하나이다. 지구 상에 경작 가능한 토지의 양은 한정되어 있지만, 식량에 대한 수요는 급격히 증가하고 있는 세계 인구에 발맞추어 증가하고 있다. 농업 엔지니어들은 농작물의 품질 개선, 수확량의 증가, 저수확 경작지에 대한 경작법 개선, 비용 대비 효과가 높고 환경적으로 안전한 해충 구제 및 경작법의 개발 등을 위해 기술 및 공학 기법의 적용을 통한 노력에 중요한 역할을 맡고 있다. 농업 엔지니어들은 농업이 지구생태계에 미치는 영향을 이해하기 위해 생태학자, 생물학자, 화학자, 기타 자연과학자들과 협력하여 일하고 있다.

1.1.3 생명의료공학(Biomedical Engineering)

생명의료 엔지니어들은 의료와 보건에 현대식 공학 방법들을 응용하고 인체에 대한 이해를 심화하기 위해 의사들이나 생물학자들과 긴밀히 협력한다. 의료기구, 보철물, 의료보조기구, 이식 조직, 신경근육계통의 진단장비 등을 제작하기 위해 공학기술은 생물학, 생리학, 화학 등의 지식과 결합된다. 생명의료 엔지니어들은 지난 수십 년 동안 의료 개선에 이바지한 다양한 장치의 설계에 참여해 왔다. 생명의료 공학도들은 졸업 후 의대에 진학하거나 대학원에 진학하기도 하고, 보건 또는 의료계통에 취업하기도 하였다. 최근 공학과 분자유전공학 사이의 간극을 이어주는 생명공학이 부상하면서 이 또한 생명의료 엔지니어들이 진출하는 분야가 되고 있다. 생명의료공학은 세포와 유기체를 공학 관점에서 조사한다. 미래 의학의 많은 비밀은 유전적 수준의 것들이며, 생명의료 엔지니어들은 새로운 의학적 발견을 이끌어가는 데 이바지할 것이다. 나노기술도 핵심적인 역할을 수행할 텐데, 이는 세포들이 나노 크기를 갖기 때문이다. 인간 게놈 프로젝트의 경우에도 생물학자, 화학자, 유전공학자 등의 전문가들과 긴밀하게 협력한 생명의료 엔지니어들의 전문 기술에 의존한 바가 컸으며, 그 결과로 **생물정보학(bioinformatics)**이라는 새로운 기술 분야가 만들어지게 되었다. 생물정보학 분야는 생명의료공학과 컴퓨터과학 간의 학제적 성격을 갖는다. 생명의료 엔지니어는 또한 새로이 부상한 마이크로유체공학과 나노재료학 등의 영역에도 걸쳐있다. 마이크로유체공학에서는 실리콘이나 다른 소재로 만들어진 소형 칩을 사용하여 초소형 생물처리 시스템을 제작한다. MEMS (micro-electromechanical system; 마이크로전기기계시스템)과 NEMS (nano-electromechanical system; 나노전기기계시스템) 분야의 일부이기도 한

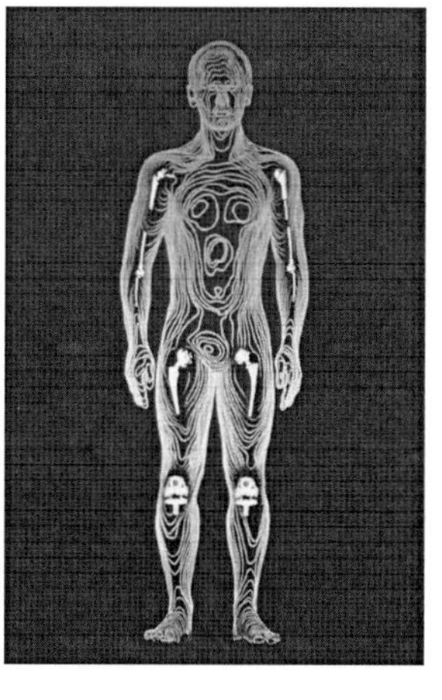

마이크로유체공학 기술은 때로 "칩 상의 실험실"로 지칭되기도 한다. 나노재료 기술에서는 인공적인 재료가 이식된 뼈나 피부에서 생체 내 투약시스템에 이르는 다양한 조직과 인간의 세포조직 사이의 인터페이스를 제공한다. 이러한 생명의료 공학 분야는 **생체공학(bionics)**을 포함하고 있는데, 생체공학은 생물학적 유기체와 인공 신체요소를 하나로 통합시키는 기술이다.

1.1.4 화학공학(Chemical Engineering)

화학 엔지니어는 제조 및 생산 시스템의 설계에 화학 원리를 응용한다. 화학 반응이나 프로세스를 실험실 규모에서 대량생산으로 옮겨가기 위해서는 화학 엔지니어 팀이 필요하다. 화학 엔지니어들은 대규모 화학 프로세스를 비용-효과적으로 진행하기 위해 필요한 반응 탱크, 수송 설비, 혼합실, 계측장치 등을 설계한다. 화학 엔지니어들은 건설, 전자, 생명공학, 식품가공, 환경 분석 등의 계통에 취업할 수도 있고, 석유, 석유화학, 합성수지, 화장품, 의약품 등을 제조하는 회사에 취업할 수도 있다. 화학공학 관련 재료들의 광범위한 사용으로 인해 세계 경제의 많은 부분이 화학 엔지니어들을 필요로 한다. 제조공정에 대량생산 규모의 유기화학 또는 무기화학 반응이 관련될 경우에는 항상 화학공학 기술이 이용된다. 화학 엔지니어들은 기술적 문제를 안전하고 경제적으로 해결하기 위해 수학과 과학, 특히 화학 분야의 지식을 필요로 한다. 화학 엔지니어들은 대개 전 세계를 대상으로 제품을 수출하는 대기업들에 고용된다.

1.1.5 토목공학(Civil Engineering)

토목 엔지니어들은 사회기반시설을 담당하며, 전 세계 기반시설의 설계와 시공에 관여한다. 토목 엔지니어들은 운송 시스템, 도로, 교량, 건물, 공항, 정수장, 대수층, 폐기물 관리시설 등의 대형 구조물 등을 설계한다. 그림 1.2에서 대형 토목공사의 전형적 사례인 후버댐을 보여주고 있는데, 이 댐은 네바다 주

그림 1.2
네바다 주 라스베이거스 근처의 콜로라도 강의 후버댐
(사진제공: Bureau of Reclamation)

그림 1.3
미국 역사상 최대 공공 토목사업 중 하나인 보스턴의 중앙간선도로 및 터널 프로젝트("Big Dig"). (사진제공: Central Artery/Tunnel Project)

라스베이거스에서 30마일 남동쪽에 있는 콜로라도 강 블랙캐니언에 위치하고 있다. 이러한 대형 구조물의 설계는 토질역학, 응용 유체역학, 재료역학, 콘크리트공학, 토목시공 등에 대한 지식을 필요로 한다. 토목 엔지니어들은 주택, 조경, 공원 등과 같은 소형 구조물의 설계에 참여할 수도 있다. 앞으로 수십 년 동안 수자원, 대기 품질, 지구 온난화, 폐기물 처리 등과 같은 환경 문제의 처리와 전 세계의 노후화된 기반시설의 재정비 등에서 토목 엔지니어들은 핵심적인 역할을 수행할 것이다. 설계된 구조물의 성능을 평가하기 위해 토목 엔지니어들은 다른 어떤 전문가들보다도 축소모형, 계산, 컴퓨터 모델링, 경험 등에 의존하는 바 크다. 이는 대부분의 토목공사에서 실물모형을 제작하여 테스트할 수 없기 때문이다. 토목 엔지니어들이 실물 크기의 프로토타입을 만들어 테스트하는 일은 드물며, 대신 설계물이 최종 시공 후 명세를 충족시킬 것임을 보이기 위해 모델링과 시뮬레이션을 이용한다. 예를 들어 교량의 하중 용량을 확인하기 위해 고의적으로 교량을 부술 수는 없는 일이다.

토목 엔지니어들은 건설 요원들과 긴밀히 협력하며 시공 작업의 진행을 점검하기 위해 시공 현장에서 많은 시간을 보낸다. 토목 엔지니어들은 공공부문에 취업하는 경우도 많지만, 크고 작은 건설사나 민간개발회사 등에 고용되기도 한다. 대규모 공공 토목공사로 유명한 예 하나는 그림 1.3에서 보여주고 있는 매사추세츠 주 보스턴의 "빅딕(Big Dig)" 프로젝트이다. 수백억 달러에 달하는 예산을 소요하고 10년에 걸친 이 공사는 공식적으로는 중앙간선도로 및 터널 프로젝트로 불리고 있으며, 미국 역사에서 단일 교통시설로는 가장 예산이 많이 소요된 광범위한 프로젝트로 꼽힌다(210억 불 이상이 소요됨). 이 프로젝트는 구조역학에서 공학윤리에 이르기까지 공학전문직에 관련된 수많은 이슈들을 파생시켰다.

1.1.6 컴퓨터공학(Computer Engineering)

컴퓨터공학은 하드웨어, 소프트웨어, 디지털 통신 등의 광범위한 영역을 포함하고 있다. 컴퓨터 엔지니어는 컴퓨터 네트워크, 소프트웨어 시스템, 통신 시스템, 임베디드 프로세서, 컴퓨터 제어형 장치 등의 설계에 공학과 컴퓨터과학의 기초 원리들을 응용한다. 컴퓨터 엔지니어는 또한 컴퓨터들과 그 구성요소들의 상호 연결을 설계하고 구축하는데, 여기에는 분산형 컴퓨터, 유무선 LAN(local area network), 인터넷 서버 등이 포함된다. 예를 들어 하드웨어 부문의 컴퓨터 엔지니어라면 고용량 서버를 구축하기 위해 마이크로프로세서, 플래시 메모리, 디스크드라이브, 디스플레이 장치, LAN 카드 등을 조합할 수도 있을 것이다. 그래픽 사용자 인터페이스와 임베디드 컴퓨터 시스템 등은 소프트웨어 부문 컴퓨터 엔지니어의 영역에 해당한다. 컴퓨터공학은 또한 센서 네트워크, 고장 감내형 하드웨어 및 소프트웨어 시스템, 무선 인터페이스, 운영체제, 어셈블리언어 프로그래밍 등의 영역도 포함한다. 컴퓨터과학자들은 전통적으로 컴퓨터 엔지니어들에 비해 수학적 토대가 확고하며 웹 인터페이스, 데이터베이스 관리시스템, 클라이언트 애플리케이션 등을 포함하는 컴퓨터 소프트웨어 개발에 관여한다. 그러나 컴퓨터과학자와 달리 컴퓨터 엔지니어는 현대 컴퓨터 시스템의 하드웨어 측면과 소프트웨어 측면 모두에 익숙하다. 하드웨어와 소프트웨어 양쪽 모두 중요한 역할을 하는 예에는 프로세서의 설계, 네트워크 인터페이스, 데스크톱 PC 및 노트북 PC의 설계, 휴대폰 망, GPS(global positioning system), 마이크로컴퓨터나 인터넷을 통해 제어되는 장치, 자동화 제조설비, 의료기구 등이 포함된다. 컴퓨터산업의 주요 성과에는 마이크로프로세서의 발명(1971년 인텔), (1976년 애플 I, 1978년 애플 II, 1984년 IBM-PC, 1984년 매킨토시 등의) 초기 데스크톱 컴퓨터들과 함께 시작된 퍼스널 컴퓨팅 붐, 미 국방성의 ARPANET에서 시작되어 인터넷과 월드와이드웹으로 발전해온 데이터통신망의 진보 등을 포함시킬 수 있을 것이다.

컴퓨팅 영역의 새로운 지평은 21세기 컴퓨터 엔지니어들에게 가슴 벅찬 도전의 기회를 제시한다. 아직 현실화되지는 않았지만, 양자 컴퓨팅, 나노컴퓨팅, 감성을 갖춘 인공지능(예: 『Star Trek: The Next Generation』의 인조인간

Data, 『I, Robot』의 여러 기계들), 컴퓨터와 인간두뇌 사이의 직접 인터페이스 등은 더 이상 순수공상소설의 영역에 머물러있지 않다.

1.1.7 전기공학(Electrical Engineering)

전기공학은 모든 형태의 전기에 대한 다양한 응용을 포괄하는 대단히 광범위한 학문이다. 정보는 전자 형태로 표현될 수 있으므로 정보이론도 종종 전기 엔지니어의 영역에 포함된다. 또한 전기의 이용을 위해서는 전기에 대한 조작과 제어를 요하는 경우가 많으므로 제어공학도 전기 엔지니어의 영역에 포함되기도 한다. 전기 엔지니어들은 마이크로일렉트로닉스, 데이터통신, 라디오, 텔레비전, 레이저, 광섬유, 비디오, 오디오, 컴퓨터 네트워크, 음성 처리, 화상 시스템, 전력 시스템, (태양광 발전, 조력 발전, 풍력 발전 등의) 대체 에너지원 등의 크고 작은 다양한 기술 영역을 담당한다. 전자장치나 광양자장치들은 신기술 반도체 재료를 이용하기 때문에 전기 엔지니어들 중에는 재료공학 분야에 종사하는 경우도 많이 있다. 전기 엔지니어들은 또한 전철, 전기자동차, 하이브리드 차량 등을 포함하여 전력 기반의 운송 시스템을 설계하기도 한다.

대부분의 전기 엔지니어들은 물리학, 수학, 수치해석 등에 익숙하며, 회로 및 전자공학, 반도체 장치, 아날로그 및 디지털 신호처리, 디지털 시스템, 전자기학, 제어시스템 등에 대한 지식도 갖추고 있다. 전기 엔지니어들은 또한 컴퓨터공학의 여러 영역에도 능통하다. 전기 엔지니어들이 참여한 최근의 업적들 중에는 마이크로프로세서와 고밀도집적회로 등의 마이크로일렉트로닉스 혁명, 나노장치, (휴대폰, 데이터 링크, iPhones™ 등의) 무선통신, (광파(lightwave) 기술, 레이저, 광통신 등의) 광양자학(photonics), 칩 위의 실험실(laboratory-on-a-chip) 등이 포함된다.

1.1.8 환경공학(Environmental Engineering)

환경 엔지니어들은 환경 관련 문제들을 해결하기 위해 생물학과 화학의 원리들을 이용한다. 성장 추세에 있는 환경공학 분야의 전문가들을 기다리고 있는 수많은 취업 기회들이 있으며, 이들은 지역공동체에 있어서나 세계적으로도 중요한 업무들이다. 환경공학의 핵심과목들은 토목공학과 유사하며, 사실 한 학과 안에 토목공학과 환경공학 두 개의 전공과정을 두고 있는 대학들도 많다.

환경 엔지니어들은 수질오염 및 대기오염 통제, 자원 재활용, 폐기물 처리 등에 참여할 수도 있고, 산성비, 지구온난화, 자동차 배기가스, 야생동물 보호, 오존층 파괴 등의 공공보건 문제에 관여할 수도 있다. 환경 엔지니어들은 지자체 상수도 시스템이나 산업용수 처리 시스템 등을 설계할 수도 있고, 위험폐기물 관리에 대한 조사나 환경재난 예방을 위한 법제화 등에 참여할 수도 있다.

1.1.9 산업공학(Industrial Engineering)

(제조 엔지니어로도 불리는) 산업 엔지니어들은 개념화 단계에서부터 최종적 폐기 및 원료 재활용에 이르는 제품의 전체 생명주기를 고려한다. 산업 엔지니어들은 또한 컴퓨팅 및 장비 분야의 최신 기술을 생산 및 제조 설비에 실현시켜야 한다는 독특한 난제를 해결해야 한다. 산업 엔지니어들은 기업 환경의 모든 측면에 정통해야 하는데, 이는 산업공학의 필요성이 비용과 환경 영향을 통제하면서 생산을 극대화하는 데 있기 때문이다. 산업공학에서 필요한 기술은 제품 개발, 재료 특성, 최적화, 대기행렬이론, 생산기법, 기계가공, 조립방법, 공업경제학 등에 대한 지식이다. 산업 엔지니어들은 또한 CAD(computer-aided design; 컴퓨터 이용 설계)와 CAM(computer-aided manufacturing; 컴퓨터 이용 제조) 등의 기술에 능통해야 한다. 전 세계를 대상으로 제품을 개발하는 다국적 제조는 오늘날 산업공학에서 가장 중요한 양상의 하나로 떠오르고 있다.

산업 엔지니어들의 중요한 영역 중의 하나는 제조 분야에서 로봇공학의 응용이다. 로봇의 제작, 동작, 제어 등은 기계공학, 전기공학, 컴퓨터공학 등에 관한 지식을 요한다. 대부분의 산업공학 전공과정에는 이러한 분야의 교과목들을 포함하고 있다. 산업공학의 또 다른 중요 영역은 "녹색 제조" 분야인데, 여기에서는 전체 생명주기 동안 제품이 환경에 미치는 영향을 이해하는 것이 설계 프로세스의 핵심 부분에 포함된다.

1.1.10 재료공학(Materials Engineering)

재료과학으로 지칭되기도 하는 재료공학은 가장 오래된 공학 분야의 하나이다.

재료공학은 거시적 규모 및 미시적 규모의 문제들을 해결하기 위해 이용되는 모든 형태의 재료의 개발 및 사용에 관련된 사항들을 다룬다. 재료 엔지니어는 공학 문제를 해결하기 위해 모든 종류의 재료들에 대한 기본 지식을 응용한다. 오늘날의 고도기술 사회에서 거의 모든 공학 프로젝트에서 재료에 대한 이해는 대단히 중요하다. 대기권에 재진입하는 우주선에 대한 열 손상 방지와 같은 응용에서부터 연료전지와 같은 신기술 전지 개념, 연료절약형 차량을 위한 경량성 복합소재, 더 가볍고 효율적인 노트북 컴퓨터 등에 이르기까지 재료 엔지니어들이 핵심적인 역할을 수행하는 분야는 실로 다양하다. 재료의 특성과 이를 사용하는 제품의 성능이나 내구성 사이의 관계를 이해할 수 있는 재료 엔지니어들은 여러 분야의 전문가들로 이루어진 설계팀이 참여하는 프로젝트에서 중요한 역할을 수행할 수 있을 것이다.

수십 년 전의 재료 엔지니어들은 주로 금속과 세라믹을 다루는 일에 종사하였으며, 특히 광석에서 광물을 추출하거나 추출된 광물을 유용한 형태로 변환시키는 일, 또 이들의 성질을 이해하는 일에 관심을 가졌다. 20세기 후반에 다양한 고분자화합물이 널리 사용되는 등 신소재 개발 분야의 발전으로 인해 재료 엔지니어들의 영역은 크게 확장되었으며, 새로운 제품들이 만들어지고 때로 새로운 산업이 형성되기도 한다. 오늘날의 재료공학 교과과정에는 화학공학, 기계공학, 토목공학, 전기공학의 교과목들도 일부 포함되어 있다. 현대 재료공학은 고분자화합물, 하이테크 세라믹, 복합재료, 초임계 유체, 반도체, 생체재료, 나노재료 등을 포함하는 다양한 물질들을 다루고 있다. 재료 파손에 대한 분석이나 범죄 수사와 관련된 **포렌식(forensics)**도 재료공학의 새로운 응용 분야로 꼽히고 있다.

1.1.11 기계공학(Mechanical Engineering)

기계 엔지니어는 모든 종류의 물질적 구조물에 대한 설계와 제작을 담당한다. 자동차, 자전거, 엔진, 디스크드라이브, 키보드, 유체밸브, 제트엔진 터빈, 풍력터빈, 비행체 등의 기계적 동작에 관련된 모든 장치는 기계 엔지니어의 전문성을 필요로 한다. 기계 엔지니어는 정역학, 동역학, 구조 및 고체 역학, 유체역학, 열역학, 열전달, 에너지변환 등에 능통해야 한다. 기계 엔지니어들은 이러한 학문들을 응용하여 정밀기계, 환경공학, 수자원관리, 음향, 연소, 발전, 로봇공학, 수송, 제조시스템 등을 포함하는 다양한 공학문제들을 해결한다. 기계 엔지니어들은 교과과정상 다양한 배경지식을 습득하므로 다른 분야의 엔지니어들과 쉽게 협업을 수행할 수 있다. 더욱이 실물 세계와의 상호작용은 대개 촉감을 통해 이루어지는데, 이는 바로 기계적 현상에 해당한다. 기계공학과 가장 자주 결합되는 분야는 전기공학인데, 이는 오늘날 많은 기계장치들이 전기나 전자적 인터페이스를 이용하기 때문이다.

기계공학과 관련된 첨단 분야 중 하나는 원자 규모로 제작되는 초소형 기계장치를 다루는 나노기술이다. "나노기술"은 또한 생명공학과도 밀접하게 연관되어 있다. 1990년대 후반의 MEMS 혁명을 계승하며 더욱 발전시킨 것이 NEMS이며, 단일 반도체칩 위에 전체 시스템을 집적시킬 수 있게 했던 집적회로가 전자공학에서 했던 역할을 기계공학에서는 MEMS와 NEMS가 할 수 있을 것으로 기대된다.

1.1.12 메카트로닉스 공학(Mechatronics Engineering)

메카트로닉스 엔지니어는 기계공학, 전기공학, 로봇공학 등에 능통해야 한다. 메카트로닉스라는 이름이 나타내고 있듯이 이 학문은 기계공학, 전기공학, 컴퓨팅 등이 결합되어 로봇 제품이나 제조 시스템을 설계하는 데 이용된다. 이 분야에 종사하는 엔지니어들은 기계공학이나 전기공학을 전공하면서 기타 필요한 전공 분야의 과목들을 추가로 수강하거나 선택과목들을 이수하는 방식으로 다중전공 프로그램을 통해 양성된다. 메카트로닉스 엔지니어들은 생산 작업의 자동화, 생산 비용의 절감, 생산 공장 유지보수 비용의 절감, 제품 유연성의 개선, 생산성 증가 등을 위한 장비나 시스템의 혁신, 설계, 개발 등을 담당한다. 대개의 메카트로닉스 엔지니어들은 기계공학이나 전기공학 단독으로 해결하기 어려운 설계 문제들을 해결하는 일을 맡는다. 센서장치와 반응장치도 메카트로닉스 공학에서 다루는 중요한 요소들이다.

1.1.13 조선공학(Naval Engineering)

조선 엔지니어들은 수상선, 잠수함, 바지선, 기타 해양용 선박 등을 설계하며, 또한 해상 석유기지, 선착장, 항구, 연안 항해 설비 등의 설계에도 관여한다. 대개 조선 엔지니어들은 다양한 배경지식을 갖추어야 하는데, 이는 해양용

그림 1.4
나노입자를 시뮬레이션 하는 엔지니어
(사진제공: 보스턴대학)

선박의 설계에는 여러 공학 분야가 관련되기 때문이다. 예를 들면, 조선 엔지니어는 기계공학과의 유체역학, 재료역학, 구조역학, 정역학, 동역학, 수중 추진, 열전달 등의 과목들에 능통해야 한다. 또한 선박 설계와 해양여행사 등의 과목들도 이수한다. 조선 엔지니어들은 군에서 근무하기도 하고, 대형 선박을 설계하고 제작하는 기업에 근무하기도 한다. 뿌리 깊은 전통과 영원한 첨단 기술의 양면성을 갖춘 조선공학은 바다에 관심 있는 이들에게는 보람된 직업이 될 것이다.

1.1.14 원자력공학(Nuclear Engineering)

원자력 엔지니어들은 공학 문제의 해결에 원자물리학 지식을 이용하며, 원자력 추진함이나 원자력발전소 등에서 사용되는 원자로의 설계와 운영에 관여한다. 천연자원 보존의 관점에서는 원자력이 화석연료 고갈에 대한 하나의 대안이 될 수 있다. 원자력 엔지니어들은 핵물리학과 핵반응에서 생산되는 방사성원소에 대한 이해를 갖추어야 한다. 대다수의 원자력 엔지니어들은 민간연구소나 정부연구소 등에서 연구개발에 종사하며, 일부는 신규 원자력발전소 건설현장에서 근무하기도 한다. 원자력 엔지니어들은 연료 적재 작업이나 핵폐기물 저장에 관련된 핵심 과정을 감독할 수도 있다.

20세기 후반 원자력의 평화적 이용을 위한 노력의 일환으로 원자력공학 분야가 크게 각광을 받았다. 그러나 두 차례의 심각한 원전 관련 사고[3]와 방사성 폐기물 처리와 관련된 우려로 인해 20세기 말 무렵에는 원자력 발전에 대한 기피 움직임이 발생하였다. 이제 21세기 들어 거의 십년 가까운 세월이 흘러간 오늘날에 있어 인구의 증가로 인한 에너지 수요로 인해 원자력발전에 대한 관심이 다시 증가되고 있다. 범세계적인 노력에도 불구하고 에너지 수요는 재생 가능한 대안 에너지원의 개발 속도를 크게 웃돌고 있다. 안전한 폐기물 처리에

미 해군 사진

[3] 미국 쓰리마일 아일랜드(1979); 우크라이나 체르노빌(1986)

대한 새로운 방안과 핵반응의 위험성에 대한 이해 제고 등으로 인해 원자력 엔지니어에 대한 신규 수요가 촉진되고 있다.

1.1.15 석유공학(Petroleum Engineering)

전 세계 에너지 수요의 70% 이상이 석유제품에 대한 것이며, 최소한 향후 50년 동안 이러한 상황에 큰 변화가 있을 것 같지는 않다. 석유 엔지니어의 주요 과제는 지구상의 천연자원에서 석유, 가스, 기타 유형의 에너지 제품들을 생산하는 것이다. 이러한 자원들을 경제적이면서도 환경적으로 안전하게 수확하기 위해서는 석유 엔지니어가 수학, 물리학, 지질학, 화학, 그리고 대부분의 다른 공학 분야들을 포함하는 광범위한 지식을 갖추어야 한다. 대부분의 석유공학 교과과정에는 기계공학, 화학공학, 전기공학, 토목공학, 산업공학 요소들이 포함되어 있다. 또한 지질탐사, 시추작업, 원유생산 등에 컴퓨터의 사용이 증가하고 있어 컴퓨터공학도 석유공학에서 중요한 분야가 되어가고 있으며, 전 세계 슈퍼컴퓨터들 중 상당수는 석유회사들이 소유하고 있다.

전통적인 석유나 가스의 채굴 외에도 석유 엔지니어들은 석유 함유 혈암, 역청암, 연근해 유전, 천연가스 유전 등에서 탄화수소의 채굴 방법을 향상시키기 위해 새로운 기술들을 적용하고 있다. 석유 엔지니어들은 또한 일반적인 채굴 방법으로는 땅속에 남게 되는 잔여 원유를 채굴하기 위해 새로운 기법들을 고안하고 있다. 이러한 기법들의 예에는 암석 유공에 갇힌 원유를 방출시키기 위한 지하 연소법, 증기 주입법, 화학수 처리법 등이 포함된다. 이러한 기법들은 장차 우라늄 침출, 지열 발전, 석탄의 가스화 등에도 이용될 수 있을 것이다. 석유 엔지니어들은 또한 오염 감축, 지하 폐기물 처리, 수문학 등의 관련 분야에 종사할 수도 있다. 다수의 석유회사들이 다국적기업으로 운영되므로 석유 엔지니어들은 해외 근무 기회가 많을 것이다.

1.1.16 시스템공학(Systems Engineering)

컴퓨터 업계에서 "시스템 엔지니어"라는 표현은 대규모 소프트웨어 시스템을 다루는 사람들을 의미하게 되었다. 그러나 전통적인 시스템 엔지니어에는 복잡한 공학 시스템을 설계하고 구현하는 누구든지 해당된다. 공학 시스템들의 복잡성이 증가하면서 시스템 엔지니어에 대한 수요도 증가하고 있다. 시스템 엔지니어들은 복잡한 공학 프로젝트의 설계와 관리 방법을 이해하고 있을 뿐만 아니라 초기 설계, 자재 관리, 팀 구성원들에 대한 조정, 프로젝트 감독 등을 수행한다. 시스템 엔지니어를 필요로 하는 설계 프로젝트에는 통신망, 정보 시스템, 교통 기반시설, 대규모 제조 시스템, 전력 분배망, 항공 전자 시스템 등이 포함된다. 기타 중점 영역에는 자동화, 로봇공학, 제어, 수치생물학, 정보과학,

SCM(supply-chain management; 공급망 관리) 등이 포함된다. 시스템 엔지니어들은 또한 일반소비자용 제품들의 개발초기에 요구사항과 기능을 정하는 일을 돕기도 한다. 이렇게 다양한 영역을 갖고 있는 시스템공학의 교과과정에는 응용수학, 컴퓨터 시뮬레이션, 소프트웨어, 전자공학, 정보통신, 자동제어 등의 교과목들을 포함한다. 시스템 엔지니어들이 갖고 있는 폭 넓은 교육적 배경으로 인해 다른 분야의 엔지니어들과 쉽게 협업을 할 수 있다.

1.2 공학 학회

대부분의 공학 분야들에는 비슷한 배경, 교육, 전문성 등을 갖춘 회원들이 모이는 대표성 있는 학회들이 있다. 이러한 학회들은 범세계적 운영 조직을 갖고 있으며, 해당 분야의 논문이나 기고문이 발표되는 수많은 학술지들을 발행한다. 각 학회는 회원들에게 기술 및 정보 서비스, 연수 프로그램, 산업 표준, 워크숍, 학술회의 등을 제공한다. 일부 학회들은 취업 정보, 홍보, 이메일 계정, 제품 정보, 웹사이트 호스팅 등과 같은 다른 전문 서비스를 제공하기도 하며, 생명보험이나 건강보험을 제공하는 곳도 있다. 모든 학회들은 학생회원들에게 회비를 할인해주며, 대학 단위의 학생 지회를 두는 곳도 많다. 이 절에서는 주요 학회 일부를 소개하고 있으며, 여기에서 소개하고 있는 내용은 해당 학회의 웹페이지에서 발췌된 것이다.

1.2.1 AIAA (American Institute of Aeronautics and Astronautics; 미국 항공우주학회; www.aiaa.org)

"AIAA는 항공 과학 및 공학의 발전과 기술적 선도를 추구하고 있다. 1963년 미국 로켓학회와 항공과학회가 통합되어 발족한 AIAA는 통합 이전을 포함하여 70년이 넘는 역사를 통해 항공 엔지니어들과 항공 과학자들의 대표 학회로서의 역할을 해왔다. 로켓학회와 항공과학회는 각기 1930년과 1932년에 설립되었는데, 당시만 해도 로켓은 공상과학의 소재에 지나지 않았으며 항공 산업은 걸음마 단계에 있었지만, 이 두 학회는 오랫동안 밀접한 관계를 맺으며 다양한 행사를 함께 하였다."

"로켓학회와 항공과학회는 각기 AIAA에 뚜렷한 족적을 남겼다. 이들의 통합을 통해 달에 도달하려는 용감하면서도 꿈같은 목표를 가진 머큐리 프로젝트 시대의 로켓, 미사일, 우주 전문가들과 상대적으로 안정되어 있고 인정받으며 착실히 산업 기반을 구축하고 있던 항공 분야 전문가들이 한 곳에 모이게 되었다. 이러한 통합으로 인한 시너지 효과는 이후의 항공우주산업의 발전에 크게 기여하였다."

"오늘날 31,000명이 넘는 회원을 가진 AIAA는 항공, 우주, 국방 분야의 공학 및 과학에 헌신해 온 세계 최대의 학회이다. AIAA는 항공우주 분야의 엔지니어, 과학자, 관리자, 정책입안자, 학생, 교육자 등의 대변자, 정보제공자, 간행물 발행자로서의 역할을 수행해오고 있다. AIAA는 또한 전 세계의 주요 기업과 정부기관들을 위해 항공우주 영역의 훌륭한 전문적 업적과 표준 준수 우수사례들을 찾아볼 수 있는 필수 정보원이다."

주요 간행물 :

Aerospace America
AIAA Bulletin
Journal of Aircraft
Journal of Spacecraft and Rockets
Journal of Energy
Journal of Aerospace Computing, Information, and Communication

1.2.2 BMES (Biomedical Engineering Society; 생명의료공학회; www.bmes.org)

"생명의료에 대한 관심과 공학에 대한 관심을 동등하게 대변하기 위한 학회의 필요성에 부응하기 위해 1968년 2월 1일 일리노이에 BMES가 설립되었다. 2006년 10월 이사회에 의해 개정 승인된 학회정관에서도 밝히고 있듯이 BMES의 목표는 인류 건강과 복지를 위해 생명의료공학 지식의 전 세계적 보급과 그 활용을 진작시키는 데 두고 있다."

"BMES는 처음에 171명의 창립 회원과 89명의 정회원으로 구성되었다. 미국의 실험생물학 단체 연맹의 협조를 받아 BMES의 첫 공개회의는 1968년 4월 17일 애틀랜틱시티의 리츠칼턴 호텔에서 개최되었다."

"BMES의 첫 연례회의는 제21차 의료 및 생물 콘퍼런스와 공동으로 1968년 11월 18-20일에 휴스턴에서 개최되었다."

주요 간행물 :

BMES Bulletin
Annals of Biomedical Engineering
Cellular and Molecular Bioengineering Journal

1.2.3 AIChE (American Institute of Chemical Engineers; 미국 화학공학회; www.aiche.org)

"AIChE는 93 개국으로부터의 40,000명을 넘는 회원을 가진 세계 최고의 화학공학 학회이다. AIChE는 화학공학의 핵심 산업 분야에 종사하는 엔지니어들과 나노생명공학기술과 같은 새로 부상하는 영역에 종사하는 엔지니어들과 모두에게 필요한 자료와 전문성을 제공한다."

"회원들은 공인되어 있거나 유망한 화학공학 공정 및 방법 등에 관한 정보에 접근할 수 있다. 학회를 통해 전 세계의 지식과 역량을 갖춘 전문가들과 교류할 수 있고 이들의 지혜를 공유할 수 있다. 공인된 기관들로부터의 교육기회를 찾을 수 있으며, 이를 통해 자신의 전문성을 강화하고 우리가 살고 있는 세상을 발전시킬 수 있다."

"AIChE의 비전은 화학공학 분야의 범세계적 선도자, 화학 엔지니어들을 위한 직업적 및 개인적 역량 강화와 보호를 위한 평생 지원 기관, 사회적 요구에 부응하여 화학공학 전문기술을 응용함에 있어 최고의 촉진제 등의 역할을 수행하는 것이다."

주요 간행물 :

Chemical Engineering Progress
AIChE Journal, Environmental Progress
Process Safety Progress
Biotechnology Progress

1.2.4 ASCE (American Society of Civil Engineers; 미국 토목학회; www.asce.org)

"1852년에 설립된 ASCE는 전 세계의 123,000명 이상의 토목기술직 회원을 대표하고 있으며, 미국의 가장 오래된 전국 규모 공학 단체이다. ASCE의 비전은 엔지니어들이 생활의 질을 향상시키는 데 범세계적 선두주자로 기여할 수 있게 하는 것이다."

"ASCE의 임무는 리더십의 개발, 기술의 향상, 평생교육의 고취, 토목공학 직업의 발전 등을 통해 회원들과 이들의 경력, 파트너, 그리고 일반 대중들에게 가치 있는 일을 하는 것이다. 기원전 432년 파르테논 신전의 건립에서 오늘날 페트로나스타워의 건립에 이르기까지 토목공학의 건재를 과시하고 있다. 세월의 경과에 따라 토목 엔지니어들은 끊임없이 토목공학의 창조적 정신과 재능을 대변하는 새로운 문화적 랜드마크들을 만들어가고 있다."

"토목 엔지니어들은 일상생활에서 이용되는 상하수도 및 교통 시스템의 계획, 건설, 개선 등을 수행할 수 있는 교육을 이수하였다. 토목 엔지니어들은 만수 시 수압을 견딜 수 있는 댐을 건설하고, 바람과 통행량을 견딜 수 있는 교량을 건설하며, 환경 친화적인 자재와 건설 방법을 개발하며, 오래 견딜 수 있는 구조물들을 만든다. 놀라운 기술로 만들어진 초고층 건물들이나, 터널, 경기장 돔 등을 보면서 우리는 항상 이들의 설계에 대해 경이로움을 갖게 된다."

주요 간행물 :

ASCE News
Civil Engineering Magazine
토목공학 영역의 세부주제들에 대한 수많은 기타 학술지

1.2.5 ACM (Association for Computing Machinery; 컴퓨터학회; www.acm.org)

"ACM은 전 세계 컴퓨터 교육자, 연구자, 전문가들이 모여 대화를 촉진하고 자원을 공유하며 이 분야의 난제들을 해결하기 위한 교육학술 단체이다. ACM은 강력한 리더십, 기준의 강화, 우수 기술에 대한 포상 등을 통해 컴퓨터 전문가들의 대표성을 강화한다. ACM은 또한 회원들에게 평생 교육, 경력 개발, 전문가들의 교류 등을 위한 기회를 제공함으로써 전문적 역량 강화를 지원한다."

"ACM은 컴퓨팅을 과학 및 전문직으로 발전시키고, 전문적 개발을 가능하게 하며, 사회에 도움이 되는 정책과 연구를 진작시킬 수 있는 자원들을 제공하는 컴퓨팅 전문가를 위한 최고의 단체로 인정받고 있다."

"ACM은 컴퓨팅 분야의 선도적인 디지털 라이브러리와 컴퓨팅 문헌 안내 서비스를 제공하고 있으며, 전 세계의 회원들과 전문가들에게 학술지, 콘퍼런스, 워크숍, 전자포럼, 온라인 도서 및 학습 등을 제공하고 있다."

주요 간행물 :

Communications of the ACM,
The ACM Digital Library (온라인 간행물 모음)
기타 다수의 트랜잭션들을 발행하고 있으며, 주요 트랜잭션에는 *Computer-Human Interaction, Computer Systems, Database Systems, Modeling and Computer Simulation, Networking, Software*

Engineering and Methodology 등이 포함됨

1.2.6 IEEE (Institute of Electrical and Electronic Engineers; 전기전자기술자협회; www.ieee.org)

"IEEE의 핵심 목표는 인류 복지를 위해 기술적 혁신과 우수성을 촉진하는 것이다. IEEE는 전 세계 기술사회와 세계 도처의 기술자들에게 필수적인 단체이며, 전 세계의 상황을 향상시킴에 있어 기술적 기여로 인해 널리 인정받고 있다."

"비영리기관인 IEEE는 기술 향상을 목표로 하고 있는 세계적인 선도 전문기관이다. IEEE라는 이름은 원래 Institute of Electrical and Electronics Engineers를 나타내는 약어였지만, 이 단체의 관심 범위는 수많은 관련 분야들로 확장되어 이제는 단순히 I-E-E-E(Eye-triple-E로 발음)라고만 불린다. 범세계적 회원들로 구성된 IEEE는 항공우주 시스템, 컴퓨터, 통신, 생명의료공학, 전기, 가전용 전자공학 등의 다양한 분야에서 선도적인 기관이다. 회원들은 IEEE의 기술적 및 전문적 정보, 자원, 서비스 등을 이용할 수 있다."

"또한 공학 전문직에 대한 관심을 촉진하기 위해 IEEE는 세계 도처의 대학들에서 학생회원들에 대한 서비스를 제공한다. IEEE의 또 다른 구성원에는 IEEE의 출판물들을 구입하고 콘퍼런스나 기타 IEEE 프로그램에 참여하는 예비회원들과 기관들이 포함된다."

주요 간행물 :

IEEE Spectrum

Proceedings of the IEEE

40종이 넘는 세부분야 IEEE 트랜잭션들을 발행하고 있으며, 주요 트랜잭션에는 *Aerospace and Electronic Systems, Automatic Control, Biomedical Engineering, Circuits and Devices, Communications, Control Systems, Dielectrics and Electrical Insulation, Electromagnetic Compatibility, Energy Conversion, Engineering Management, Image Processing, Industry Applications, Lasers and Electro-Optics, Mechatronics, Micro-Electromechanical Systems, Neural Networks, Parallel and Distributed Systems, Photonics, Power Electronics, Quantum Electronics, Robotics and Automation, Signal Processing, Software Engineering, Solid-State Circuits, Vehicular Technology, Visualization and Computer Graphics* 등이 포함됨.

1.2.7 IEEE CS (IEEE Computer Society; IEEE 컴퓨터 분과; www.computer.org)

IEEE의 한 분과인 IEEE CS는 "컴퓨팅 전문가들로 이루어진 세계적 선도 기관이다. IEEE CS는 컴퓨터 및 정보처리 기술의 이론과 응용을 발전시키기 위한 목적으로 1946년에 설립되었다."

"IEEE CS는 오늘날 컴퓨팅 분야의 연구자들과 전문가들의 정보 및 경력 개발 수요에 부응하여 학술지, 기술 잡지, 도서, 콘퍼런스 발표자료집, 온라인 학습자료 등을 제공한다. IEEE CS의 중견 전문가를 대상으로 하는 CSDP(Certified Software Development Professional; 공인 소프트웨어 개발전문가) 프로그램과 최근 대학 졸업자를 대상으로 하는 CSDA(Certified Software Development Associate; 공인 소프트웨어 개발자) 자격증 등은 이 분야 종사자들의 기술과 지식에 대한 자격을 인증하는 프로그램들이다. 컴퓨터 관련 표준 활동으로도 세계적으로 알려져 있는 IEEE CS는 회원들 사이에 활발한 아이디어 교환과 기술 혁신을 고취한다."

"회원들의 40% 정도는 미국 외의 지역에서 생활하거나 근무하고 있으므로 IEEE CS는 국제적 교류와 협력, 정보의 교환을 장려한다. IEEE CS는 미국 컴퓨터과학 인증원과 공학기술인증원 등과의 유대를 통해 교과과정 인증 지침을 조정하고 평가한다."

주요 간행물 :

Computing in Science and Engineering
IEEE Transactions on Computers
IEEE Transactions on Software Engineering
기타 다수의 트랜잭션과 학술지

1.2.8 IIE (Institute of Industrial Engineers; 산업공학회; www.iienet.org)

"IIE는 품질 및 생산성 향상에 관여하는 산업공학 직무와 엔지니어들의 지원을 목표로 구성된 세계 최대의 학회이다. 1948년에 설립된 IIE는 산업공학의 응용, 교육, 훈련, 연구, 개발 등을 선도하기 위한 비영리 국제기구이다."

"전 세계에 걸쳐 15,000명의 회원과 280개의 지부를 갖고 있는 IIE의 주된 임무는 산업 엔지니어들의 변화하는 수요에 부응하는 것이며, 산업 엔지니어에는 학부생, 대학원생, 모든 산업 분야의 공학업무 수행자와 컨설턴트, 공학 관리자, 교육기관이나 연구기관 또는 정부기관에 근무하는 엔지니어 등이 포함된다. IIE는 산업공학 분야의 첨단 기술에 대한 평생교육의 선도적 제공자이며 산업공학 직무를 지원하고 산업 엔지니어들의 가치에 대한 인식 제고를 위해 노력하는 단체로서 국제적 지위를 인정받고 있다."

"IIE는 산업공학의 발전을 주도하며, 산업공학 직군을 대표하며, 산업공학의 응용, 교육, 훈련, 연구, 개발 등에 참여하거나 이를 관리하는 사람들의 역량 강화를 위해 노력하고 있다."

주요 간행물 :

Industrial Engineer
Industrial Management
IIE Transactions
The Engineering Economist

1.2.9 ASME (American Society of Mechanical Engineers; 미국 기계학회; www.asme.org)

"1880년에 설립된 ASME는 기계공학 및 연계 공학/과학 등을 진흥시키기 위한 비영리 단체이다. ASME는 공공 안전을 강화하기 위한 규정과 기준들을 개발하며, 전 세계의 공학 및 기술 사회에 도움이 되는 평생학습 및 기술교환 기회를 제공한다. ASME는 전 세계에 걸쳐 127,000 명이 넘는 회원을 보유하고 있다."

"ASME의 비전은 전 세계에 걸쳐있는 다양한 기계공학 관련 단체들에게 기계공학 및 연계 공학/과학 등의 기술, 학문, 응용 등을 진흥시키는 최고의 기관이 되는 것이다."

"ASME의 임무는 회원들의 기술적 역량 강화와 직업상의 복지를 향상시키며, 기계공학 분야의 우수 프로그램과 활동들을 통해 기계 엔지니어들이 인류복지 향상에 기여하도록 하는 것이다."

주요 간행물 :

Mechanical Engineering
Journal of Applied Mechanics
Journal of Applied Mechanics Reviews
기타 수많은 전문영역의 학술지를 발행하며, 전문영역에는 응용역학, 북극 공학, 생명의료공학, 컴퓨팅 및 정보과학, 동역학 시스템, 전자회로 패키징, 발전용 터빈 및 발전공학, 신소재 유체, 열전달,

제조공학, 기계설계, 메카트로닉스, 계측제어, 연근해 역학, 압력 용기 기술, 태양 에너지, 마찰공학, 터빈장비, 음향 등을 포함한다.

1.2.10 SPE (Society of Petroleum Engineers; 석유공학회; www.spe.org)

"SPE의 임무는 공공복리를 위해 석유 및 가스 자원의 탐사, 개발, 생산 등에 관한 기술적 지식과 관련 기술의 수집, 배포, 교환 등을 수행하고, 관련 직군 종사자들에게 기술적 전문적 역량을 강화할 기회를 제공하며, 회원들에게 수준 높은 평생학습 및 지속적인 개인적 전문적 역량 강화를 위한 기회를 제공하는 우수 학회가 되는 것이다."

"SPE의 전 세계에 걸친 전체 정회원 및 학생회원 수는 2007년에 8퍼센트 증가하여 역대 최대인 79,300명에 이르고 있으며, 특히 35세 이하의 회원들의 증가가 돋보이고 있다. SPE 회원에는 생산 단계의 석유 및 가스 산업에 종사하는 엔지니어, 과학자, 기술자, 관리자, 기사, 교육자, 기타 전문직 종사자와 석유공학이나 유관 분야를 공부하는 학생들을 포함한다."

주요 간행물 : *Journal of Petroleum Technology*

1.2.11 ASABE (American Society of Agricultural and Biological Engineers; 미국 농업생물학회; www.asabe.org)

"ASABE는 농업, 식품, 생물 시스템에 응용 가능한 공학의 발전에 전념해온 교육학술 단체이다. 1907년에 설립되어 미시건 주 세인트조셉에 본부를 두고 있는 ASABE는 100개국 이상으로부터의 9,000명의 회원으로 이루어져 있다. 농업, 식품, 생물 분야의 엔지니어들은 끊임없이 증가하고 있는 세계 인구를 위해 식품, 섬유, 목재, 재생가능 에너지원을 생산하기 위해 효율적이면서도 환경을 고려하는 방법을 개발하고 있다."

"ASABE는 생물공학 및 교육, 식품 처리 공학, 정보 및 전기 기술, 전력 및 기계, 토질 및 용수, 구조 및 환경, 인체공학, 안전 및 보건, 삼림공학, 양어공학 등의 전문 영역들을 대표한다. ASABE의 활동은 지역 단위 지부, 연계 단체, 스페셜 프로그램 등을 통해 이루어지기도 하는데, 이러한 활동에는 농업, 식품, 생물 분야의 엔지니어 직업에 뜻을 두고 있는 예비전문가(학생)그룹의 활동도 포함된다. ASABE는 농업, 식품, 생물 시스템 분야의 공학 지식이나 응용에 관심을 가진 사람이면 엔지니어이든 아니든 누구나 가입할 수 있다."

주요 간행물 :

Biological Engineering
Applied Engineering In Agriculture
Transactions of the ASABE
Journal of Agricultural Safety & Health

1.2.12 ASNE (American Society of Naval Engineers; 미국 조선공학회; www.navalengineers.org)

ASNE의 목표는 "회원들의 전문성과 복지를 개선시키고 직업 분야로서의 조선공학을 향상시키기 위해 공적 및 사적 응용과 운영에 있어 조선공학 이론 및 실무를 발전시키는 것이다."

"ASNE는 조선공학의 다양한 분야에 종사하거나 관련을 맺고 있는 군에 근무하는 전문가, 민간 전문가, 학생 등의 다양한 회원들로 이루어져 있다. ASNE의 본부는 버지니아 주 알렉산드리아에 위치하고 있다."

"조선공학은 국방과 복지를 위해 해군을 포함한 군대나 민간 해양 기관들에 의해 이용되는 수상선, 일반 선박, 해양용 선박, 군함, 그리고 선박에 관련된 조종 시스템, 전투 시스템, 지휘통제, 전자장비 및 화포 시스템, 대양 구조, 고정식 및 이동식 연안 설비 등의 연구, 개발, 설계, 구축, 운영, 유지보수, 병참지원 등에 응용되는 모든 기술과 학문을 포함한다."

주요 간행물 : *Naval Engineers Journal*

직업적 성공의 비결: 전공의 선택에 관하여

당신이 공과대학 신입생이라면 이미 전공 분야를 선택했을 수도 있을 것이다. 그러나 몇 개의 전공필수 과목을 수강한 후에 자신이 선택한 전공에 대해 회의를 가질 수도 있다. 혹은 특정 공학 분야를 선택하지 않은 상태에서 대학에 입학했을 수도 있을 것이다. 어느 경우이든 공학 분야에서 진로를 어떻게 선택해야 할지 궁금해 할 수도 있을 것이다.

여러 공학 전공들에 관한 정보를 얻기 위한 한 가지 방법은 자신이 소속된 대학의 공학 학과들에서 주최하는 강연이나 세미나에 참석해보는 것이다.

이러한 강연들은 대개 대학원생들이나 교수들을 대상으로 하고 있어 내용을 이해하기는 어려울 것이다. 그러나 이러한 기술적 강연들에 참석하는 것만으로도 다양한 공학 분야에 대한 감을 얻을 수 있으며 자신의 재능과 관심에 가장 부합되는 전공을 찾는 데 도움이 될 수 있다.

대부분의 대학은 진로상담을 위한 워크숍을 주최하고 있다. 이러한 워크숍에는 꼭 참석하고, 진로 계획 및 취업 전문가들과 상담하기 바란다. 대부분의 대학 캠퍼스에는 학회 학생 지회들을 두고 있는데, 이들은 종종 공학기업들에 대한 탐방 행사를 조직하기도 한다. 이러한 탐방 행사에 참여함으로써 특정 공학 분야의 활동 내용에 대해 유익한 관점을 확보할 수 있으며, 엔지니어로서의 삶이 어떤 것인지에 대한 감을 갖게 될 것이다.

진로에 대한 가장 가치 있는 조언을 받을 수 있는 곳은 소속 대학의 교수들이다. 자신에게 어떤 전공이 맞을지에 대해 지도교수의 조언을 받기 바란다. 대부분의 교수들은 자신의 연구에 대해 학생들과 대화하는 것을 좋아한다. 공학 진로 선택에 대해 대화할 수 있도록 교수를 기숙사나 숙소로 초대할 수도 있다. 여러 교수들이 함께 공학 직업에 관한 질문에 답변하는 진로설명회 같은 것을 개최할 수 있도록 학과에 요청할 수도 있을 것이다. 대학에서 전공을 선택함에 있어 받을 수 있는 모든 자원을 이용해야 한다.

1.3 엔지니어: 프로젝트 관리의 중심

"엔지니어"라는 단어는 칸막이 안에서 컴퓨터 단말기 앞에 앉아 있거나 작업실에서 기술적으로 정교한 어떤 물건을 만들고 있는 고독한 인물을 연상시킬지 모른다. 학생으로서 혼자서 기술에 일대 혁신을 가져올 수 있는 차세대 빌 게이츠나 딘 카민과 같은 천재적 창업가의 별난 모습을 추구하고 싶어할 수도 있을 것이다. 어쩌면 "내가 왜 별 관련도 없는 이 모든 과목을 수강해야 하나? 왜 내가 관심 있는 과목만 수강하면 안 될까?"와 같은 질문을 했을지도 모른다. 그에 대한 대답은 공학의 학제적 성격에 놓여 있다. 때로 엔지니어가 단독으로 작업하는 경우도 있지만, 대부분의 경우 엔지니어들은 다른 분야를 전공한 사람들과 함께 작업해야 한다. 공학 프로젝트들은 종종 다양한 기술과 성격을 가진 많은 사람들의 팀워크와 조정을 요하는 복잡한 업무이다. 엔지니어는 물리학자, 수학자, 화학자, 관리자, 제작자, 기술자, 법률가, 영업담당자, 비서 등 다양한 사람들이 사용하는 언어를 이해해야 한다. 엔지니어들은 이러한 다양한 분야의 전문가들과 의사소통하는 방법을 배우기 때문에 훌륭한 엔지니어는 프로젝트를 통합하는 접착제 역할을 한다. 이렇게 다양한 직군의 사람들과

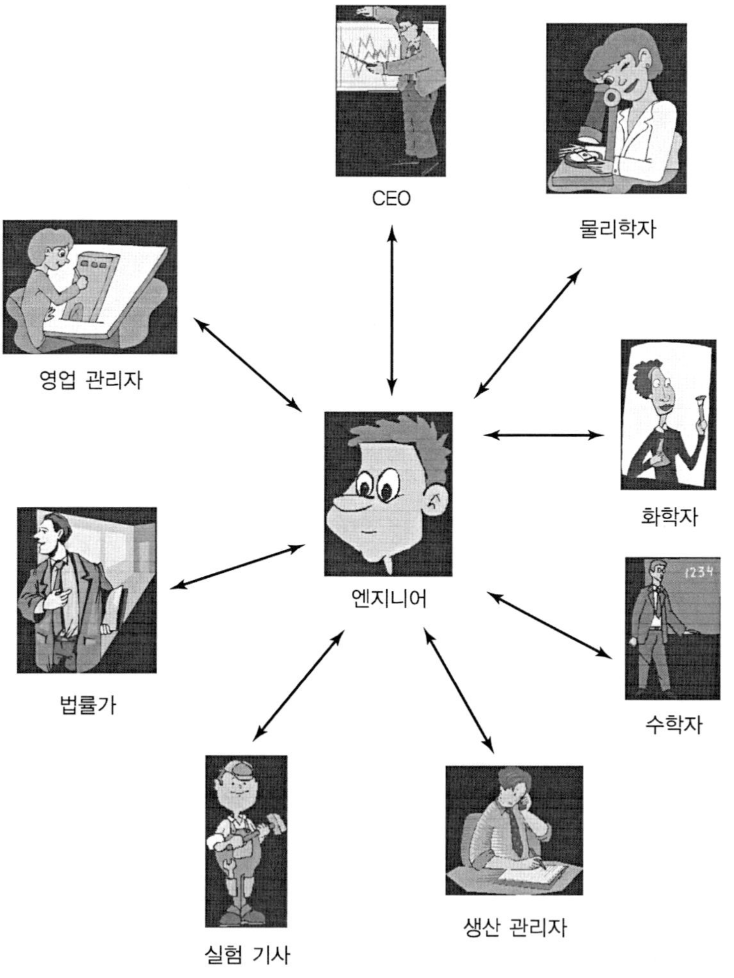

그림 1.5
원 둘레에 위치한 전문가들과 중앙의 설계 엔지니어

의사소통할 수 있기 위해 엔지니어는 폭넓은 교육을 받아야 하며, 설계 프로세스에 여러 분야의 기술과 지식을 응용할 수 있는 능력을 가져야 한다.

엔지니어에게 필요한 의사소통 기술의 폭을 알아보기 위해 그림 1.5에서 묘사하고 있는 가상의 회사를 위해 일하고 있다고 상상해보자. 외곽의 원을 따라 표시되어 있는 각 인물은 각기 다른 전문성을 보유하고 있으며, 설계 엔지니어는 조직의 중심에 위치하고 있다. 설계팀의 다른 엔지니어들이 중심의 설계 엔지니어에 합류할 수 있으며, 엔지니어들끼리는 비슷한 교육 배경으로 인해 쉽게 의사소통할 수 있고, 엔지니어들 각각은 링 외곽의 전문가들 누구와도 의사소통할 수 있다. 엔지니어들은 다양한 과목을 수강하였거나 다양한 학문에 접한 경험들이 있다. 이러한 교육적 배경이 갖는 고유한 특성으로 인해 엔지니어는 어떤 분야의 전문가와도 의사소통이 가능하며 이로 인해 중앙의 조정자로서의 역할에 가장 적합한 인물이 된다.

물리학자

기업의 물리학자는 생산 라인이 기초하고 있는 물리학의 기본 원리에 대한 응용을 담당한다. 물리학자는 실험실에서 새로운 재료들을 조사하고 열, 빛, 전자파 방사 등과의 상호작용을 분석한다. 물리학자는 알려지지 않은 양자 작용을 조사하다가 새로운 반도체 장치를 개발할 수도 있고, 반도체들을 제품에 사용할 수 있는지 조사할 수도 있다. 물리학자는 새로운 가속계측기를 위한 물리학적 분석을 수행할 수도 있다. 엔지니어는 두 학기 이상 기초물리학을 이수하고 역학, 열역학, 전자기학 등도 배웠기 때문에, 물리학자와 쉽게 대화할 수 있으며 물리학자의 발견이 회사의 실질적 관심과 어떻게 연관될 수 있는지에 대해 토의할 수 있다.

화학자

화학자는 제품 생산에 사용되는 재료와 물질을 분석한다. 화학자는 품질을 유지할 수 있도록 제조에 사용되는 원료가 규정된 순도를 만족하는지 확인한다. 화학자는 현재 사용되는 재료보다 강도나 내구성이 뛰어난 재료를 발견하기 위해 작업하는 실험 팀을 지휘하기도 한다. 화학자는 복잡한 유기화합물에 대한 연구를 수행할 수도 있고 분자 기반 나노기술에 대해 실험할 수도 있다. 엔지니어는 화학 분야의 한두 과목을 수강하였을 것이므로 화학 용어들에 익숙할 것이며 반응률, 화학적 평형, 몰 농도, 환원과 산화, 산과 염기, 전기화학전위 등의 개념들을 이해하고 있을 것이다. 어쩌면 중앙의 엔지니어가 화학분석 장치를 제어할 프로그램을 작성하는 소프트웨어 엔지니어일 수도 있고, 화학반응을 이용한 제품 생산을 담당하는 화학 엔지니어일 수도 있다. 어떤 구체적 역할을 수행하고 있든지 엔지니어는 화학자를 설계 프로세스에 참여시키기에 적합한 인물일 것이다.

수학자

기업의 수학자는 컴퓨터과학자를 겸하는 경우도 많으며, 대개 모델링, 통계, 데이터베이스, 예측 작업 등을 담당한다. 수학자는 복잡한 새 데이터베이스 알고리즘을 고안할 수도 있으며 공학 시스템을 모델링하기 위한 수학적 방법에 골몰할 수도 있을 것이다. 어쩌면 생산 라인의 분석이나 시장 동향을 예측하기 위해 수학을 이용할 수도 있다. 공학 프로그램의 일부로 여러 수학과목들을 이수하는 엔지니어들은 수학자들과 쉽게 대화할 수 있다. 물론 엔지니어의 경우 순수수학보다는 응용수학을 주로 수강하였겠지만, 미적분학, 미분방정식, 선형대수학, 통계학, 확률론, 벡터대수학, 복소수변수론 등에 익숙할 것이다. 엔지니어는 수학 개념을 공학설계 문제에 쉽게 응용할 수 있다.

생산 관리자

군 지휘관과 마찬가지로 생산 관리자는 제품 생산을 위한 재료, 비품, 인력 등의 동원을 담당한다. 생산 관리자는 작업 일정, 품질 제어, 재료 할당, 품질보장 테스트, 수율 등을 관장할 수도 있다. 제품을 설계하는 엔지니어는 설계 방식이 회사의 제조 능력에 부합하는지 확인하기 위해 생산 관리자와 긴밀히 협력해야 한다. 엔지니어로서 받은 교육과 기계가공, 용접, 회로 제작, 자동화 등에 대한 경험을 통해 엔지니어는 생산 관리자의 업무를 이해하고 의사소통을 위한 용어들에도 익숙할 것이다.

실험 기사

실험 기사는 설계팀의 필수 구성원 중의 하나이다. 만물 수선공이며 실험자이기도 한 실험 기사는 설계 제품의 실현을 돕는다. 실험 기사는 도구들의 사용에 능숙하며 공학의 실용적 측면에 관한 많은 지식을 갖고 있다. 실험 기사는 프로토타입의 제작에 능하며, 프로토타입의 설치나 테스트를 수행하기도 한다. 대개의 실험 기사는 공학기술 학위를 갖고 있다. 따라서 엔지니어는 이론이나 수학적 성향이 강하긴 하겠지만 기본적으로 실험 기사가 수강한 것과 동일한 과목들을 많이 수강하였을 것이다. 엔지니어는 실험 기사와 쉽게 의사소통할 수 있으며 설계 프로젝트의 각 단계에 실험 기사를 참여시키는 역할을 수행할 수 있다.

법률가

법률가는 제품의 법률적 측면을 담당한다. 어떤 장치에 특허 기술을 적용해야 하는가? 특정 제품을 출시할 경우 배상책임 소송을 당할 가능성이 있을까? 어떤 회사와의 신규 계약이 양측 모두에 공정한가? 엔지니어는 이러한 질문들에 답하기 위해 법률가와 대화하면서 공학적 지식을 전달할 수 있어야 한다. 법률의 토대를 구성하는 논리적 사고는 공학 문제를 해결하기 위해 사용되는 방법과 비슷하다. 따라서 엔지니어는 법률가와 쉽게 대화할 수 있으며, 안전, 윤리, 배상책임 등에 관한 법률가의 관심사항을 설계 프로세스에 쉽게 적용할 수 있다.

영업 관리자

영업 관리자는 이미지와 스타일의 대가이다. 영업 관리자의 일은 회사제품을 일반 대중에게 판매하고 자사 제품이 경쟁사 제품보다 우수하다는 것을 사람들에게 설득시키는 것이다. 영업 관리자는 우수한 의사소통 기술, 경제에 관한 지식, 구매 결정 요인에 대한 이해 등을 갖추고 있다. 엔지니어는 훈련의 한 부분으로 설계의 모든 측면을 경험하였으므로 영업 관리자와 쉽게 의사소통할 수 있다. 엔지니어는 훈련 과정을 통해 기술적 문제뿐만 아니라 제품의 외관,

인간-기계 인터페이스, 내구성, 안전성, 사용 용이성 등에도 관심을 갖는다. 이러한 중요한 문제들에 대한 친숙성으로 인해 엔지니어는 영업 관리자가 제품에 대해 또 제품이 어떻게 동작하는지 이해하는 데 도움을 줄 수 있다. 엔지니어는 설계된 제품에 대해 일반 대중이 무엇을 원하는지에 대한 영업 관리자의 관심에 답해줄 수 있다.

대표/CEO

기업의 CEO는 MBA나 그 이상의 학위를 소지하고 있을 것이며 기업 재무에 대한 오랜 경험을 갖고 있을 것이다. CEO는 경제 전반과 회사가 추구해야 할 미래 시장, 또는 해외 공장 건설 여부 등에 대해 고민하고 있을 수도 있다. 엔지니어가 참여하고 있는 프로젝트의 재정 지원을 어떻게 할지 결정하는 것은 CEO이며, 진행 상황에 대해서도 CEO에게 계속 보고할 필요가 있다. CEO는 또한 새로운 기술이나 제품 개념에 대한 타당성에 대해 엔지니어에게 질문할 수도 있다. 이익과 손실, 원가 도출, 통계, 예측 등의 개념은 공학 프로그램에서 배우는 미적분학, 통계학, 경제학 등에 밀접하게 연관되어 있으므로 엔지니어는 쉽게 CEO와 대화할 수 있을 것이다. 또한 엔지니어는 하나 이상의 공학 수업에서 스프레드시트 사용 방법을 배우며, 따라서 CEO가 원하는 정보의 해석이나 제공에도 어려움을 겪지 않을 것이다. 또한 엔지니어는 프로젝트가 회사의 재무건전성에 어떤 영향을 미칠 것인지에 대해서도 쉽게 설명할 수 있다.

1.4 공학: 기술의 집합체

성공적인 엔지니어가 되기 위해서는 기술적, 이론적, 실용적 경쟁력을 갖추어야 하며, 또한 조직, 의사소통, 문서작성 등에도 능통해야 한다. 공학의 토대가 되고 있는 특히 중요한 세 가지 자질은 **지식**, **경험**, 그리고 **직관**이다. 이러한 재능들이 전부라고는 할 수 없겠지만, 유능한 엔지니어에게는 대단히 중요한 것들이다.

1.4.1 지식

지식이란 엔지니어가 전략의 작성, 시스템의 분석, 결과의 예측 등에 이용할 수 있는 사실, 과학적 원리, 수학적 도구 등의 집합체를 말한다. 엔지니어는 갖고 있는 지식을 통해 사물의 동작 방식에 대해 깊게 이해할 수 있다. (물리학, 화학, 생물학 등의) 자연과학은 엔지니어가 물리적 세계를 이해하는 데 도움을 준다. 수학은 서로 다른 학문들을 연결하고 모국어나 문화적 배경에 관계없이 누구나 이해할 수 있는 보편성 있는 기술적 언어이다. 개별 공학 분야는 자체의 지식 집합체를 갖고 있지만, 한 분야의 엔지니어는 다른 분야의 주제들도 배운다. 모든 엔지니어들에 공통된 지식 영역에는 역학, 회로, 재료과학, 컴퓨터 프로그래밍 등이 포함된다.

공학도로서 왜 자신의 희망 진로와 무관한 것처럼 보이는 과목들을 배워야하는지 질문을 가질 수 있을 것이다. 경험 있는 엔지니어라면 누구나 그와 같은 질문에 대해 다음과 같이 대답해줄 수 있을 것이다. 엔지니어들은 여러 주제 영역에 대한 기초 지식이 필수적인 다중전공 영역에서 일하게 된다는 것이다. 그러한 사례는 풍부하다. 기계 엔지니어와 컴퓨터 엔지니어들은 전기 회로를 이용한다. 전기 엔지니어들은 물리적 구조를 구축하며, 생명의료 전자장치를 설계한다. 항공 엔지니어들은 소프트웨어 시스템을 이용하며, 소재에 관한 지식을 필요로 한다. 소프트웨어 엔지니어들은 도시 인프라 시스템을 설계한다. 다른 엔지니어의 분야를 이해하는 것은 학제적 의사소통과 설계의 고도화에서 대단히 중요하다.

정규 교육이 엔지니어의 훈련과정에서 중요한 부분이지만, 유능한 엔지니어는 현장 훈련과 평생 학습 및 탐색을 통해 지식을 얻기도 한다. 수선이나 수리, 실험, 장치 동작 방식을 이해하기 위한 분해 등도 공학 지식을 얻는 중요한 원천이 된다. 어린 시절 장난감의 분해, 모형의 조립, 컴퓨터 게임의 작성, 웹페이지 구축 등의 경험이 있거나 제작 세트, 장신구 제작 키트, 망치, 못, 접착제 총, 그림 걸개, 라디오, 자전거, 자동차 등을 가지고 논 경험이 있다면, 자신도 모르게 공학 지식을 획득하는 여정을 이미 시작한 것이다. 직업적 엔지니어들이 하는 일도 비슷하다. 설계 프로젝트의 모든 측면에 참여하고, 최신의 기술들을 파악하고, 직업 개발 과정을 이수하고, 실세계의 문제들을 해결함으로써 현직 엔지니어들도 뒤떨어지지 않고 경쟁력을 유지한다.

1.4.2 경험

경험이란 엔지니어가 문제 해결에 이용하는 방법, 절차, 기법, 눈대중 등의

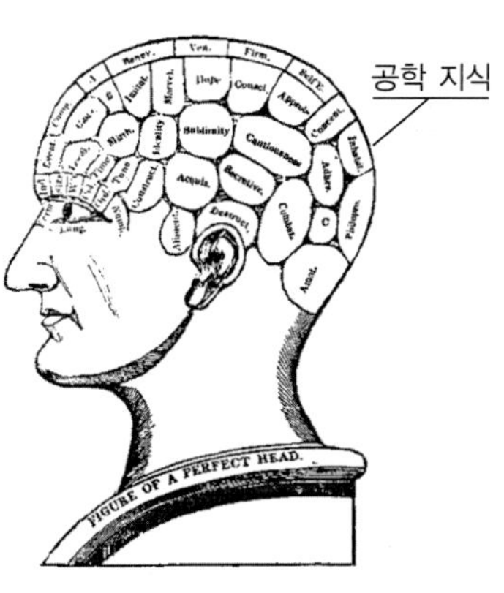

지식은 공학의 중요한 부분이다. (그림 제공: Fermi National Laboratory)

집합체이다. 엔지니어에게 있어 경험을 쌓는 것은 지식을 획득하는 것만큼 중요한 일이다. 학생들에게도 공학적 경험을 쌓을 수 있는 여러 가지 기회가 주어진다. 팀 과제, 실험실 조교, 캡스턴 설계 프로젝트, 방학기간의 단기 직업, 교수실험실에서의 연구 등은 공학적 경험의 중요한 기회가 될 수 있다. 현장 훈련도 귀중한 직업적 경험을 얻을 수 있는 좋은 방법이다. 많은 공학기업들은 이러한 수요를 인식하고 대학에서 얻을 수 없는 추가적인 경험을 가질 수 있도록 입문 단계의 엔지니어들에게 초보적 훈련을 제공한다. 경험의 축적은 "단련" 과정을 필요로 하는데, 이는 초보 엔지니어가 경험 많은 엔지니어들에게서 조금씩 기술을 배워나가는 과정을 말한다. 방법, 절차, 역사 등에 관한 기업 내 정보들은 때로 엔지니어들 사이에서 구전으로 전해지기도 하며, 신입 엔지니어는 다른 엔지니어들과 함께 일함으로써 이러한 정보를 배울 수 있다. 과거의 실패 사례들도 이렇게 구전되는 중요한 정보이다.

엔지니어는 또한 설계 **실패**를 체험함으로써 귀중한 경험을 얻게 된다. 프로젝트에서 첫 번째 시도가 테스트 과정에서 실패했을 때, 현명한 엔지니어는 이를 배우는 기회로 생각하고 필요한 변경을 위해 이 정보를 이용한다. 또한 프로토타입에 대한 테스트, 실패에 대한 연구, 설계 결정에 따른 결과에 대한 관찰 등을 통해 경험을 축적할 수 있다.

엔지니어는 또한 의사결정을 내릴 때 신뢰성, 비용, 제조 가능성, 인체공학, 시장성 등의 이슈들도 고려해야 한다. 이러한 현실적 제약조건들을 감안하지 않는다면 진정한 경험을 쌓기 어렵다.

1.4.3 직관

직관은 보통 점쟁이, 주식중개인, 야구선수 등에게서 연상되는 특성이다. 그러나 성공적인 엔지니어들도 때때로 직관을 사용한다. 엔지니어에게 직관이란

사진제공: NASA

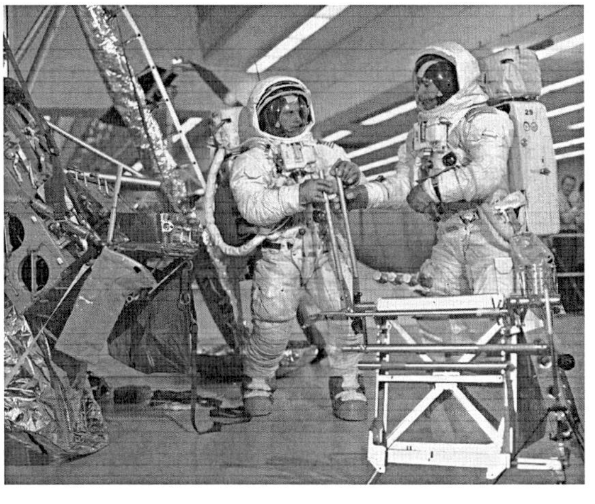

어떤 것이 문제에 대한 해답이 될 수 있을지에 관한 본능적 감각 같은 것을 말한다. 계산기를 쉽게 이용할 수 있는 현시대에 무엇이 합당할지에 대한 직관적 느낌에 의존하기보다는(**예: 컵은 책상만큼 크지는 않을 거야!**) 계산기를 이용한 결과를 통해 올바른 답을 얻는 것이 쉬울 수도 있다(**예: 컵의 부피 계산 결과는 1.7694세제곱미터임**). 비록 직관이 엄밀한 분석과 세심한 설계작업을 대신할 수는 없겠지만, 엔지니어가 여러 선택에 직면하고 명확한 답이 없을 경우 어떤 방식을 따라야 할지 결정하는 데 도움이 될 수 있다. 어떤 것이 성공할 것이고 어떤 것이 실패할지에 대한 직관적 느낌은 광범위한 경험과 지식에 기초하는 것으로 엔지니어가 궁극적으로 성공으로 이끌 경로를 선택하는 것을 도움으로써 많은 시간을 절약시켜 줄 수 있다. 직관이 적용되고 있을 때 엔지니어들이 "이게 맞을 것 같아" 또는 "이게 그럴듯해" 등과 같은 표현을 쓰는 것을 볼 수 있을 것이다.

직관은 설계 경험의 직접적 부산물이며 실무에 실무를 거듭함으로써 얻게 된다. 공학의 많은 부분이 컴퓨터를 통해 이루어지고 있는 정보화시대에 엔지니어들은 모든 문제를 시뮬레이션과 컴퓨터 모델링을 통해 해결하려는 유혹을 받는다. 컴퓨터가 설계 사이클을 크게 단축시키고 공학 관행을 바꾸어온 것은 사실이지만, 이로 인해 제품은 결국 물리적인 현실 세계의 특성을 따라야 한다는 것을 잊게 만들기도 한다. 현실 세계에 관한 직관을 개발하는 것도 공학 교육의 중요한 부분 중 하나이다. 좋은 엔지니어와 뛰어난 엔지니어 사이의 차이는 자연법칙이 설계과정에서 어떻게 작용할지에 대한 직관에 있다. 너무 센 전류로 인해 회로가 과열될 것인가? 마찰로 인해 엔진 동력이 손실되지 않을까? 이 혈암에서 얼마나 많은 석유를 확실하게 추출할 수 있을까? 화장품 신제품 생산량에 맞추기 위해 반응기는 얼마나 커야 하는가? 이 배는 뜰 수 있을까? 이 비행선은 날 수 있을까? 직관의 개발을 공학 교육의 핵심 목표로 삼아야 한다.

자신의 경험에 비추어 이미 어느 정도의 직관을 갖추고 있는지 확인해보라. 무슨 일이 일어날지 알아보기 위해 컴퓨터 설정을 변경한 적이 있는가? 집에 있는 자동차의 전면 덮개를 열어 그 속에 무엇이 있는지 살펴본 적이 있는가? 자전거 기어를 조정해본 적이 있는가? 키트의 조립이나 원재료에서 과학

과제물을 제작해본 적이 있는가? 새장을 만들어본 적이 있는가? 이러한 작업 각각은 직관의 형성에 도움이 된다. 다른 엔지니어들이 컴퓨터 보드 상에 컴포넌트들을 배치하는 방식을 관찰하는 것은 하드웨어 설계 기법에 익숙해지도록 해줄 것이다. 자전거의 기어나 브레이크를 조정하는 작업을 통해 강도와 내구성 대 무게와 같이 상충되는 요소들에 대한 절충의 의미를 이해할 수 있다. 새장을 만들어보면 구조공학의 핵심이 되는 기하학적 원리들에 익숙해질 것이다. 도구들의 사용법에 익숙해지면 자신의 설계상 결정이 제조과정에 어떤 영향을 미칠지에 대해 더 잘 이해할 수 있게 된다. 반복, 테스트, 세부사항에 대한 조심스런 접근, 경험 많은 엔지니어와의 작업, 자신의 분야에 대한 헌신 등은 설계에 대한 직관 개발의 핵심이다. 최선의 설계에 대한 직관 형성 방법은 "설계의 실행" 즉, 실제 제품을 설계하는 것이다.

직업적 성공의 비결: 학생이 경험을 얻는 방법

이 장에서는 엔지니어의 삶에서 경험의 중요성을 강조하고 있다. 대학에 재학 중인 동안에도 설계 경험을 쌓을 수 있다. 자신의 소속 대학에 기업-대학 협동 프로그램이 있을 경우 그러한 프로그램이 엔지니어로서 경험을 쌓을 훌륭한 방법이다. 대개의 기업-대학 협동 프로그램은 6개월에서 12개월 정도의 기간 동안 학생을 공학기업에 인턴으로 배정한다. 인턴에게는 CAD(computer-aided design), 소프트웨어 개발, 제품 프로토타입 제작, 테스트, 실험, 기타 작업 등이 배정될 것이다. 인턴들은 회사업무가 어떻게 돌아가는지 보게 될 것이며, 회사 입장에서는 장차 고용 여부를 판단하기 위해 인턴들을 평가할 것이다. 더욱이 인턴으로 근무하는 시간에 대해 급여를 받게 된다.

또한 학생들은 교내 연구실험실에 근무함으로써 귀중한 경험을 쌓을 수도 있다. 대부분의 교수들은 열심인 학부생들을 자신의 연구실험실에 받아들이는 일을 기뻐할 것이다. 대부분의 대학에서는 학과별 홈페이지에 교수들의 연구 관심 분야 목록을 포함하고 있다. 관심 있게 수강한 교수의 연구 활동들에 대해 파악하고, 그 교수 연구실험실에 사람이 필요한지 질문하기를 주저하지 말라. 많은 교수들은 산업체나 정부에서 연구기금을 지원 받고 있으므로 일한 시간만큼 시급을 받거나 약간의 장학금을 받을 수도 있다. 연구실험실에서 학부생들은 실험의 준비, 회로 연결, 프로그램 작성, 데이터 기록, 시험용 샘플 준비, 대학원생 보조 등의 작업을 배정받을 수 있다.

핵심 용어

경력(Career)	공학(Engineering)	직관(Intuition)
지식(Knowledge)	관리(Management)	전문직(Profession)

CHAPTER 2

설계란 무엇인가?

목표

이 장에서는 다음과 같은 내용을 다룬다.

- 공학설계 프로세스
- 설계, 분석, 복제 사이의 차이
- 좋은 설계와 나쁜 설계 사이의 차이
- 설계 사이클의 요소들
- 브레인스토밍을 통한 아이디어 창출 방법

산업혁명의 시작 이후 엔지니어들은 삶의 질을 향상시키는 데에 대단한 기여를 해왔다. 자동차, 자전거, 비행기, 우주 탐험, 디지털 통신, 인터넷, 구명 의료장치, 다양한 오락장비, 국제 해운망, 국제 수송체계, 연료 기반 시설, 국가 전력망, 휴대폰 망, 팩스장치, GPS 등은 모두 공학설계의 산출물이라는 공통된 특징을 갖고 있다. 설계는 어떤 필요성을 충족시키는 것을 목표로 하는 모든 활동으로 정의할 수 있다. 설계의 대상은 기계나 건물과 같은 물리적 장치일 수도 있으며, 소프트웨어 프로그램, 운영체제, 웹 인프라, 제조방법, 공정 제어 등과 같이 무형적인 것일 수도 있다. 공학 직업에서 "설계"란 "엔지니어가 하는 일"이라고 표현할 수도 있다.

2.1 "설계"라는 단어의 사용

"설계"라는 단어의 일반 사전적 정의는 아래와 같이 메리엄-웹스터 온라인 사전 같은 곳에서 쉽게 찾아볼 수 있다[1]:

설계(design): 계획에 따라 창안, 스타일 지정, 실행, 또는 구축하기

그러나 이 책에서 "설계(design)"라는 단어에는 공학 직무에 적절한 구체적 의미를 부여할 것이다. 설계는 동사적 의미로 사용될 수도 있고(**예: 피자를 같은 크기의 다섯 조각으로 자를 수 있는 장치를 설계하라**), 창안 과정 자체를 정의하는 명사적 의미로 사용할 수도 있다(**예: 설계 학습은 공학교육의 중요한 부분이다**.). 또는 "설계"라는 단어가 공학 작업의 최종 결과물을

[1] 메리엄-웹스터 온라인(www.m-w.com)

가리키는 명사적 의미로 사용될 수도 있다(**예: 그 설계는 성공작이었으며 고객의 명세사항들을 충족하였다.**). 이 단어는 또한 형용사로 사용될 수도 있다(**예: 이 책은 설계 프로세스를 공부하는 데 도움이 될 것이다.**).

때로 특정 설계 프로세스의 최종 목표를 기술하기 위한 단어를 필요로 하며, 이러한 용도로 "**결과물(product)**"이란 단어를 일반적 의미로 사용할 수 있으며, 이 경우 설계 결과물이 꼭 판매용 제품임을 의미하는 것은 아니다. 때로 "**장치(device)**"라는 단어가 설계 작업의 결과를 나타내기 위해 사용될 수도 있는데, 이때에도 그 결과물이 꼭 물리적 기계장치를 의미하는 것은 아니다. 따라서 결과물이나 장치라는 단어들은 꼭 유형의 물체뿐만 아니라 시스템, 절차, 프로세스, 소프트웨어 등에도 적용될 수 있다.

명사:
THE DESIGN

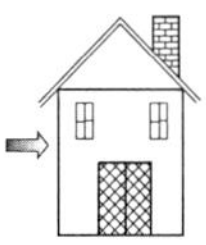

2.2 분석, 설계, 복제 사이의 차이

공과대학 학생들은 종종 **분석(analysis)**, **설계(design)**, **복제(replication)**를 혼동한다. 물리나 화학 같은 과학 수업에서 학생들은 데이터의 도출 및 평가, 결과 보고서 작성 등을 수행한다. 이러한 프로세스는 **분석**에 해당한다. 또한 "분석"이라는 단어는 실험 결과를 예측하거나 확인하기 위해 수학을 사용할 경우에도 적용할 수 있다. 이와는 대조적으로 공과대학 학생들은 종종 **설계**를 수행한다. 설계는 타당한 해답이 둘 이상 존재할 수 있는 자유해답형 프로세스이며, 설계의 목표는 가능한 최선의 해답에 접근하는 것이다. 여기에서 "최선"이라는 표현에는 비용, 정확도, 안정성, 안전성, 실현가능성 등 다양한 요소가 포함되어 있다. 엔지니어는 어떤 물리적 현상의 배경을 설명할 수 있는 비밀을 찾아내는 일보다는 사전 결정되어 있는 명세사항들의 충족을 목표로 한다. 분석과 설계의 차이는 다음과 같이 정의될 수 있다. 퍼즐 조각을 맞추는 방식으로 답을 찾을 수 있다면, 그와 같은 활동은 분석에 해당되기 쉽다. 예를 들면, 데이터를 처리하고 이론의 시험에 그 결과를 사용하는 것은 분석에 해당된다. 반면 둘 이상의 해답이 존재하고 적절한 경로를 선택하는 일이 창의성, 선택, 시험, 반복, 평가 등을 요할 경우, 그와 같은 활동은 설계에 해당되기 쉽다. 설계에는 종종 분석을 하나의 단계로 포함하기도 하지만, 설계에는 반드시 핵심 요소로 창의성과 선택을 포함하게 된다.

형용사:
"The Design Product"

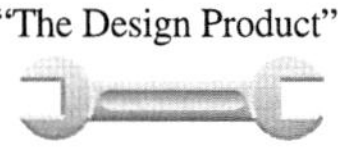

분석과 설계 사이의 차이를 보여주는 예는 그림 2.1에서 나타내고 있는 기상감시용 부표에서 찾아볼 수 있다. NOAA(National Oceanic and Atmospheric Administration; 해양대기국)에서 미국 전역의 해안과 수로에 걸쳐 유지하고 있는 이러한 원격 제어 측량점들은 해상작업자들에 중요한 데이터를 제공한다. 이러한 부표들로부터의 데이터를 처리하여 기상 예측에 사용하는 것은 분석의 예에 해당한다. NOAA의 명세를 만족하는 부표를 어떻게 **제작할** 것인지 결정

그림 2.1
NOAA 기상 부표를 제작하는 일은 공학설계를 요한다. 부표들로부터의 데이터를 해석하는 것은 분석에 관련된 일이다. (사진제공: NOAA)

하는 일은 설계의 예에 해당한다.

그림 2.2의 장치에서 분석과 설계의 차이를 보여주는 또 다른 예를 찾아볼 수 있다. **라일건(Lyle gun)**은 19세기 말 미국 정보의 요청으로 라일(David A. Lyle)이라는 엔지니어가 발명한 것이다. 이 장치는 암초가 많은 대서양 연안에서 좌초된 선박에 구조 밧줄을 발사할 때 사용된다. 선박들이 현대식 항법장치를 이용하지 않고 운항하던 시절 일종의 평범한 대포와 같은 모습의 라일건이 수많은 생명을 구했다. 라일건은 좌초된 배를 향해 밧줄 달린 구명부이를 발사하는 방식으로 동작한다. 구명부이에 달린 밧줄은 선박에서 해안까지 연결될 고강도 케이블을 잇는데 사용된다. 선원들은 케이블에 달린 바구니에 들어가서 해안 쪽으로 당겨진다. 라일건에서 가장 중요한 것은 발사된 구명부이 투사체가 성공적으로 목표에 도달하는 것이다.

그림 2.2
암초가 많은 대서양 연안을 따라 운항하는 선박에 구조용 밧줄을 발사하기 위해 사용되는 라일건

분석

라일건의 개발은 당연히 많은 공학설계를 포함하고 있지만, 라일건 개발에서 핵심적 부분의 하나인 밧줄달린 발사체의 *x*-*y* 궤적을 결정하는 것은 분석 문제이다.

라일건은 발사시점에만 구명부이에 충격력을 가하며, 이때 초기 x 방향 및 y 방향 속도인 V_x와 V_y가 정해진다. 그 이후 구명부이는 중력, 공기 저항, 밧줄의 끌림 등의 힘들을 반영하는 자유 궤적을 따라 움직인다. 문제 개요 파악을 돕기 위해 우선은 분석에서 공기 저항과 밧줄의 끌림 부분은 무시하기로 하자(실제 공학 프로젝트에서는 이와 같은 부차적인 힘들에 대해서도 이들의 영향이 무시해도 좋을 정도로 작다는 사실이 확립되어 있지 않는 한 이러한 힘들을 무시하지 않을 것이다.). 이러한 부차적인 힘들을 무시할 경우 초기 발사 후에는 물리 법칙에 따라 x 방향의 힘은 구명부이에 작용하지 않으며 중력으로 인한 y 방향의 힘만 작용할 것임을 알 수 있다. 따라서 구명부이의 x 방향 속도는 변하지 않는다. 그러나 y 방향의 속도는 중력의 효과로 인해 변화할 것이다.

라일건을 빠져나갈 때 투사체의 초기 속도 요소들을 V_{x0}와 V_{y0}로 표시한다면, $t = 0$에서 발사한 후 $t > 0$일 때의 상황은 다음 방정식들로 표현될 수 있다.

$$\mathbf{F} = m\mathbf{a} \tag{2.1}$$

$$v_x = V_{x0} \tag{2.2}$$

그리고

$$v_y = V_{y0} - gt \tag{2.3}$$

미적분에 익숙한 독자라면, 방정식 (2.3)은 뉴턴의 운동법칙 $\mathbf{F} = m\mathbf{a}$를 적분하여 얻은 것임을 알 수 있을 것이다(미적분에 익숙하지 않은 독자들도 걱정할 필요는 없다. 여기서의 분석은 방정식 (2.2)와 (2.3)에서 진행할 것이다.).

여기서 g는 중력 계수(9.8 m/s^2)를 나타내며, t에 사용되는 단위는 초이다. 실제 상황에서는 라일건의 성능이 주어지므로 구명부이의 전체 초기 속도 V_0와 발사각 θ(수평선을 기준함) 등은 조절할 수 있다. 이 값들은 다음 방정식들에 의해 초기 속도의 x 요소와 y 요소를 구하기 위해 사용될 수 있다.

$$V_{x0} = V_0 \cos\theta \tag{2.4}$$

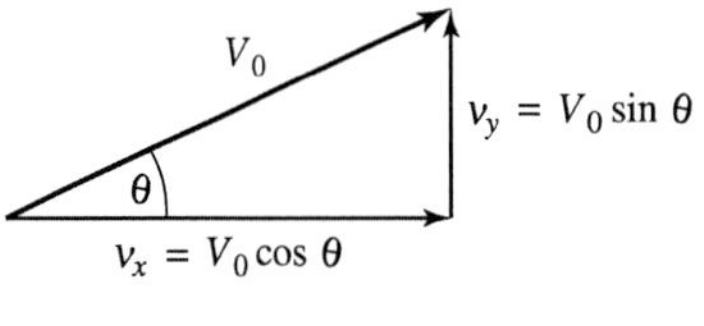

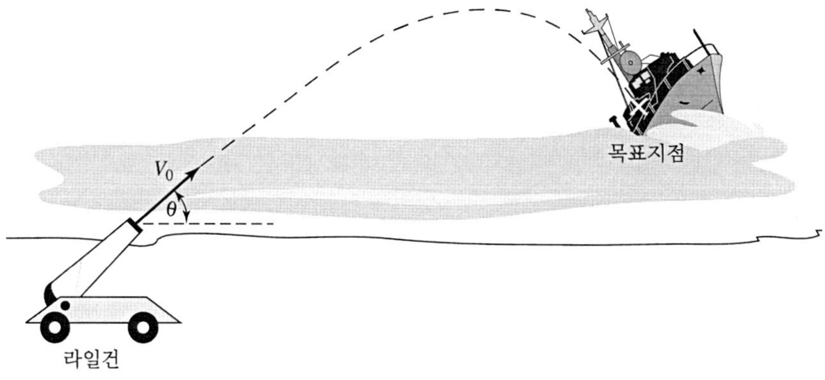

그림 2.3
라일건은 목표지점을 향한 궤적을 따라 투사체를 보낸다. 목표지점을 맞히기 위해 필요한 매개변수의 계산은 분석의 예이다. 이러한 장치에 대한 최선의 제작 방법을 결정하는 것은 설계의 예이다.

그리고

$$V_{y0} = V_0 \sin\theta \tag{2.5}$$

여기에서 $t = 0$일 때의 V_{x0}와 V_{y0}는 다음 방정식에 의해 V_0와의 관계가 정해진다.

$$V_0^{\ 2} = V_{x0}^{\ 2} + V_{y0}^{\ 2} \tag{2.6}$$

이상의 정보를 이용하여 구명부이의 궤적과 착륙지점을 정확히 분석할 수 있다. 구명부이의 발사 속도 V_0와 발사각 θ는 라일건 사용자가 화약의 양과 포신 기울기를 조정함으로써 설정된다. 그림 2.3에서 보이고 있듯이 사용자는 먼저 목표지점을 선택한 다음(아마 목표지점은 좌초 선박에서 대기 중인 구명부이를 기다리는 사람일 것이다), 구명부이가 목표지점을 맞히도록 V_0와 θ를 조정해야 한다. 비록 이 절차가 의사결정(**목표지점이 어디가 되어야 하는가?**)과 매개변수의 설정(**V_0과 θ 값은 얼마로 선택할 것인가?**)을 포함하고 둘 이상의 해답을 가질 수도 있지만, 이 절차 자체는 분석일 뿐이며 설계 작업을 포함하지는 않는다.

설계

투사체의 궤적을 분석하는 문제와는 달리 구명부이 투척장치를 **어떻게 제작할 것인지** 결정하는 것은 분명히 설계에 관련된 작업이다. 이러한 장치를 제작하는 방법은 여러 가지가 있을 수 있으며, 설계자는 어떤 방법이 최선인지 결정해야 한다. 대포 받침대는 나무로 만들어야 하는가? 금속으로 만들어야 하는가? 나무 받침대는 가벼워 운반하기 쉽겠지만, 금속 받침대는 튼튼해서 망가질 가능성이 낮을 것이다. 나무는 썩을 수 있으며 쇠는 녹슬 수 있다. 연결 케이블 지지대는 H자 형태가 좋을까? X자 형태가 좋을까? 구명부이의 크기는? 대포는 바퀴 위에 두어야 하나? 미는 판 위에 두어야 하나? 이러한 질문들에 대답하기 위해서는 실험, 분석, 테스트, 평가, 수정 등의 작업과 창의성을 요하며, 이 모든 것들은 설계 프로세스를 구성하는 요소들이다.

그림 2.4
이러한 노트북컴퓨터와 같은 공학 장치들은 복제 과정을 통해 대량 생산된다.

복제

앞의 예는 분석과 설계의 차이를 설명하기 위한 것이다. 구체적으로 표현하면, 분석은 구명부이의 궤적을 결정하기 위해 필요한 수학 작업을 수행하는 것인 반면, 설계는 사용자의 필요와 명세를 충족시키기 위해 라일건 자체를 만드는 작업에 관한 것이다. 반면에 **복제(replication)**라는 단어는 이미 설계된 것을 재창조하는 과정을 가리킨다. 복제에는 정확히 재생산하는 경우도 있고 결과가 이미 알려져 있는 약간의 수정을 포함하는 경우도 있다. 예를 들면, 이미 만들어져 있는 회로 보드, 디스크드라이브, 메모리 모듈, 디스플레이 스크린 등의 부품을 사용하여 그림 2.4의 노트북컴퓨터를 조립하는 일에 약간의 선택이 포함될 수는 있지만, 설계 작업의 대부분은 이미 다른 엔지니어에 의해 완료되어 있다. 이러한 조립 작업은 일종의 복제에 해당한다. 마찬가지로 새장 조립 세트를 구입하여 새장을 만드는 일도 복제일 뿐이며 설계를 포함하지는 않는다. 복제는 공학의 중요한 한 부분이며 제조의 핵심에 해당하지만, 진정한 설계에서와 같은 기술과 도구들을 필요로 하지는 않는다.

예 제 2.1

궤도 분석[2]

방정식 (2.2)와 (2.3)은 초기 발사 후의 라일건 구명부이의 이동을 기술한다. 초기 속도 V_0와 발사각 θ가 주어지면, 이 방정식을 이용하여 구명부이의 좌표 $x(t)$, $y(t)$를 시간에 대한 함수로 구할 수 있다. 이 문제에 대한 해석적 해답을 구하는 기법은 투사체 좌표 $x(t)$, $y(t)$가 속도 요소에 대해 다음과 같은 미분함수들로 연결되므로 미적분학을 이용한다.

$$v_x(t) = \frac{dx}{dt} \tag{2.7}$$

그리고

[2] 미적분학에 익숙하지 않은 독자들은 이 예제를 건너뛰어도 무방하다.

$$v_y(t) = \frac{dy}{dt} \tag{2.8}$$

이러한 종류의 방정식들은 대부분의 공대생들이 수강하는 수학과목들에서 다루지만, 1학년 학생들 중에는 이러한 방정식을 풀기 위한 수학 지식을 갖추지 못한 학생들도 다수 있을 것이다. 따라서 여기에서는 다음과 같이 $x(t)$, $y(t)$를 위한 적분 해법을 제시하는 것으로 끝낸다.

$$x(t) = V_{x0}\, t \tag{2.9}$$

그리고

$$y(t) = V_{y0}\, t - \frac{1}{2} g t^2 \tag{2.10}$$

미적분학을 사용하지 않고 투사체 좌표 $x(t)$, $y(t)$를 구하는 방법은 컴퓨터를 사용하여 방정식을 반복적으로 계산하는 것이며, 이 예제에서는 그 방법을 설명하기로 한다. 그러한 프로그램을 작성하기 위해 기본적인 계산 순서를 살펴보면 그림 2.5의 순서도에서 보이는 바와 같다.

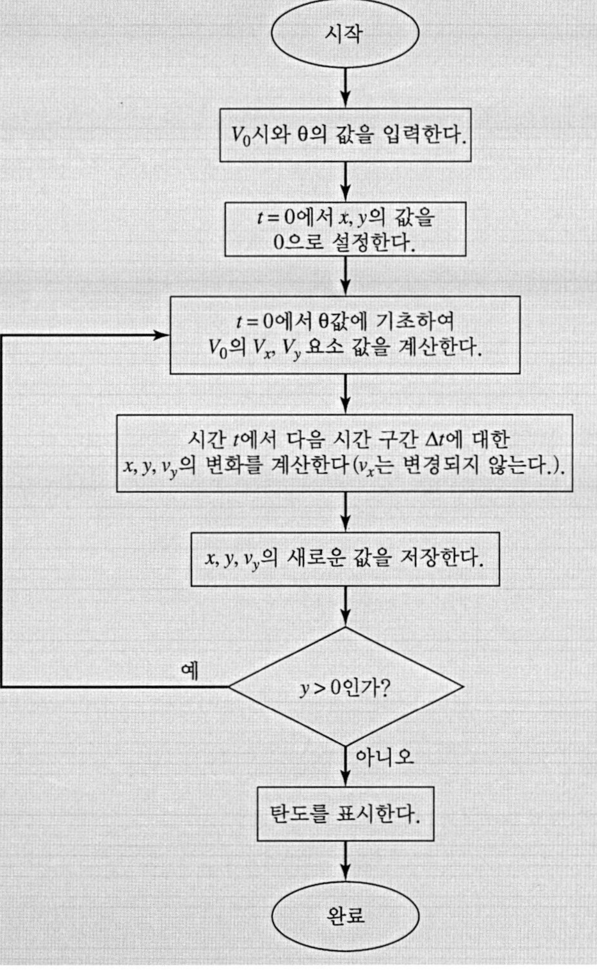

그림 2.5
방정식 (2.7), (2.8)을 이용한 반복적 해법을 위한 순서도. 이 해법에서는 미리 초기 속도 V_0와 발사각 θ가 주어져야 한다.

그림 2.5의 순서도를 구현한 코드 리스팅은 엑셀과 같은 스프레드시트를 사용하여 작성될 수 있으며, 또한 MATLAB, Mathematica와 같은 도구나 C++ 같은 프로그래밍 언어들 중 하나를 사용하여 해결할 수도 있다. 아래에 스프레드시트를 사용한 해법을 보이고 있다. 열 B와 열 C의 셀 내용에 해당하는 값은 각기 열 E와 열 F에 보이고 있다. 스프레드시트의 각 열은 열 A에 들어 있는 시간 값에 기초한 계산을 나타낸다. *x* 좌표 값과 *y* 좌표 값에 기초한 궤적의 모양은 그림 2.6에서 보이고 있다.

	A	B	C	D	E	F
1	부표 궤적 계산					
2	V_0	15	발사 속도 (m/s)			
3	theta	60	발사각 (도)			
4	dt	0.1	시간 증가분 (m/s)			
5	V_{x0}	7.51	m/s			
6	V_{y0}	12.99	m/s			
7	g	−9.8	중력 계수			
8	pi	3.14	π			
9					Cell Contents	
10	시간 (ms)	x-좌표	y-좌표		x-좌표	y-좌표
11	0.00	0.00	0.00		V_{x0}*A11	V_{y0}*A11 + 0.5*g*A11^2
12	0.10	0.75	1.25		V_{x0}*A12	V_{y0}*A12 + 0.5*g*A12^2
13	0.20	1.50	2.40		V_{x0}*A13	V_{y0}*A13 + 0.5*g*A13^2
14	0.30	2.25	3.45			
15	0.40	3.00	4.41		:	:
16	0.50	3.75	5.27			
17	0.60	4.50	6.03			
18	0.70	5.25	6.69			
19	0.80	6.01	7.25			
20	0.90	6.76	7.72			
21	1.00	7.51	8.09			
22	1.10	8.26	8.36			
23	1.20	9.01	8.53			
24	1.30	9.76	8.60			
25	1.40	10.51	8.58			
26	1.50	11.26	8.45			
27	1.60	12.01	8.23			
28	1.70	12.76	7.92			
29	1.80	13.51	7.50			
30	1.90	14.26	6.99			
31	2.00	15.01	6.37			
32	2.10	15.76	5.66			
33	2.20	16.52	4.85			
34	2.30	17.27	3.95			
35	2.40	18.02	2.94		:	:
36	2.50	18.77	1.84		V_{x0}*A36	V_{y0}*A36 + 0.5*g*A36^2
37	2.60	19.52	0.64		V_{x0}*A37	V_{y0}*A37 + 0.5*g*A37^2
	2.70	20.27	−0.66			

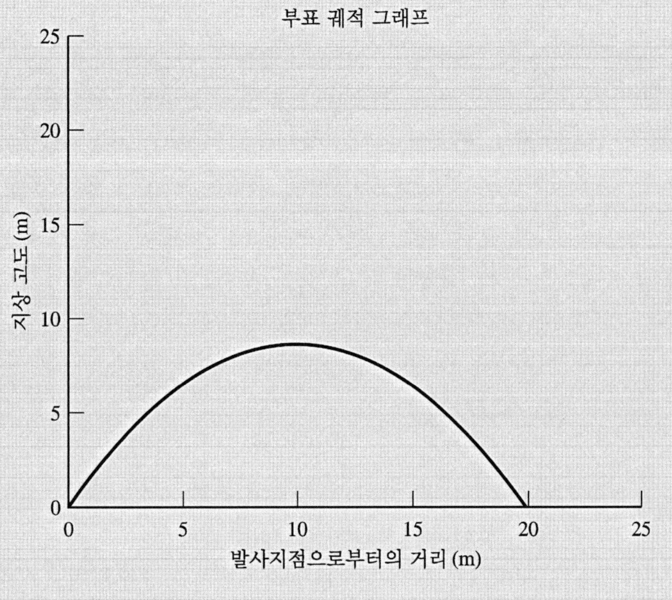

그림 2.6
V_0 = 15m/s, θ = 60°일 경우 그림 2.5의 계산 결과

연습문제

1번에서 25번까지의 문항에 대해서는 제시된 작업이 분석, 설계, 복제 중 어느 것에 해당하는지 표시하라.

1. 두 도시 사이의 최선의 육로 여행 경로를 찾아라.
2. 탄산화 압력을 가장 많이 견딜 수 있는 소다 병의 모양을 구하라.
3. 베이글 빵을 썰 때 손을 다치지 않게 해줄 방법을 찾아라.
4. 24개 들이 상자의 부피를 최소화할 수 있는 16 온스 수프 캔의 크기를 구하라.
5. 안전하게 핸즈프리로 이용할 수 있는 휴대폰 장착 방법을 찾아라.
6. 콘퍼런스 참석자들에게 나누어 줄 개인별 바코드 배지를 제작할 방법을 찾아라.
7. 탑승 시간을 최소화할 수 있는 항공기 승객 좌석배치 방법을 찾아라.
8. 바퀴 달린 카트가 없는 대륙횡단 여객기에서 식사 배급 방법을 찾아라.
9. 로비에 배치된 터치스크린에서 쉽게 이용할 수 있도록 건물디렉터리 정보를 저장할 방법을 찾아라.
10. 전국규모 선거에서 해킹에 안전한 투표 집계 방법을 찾아라.
11. GPS 수신기를 사용하여 도시 도로를 따라 거리청소차를 자동으로 운행하기 위한 방법을 찾아라.
12. 드라이브인 카센터에서 오일교환 서비스를 자동화하기 위한 방법을 찾아라.

13. 식별용 팔목 밴드를 차고 있는 병원환자에게서 추출한 혈액 샘플에 자동적으로 라벨을 붙이기 위한 방법을 찾아라.
14. 전화를 이용하여 거주자가 없는 휴양지 주택의 온도를 확인하기 위한 방법을 찾아라.
15. 세는 법을 가르치기 위해 사용할 어린이 장난감을 개발하라.
16. 이전에 만들어둔 신체 치수 데이터베이스에 기초하여 개별 고객을 위한 셔츠 맞춤복을 만드는 장치를 개발하라.
17. 시간을 기준으로 신문 배달 경로를 최적화하기 위한 시스템을 개발하라.
18. 접혀있는 상태의 일간신문을 가정용 배달을 위한 비닐 백에 넣는 장치를 개발하라.
19. 잔디 씨앗을 일정 면적의 잔디밭에 뿌리기 위한 방법을 찾아라.
20. 노트북컴퓨터 안의 연락처 목록을 무선 방식으로 휴대폰에 다운로드받아 갱신하는 시스템을 개발하라.
21. 텔레마케팅용 전화번호 리스트에서 호출금지번호 등록부(www.donotcall.gov)에 등록되어 있는 번호들을 자동으로 삭제하는 시스템을 개발하라.
22. 사람이 지붕 위에 올라가지 않고도 경사진 지붕널이나 타일의 상태를 점검할 수 있는 방법을 찾아라.
23. 패스트푸드 음식점에서 승차 상태 서비스 창구에서 주문을 처리하기 위한 시스템을 개발하라.
24. 나무 높이를 재지 않고도 가지치기가 필요한 나무 높이를 정할 수 있는 방법을 찾아라.
25. 개별 고객이 원하는 장들을 직접 선택할 수 있는 도서 제작 방법을 찾아라.
26. [고급문제] 방정식 (2.2)와 (2.3)을 직접 풀면 포물선 궤적이 도출된다는 것을 보이라.
27. [고급문제] 투사체의 질량이 그림 2.6의 포물선 궤적에 영향을 미치지 않는 이유는 무엇인가?
28. [고급문제] 초기 속도가 V_0일 때, 거리 x가 최대로 되는 발사각 θ를 구하라.
29. [고급문제] 구명부이 투사체의 목표지점이 100m 거리에 있다고 하자. 5kg의 투사체가 목표지점에 도달하기 위한 그림 2.3의 V_0과 θ의 값 하나를 구하라. 이러한 목적을 달성하기 위해 라일건은 투사체에 얼마만큼의 에너지를 써야 하는가? (힌트: 구명부이가 처음 포구를 떠날 때, 그 운동 에너지는 $mV_0^2/2$이다.)
30. [고급문제] 예제 2.1의 스프레드시트를 수정하여, 그 경로에 기초한 프로그램이 (a) 투사체 높이를 시간의 함수로 표시하고 (b) 수평선에 대해 투사체 속도의 방향이 나타내는 각도를 시간의 함수로 표시하라.

2.3 좋은 설계와 나쁜 설계

수리를 위해 자동차를 정비소에 가져가 본 사람이라면 누구나 좋은 정비공과 나쁜 정비공 사이의 차이를 알 수 있다. 좋은 정비공은 빠른 시간 안에 문제를 진단하고 제대로 고쳐 다시 문제가 발생하지 않게 한다. 나쁜 정비공은 진짜 문제를 찾지 못하고 불필요한 여러 가지 수리를 통해 증상만 숨긴다. 이러한 면에서 엔지니어도 자동차 정비공과 비슷하다. 이 세상에는 좋은 엔지니어도 많고 나쁜 엔지니어도 많다. 엔지니어가 만든 것이라고 해서 반드시 잘 만들어진 것이라는 보장은 없다. 어떤 제품이 처음에 잘 동작한다고 해서 오랫동안 잘 동작하란 법도 없다. 제품에 대한 판단 기준은 제품 특성에 따라 다르겠지만, 대부분의 설계 작업에 대한 성공 여부는 표 2.1에 요약되어 있는 특성들에 의해 판단될 수 있다.

좋은 설계와 나쁜 설계 사이의 차이는 좌초된 선박에서 사람들을 구조하는 일을 돕기 위한 장비를 이용하여 쉽게 설명할 수 있다. 헬리콥터가 없던 시절에 제작된 이 장비는 좌초된 선박을 향해 작은 대포에서 밧줄 달린 투사체를 쏘는 것이었는데, 이 밧줄을 이용하여 배에서 해안 사이의 "즈크 구명부이(breeches buoy)[3]" 줄과 바구니를 이동시킬 수 있었다. 당신이 연안구조대에서 사용할 이 장비를 제작하도록 의뢰받은 ARCC(Apex Rescue Catapult Corporation; 에이펙스 구조용 투척기 회사)를 위해 일한다고 가정하자. 구매자들은 아래의 논의에서 보여주고 있듯이 설계가 양호한지 여부에 기초하여 장비를 판단할 것이다.

표 2.1 좋은 설계와 나쁜 설계의 특성

좋은 설계	나쁜 설계
1. 모든 기술적 요구사항을 충족시킨다.	1. 일부 기술적 요구사항만을 충족시킨다.
2. 항상 제대로 작동된다.	2. 처음에는 제대로 작동되지만 금방 고장을 일으킨다.
3. 비용 요건을 충족시킨다.	3. 예상 비용을 초과한다.
4. 유지보수 노력을 거의 요구하지 않는다.	4. 잦은 정비를 요한다.
5. 안전하다.	5. 사용자에게 위험을 초래한다.
6. 윤리적 딜레마를 발생시키지 않는다.	6. 윤리적 문제를 제기한다.

3 **역주 :** 즈크 구명부이(breeches buoy)는 구명 튜브 안쪽에 몸이 빠지지 않을 정도의 구멍 난 즈크 천 포대가 달려 있어 사람의 몸을 보다 안전하게 지탱해주며, 대개 구명 튜브는 배와 배 사이 또는 배와 해안 사이를 연결하는 케이블에 도르래 등으로 연결되어 사람을 태운 채 이동하게 된다.

1. 이 제품은 기술적 요구사항들을 충족시키고 있는가?

구명부이 발사기가 기술적 요구사항들을 충족시키는지 판단하는 일은 단순한 일인 것처럼 보일 수 있을 것이다. 밧줄 달린 구명부이가 목표지점에 도달하든지 아니면 도달하지 못하든지 둘 중 하나일 것이다. 그러나 성공 여부에 대한 판단 요소는 여러 가지가 될 수 있다. 잘 설계된 발사기는 다양한 무게, 크기, 모양의 구명부이를 수용할 수 있을 것이다. 또 가동이나 반복 사용, 강풍이나 폭우 상황에서 혼자서 작업할 수도 있고 두 사람 이상이 필요할 수도 있다. 조잡하게 설계된 발사장치는 이상적인 조건에서는 잘 작동하지만 한 가지 무게나 모양의 구명부이만 수용할 수도 있다. 강풍이 있을 때는 사용하기 어려울 수도 있고 반복 사용이 어려울 수도 있다. 발사기는 맑은 날씨에는 잘 동작하지만 폭우 시에는 고장을 일으킬 수도 있다.

2. 제품은 제대로 작동되는가?

개발 단계에서 제품을 최초로 테스트할 때 완전무결하게 작동되리라고 기대할 수는 없다. 그러나 고객에게 전달되기 전에는 완전무결하게 작동되어야 한다. 제품은 내구성을 가져야 하며, 현장에서 고장 나서는 안 된다. 구명부이 발사기 예제는 이러한 두 번째 원칙에 대한 훌륭한 예제이다. 나쁜 설계자라도 고객에게 처음 전달되었을 때 명세를 충족시킬 수 있는 발사기를 만들 수는 있다. ARCC는 저렴한 알루미늄을 사용하여 싸구려 포를 제작하고 나무와 못을 사용한 받침대를 만들 수 있다. 또한 나쁜 설계자라면 발사기를 대충 만들고 기존의 포에 새로운 기능들을 이전의 기능들과의 상호작용에 대한 고려 없이 추가할 것이다. 그와 같은 발사기도 전달 후 검수를 통과하고 연습 기간 동안 투사체를 발사할 수도 있겠지만, 실제 구조 작업에 투입되었을 때 밧줄이 닳아 있거나 포신에 균열이 생겨 있거나 격발장치가 망가져 있을 수도 있다. 몇 번의 사용 후에 잘못 설계된 골조가 약해져서 특히 어려운 구조 작업 동안에 장치가 망가질 수도 있다. 이러한 결함은 구조를 기다리는 선원들에게 큰 재난이 될 수도 있다.

좋은 설계자라면 극심한 기상 조건에서도 장시간의 서비스를 감당할 수 있는 튼튼한 발사기를 개발할 것이다. 이러한 양심적인 엔지니어라면 재료의 선택과 설계 전략의 결정 이전에 다양한 재료, 받침대 구성, 격발장치, 발사장치 등에 대한 테스트를 수행할 것이다. 좋은 엔지니어라면 여러 부품들 사이의 상호작용을 세심하게 고려하면서 통합체로서의 발사기를 설계할 것이다. 이러한 결과로 강도가 높고 비싼 재료가 필요할 것이며 부품의 수가 늘어날 수도 있겠지만, 높은 신뢰성을 제공할 것이며 어려운 여건의 구조작업 동안에도 목표지점을 맞히기를 반복할 수 있을 것이다.

3. 제품은 비용 요건을 충족시키는가?

설계 문제들 중에는 비용과 상관없는 부분도 있지만, 대부분의 경우 비용은 설계 결정에 영향을 미치는 주요 요소 중 하나이다. 종종 기능의 추가와 비용의 추가 사이의 절충이 일어난다. 철로 만든 대포 받침대는 강도가 높은 스테인리스 강철을 사용하여 만든 받침대보다 훨씬 비용이 적게 들 것이다. 고객은 더 높은 비용을 지불할 용의가 있을까? 내구성이 높은 티타늄을 사용하면 더 오래 사용할 수 있을 것이며 무게도 훨씬 가볍겠지만, 과도한 금전적 비용이 발생할 수 있다. 고객은 내구성이 높은 재료로 인한 비용을 부담해줄까? 발사기에 대한 도장은 발사기의 외관과 내구성을 개선시킬 수도 있겠지만, 성능을 향상시키지는 않을 것이다. 고객은 더 높은 비용으로 장비 외관을 개선시키는 것을 원할 것인가? 개선된 외관으로 인해 구조대는 더 높은 직업의식을 느낄 수 있을까? 엔지니어는 설계 과정의 일부로 이와 같은 질문들을 고려해야 한다.

4. 제품은 잦은 유지보수 작업을 필요로 할 것인가?

내구성이 높은 제품은 여러 해 동안 결함 없이 사용될 수 있을 것이다. 내구성은 최종 제품의 가격이 중요할 경우에도 설계 과정에서 반드시 고려해야 할 요소이다. 설계 과정의 각 단계에서 설계자는 비용 절감을 위한 절충이 장차 어떤 부품의 고장으로 이어질 수 있는지 파악해야 한다. 좋은 설계자는 최선을 다해 잠재적 약점들을 제거할 것인 반면, 나쁜 설계자는 제품이 초기 검수만 통과할 수 있다면 이러한 약점들을 무시할 것이다. ARCC가 회사의 명성에 걸맞는 내구성 있는 구조장비를 만들고자 한다면, 시작할 때부터 제품의 설계에 내구성을 반영해야 한다.

5. 제품은 안전한가?

안전성은 상대적으로 측정되는 품질 특성이다. 어떤 제품에서도 완벽하게 위험성을

제거할 수는 없으며, 따라서 "안전한" 제품이란 "안전하지 않은" 제품에 비해 상해를 초래할 확률이 현저하게 낮다는 의미이다. 제품에 안전성을 부여하는 것은 공학설계에서 어려운 작업의 하나인데, 이는 대개 안전성의 제고에 비용이 들기 때문이다. 또한 사고들은 대개 우연성을 띠는 것으로 실제 사고가 일어날 때까지는 잠재적 위험요소를 파악하기가 어려울 수도 있다. 안전하지 않은 제품이라 하더라도 사용자에 따라서는 전혀 해를 입지 않을 수도 있지만, 통계적으로 사용자들이 많아지면 그들 중 일부가 상해를 입을 확률이 높아진다. 대포에 기초한 구명부이 발사장치는 안전성과 비용 사이의 절충을 잘 보여주는 예이다. 발사기는 사람들에게 위험을 초래하지 않으면서 구조에 이용될 수 있을까? 좌초 선박을 향해 구명부이가 발사될 때, 사람이 맞을 가능성도 크지는 않겠지만 있기는 할 것이다. 아마 날아가는 중에 무게를 분산시키도록 구명부이를 설계한다면 사람이 상해를 입을 가능성을 줄일 수 있겠지만, 그와 같은 방식은 투사체가 더 복잡해져 설계 및 제작비용을 증가시킬 것이다. 또한 발사 작업자를 보호하기 위한 기능을 발사장치에 추가할 수 있을 것이다. 방아쇠 보호대, 보호방패, 방아쇠 안전장치 등이 사고성 오발을 방지할 수 있겠지만, 이들로 인해 비용이 증가할 것이며 최종 제품의 사용이 불편해질 수도 있다.

6. 제품은 윤리적 딜레마를 발생시키는가?

생명을 구할 수 있는 장치를 설계하는 일은 당연히 인간을 이롭게 하는 목표처럼 보이지만, 이러한 작업에서도 윤리적 문제가 발생할 수 있다. ARCC는 사람을 돕는 것을 주요 목표의 하나로 삼고 있지만, 회사를 유지하기 위해서는 이익을 남겨야 한다. 자신이 이 회사의 직원이라고 가정해보라. 당신의 상사가 당신에게 싼 재료를 사용하되 이 사실을 고객에게는 알리지 않도록 지시할 경우, 당신은 이러한 지시를 따를 것인가? 아니면 이를 무시할 것인가? 이러한 장치에서 사람의 상해로 이어질 수 있는 심각한 안전성 결함을 발견할 경우, 제품의 수익성을 줄일 것으로 예상되는 고비용의 변경을 고집할 것인가? 또는 아무 말도 하지 않고 그저 잘되기를 바랄 것인가? 제품을 사용하는 것만으로도 사회적 윤리 문제가 제기될 수 있다. 어떤 지역은 다른 지역보다 구조장치 비용을 감당할 여유가 많을 수 있다. 여유 있는 지역에 맞는 고가 정책을 옹호할 것인가? 아니면 누구나 이용할 수 있게 가격을 낮게 책정할 것인가? 이러한 질문들은 결코 단순하지 않지만, 엔지니어들은 항상 유사한 질문들에 직면한다. 엔지니어로서의 훈련의 일부분으로 직무에서 만나는 문제들에 자신의 윤리적 기준을 적용하는 방법을 배워야 한다. 이러한 설계 측면은 가장 배우기 어려운 것 중의 하나이지만, 엔지니어가 되고자 한다면 반드시 숙달해야 한다.

직업적 성공의 비결: 좋은 엔지니어를 멘토로 선택하기

좋은 엔지니어가 될 것인가 나쁜 엔지니어가 될 것인가? 현직 엔지니어들 중 두 종류 모두 찾아볼 수 있으며, 이들을 구별하는 법을 배워야 한다. 학생에서 직업 엔지니어로 전환하는 과정에서 멘토를 찾게 될 가능성이 많다. 이때 공학을 훌륭하게 실행하는 사람을 선택해야 한다. 사물들이 왜 또 어떻게 작동되는지에 대해 본질적 감각을 갖춘 엔지니어를 찾아야 한다. 또한 당신의 윤리관과 일치하는 윤리적 기준을 고수하는 사람을 찾아야 한다. 공식을 외우고 공식의 실제 의미에 대해서는 이해하지 못하면서 숫자를 대입함으로써 설계 결정을 내리는 "공식 의존가"는 피해야 한다. 비전과 창의성을 결여한 엔지니어도 피해야 한다. 또한 무책임하게 지름길을 택하고 안전성을 무시하거나 철저한 테스트 없이 설계 해답을 선택하는 엔지니어도 피해야 한다. 반면에 존경 받고, 경험이 많으며, 높은 경지의 설계를 실행하는 엔지니어를 본받아라. 멘토가 설명을 잘하는 것도 큰 장점이다.

2.4 설계 사이클

설계는 반복성 프로세스이다. 설계 과정에서 변경을 겪지 않고 완성된 제품을 만드는 경우는 드물다. 때로 전체 설계 방식을 버려야 할 수도 있으며, 제품을 처음부터 다시 설계해야 할 수도 있다. 착상에서 완성된 제품으로 진행되는 이벤트들의 순서를 설계 사이클이라고 한다. 설계 사이클의 구체적 단계들은 제품이나 공학 분야에 따라 또는 학부 과정의 설계 수업 강사에 따라 달라질 수 있지만, 대부분의 사이클은 그림 2.7에서 묘사하고 있는 순서와 비슷하다. 다음 절에서는 이 도표를 더 자세히 살펴볼 것이다.

2.4.1 전체적 목표의 설정

새로운 프로젝트에서 설계팀이 가장 먼저 할 일은 전체적 목표를 설정하는 것이다. 이 단계는 빨리 제작하고 테스트하려는 학생들에게는 성가신 일처럼 여겨질 수도 있겠지만, 이것은 설계 과정에서 가장 중요한 단계 중 하나이다. 넓은 관점에서 요구사항들을 살펴봄으로써만 엔지니어는 설계 작업에 관련된 모든 요소들을 파악할 수 있다. 좋은 설계는 기술적 선택만으로 이루어지는 것은 아니다. 예를 들어 새로운 범선을 설계하는 조선 엔지니어를 생각해보자. 설계자는 기술적 제약사항들 외에도 성공적 설계에 반영되어야 하는 미관, 안전성, 비용 등의 요소들을 고려해야 한다. 따라서 엔지니어는 다음과 같은 질문들을

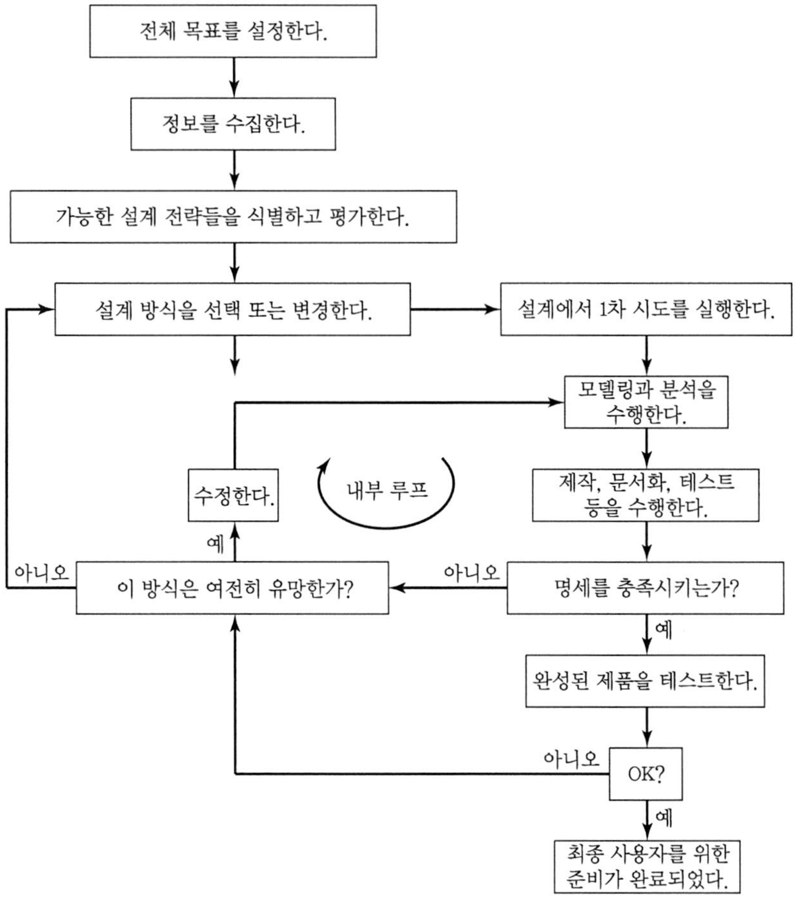

그림 2.7

설계 사이클의 한 버전. 성공적 설계에서는 종종 내부 루프가 나타내는 사이클을 여러 번 반복해야 할 수도 있다. 때로 완성된 제품이 설계 목표를 충족시키지 못할 때 이 사이클에 재진입해야 할 수도 있다.

해야 한다. 누가 제품을 사용할 것인가? 경험 많은 선원이 사용할 것인가 아니면 초보 선원이 사용할 것인가? 최종 사용자가 필요로 하는 것들은 무엇인가? 상업용으로 사용될 것인가 아니면 취미생활에 사용될 것인가? 비용 요소는 어떠한가? 어떤 것이 필수 기능이며 어떤 것이 있으면 좋은 정도의 기능인가? 예를 들어 이 배는 전기 권양기, GPS 운항시스템, 스테레오사운드 시스템 등을 가져야 하는가? 아니면 이들은 단지 불필요한 사치품인가? 제조 관련 제약사항들은 무엇인가? 이 배는 파이버글라스로 만들어야 하는가 아니면 다른 재료를 사용해도 좋은가? 어느 선까지의 위험이 용인될 수 있는가? 설계를 시작할 때 이러한 질문들에 답해두는 것은 설계 과정의 후속 단계들에서 도움이 될 것이다.

2.4.2 정보의 수집

새로운 프로젝트의 초기 단계들에서는 정보를 수집하는 데 많은 시간이 소요된다. 초기 단계에서 관련 기술들에 대해 최대한 파악할 필요가 있다. 비슷한

표 2.2 공학 분야별 간행물

생명과학 기술	수리학 및 기체 역학	기타 간행물
Compliance Engineering	Machine Design	Advanced Manufacturing
Computer Technology Review	Medical Design Technology	Aviation Week and Space Technology
Design News	Plastics Technology	Chemical Engineering/Progress
EDN (Electronic Design News)		Environmental Science and Technology
Electronic Design		Industrial Engineer Magazine
		Medical Electronics Magazine

해법이 이미 존재하는가? 이들로부터 배울 수 있는 것은 무엇인가? 새로 만들 필요 없이 이미 기성품으로 나와 있는 모듈이나 부품들 중에 설계에서 이용할 수 있는 것들이 있는가? 이들에 대해서는 제품설명서, 규격명세서, 이용설명서 등을 웹에서 찾아보라. 이러한 정보를 나중에 쉽게 찾아볼 수 있게 (컴퓨터 상의 또는 인쇄물 형태의) 파일 폴더로 정리하여라. 또한 자신의 프로젝트와 동일한 영역의 기술보고서들이나 프로젝트 보고서들을 찾아보라. 대부분의 부품이나 장치 등에 관한 상세 규격이 회사 웹사이트 등에서 제공될 수도 있다. 이러한 전자적 데이터베이스가 설계 엔지니어를 위한 정보의 주요 원천으로 인쇄된 카탈로그를 많은 부분 대체해오고 있다.

업계 잡지나 학술지의 광고란을 훑어보는 것도 자신의 프로젝트에 관련 있는 상용 제품들에 대한 정보를 얻을 수 있는 좋은 방법이 될 수 있다. 공학 분야마다 그와 같은 간행물이 많으며, 표 2.2에서 대표적인 간행물들을 제시하고 있다. 기술 잡지들에 대한 보다 포괄적인 디렉터리는 www.techexpo.com에서 찾아볼 수 있다.

2.4.3 가능한 설계 전략들에 대한 식별과 평가

설계 사이클 상의 다음 단계는 주어진 설계 목표를 충족시키기 위해 가능한 전략들을 식별하는 일이다. 이 단계에서 설계팀은 대개 전략들을 도출하기 위해 브레인스토밍 세션을 이용한다. 기존의 부품들을 제품에 이용할 것인지 또는 제품을 원점에서 설계할 것인지 등과 같은 다른 의사결정들도 종종 이 단계에서 이루어지기도 한다. 그런 다음 설계팀은 가능한 각 해법들의 장점을 평가하고 더 자세히 조사할 해법을 한 개 이상 선택한다. 이들 중 성공할 가능성이 가장 높아 보이는 방식을 선택한다. 이 선택은 설계 프로세스의 각 단계의 결과에 따라 나중에 변경될 수도 있다.

2.4.4 설계에서의 1차 시도의 실행

일단 설계팀이 유망한 설계 전략을 식별하게 되면 설계에서의 1차 시도를 실행할 시기가 된 것이다. 이 단계는 대개 대략적인 산정 및 추정을 포함한다. 제품이 물리적 항목일 경우 크기, 무게, 사용자 제어사항, 재료, 부품번호, 부품가격 등 관련성 있는 변수들의 값이 시험적으로 선택된다. 소프트웨어 제품의 경우에는 외형, 모듈 단위의 실행 경로, 사용자 인터페이스 등이 초기 시도의 일환으로 정해진다. 설계가 제조 절차 등과 같은 시스템을 포함할 경우, 이 시점에서 전체 순서도가 작성될 수도 있다.

복잡한 시스템의 경우에는 여러 부분으로 나누고, 팀을 나누어 각 부분을 맡아 설계한 다음 이들을 통합하여 완전한 제품을 만들 수도 있다. 이러한 부분들이나 모듈은 전체 시스템을 조립하기 전에 개별적으로 테스트할 수 있도록 설계되어야 한다. 큰 작업을 여러 개의 다루기 쉬운 과제들도 분할함으로써 합성, 테스트, 평가 등이 단순해진다. 팀 단위의 설계 작업에서 모듈 방식은 필수적이다. 예를 들면, 그림 2.8의 자동차에는 엔진, 냉각장치, 전기장치, 서스펜션, 브레이크장치, 차축, 동력전달계통 등의 다양한 부품들이 있으며, 이들은 전체 자동차를 조립하기 전에 각기 따로 설계되어 개별적으로 테스트된다. 개별 부품의 담당자들 사이의 부단한 의사소통이 자동차의 구성요소들이 조화롭게 동작하는 데 대단히 중요하다. 통합된 최종 제품은 개별 부품의 단순한 합 이상이다. 이러한 모듈화 전략은 대형 소프트웨어 시스템에도 적용되는데, 이 경우 각 부분은 독립적 시험이 가능한 모듈로 설계되어야 한다.

그림 2.8
일반적인 자동차의 구성 장치들은 상호작용하는 모듈들로 설계된다.

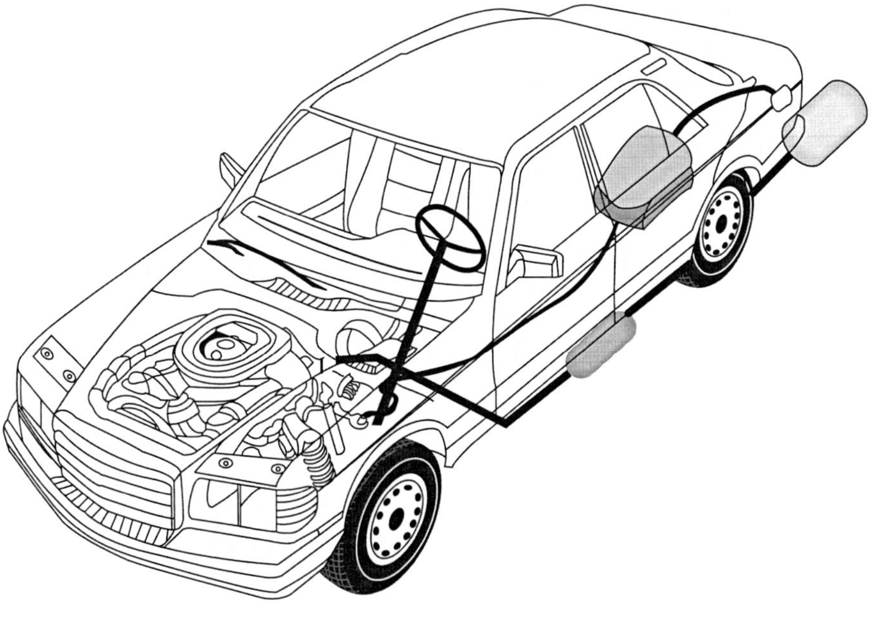

설계 전략에서는 또한 과거에 시도되었을 수도 있는 유사한 작업들도 살펴보아야 한다. 기존의 설계를 향상시킬 새로운 기술이 존재하는가? 어쩌면 부분적 해법은 이미 상용화되어 있을 수도 있다. 예를 들어 말하는 시계를 설계해야 하는데, 여기에는 음성이나 음악의 증폭이 포함된다고 하자. 소리 증폭기를 새로 설계할 수도 있겠지만, 보드에 장착해 사용할 수 있는 비싸지 않은 기성품 증폭기 부품이 이미 존재하므로(참고: www.rainbowkits.com), 증폭기를 새로 설계하는 것은 불필요한 중복 노력에 해당될 것이다. 현명한 엔지니어라면 기존의 제품이나 부품을 사용하여 설계 작업을 단순화시킬 것이다. 기성품 부품이 설계 목표를 싸면서도 더 신속하게 충족시키는 데 도움이 된다면, 이들을 사용하는 것은 전혀 부끄러운 일이 아니다. 대개 인건비가 개발 작업에서 가장 많은 비용을 소요하는 부분이며, 따라서 처음부터 새로 설계하는 것보다는 이미 만들어져서 문제점을 고친 것들을 구입하여 사용하는 것이 싸게 드는 경우가 많으며 때로 신뢰성도 높다. 다른 공급자에게서 구할 수 있는 사전 제작된 창, 문, 배전반, 단열재, 난방기, 에어컨 등을 사용하지 않고 집을 짓는다면 얼마나 불필요하게 복잡한 일이 될 것인지 상상해보라. 그러나 상용 제품의 개발에 다른 회사의 제품을 사용할 경우 특허 침해 문제가 발생하지 않도록 유의해야 한다.

2.4.5 모델링과 분석

이 활동은 설계의 1차 시도와 이어져 있다. 설계 상황에 따라서는 설계의 1차 시도에 앞설 수도 있다. 설계 사이클의 모델링 단계에서는 최종 제품에 이르는 경로를 단축시키기 위해 설계 변수들을 미세 조정하기 위해 수학과 소프트웨어 모델링 도구가 결합되어 사용된다. 모델링 및 분석은 테스트를 위해 실물 프로토타입을 제작하는 것보다는 (인건비 측면에서) 대개 적은 비용을 요한다.

설계에서 모델링 단계 동안 (AutoCAD, ProENGINEER, Solidworks, MATLAB, OrCAD, Simulink 등과 같은) 상용 컴퓨터 시뮬레이션 도구를 사용함으로써 프로토타입의 제작 전에 설계자가 성능을 예측할 수 있어서 시간과 비용이 절약될 수 있다. 이러한 소프트웨어 패키지들은 제품의 제작 전에 감춰진 결함을 찾는 데 도움이 될 수도 있고, 설계 방식의 성공 여부를 짐작하는 데 도움이 될 수도 있다. 그러나 이전에 설계하였던 것과 유사한 제품을 만드는 경우가 아니라면, 실물 테스트가 가능한 상황에서 컴퓨터 시뮬레이션으로 이를 대체하려 해서는 안 된다. 이는 시뮬레이터에 의한 모델링에 반영되지 않은 결함, 오류, 또는 기타 이상 현상이 새로운 제품의 실물 테스트 과정에서 나타나는 경향이 있기 때문이다. 컴퓨터 보조 설계 도구와 시뮬레이터의 유용성에도 불구하고 물리적인 프로토타입에 대한 테스트만한 것은 없다. 풍동 시험을

그림 2.9
목재와 제작이 용이한 기타 재료로 만들어진 프로토타입

위한 실물의 10분의 1 크기의 축소 모형 비행기와 같은 축소 모형의 사용도 대형 제품의 테스트에 유용할 수 있다.

2.4.6 제작, 문서화, 테스트

설계팀이 설계의 1차 시도에 대한 합의에 도달한 후 다음 단계는 작동하는 프로토타입을 제작하는 것이다. 상황에 따라서는 제작비용이 과도하여 초기 프로토토입을 제작하는 것이 실용적이 아닐 수도 있다. 예를 들면, 우주정거장의 급유 플랫폼과 같은 것이 이 경우에 해당될 것이다. 이 경우 모델링 및 분석이 설계 개념과 최종 제품 사이의 간극을 채우는 데 도움이 될 수 있다.

대개 최초의 프로토타입은 설계 사이클의 진행 과정에서 여러 차례 변경을 겪는다. 초기 프로토타입에서 기능은 갖추어야겠지만 미관은 중요하지 않다. 초기 프로토타입의 주된 용도는 평가와 테스트의 출발점을 제공하는 것이다. 예를 들어 기계식 제품의 경우라면, 그림 2.9에서 보이는 것과 같이 목재나 천공 금속과 같은 변경이 용이한 재료를 사용하여 만든 실물 크기 모형으로 제작될 수 있다. 예를 들면, 새로운 단독 기립형 ATM 장비를 위한 프로토타입은 합판으로 만든 목재상자 내부에 제작할 수 있다. 이와 같은 구조는 테스트 과정에서 내부 기계장치에 대한 접근을 용이하게 해주겠지만, 상용 설치물에서 사용되지는 않을 것이다. 전기 제품의 경우라면 프로토타입은 그림 2.10에서

그림 2.10
전자적 프로토타이핑을 위한 임시 회로보드

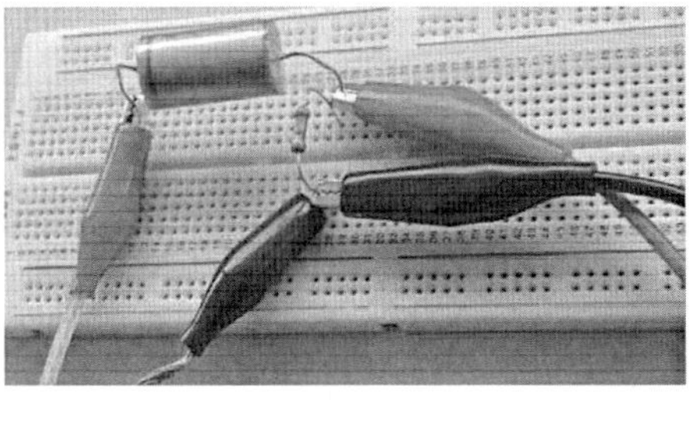

보이고 있는 것과 같이 임시 회로보드상의 회선 형태로 제작될 수 있다. 소프트웨어 제품의 경우라면 프로토타입은 사용자가 최종 버전에서 기대할 현란한 그래픽 인터페이스 없이 주요 계산 부분들로만 구성될 수도 있다.

문서화

문서화도 그림 2.7의 설계 사이클의 내부 루프의 한 부분임을 상기하기 바란다. 일반 엔지니어는 문서화 작업을 설계 프로세스의 마지막으로 미루고자 하는 유혹을 받기 쉽다. 마감일과 프로젝트 일정에 대한 압박으로 인해 경험이 적은 엔지니어들은 문서화 작업을 설계 프로세스의 필수 부분으로 생각하기보다 귀찮은 방해거리로 생각하는 경우가 많다. 열심히 설계 프로젝트를 끝낸 후 경험이 부족한 엔지니어는 문서화라는 현실에 당혹해할 수 있다(**"이제 이 모든 문서들을 작성해야 하나?"**). 설계 작업이 끝난 후에 문서화 작업을 하는 것은 불완전하거나 수준 이하의 결과가 되기 쉬운데, 이것은 문서 작성 시점에 이르렀을 때 중요한 사실이나 단계들을 잊어버렸을 수도 있기 때문이다. 사후에 대충 문서화 작업을 하는 것은 나쁜 설계 엔지니어들이 하는 일이다. 많은 비용을 들여 개발된 제품들이 불충분한 문서화로 인해 누구도 그 제품을 사용하는 방법이나 수리하는 방법을 알아낼 수 없어 공학적 실패로 간주되며 사장되는 경우도 많다. 부실한 문서화는 또한 그 결과를 아무도 기억할 수 없어 노력의 중복이나 재개발로 이어질 수도 있다.

프로젝트 문서들도 공학 설계의 중요한 부분이다

좋은 엔지니어는 설계 프로세스의 각 단계에서 문서화가 절대적 중요성을 갖는다는 것을 인식한다. 좋은 엔지니어는 처음부터 문서화를 위한 계획을 갖고 초기의 타당성 조사에서 최종 제조 명세에 이르는 모든 사항을 세심하게 기록해둔다. 설계가 진행됨에 따라 당시에는 중요하지 않게 생각되더라도 모든 사항을 기록해두는 것이 바람직하다. 언제라도 동일한 기술적 배경을 가진 다른 엔지니어가 기록된 문서를 읽고 그 일을 인계받아 수행할 수 있을 정도로 정보를 기록해야 한다. 세심한 문서화는 제품을 출시할 경우 제품설명서나 기술적 매뉴얼을 작성할 때도 도움이 될 것이다. 훌륭한 문서화는 엔지니어에게 설계 이력에 대한 작업 노트로 이용될 것이며 설계 과정에서 다룬 핵심 질문들에 대한 답들을 담고 있다. 훌륭한 문서화는 특허 출원, 제품 수정, 재설계 작업 등을 위한 중요한 배경 정보를 제공하며, 제품의 배상책임 문제가 발생할 경우 대비 자료로 이용될 수도 있다. 무엇보다도 문서화는 엔지니어의 직업적 의무의 한 부분이며, 공학설계에서 그 중요성은 이루 말할 수 없다.

2.4.7 반복되는 수정 작업

설계를 복제와 구분 짓는 특성의 하나는 최종 제품이 설계 사이클을 시작하면서 생각했던 것과는 전혀 다른 모습이 될 수도 있다는 것이다. 테스트 과정에서 시스템의 요소들이 장애를 일으켜 엔지니어로 하여금 설계 전략을 새로 작성하도록 만들 수도 있다. 설계 과정에서 엔지니어는 예상하지 않았던 경로나 새로운 영역으로 진행할 수도 있다. 좋은 엔지니어는 제품의 상태를 수없이 검토하고 제품이 명세를 충족시킬 때까지 수많은 수정을 거치게 될 것이다. 사실 수정 프로세스야말로 엔지니어 작업의 주를 이룬다. 경험 많은 엔지니어는 이를 설계 프로세스의 정상적인 부분으로 생각하며 제품의 특정 측면이 한 두 번의 시도에서 실패하더라도 실망하지 않을 것이다. 수정 사이클은 성공에 이르기 전에 많은 반복을 요할 수도 있다.

2.4.8 제품에 대한 철저한 테스트

설계 프로세스가 유망한 해법에 근접하면서 제품에 대한 테스트를 거듭해야 한다. 성능에 대한 평가는 여러 관점에서 수행되어야 하며, 문제점이 파악될 때마다 설계를 수정하고 다시 테스트해야 한다. 어느 단계에서라도 제품이 설계 요구사항을 충족하지 못할 경우, 설계자는 한 번 더 반복 루프에 진입해야 한다.

때로 끝이 가까운 것처럼 보였다가도 나중에 드러나는 설계상의 치명적 결함으로 인해 목표에 도달할 수 없는 경우도 있다. 이러한 제품은 사용 준비가 된 것처럼 보이지만 실패로 판명될 수도 있다. 이 경우 새로운 해법을 기초로 설계 루프를 새로 시작해야 한다.

제품이 물리적 개체일 경우 해당여부에 따라 온도, 습도, 하중, 기타 환경 요소 등과 함께 오랜 기간의 반복적인 사용의 영향 등에 대해 테스트해야 한다. 그림 2.11의 기구들과 같은 물리적 제품은 사용 중 고장을 초래할 수도 있는 잠재적 결함을 파악하기 위해 (장시간의 사용을 통한) 지구성 테스트를 거쳐야 한다. 사람마다 차이가 있기 때문에 제품에 대한 인적 반응도 평가되어야 한다. 여러 사람들에게 제품을 사용하게 함으로써 설계팀에 의해서만 제품에

그림 2.11
최종 출하 전에 지구성 테스트 기간을 거친 대량 생산 전자제품

대한 조사가 이루어지는 개발 단계에서 드러나지 않던 문제가 파악될 수도 있다. 장기간의 테스트를 거친 다음에야 제품이 실제 이용에 투입될 준비가 되었다고 볼 수 있다. 사용 중에 고장을 일으키는 것보다 소비자에게 제품에 대한 거부감을 심화시킬 수 있는 것은 없다.

물리적 제품과 마찬가지로 소프트웨어 제품도 숨겨진 오류를 발견할지도 모를 다양한 사용자들에 의해 테스트되어야 한다. 사람마다 각기 다른 방식으로 소프트웨어 제품을 이용하게 될 것이며, 따라서 모든 소프트웨어 오류를 찾아내기 위해서는 여러 사용자에 의한 장기간의 테스트가 필수적이다. 숨겨진 오류를 찾아내기 위한 한 가지 방법은 일반 배포 전에 통제된 소비자 그룹에 소프트웨어 프로그램을 배포하는 것이다. 이러한 통제 그룹은 예비 버전에 오류가 존재할 수 있음을 알고 있으며, 실세계 테스트 수행자로 봉사하는 데 대해 대개 (할인이나 경쟁사보다 이른 배포 등의) 인센티브가 제공된다. 이러한 유형의 테스트를 흔히 **베타 테스트**라고 부른다.

직업적 성공의 비결: 설계 사이클에 대한 현실주의적 입장

그림 2.7에서 보이고 있는 설계 루프는 공학설계팀이 따를 전형적인 형태이지만 모든 상황에 적용되지는 않을 것이다. 때로 일부 단계들이 생략될 수도 있으며, 다른 단계들이 추가될 수도 있다. 예를 들어 문제가 잘 정의되어 있고 목표가 분명할 경우 정보 수집 단계를 건너뛰더라도 별 문제가 되지 않을 것이다. 마찬가지로 분석 단계가 너무 명백해서 불필요할 수도 있다. 예를 들면, 훌륭한 구조 엔지니어라면 많이 사용되는 빔의 강도 정도는 외우고 있을 것이다. 전기 설계자라면 많이 사용되는 배선 게이지의 용량에 익숙할 것이다.

경우에 따라서는 "최초 시도" 다음의 프로토타입 제작이 현실적으로 어렵거나 아예 불가능할 수도 있다. 이러한 상황은 대형 건설 프로젝트 등에서 흔히 발생한다. 설계 사이클의 학습에서 유념해야 할 핵심사항은 물리적 프로토타입을 완성하든 시뮬레이션이나 도상 설계의 반복을 통해서든 테스트의 반복이 좋은 설계의 핵심 요소라는 점이다.

연습문제

1. 취미생활용 요트를 설계하는 상황을 가정하여 2.4.1절의 "전체적 목표의 설정"에서 제기된 질문들에 답하라.
2. 고성능 자전거를 설계하는 상황을 가정하여 2.4.1절의 "전체적 목표의 설정"에서 제기된 질문들에 답하라.

3. 누운 자세로 타는 자전거(페달이 좌석 앞쪽에 달려있는 저자세 자전거)의 제작을 의뢰받았다고 하자. 설계 사이클의 한 부분으로 정보를 수집하기 위한 다양한 방법들을 제시하라.
4. 그림 2.7과 비슷하지만 개인 사용자들로 이루어진 테스트 그룹(즉, 베타테스트 그룹)으로부터의 피드백을 포함하는 수정된 설계 사이클을 그려라.
5. 최초의 개인용 컴퓨터를 개발하는 데 사용되었을 법한 설계 전략을 작성하라. 하드디스크드라이브, 그래픽 사용자 인터페이스, 컬러 모니터, CD, USB 포트, 저렴한 가격의 메모리 칩 등이 존재하지 않던 시절을 가정하라 (초창기에는 RAM 칩이 PC에서 가장 비싼 부품의 하나였다.).
6. 볼펜의 개발을 위한 설계 사이클의 다양한 단계들을 기술하라.
7. 종이클립을 위한 설계 사이클의 단계들을 진행 순서대로 나열하라.
8. 그림 2.7의 단계들이 전자레인지의 설계에 어떻게 적용되는지 기술하라.
9. 의료진단에 사용되는 심장박동 모니터에 적용되는 설계 사이클 요소들을 논하라.
10. 보편화된 오락기구인 핀볼 게임기를 최초로 발명한 미국 엔지니어의 입장을 가정하여 개발 과정에 대한 자신의 경험, 시행착오 등에 관한 짧은 논술문을 작성하라.
11. 비행 중 재급유는 많은 군용기 작전을 가능하게 하는 기술이다. 이 기술의 개발 과정에서 설계 사이클이 어떻게 진행했을지 보여주는 진행도표를 작성하라. 진행도표상의 각 이벤트에 대해 그림 2.7의 해당 단계를 나타내는 라벨을 추가하라.
12. 자동차 에어백은 필수불가결한 안전장치가 되었지만, 자동차의 진화와 비교하면 그 역사는 다소 짧다. 최초의 에어백 프로토타입의 모습을 상상하여 기술하고 오늘날의 에어백 설계로 진화하기까지의 변경사항들을 기술하라.
13. 개인 휴대용 로켓장치를 개발했다고 가정하고, 성공적 제품에 근접하기 위해 이루어진 설계상의 변경사항들을 나열하라.
14. 발명의 역사를 조사하여 설계 변경 없이 한 번에 성공적 제품에 이른 사례를 제시하라 (힌트: 설계 과정에서 반복적이고 광범위한 변경을 겪은 발명품에는 비행기, 자동차, 재봉틀, 볼펜 등이 있다.).
15. 재봉틀의 진화에 대해 기술하는 짧은 논술문을 작성하라. 재봉틀은 개념 탄생에서 상용 제품에 이르는 과정에서 수많은 설계상의 변경을 겪었다.

16. 현대식 식기세척기의 역사를 조사하여 발명자인 코크란(Josephine Cochran)에 의한 식기세척기 개발 과정의 진행순서를 보이는 자세한 설계 사이클을 그려라.
17. 생산 공정을 위한 설계 단계들은 물리적 제품을 위한 설계 단계들과 어떤 차이가 있는가? 몇 가지 예를 제시하라.
18. 민간 항공기의 설계 사이클과 무선제어 모형비행기의 설계 사이클을 비교하라. 설계 사이클 요소들에 어떤 차이가 있겠는가?
19. 대량생산 광물추출 공장의 설계는 실험실 규모로 광물을 분류하는 유사한 시스템의 설계와는 크게 다를 것이다. 이러한 설비들을 위한 설계 프로세스 사이의 차이점들을 나열하라.
20. 독서용 램프의 설계와 미식축구 경기장을 위한 조명탑의 설계 사이에는 어떤 차이점들이 있겠는가?
21. 국가 전력망과 연료전지를 위한 수소를 생산하는 대형 태양전지 공장 사이의 인터페이스에 관련된 이슈들을 생각해보라. 가장 중요한 설계 이슈는 무엇이겠는가?
22. 대형 풍력발전소의 설계 프로젝트에 고유한 요소들로 그림 2.7의 설계 사이클의 네모들을 채워라.
23. 해양 에너지를 이용하기 위한 밧줄 달린 부표의 설계 프로젝트에 고유한 요소들로 그림 2.7의 설계 사이클의 네모들을 채워라.

2.5 아이디어 창출

창의성 요소는 설계를 분석이나 복제와 뚜렷하게 구별 짓는 특성 중 하나이다. 창의성은 인간 경험의 정수이며, 특히 엔지니어들에게 중요하다. 창의성이 없다면 설계 사이클에서 필수적인 반복형 버전은 존재하지 않았을 것이다.

설계 문제를 풀기 위해 엔지니어들이 모이면 다양한 방법을 통해 아이디어들을 도출할 수 있다. 아이디어 도출 기법 중의 하나로 **브레인스토밍(brainstorming)**이라는 기법이 있다. 브레인스토밍은 정신을 전통적 경계선에서 해방시키는 자발적 사고 모드를 요구함으로써 엔지니어들이 창의적 에너지를 서로에게 전할 수 있게 해준다. 우리는 문제 해결 방식의 모색을 과거에 시도했던 단순한 해법이나 머리에 떠오른 첫 번째 방법에서 멈추는 경향이 있다. 책임감 있는 공학 작업에서는 다른 설계 대안들을 모색해야 한다. 훌륭한 엔지니어라면 첫 번째로 떠오른 해법에 안주하지는 않을 것이다. 브레인스토밍은 다수의 아이디어를 창출하기 위해 이용할 수 있는 좋은 방법이다.

설계 프로세스의 초기 단계들에서는 제안된 아이디어가 너무 동떨어져 있다든가 터무니없다든가 또는 비현실적이라든가 하는 생각에 구애받지 말고 창의성이 자연스럽게 진행될 필요가 있다. 전통적 패러다임에 따른 제약이 없어질 때 새로운 해법이 나타나는 경우가 많다. 다른 사람들의 아이디어를 듣다보면 잠재의식 속에서 새로운 아이디어가 형성될 수 있다. 유망한 여러 아이디어들이 조사, 분석, 경쟁적인 아이디어들과의 비교 등을 거친 후 결국 타당성이 결여된 것으로 판명되어 폐기될 수도 있다. 브레인스토밍은 엔지니어들이 설계 방향을 선택하기 전에 가능한 한 많은 옵션들을 고려할 수 있게 해준다.

브레인스토밍은 여러 가지 형태로 진행될 수 있다. 자유로운 형태로 진행될 수도 있고, 오랜 세월 사용되어 온 몇 가지 정형적 방식 중 하나를 이용할 수도 있다. 혼란을 피하기 위해 조직화를 필요로 하는 대규모 집단에는 정형적 방식이 적합하다. 아이디어 창출을 필요로 하는 4명 이하의 구성원을 갖는 정도의 작은 그룹에는 보다 자유로운 방식이 적합할 것이다. 실행 내용에 있어 차이는 있지만, 자유 방식이나 정형적 방식 모두 핵심 원리들은 동일하다. 비판적이지 않으면서 우호적인 분위기를 형성시켜 자유롭고 제약 없는 아이디어의 교환을 촉진시키는 것이 브레인스토밍의 주된 목표이다. 브레인스토밍은 기술이며, 따라서 연습을 요한다. 그러나 열린 마음과 상상력을 가진 팀 구성원이라면 누구나 이 중요한 기술을 배울 수 있다.

2.5.1 브레인스토밍을 위한 기본 규칙

팀에서 브레인스토밍을 하기로 결정하면, 구성원들은 미리 행동 규칙에 합의해야 한다. 아이디어에 관한 자유로운 발표를 고취하는 우호적이고 평화로운 분위기 조성을 위한 기본 규칙들을 선택해야 한다. 구체적 규칙들은 브레인스토밍 종류에 따라 달라지겠지만 다음 리스트를 지침으로 삼을 수 있을 것이다.

1. 주저하지 말자. 아무 때나 어떤 아이디어라도 발표할 수 있어야 한다.
2. 경계선은 없다. 어떤 아이디어라도 언급하기에 너무 터무니없다거나 동떨어져 있는 것으로 치부되어서는 안 된다.
3. 비판하지 말자. 최종 토론 단계에 이를 때까지는 아이디어에 대해 비판해서는 안 된다.
4. 기각하지 말자. 그룹 토의를 거칠 때까지는 아이디어를 무시해서는 안 된다.
5. 개수 제한은 없다. 이미 너무 많은 아이디어가 나왔다고 해서 새 아이디어의 발표를 막아서는 안 된다.
6. 범위 제한은 없다. 참석자들은 전문분야에 대한 제한 없이 아이디어를 발표할 수 있다.

7. 부끄러운 것은 없다. 아이디어의 발표로 인해 당혹감을 느끼게 만들어서는 안 된다.

2.5.2 정형적 브레인스토밍 방법

대규모 그룹이 브레인스토밍을 위해 모였을 때는 정형적 방법이 유용할 수 있다. 이러한 체계성이 없어 다수의 경쟁적 아이디어들이 동시에 발표되다 보면 혼란을 초래할 수 있다. 이 경우 참석자들은 창의적으로 사고하게 되기보다는 발언권을 확보하기 위해 애쓰다 대결 양상을 띠게 될 수도 있다. 지나치게 많은 경쟁적 의견들이 난무하게 되면, 각 개인의 창의적 프로세스는 막히고 브레인스토밍 세션은 비생산적으로 변한다. 때로 이러한 효과를 **아이디어 카오스(idea chaos)**라고 부르기도 한다. 브레인스토밍 세션에 정형적 체계를 추가함으로써, 창출되는 아이디어 개수를 제약하지 않으면서 아이디어의 흐름을 적당한 속도로 제한할 수 있다. 사실 대규모 그룹 상황에서는 정형적 체계를 추가하는 것이 공격적 인물들이 대화를 독점하는 것을 방지하고 사람들에게 생각할 시간을 줌으로써 두뇌의 창의적 프로세스를 강화시킬 수 있다.

브레인스토밍 세션에는 진행자 역할을 맡을 사람과 사람들의 아이디어를 기록할 서기가 있어야 한다. 사람이 서기 역할을 하는 대신에 비디오나 오디오 녹화장치를 이용할 수도 있다.

여러 가지 정형적 브레인스토밍 기법들이 존재하지만, **아이디어 트리거(idea trigger)** 방법이 많은 시험을 거쳐 대규모 그룹에서의 아이디어 창출을 위한 효과적인 방법으로 인정받고 있다. 아이디어 트리거 방법은 두뇌의 내부를 자극하기 위해 긴장과 이완을 반복시키는 과정을 통해 두뇌의 창의성을 강화시킨다. 다른 사람들의 아이디어들을 듣고 대응 의견을 내도록 압박당하는 가운데 참석자의 행동 패턴, 성격적 제약, 협소한 사고방식 등을 일순간에 벗어날 수 있다. 이를 통해 두뇌 깊숙한 곳에 숨어 있던 아이디어들이 전면에 나타나게 된다. 예를 들어 어리석어 보이는 아이디어를 발표하기 꺼리던 소심한 참석자도 긴장과 이완이 반복되는 가운데 발표에 용감해진다.

브레인스토밍 세션을 진행 중인 학생들

아이디어 트리거 방법은 한 명의 리더, 최소한 4인 이상의 참석자, 네다섯 개의 열로 분할된 종이 등을 필요로 한다.

단계 1: 아이디어 창출 단계

리더는 먼저 문제 또는 설계 이슈를 요약 설명한다. 참석자들은 각자 말은 하지 말고 자신이 가진 종이의 첫 번째 열에 가능한 한 많은 아이디어나 해법들을 빨리 적는다. 핵심 단어들을 적는 것으로 충분하며 완성된 문장일 필요는 없다. 아이디어 창출 단계 동안 참석자들은 마음을 열고 여러 대안을 고려하며 아이디어가 너무 단순하다든지 어리석어 보인다든지 등에 대해 신경 쓰지 않는다. "그림의 떡", 파격적인 아이디어, 불가능한 아이디어 등도 포함되어야 한다. 요약하자면, 참석자들은 머리에 떠오른 어떤 관련 있는 아이디어라도 적어야 한다. 조용히 아이디어를 적게 되므로 아이디어 창출 프로세스에서 강압적 요소가 제거된다.

이렇게 2분 정도의 시간을 보낸 후 휴식을 취한 다음 다시 첫 번째 열에 아이디어를 추가하는 시간을 1분 정도 갖는다. 이러한 **긴장과 이완**의 반복은 창의성을 강화하는 것으로 알려져 있다. 이러한 과정은 마치 스펀지를 여러 번 쥐었다 놓았다 반복하여 모든 물을 짜내듯이 두뇌의 잠재의식 부분으로부터 아이디어를 추출하는 데 도움이 된다.

단계 2: 아이디어 트리거 단계

아이디어 창출 단계가 끝난 후 참석자들은 차례대로 자신이 첫 번째 열에 적은 항목들을 낭독한다. 사람들이 자신이 적은 항목들을 낭독하는 동안 다른 사람들은 조용히 자신의 리스트에서 중복되는 항목을 찾아 지운다. 다른 사람들의 아이디어들을 듣고 있다 보면 새로운 아이디어들이 생겨나기도 하는데, 이들은 즉시 두 번째 열에 적는다. 이러한 프로세스를 **아이디어 트리거**라고 부른다. 다른 사람들의 아이디어들을 들음으로써 잠재의식 속에 감추어져 있던 생각들이 표출된다. 아이디어 트리거 단계의 목적은 첫 번째 열의 아이디어들을 줄이는 데 있는 것이 아니라 이들을 확장하고, 수정하고, 늘리는 데 있다.

모든 구성원들이 첫 번째 열들에 대한 낭독을 마치고 두 번째 열의 항목들을 완성한 후, 아이디어 트리거 프로세스를 다시 반복한다. 이번에는 두 번째 열의 항목들을 읽고 새로운 아이디어들은 세 번째 열에 적는다. 이러한 프로세스를 반복하여 모든 아이디어가 소진될 때까지 네 번째 열, 다섯 번째 열 등에 항목들을 추가해나간다. 복잡한 문제라면 5회 정도의 아이디어 트리거 단계를 요할 수도 있다.

대개 뒤쪽 열에 나타나는 항목들일수록 창의성이 높은 경우가 많으며, 이에 기여하는 여러 요인들이 있다. 참석자들은 다른 사람들이 자신의 아이디어를 선점하고 있다는 사실로 인해 마음속에서 화를 내게 되며, 이렇게 단순한 경쟁 압력으로 인해 탐색되지 않은 새로운 영역으로 나아가게 된다. 역으로 다른 사람과 중복되지 않은 아이디어에 대해 참석자들은 자신감을 갖게 되어 더 나은 아이디어를 창출할 수 있다. 어떤 사람들은 중복이 없는 자신의 아이디어들을 보면서 좋은 아이디어를 비축하기 위한 수단으로 더 많은 아이디어를 창출하려는 노력을 하게 된다. 또 어떤 사람들은 잠재의식 속에서 이전에 토론된 아이디어를 보강하는 것이 그룹 내의 협력 분위기를 조성하는 것으로 생각할 수도 있다.

단계 3: 편집 단계

아이디어 트리거 단계가 완료되면, 리더는 각자 작성한 종이를 수합하여 그 동안 창출된 모든 아이디어들을 포함하는 마스터 리스트를 만든다. 그런 다음 그룹에서 모든 아이디어들에 대해 토론하여 잘 될 것 같지 않은 아이디어들은 버리고, 남아있는 아이디어들 중 어떤 것들이 추가적인 고려 대상 및 개발에 적합한 지 결정한다.

예 제 2.2

정형적 브레인스토밍 세션

보기를 사용하여 정형적 아이디어 트리거 방법을 살펴보기로 하자. 모리스, 로렌스, 신디, 샤나 등 네 명의 엔지니어가 모형자동차 설계 경진대회에 출품하기 위한 설계를 준비하고 있다. 전체적 목표는 카펫바닥이 있는 사다리꼴 경사로를 올라가서 상단에서 멈출 수 있으며 반대편 경사로로 올라오는 상대 차량을 쓰러뜨리는 자력추진 차량을 설계하는 것이다. 이 설계의 도전과제들은 다음과 같다.

1. 이 차량은 독립성을 갖추어야 한다. 밧줄 등을 사용해서는 안 된다.
2. 이 차량은 25 × 25 × 25-cm 정육면체 안에 들어갈 수 있어야 한다.
3. 이 차량의 동력으로는 한 개의 9V 전지, 개수에 제한 없는 고무줄, 3cm × 6cm 이하의 크기를 갖는 마우스트랩 중의 하나만 사용해야 한다.
4. 이 차량의 무게는 2kg을 초과해서는 안 된다.

이 경진대회에서 사용되는 경사로는 그림 2.12와 같다.

이 팀은 최근 아이디어 트리거 방법을 사용한 브레인스토밍 세션을 가졌다. 이들은 추진장치, 공격 및 수비 전략, 정지장치 등에 관한 이슈들을 포함하는 모든 설계 요소들에 대해 논의하였다. 다음의 논의는 이들이 가진 브레인스토밍 세션을 순서대로 기록한 것이다. 모리스가 리더를 맡아 최초 2분의 아이디어 창출 단계, 휴식, 그에 이은 60초의 아이디어 창출 단계 등을 위한 시간을 재었다.

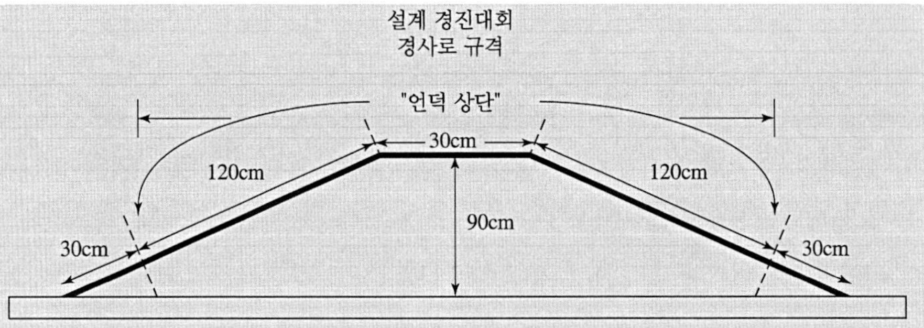

그림 2.12
차량 설계 경진대회를 위한 경사로 규격

아이디어 창출 단계가 종료될 시점의 로렌스의 종이에는 다음과 같은 아이디어들이 적혀져 있다.

로렌스	아이디어 창출 단계 첫 번째 열 (2분)
	지지 구조 = 목재 (제작이 쉬움) Meccano™ 철제 앵글 사용 무게를 줄이기 위한 플라스틱 차체 (가벼운) 공기 아연전지 내가 가진 무선조종 자동차의 바퀴 사용 체인 구동을 위한 고무줄 차가 작으면 상대방을 튕겨내기 어려울 것이다.
	1분
	충돌장치 V자형 차체

로렌스는 자신의 항목들을 읽는다. 신디는 들으면서 자신의 항목들 중 중복되는 것들을 지운다. 로렌스가 읽기를 마쳤을 때 신디의 첫 번째 열은 지운 항목들을 포함하여 다음과 같은 아이디어들을 보여준다.

신디	아이디어 창출 단계 첫 번째 열 (2분)
	~~가벼운 전지 (공기 아연전지 사용)~~ 회전 시 속도를 줄이기 위해 큰 바퀴 사용 변속기 높은 회전력 (상대방이 밀어내기 힘들게) ~~차체에 플라스틱 사용~~ 정지장치를 위한 전자시계 충전식 전지 ~~V자형 설계~~
	1분
	~~취미용품 상점에서 무선조종 자동차를 위한 바퀴 구입~~ 속도 감지, 주행거리 계산 알루미늄 프레임

그 다음에 샤나가 로렌스와 중복되지 않은 자신의 항목들을 읽는다. 이를 듣고 있던 신디에게 **"나사형 막대로 구동축을 만들 수 있다"**라는 아이디어가 머리에 떠오른다. 신디의 생각에는 나사형 막대를 쓰면 차단 스위치 방향으로 슬라이딩 너트에 끼워 넣을 수 있을 것이었다. 이 방법은 완벽하지는 않은데, 이는 바퀴의 미끄러짐으로 인해 거리 측정 능력을 훼손시킬 수 있기 때문이다. 그렇지만 이 아이디어는 토론할 만한 가치가 있을 것으로 보여 신디는 두 번째 열에 "나사형 막대"라고 적어 넣는다.

샤나는 로렌스가 "충돌장치" 부분을 읽는 것을 듣고는 공격 전략으로 발사체를 사용하는 방법을 떠올리게 된다. 샤나는 두 번째 열에 "발사장치"라고 적어 넣는다. 모리스도 로렌스의 아이디어에 비슷하게 반응하여 두 번째 열에 "상대 차량의 진행 방향 앞쪽에 무엇인가 던지기"라고 적어 넣는다. 이렇게 구술 트리거 단계가 그룹에서 한 바퀴 돌아가기를 마친 다음, 리더 역할을 맡은 모리스가 다시 이 프로세스를 개시한다. 이번에는 각자 두 번째 열의 항목들을 읽고 새로운 아이디어는 세 번째 열에 적는다. 샤나가 두 번째 열에 있는 발사장치에 관한 항목을 읽었을 때, 모리스는 공학설계 교재에서 읽은 적이 있는 라일건 구명부이의 이미지를 언뜻 떠올린다. 모리스는 언덕 상단으로 날아가 상대 차량 앞에 발사되는 가시화살촉을 갖는 화살을 상상한다. **상대 차량의 정면 카펫을 맞힌 화살은 카펫 깊숙이 박혀 상대 차량을 막게 될 것이라고 모리스는 생각한다. 가시화살촉으로 인해 이 화살을 제거하기가 어려울 것이다.** 모리스는 세 번째 열에 "작살"이라고 적는다.

두 번째의 아이디어 트리거 라운드가 진행된 후 다시 모리스가 세 번째 라운드를 시작한다. 45분 정도 후에 2단계 전체가 완료된다. 모리스는 모두의 아이디어 리스트를 수합하여 편집할 수 있도록 휴식 시간을 제안한다. 모리스는 각자의 종이에서 세 개의 열에 있는 항목들을 모아 다음과 같은 리스트를 만든다.

형태

작은 차 = 상대방이 방해하기 어렵다.
트랙과 동일한 폭을 갖는 V자형 차량
회전하는 깡통 형태
제설기 형태의 V자형

구조

지지 구조 = 목재 (제작이 쉬움)
알루미늄 프레임
무게가 가벼운 플라스틱 차체
철제 앵글을 사용한다.
목재와 아교

동력

공기 아연전지 (가벼움)
충전식 전지
매번 주행 후 전지를 교체한다.
정지장치로 전자식 타이머 사용
온보드 센서들을 장착한 마이크로프로세서 제어 자동차
마이크로프로세서 속도에 따라 주행 거리가 결정된다.
추진방식
취미용품 상점에서 구입한 무선조종 자동차의 바퀴들을 이용
큰 바퀴
체인 구동을 위한 고무줄
폐기된 무선조종 자동차의 차축에서 플라스틱 링크 체인 이용
기계식 링크를 갖춘 한 개의 대형 마우스트랩
큰 고무줄 태엽

전략

충돌장치
가시화살촉 작살 투척
집게 팔
다가오는 상대 차량 앞에 고무공 투척
대형 롤러를 사용하여 상대 차량 전복

휴식이 끝난 후 모리스는 아이디어 리스트에 대한 토론을 위해 다시 팀을 소집한다. 이들은 타당성이 없어 보이는 아이디어들을 솎아내고 유망해 보이는 아이디어들을 비교한다. 끝으로 이들은 여러 아이디어들을 결합하여 천천히 움직이는 V자형 차량이라는 개념으로 의견을 모아 프로토타입 단계로 넘긴다. 이들은 또한 작살을 카펫에 꽂아 상대 차량의 길을 막는 모리스의 작살 투척 전략을 시도하기로 결정하였다. 이 전략은 설계 사이클의 내부 루프에 대한 1차 시도 항목을 구성한다.

2.5.3 비정형적 브레인스토밍

앞 절에서 논의한 바와 같이 정형적 브레인스토밍 방법에는 조직과 계획이 필요하다. 반면에 비정형적 브레인스토밍은 아무 곳에서나 실행될 수 있다. 공학설계 기법으로서의 비정형적 브레인스토밍 원탁회의는 작은 규모의 그룹에 적합하며, 참가자 중 누구나 순서에 관계없이 아이디어를 발표할 수 있다. 그룹의 규모가 작을 경우, 대규모 그룹에 따른 긴장감 결여로 인한 문제가 해소되며

순서 없이 발표하더라도 크게 문제가 되지 않는다. 아이디어의 흐름이 논리적일 필요는 없으며, 아무 때나 머리에 떠오르는 대로 새로운 제안을 발표할 수 있다. 비정형적 브레인스토밍 세션에서도 2.5.1절에서 소개된 기본 규칙들은 여전히 지켜져야 한다.

예 제 2.3

비정형적 브레인스토밍

비정형적 브레인스토밍 세션에 관한 다음 예제는 건물 리모델링을 위한 대들보의 설계를 의뢰받은 두 명의 구조 엔지니어 사이의 가상적 대화를 기술하고 있다. 이 리모델링에는 건물 내장과 기존 내벽들을 들어내는 일이 포함되어 있다. 그러나 초기 해제작업 후 설계자들은 큰 방의 중앙 벽 내부에 숨겨진 받침기둥을 발견한다. 건축 계획에서는 그림 2.13에서 보이고 있는 것처럼 이 수직 기둥을 제거하여 큰 공간을 만들도록 요구하고 있다. 이 기둥은 원래 천장 속에 숨겨져 있던 목재 대들보 중앙부를 지탱하고 있었다. 엔지니어들은 받침기둥을 영구적으로 제거하면서 대들보와 대들보가 지탱하고 있던 위층을 지지하기 위한 새로운 방법을 찾아야 한다. 현재 형태의 목재 대들보는 양끝에서만 지지하기에는 너무 약한 구조물이다. 만일 중앙의 지지부가 없어질 경우 현재의 대들보는 부러지며 그 위층 바닥이 붕괴될 것이다. 엔지니어들인 버트와 어니는 비정형적 브레인스토밍 방법을 사용하여 이 문제에 대해 토의한다. 이 두 엔지니어 사이의 아이디어 교환에 주목하기 바란다. 이들은 머리에 떠오른 첫 번째 아이디어에서 바로 멈추는 대신 타당한 해법에 도달하기 위해 아이디어의 흐름을 따른다.

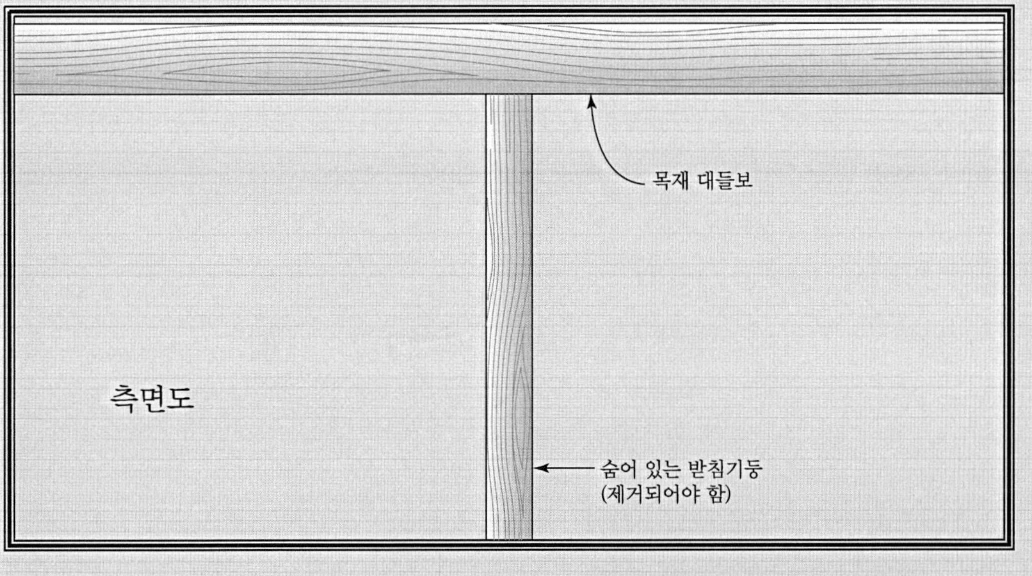

그림 2.13

숨어 있는 수직 받침기둥과 대들보를 보여주는 철거 계획 (측면도)

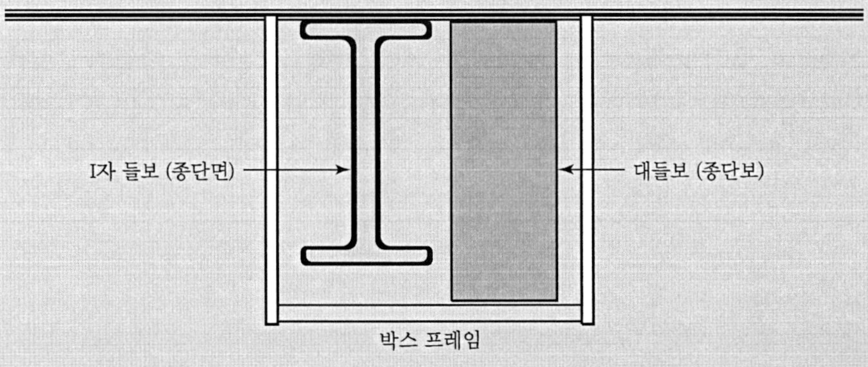

그림 2.14
나란히 위치한 I자 들보와 목재 대들보. 이 두 들보를 둘러싼 박스는 폭이 아주 넓고 흉한 모습을 갖고 있다.

버트: "그냥 위층 바닥 아래에 기존 목재 들보 옆에 나란히 놓일 새로운 강철 I자 들보를 설치하기로 합시다. 강철 들보는 목재 들보에 비해 훨씬 튼튼하니까 걱정 없이 받침기둥을 제거할 수 있습니다."

어니: "예, 그렇겠네요." **어니는 잠시 생각했다.** "그렇지만 천장을 마무리할 때 기존의 들보를 박스 덮개 안에 넣어야 하는데, 기존의 들보에 나란히 새로운 들보를 추가하면 이 박스가 상당히 넓어질 것입니다." **어니는 그림 2.14에서 보이는 스케치를 그려보였다.** "이렇게 예상보다 더 넓은 박스는 건물의 인테리어 미관을 해칠 것이며 또한 계획되어 있는 전등 설비에도 방해가 될 것입니다."

"기존의 목재 들보를 **떨어내고** 그 자리에 철제 I자 들보를 집어넣으면 어떨까요? 그렇게 하면 박스 덮개의 영향을 최소화할 수 있을 텐데요."

버트: "그렇게 하면 잘 될 것 같네요. 그렇지만 기존 들보를 들어내는 동안 위층을 지지하기 위한 임시 들보를 만들 필요가 있습니다. 이 경우 아마 임시 받침기둥도 있어야 할 것 같습니다. 임시 기둥을 지지하기 위해 지하층에 가상 벽도 필요하게 됩니다. 이 모든 것은 상당한 시간과 비용을 요할 텐데, 그럴 가치가 있을까요?" **버트는 어니에게 그림 2.15의 스케치를 보여주었다.**

어니: "예, 그것 참 비용이 많이 들게 생겼네요. 그렇지만 고객은 우리에게 다른 선택이 없다는 것을 이해해주지 않을까요?"

버트: "그렇지만 고객은 그 점에 대해 별로 좋아하지는 않을 것입니다. 더 좋은 해법을 찾아봅시다." **버트는 잠시 생각했다.** "좋은 생각이 났습니다. 기존 들보에 드릴로 구멍을 내고 또 얇은 강철판을 만들어 똑같은 장소에 구멍들을 뚫는 겁니다. 그런 다음 대형 볼트들을 사용하여 목재 들보의 양 끝에 강철판을 고정시킵니다." **버트는 크기를 가리키는 손짓을 해보였다.** "결합된 들보는 받침기둥 없이도 위층을 지지할 수 있을 만큼 충분히 튼튼할 것입니다." **버트는 자신의 아이디어를 설명하기 위해 그림 2.16의 스케치를 그려보였다.**

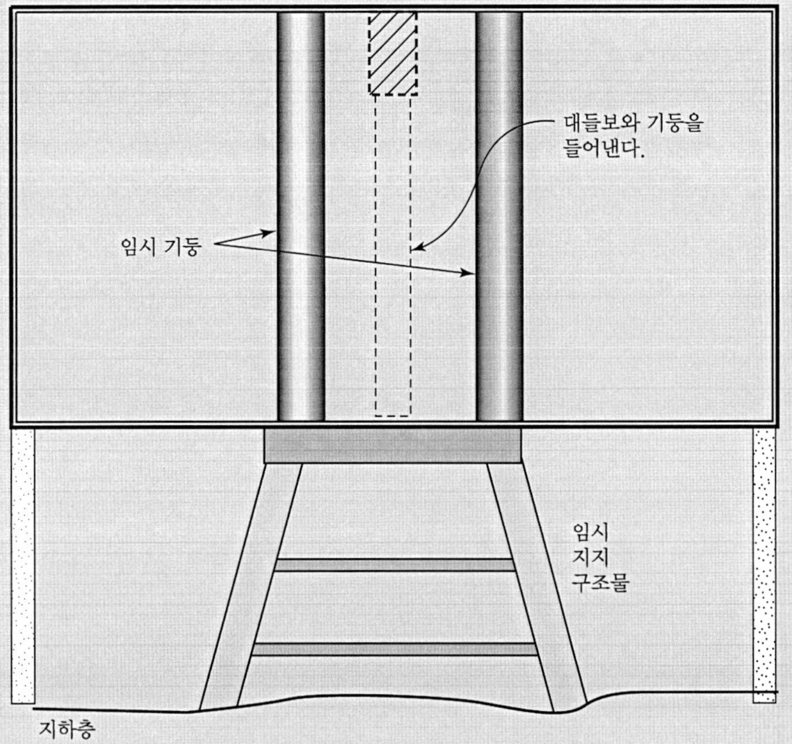

그림 2.15
기존의 목재 들보를 교체하기 위해서는 받침기둥과 들보를 들어내는 동안 위층을 지지할 수 있도록 지하층에 임시 구조물을 제작해야 한다.

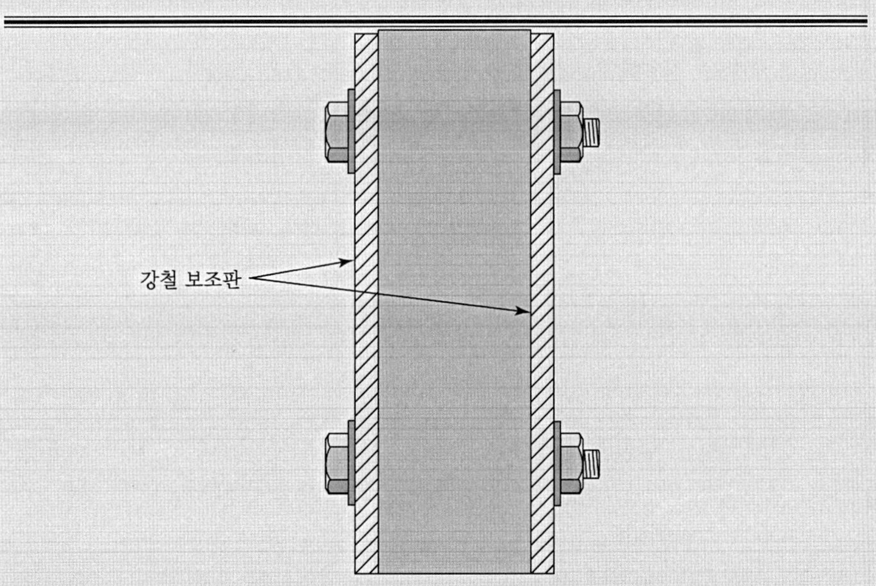

그림 2.16
기존 목재 들보를 보강하기 위해 두 개의 보조판을 이용하는 버트의 아이디어

어니: "나에게 더 좋은 아이디어가 있습니다. 아예 처음부터 구멍이 있는 철판을 클램프로 들보에 고정시켜 철판 샌드위치 모양을 만든 후 목재 들보에다 드릴로 구멍을 뚫는 겁니다."

버트: "예. 그것 참 좋은 아이디어입니다. 들보 샌드위치는 모양도 좋고 튼튼하며 목재 들보만 있을 때보다 약간 더 넓어지는 정도일 겁니다." **버트는 잠깐 더 생각했다.** "그렇지만 보강된 들보가 충분히 튼튼할지 확인하기 위해서는 분석을 좀 해야 할 것 같습니다. 얼마나 얇은 철판을 사용할 수 있을지 파악하기 위해 우선 대략적인 계산을 하고 나중에 보다 정확한 컴퓨터 모델링을 해보겠습니다."

어니: "좋습니다. 장기적으로 보면 이렇게 하는 것이 비용도 더 적게 들 것입니다. 이 아이디어가 처음 두 아이디어보다 훨씬 좋아 보입니다. 훌륭한 절충입니다."

직업적 성공의 비결: 브레인스토밍 세션에서 한 사람이 독주할 경우의 대처 방법

당신이 브레인스토밍 세션의 리더이고 팀 구성원 중 한 명이 대화를 독점하고 있다고 하자. 이 사람은 다른 참가자들을 비판하고, 독창적인 아이디어들을 기각시키며, 남의 말을 자르거나 다른 규칙 위반행동들을 하고 있을 수 있다. 이러한 상황이 발생할 경우 그와 같은 위반자에게 규칙을 지키게끔 만드는 것은 리더의 책임이다. 리더는 그룹 전체에게 "보세요. 우리 모두 브레인스토밍의 정형적 규칙들을 지킬 필요가 있습니다. 발언 요청이 있을 때까지는 발언하지 않는 규칙을 적용하기로 합시다."라고 말할 수도 있을 것이다. 이러한 방법으로 재치 있게 독주 행위를 차단하고 팀 구성원 사이의 조화를 유지할 수 있을 것이다.

연습문제

1. 모리스 그룹이 아이디어 트리거 세션 동안 모은 아이디어들의 최종 리스트를 살펴보고, 1인 "미니 브레인스토밍 세션"을 수행하여 가능한 한 많은 아이디어들을 추가해보라. 아이디어를 생각하는 데 4분의 시간을 사용하라.
2. 공학 전공이 아닌 친구가 자꾸 빠지는 이어폰에 대해 불평을 한다고 하자. 5분의 브레인스토밍 시간을 갖고 그 친구의 문제를 해결하기 위한 아이디어들을 모아보라. 5분이 지난 후 짧은 휴식을 가진 다음 1에서 5 사이의 타당성 지수를 기준으로 리스트를 정리하라. 여기에서 타당성 지수가 5이면 타당성이 가장 높음을 나타낸다.

3. 개를 안전하게 마당에 가두는 방법들을 2분 동안 최대한 많이 찾아보라. 그런 다음 가장 적은 비용을 요하는 것부터 차례대로 아이디어들을 나열하라.
4. 2분 동안 핸즈프리 수도꼭지를 설계하기 위한 아이디어들을 최대한 많이 적어보라.
5. 에너지 절약을 위해 사람들에게 전등을 끄도록 알려주는 방법을 고안하고 싶다고 하자. 이러한 목표를 달성하기 위한 방법들을 최대한 많이 고안해보라. 2분의 브레인스토밍 시간을 사용하라.
6. 세 명에서 다섯 명 사이의 동료로 이루어진 팀을 구성하라. 브레인스토밍 방법 중 하나를 선택하여 주차 미터기에 동전이 가득 차서 비울 필요가 있음을 시청 공무원에게 알려줄 수 있는 방법을 최대한 많이 모아보라(즉, 일정에 따라 비우기보다 "필요에 따라" 비운다.).
7. 세 명에서 다섯 명 사이의 동료로 이루어진 팀을 구성하라. 브레인스토밍 방법 중 하나를 선택하여 애완용 햄스터에게 알 모양의 먹이를 자동으로 주는 장치를 위한 아이디어들을 최대한 많이 생각해보라. 3분의 브레인스토밍 시간을 사용하라. 가능할 경우 4명 이내의 그룹과 함께 작업하라.
8. 비정형적 브레인스토밍 세션을 수행하기 위한 팀 동료를 구하고, 서로 번갈아가며 한 개씩의 아이디어를 내는 일을 둘 중 한 사람의 아이디어가 떨어질 때까지 계속하라. 그런 다음 남은 한 사람이 갖고 있던 아이디어를 한꺼번에 발표한다. 각자는 아이디어들이 떠오르는 대로 적는다. 이 방법을 사용하여 자동식 베이글 써는 장치의 설계 개념을 개발해보라.
9. MP3 재생기와 데스크톱 컴퓨터상의 대응 프로그램을 동기화시키는 방법을 개발하는 설계팀에 합류하게 되었다고 가정하라. 4명으로 구성된 팀에서 아이디어 트리거 세션에 사용할 용지를 그림 2.12에서 보이고 있는 형태를 따라 만들어라. 또한 세션의 결과를 요약하는 종합용 용지도 만들어라.
10. 1분의 휴식을 사이에 두고 2회에 걸쳐 각 2분 동안 새로 발견된 지하 유전의 깊이와 너비를 결정하기 위한 방법들을 최대한 많이 생각해보라.
11. 여기에서는 미래형 문제를 다루고 있다(정형적이든 비정형적이든). 브레인스토밍 세션을 갖기 위해 한 명 이상의 친구를 모아라. 키보드나 마우스를 사용하지 않고 정보를 사람에서 컴퓨터로 전달할 수 있는 여러 가지 방법을 찾아라. 가능한 각 방법에 대해 자세히 기술하라.

12. 장난감 로켓, 야구공, 헬륨 풍선 등을 가지고 있다고 하자. 세 명에서 다섯 명 사이의 동료 학생들을 모은 다음, 이 물건들만을 이용하여 미국 뉴햄프셔 주 워싱턴 산의 높이를 알아내기 위한 여러 가지 방법들을 정하기 위한 브레인스토밍 세션을 진행하라.
13. 기압계, 스톱워치, 줄자 등을 이용하여 워싱턴 시의 워싱턴 기념탑의 높이를 알아내기 위한 방법을 찾기 위한 브레인스토밍 세션을 진행하라.
14. 자전거 속도를 측정하기 위한 감지장치를 개발하기 위한 세션 동안 전개될 내용으로 예제 2.2에서 논의된 유형의 브레인스토밍 용지를 재구성하라.
15. 계란 하나, 테이프, 몇 개의 플라스틱 빨대 등이 당신의 설계팀에 주어져 있다고 하자. 2미터 정도의 높이에서 떨어진 계란이 깨지지 않도록 만들기 위한 장치를 고안하기 위한 브레인스토밍 세션을 진행하라. 설계팀은 앞에 언급된 물건들만을 사용할 수 있다.
16. 반 친구 한 명과 함께 자동차 경주에서 사용할 스톱워치로 컴퓨터를 이용하기 위한 여러 방법들을 찾기 위한 비정형적 브레인스토밍 세션을 진행하라.
17. (큰 해양 생물들을 보기 위해 사람들이 방문하는 종류의) 대형 수족관을 생각해보자. 당신의 팀이 바깥쪽에서 수족관 창 내부 표면을 세척하기 위한 장치를 설계하는 일을 맡았다고 하자. 브레인스토밍 세션 동안 전개될 내용으로 예제 2.2에서 논의된 유형의 브레인스토밍 용지를 재구성하라.
18. 사지마비 환자가 책 페이지를 넘길 수 있도록 돕는 장치의 설계와 관련된 내용으로 예제 2.2에서 논의된 유형의 브레인스토밍 용지를 재구성하라.
19. 매일 새벽과 해질 무렵에 자동적으로 국기를 게양하고 내리기 위한 장치의 설계와 관련된 내용으로 예제 2.2에서 논의된 유형의 브레인스토밍 용지를 재구성하라.
20. 필요 시 자동차의 앞유리 와이퍼를 자동으로 켜기 위한 장치의 설계와 관련된 내용으로 예제 2.2에서 논의된 유형의 브레인스토밍 용지를 재구성하라.
21. 물주전자가 끓었을 때 맹인에게 경고할 수 있는 장치의 설계와 관련된 내용으로 예제 2.2에서 논의된 유형의 브레인스토밍 용지를 재구성하라.
22. 조립라인 컨베이어 위에 나사들을 일렬로 나열하기 위한 장치의 설계와 관련된 내용으로 예제 2.2에서 논의된 유형의 브레인스토밍 용지를 재구성하라. 모든 나사는 같은 방향을 향하고 있어야 한다.

23. 제조 공정 동안 수술용 라텍스 장갑에서 작은 구멍을 탐지하기 위한 장치의 설계와 관련된 내용으로 예제 2.2에서 논의된 유형의 브레인스토밍 용지를 재구성하라.
24. 자기 나침반에서 전기신호를 유도하기 위한 방법의 설계와 관련된 내용으로 예제 2.2에서 논의된 유형의 브레인스토밍 용지를 재구성하라. 나침반은 컴퓨터에서 실행되는 내비게이션 소프트웨어와의 인터페이스를 가져야 한다.
25. 한 타래의 밧줄과 8개의 막대가 주어져 있다고 하자. 황야에서 임시 대피소를 짓는 방법을 고안하기 위한 비정형적 브레인스토밍 세션을 진행하라.
26. 도둑이 개인용 컴퓨터 내부의 메모리칩을 훔치는 것을 방지하는 경보장치를 고안하기 위한 비정형적 브레인스토밍 세션을 진행하라.
27. 진공청소기의 전원코드를 벽에서 뽑을 때 잡아당기는 버릇이 있는 청소부들이 있다고 하자. 코드 끝의 플러그에 대한 손상을 방지할 수 있는 장치나 시스템을 고안하기 위한 비정형적 브레인스토밍 세션을 진행하라.
28. 투약 일정을 기억하기 어려운 노인을 위한 자동 투약장치의 설계에 관련된 내용으로 예제 2.2에서 논의된 유형의 브레인스토밍 용지를 재구성하라.
29. 염소 첨가제가 균일하게 분포될 수 있도록 실외수영장 물을 휘젓고 순환시키기 위한 장치의 설계와 관련된 내용으로 예제 2.2에서 논의된 유형의 브레인스토밍 용지를 재구성하라. 수영장에는 누전차단용 전기 콘센트가 설치되어 있다고 가정하라.
30. 트럭 운전사가 차량 밖으로 나오지 않고 타이어 공기압력을 검사할 수 있는 장치의 설계에 관련된 내용으로 예제 2.2에서 논의된 유형의 브레인스토밍 용지를 재구성하라.
31. 브레인스토밍을 수학 문제 해결에 사용할 수 있겠는가? 이유를 설명하라.

2.6 설계 예제

이 절에서는 세 개의 예제를 이용하여 공학설계의 원리들을 설명한다. 각 사례에서 사용되는 방식은 설계 프로세스의 핵심 요소들을 모방하여 이용한다.

2.6.1 모형자동차 설계 경진대회

자신이 재학 중인 공과대학의 동문회가 후원하여 우승자들에게 대학교재 상품권을 제공하는 모형자동차 설계 경진대회에 참가하기로 했다고 하자.

경진대회의 목표는 앞의 그림 2.12에서 보이고 있는 바와 같이 자체 에너지로 경사로를 올라가서 경사로 상단에서 정지하며 반대편 경사로로 올라온 상대 차량에 대항하여 자신의 위치를 지킬 수 있는 모형자동차를 설계하고 제작하는 것이다. 15초가 경과한 후 중앙선에 가장 가까운 차가 "언덕 꼭대기"에 위치한 것으로 간주된다. 매번 다른 경쟁자 쌍 사이의 시합들을 거쳐 최종 우승자가 결정된다.

규칙에 따르면 모형자동차의 동력으로는 다음 중 한 가지만 이용해야 한다.

- 9V 이하의 건전지 한 개
- 고무줄 한 개 (당기지 않은 상태에서 최대 크기는 4mm × 10cm)
- 마우스트랩 (스프링의 최대 크기는 3cm × 6cm)

당신이 설계 경진대회에 참가하였고 경쟁력 있는 모형자동차의 설계를 희망한다고 하자. 그림 2.7의 설계 사이클을 사용하여 문제를 조사해보자. 문제를 다룰 수 있는 방법에는 여러 가지가 있으며, 여기에 제시된 방법은 단지 그 중 한 가지일 뿐이라는 점을 유념하기 바란다.

1. 정보의 수집

경진대회 규칙은 설계 목표에 관한 당연한 정보원의 하나이다. 이 단계에서는 전지 수명과 출력, 고무줄에 관한 특성 값들, 구입 가능한 마우스트랩, 쉽게 구할 수 있는 전기모터 등에 관한 정보를 수집하는 것이 좋은 생각일 것이다. 이러한 정보를 상당히 많이 모은 후에야 확신을 갖고 설계 전략을 선택하는 다음 단계로 진행할 수 있다.

설계 전략의 선택. 여러 다른 설계 전략이 경쟁할 수 있는 모형자동차의 설계로 이어질 수 있다. 그러나 **우승할** 설계가 되기 위해서는 여러 핵심 이슈들에 대한 주의 깊은 고려가 요구된다. 어떤 선택이 옳을지 어떻게 미리 알 수 있겠는가? 사실 이는 불가능하며, 특히 그와 같은 모형자동차를 전에 제작해본 적이 없다면 더더욱 알 수 없을 것이다. 그러나 경험과 직관, 그리고 앞의 단계에서 수집한 정보 등에 기초한 논리적 추측들을 통해 선택을 시작할 수 있다. 그런 다음 설계 프로세스의 반복 과정을 통해 쓸 만한 해법에 접근할 수 있다. 다음 리스트는 경진대회를 위한 설계에서 채택할 만한 설계 전략들을 제시하고 있다.

1. 속도를 위한 설계. 가장 속도가 빠른 차가 반드시 우승하지는 않겠지만, 최대한 빨리 상단에 도달한 후 적절한 방어 전략을 사용하여 느린 상대방이

경사로 상단에 접근하는 것을 막는 것이 한 가지 전략이 될 수 있다.

2. 강도를 위한 설계. 혹은 불도저처럼 경사로 중앙으로 올라가면서 상대방 차를 밀어낼 수 있는 강하고 안정되어 있으며 천천히 움직이는 차량을 설계할 수도 있다.
3. 변경이 용이한 설계. 규칙에 의하면 시합 사이에 차량에 대한 변경이 허용된다. 변경이 용이한 제작 전략을 채택하면 차량에 대한 즉석 변경이 가능하게 될 것이다.
4. 내구성을 위한 설계. 설계된 차량은 경진대회 동안 많은 횟수의 경주용 오르막길 주행을 견뎌야 한다. 상대방 차들이나 사고로 인해 약한 차는 손상될 수 있다. 유연성을 갖거나 변경이 용이한 차량을 만들고 싶은 욕심과 내구성 문제 사이의 경중을 따져보아야 할 것이다.

위의 전략 (3)과 (4)는 서로 무관하지 않다는 점을 유의하기 바란다. 예를 들면, 변경 용이성을 위한 설계는 내구성 있는 차량을 제작하는 것과 상충될 수도 있다. 엔지니어들이 설계상의 의사결정을 내릴 때 이와 같은 절충에 직면하는 경우가 많다. 어떤 방향이 옳을지 결정하기 위해서는 경험과 연습이 필요하지만, 어떤 결정이라도 한다는 것은 당신이 이미 설계 프로세스를 시작하였음을 의미한다.

이 경진대회를 위한 규칙들은 모형자동차 설계에 있어 여러 대안들을 제공한다. 그러나 세부사항들은 다를 수 있지만 모든 차량은 **동력원**, **추진장치**, **정지방법**, **출발장치** 등의 공통적인 기본 요소들을 필요로 할 것이다. 팀 동료와 의논한 후 그림 2.17과 같은 선택 도표를 작성하게 될 것이다.

선택 도표가 완전한 리스트를 제공하지는 못하지만, 설계 작업을 위한 훌륭한 출발점이 된다. 아래의 문단들은 설계 선택들에 수반될 수 있는 사고 과정의 일부를 요약하고 있다.

동력원. 건전지는 감기 동작이나 다른 준비 작업을 필요로 하지 않으므로 동력원으로서 매력적이다. 그러나 건전지는 잦은 교체를 요하며, 따라서 기계적 방식들에 비해 더 많은 비용을 요할 것이다. 고무줄은 교체 주기가 훨씬 길겠지만 세 가지 선택 방안 중에서 에너지 저장 양이 가장 적다. 마우스트랩도 고무줄과 마찬가지로 잦은 교체가 필요하지 않다. 마우스트랩은 고무줄보다는 많은 에너지를 저장하겠지만, 그 모양으로 인해 저장된 에너지를 이용할 수 있는 선택방안의 수가 가장 적다.

추진장치. 추진장치는 **에너지 변환기**라고도 하며, 이에 대한 선택은 어떤 동력원을 선택했는지에 따라 달라진다. 건전지를 사용하기로 선택했다면, 전기모터가

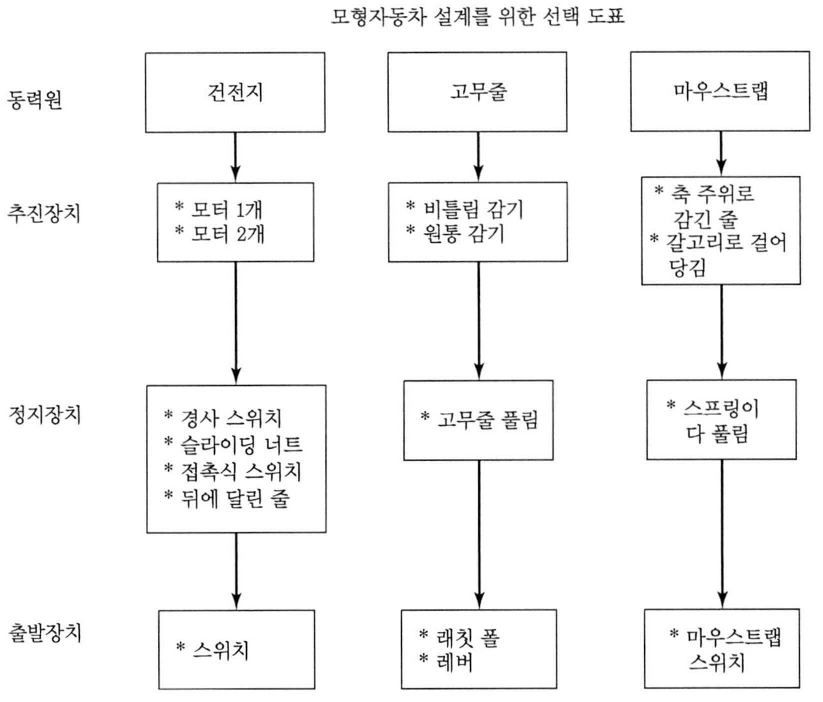

그림 2.17
모형자동차 설계 경진대회에서 설계 프로세스의 첫 단계를 위한 의사결정 트리를 나타내는 선택 도표

차바퀴를 회전시키기 위한 당연한 선택이 될 것이다. 고무줄은 선형운동을 제공하기 위해 잡아당길 수도 있고 차축(또는 동력 축)을 회전시키기 위한 비틀림 에너지 저장을 위해 꼬아둘 수도 있다. 혹은 고무줄을 낚시 릴처럼 자루나 실패에 당겨 감았다가 차바퀴를 돌리기 위해 사용할 수도 있다. 마우스트랩은 한 가지 운동만을 제공할 수 있다. 마우스트랩이 풀리면 그림 2.18에서 보이고 있는 것처럼 이동체가 호를 그리며 원위치로 돌아가며, 이러한 운동을 차량의 추진에 이용할 수 있다.

정지방법. 경진대회 규칙에 따르면 모형자동차는 경사로 상단에 도달한 후 정지해야 한다. 이를 위해서는 정확한 순간에 추진동력을 차단하고 차를 정지시키기 위해 중력과 마찰을 이용할 수 있다. 이러한 힘들을 증대시키기 위해 브레이크장치를 이용할 수도 있다. 건전지를 동력으로 사용하는 모형자동차의 경우 차량으로 가는 동력을 차단시키기 위한 여러 가지 방법이 있다. 간단한

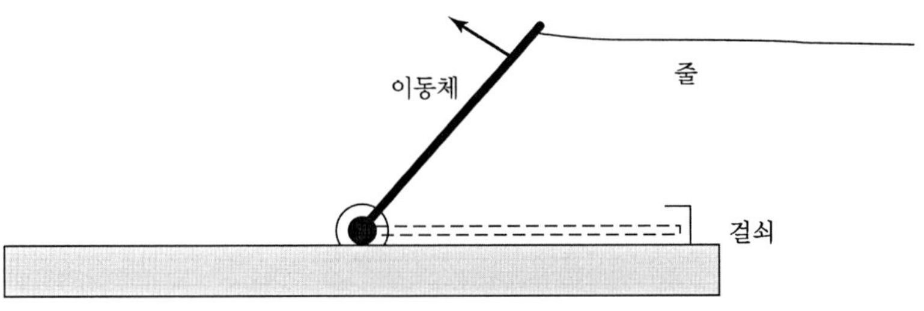

그림 2.18
마우스트랩에 저장된 기계적 에너지의 이용. 마우스트랩이 풀리면 이동체는 호를 그리며 원위치로 이동한다.

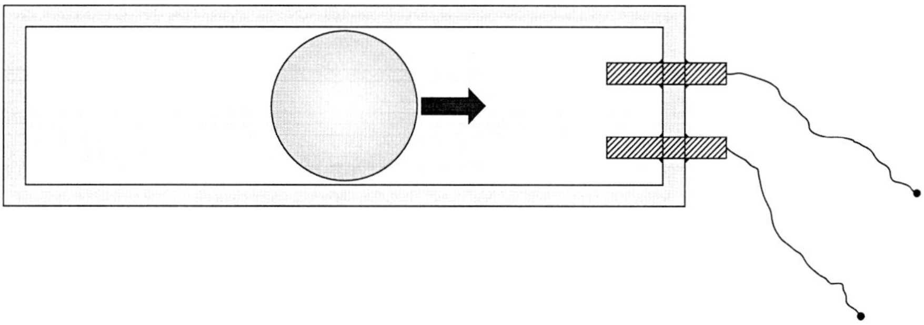

그림 2.19
한 개의 작은 상자, 한 개의 금속 베어링, 두 개의 접촉점 등으로 이루어진 경사 스위치

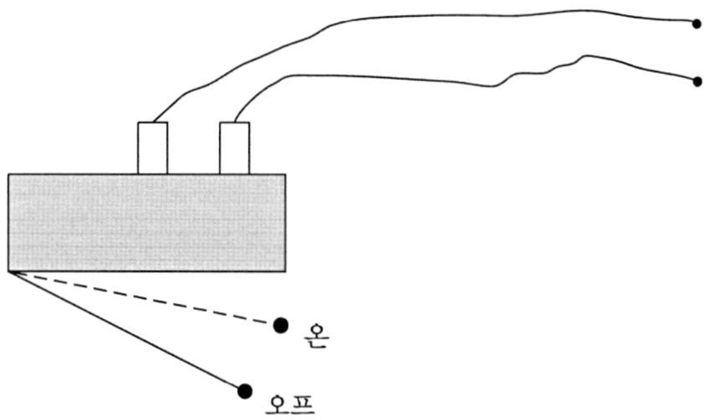

그림 2.20
스프링을 이용한 접촉 스위치

경사 스위치를 사용하여 차가 기울어져 있을 때는 건전지가 연결되고 차가 수평상태에 도달하면 건전지 연결이 끊어지게 만들 수 있다. 그림 2.19에서 보이고 있는 것처럼 작은 상자 안을 굴러다니며 두 개의 전극에 접촉하는 금속 공을 경사 스위치로 사용할 수도 있다. 다른 방안으로는 그림 2.20에서 보이는 것과 같은 스프링을 이용한 접촉 스위치가 이용될 수도 있고, 바퀴 회전 횟수로 측정되는 이동 거리가 사전 설정된 거리에 도달하면 동력을 차단하는 장치가 이용될 수도 있다. 후자의 경우 바퀴가 미끄러지거나 헛돌게 되면 제대로 작동하지 않을 것이다.

기계식 스위치에 대한 흥미로운 대안 하나는 일정 시간이 지난 후 전원을 차단시키는 전자식 타이머를 사용하는 것이다. 시행착오를 통해 차량이 경사로 상단에 정확히 멈출 시간을 설정할 수 있을 것이다. 이와 같은 개방 루프 타이밍 방식에 내재된 문제는 차량이 실제로 정상에 도달했는지 인식하지는 못하며 단지 경과 시간에 의해 도달했으리라 추정할 뿐이라는 점이다. 건전지 에너지가 고갈됨에 따라 매번 주행 시 차량 속도가 점차 감소할 수 있으므로 이러한 타이밍 방식에 문제가 발생할 수 있다. 이 방법은 또한 타이어가 트랙 상에서 미끄러질 경우에도 잘못될 수 있다. 그렇지만 기계적 부품을 사용하는 해법보다는 아마 신뢰성이 높을 것이다.

고무줄이나 마우스트랩이 동력원으로 선택될 경우, 차량의 정지에 전기 스위치를 사용할 수는 없다. 기계적 에너지에 의해 추진되는 차량을 정지시키는 한 가지 방법은 기본 동력원을 고갈시키는 것이다. 예를 들면, 고무줄의 경우 완전히 풀리게 만들면 된다. 이 방법은 단순하지만, 저장된 에너지원이 고갈되면 차량에 대한 동력 유입은 항상 멈추게 되므로 신뢰성이 높은 방법이다.

출발장치. 건전지를 동력으로 사용하는 차량이라면 전기 스위치가 가장 타당한 출발장치가 된다. 그렇지만 출반 전에 모터 속도를 끌어올려 놓도록 모형자동차를 설계할 수도 있으며, 이 경우 기계식 출발장치가 필요할 것이다. 이러한 설계를 통해 경사로를 빨리 올라가는 전략을 실현할 수 있다. 고무줄이 동력으로 이용될 경우 바퀴로 가는 동력 흐름을 개시하기 위해 풀림 레버 같은 기계식 장치가 필요할 것이다. 마우스트랩의 경우 자체의 격발장치를 사용할 수도 있고 다른 출발장치를 고안하여 사용할 수도 있다.

2. 설계에서의 1차 시도의 실행

첫 번째 설계 시도에서는 먼저 설계의 기술적 타당성을 확인하기 위해 크기들, 변수들, 차량 구성요소 등에 대한 대략적 추정 작업을 수행한다. 팀 동료와 함께 설계상의 선택들에 대한 긴 리스트를 만들고 이에 대한 토의를 거쳐 건전지 동력을 이용하는 차량으로 결정했다고 하자. 이러한 결정에 따라 정지장치에 대한 여러 가지 선택방안이 생겨나게 된다. 건전지 동력 차량이라는 선택에 따른 유연성이 기계적 추진 방식의 이점보다 더 크다고 판단하였을 것이다. 그리고 방어 전략을 의논한 다음 작은 전기모터 한 개를 사용하며 느린 속도의 V자 모양 차량으로 결정하였다고 하자. 이러한 설계의 장점은 큰 기어 비율을 사용하여 모터를 바퀴에 연결할 수 있으며 이를 통해 바퀴에 강한 회전력이 주어지며 고속 차량이 갖지 못하는 기계적 확대율을 제공한다는 것이다. 이러한 차량은 다른 차량들에 비해 속도가 느리므로 경사로 상단에 먼저 도달하지 못할 수도 있지만, V자 모양의 차체 설계는 경사로 상단에 먼저 도착해있는 상대 차량을 격퇴시키는 데 도움이 될 것이다. 만일 이쪽 차가 먼저 도착했다면, 방어력이 높은 V자 모양으로 인해 상대 차량이 이쪽 차를 올라타는 모양새가 되고 이쪽 차는 상단에서의 현재 위치를 지킬 수 있게 될 것이다.

이러한 모형자동차에 대한 대략적인 예비 스케치를 그림 2.21에서 보이고 있다. 이 스케치를 설계상의 계산들, 부품목록, 차의 여러 요소들에 대한 스케치 등을 포함하는 모든 정보와 함께 공책에 그려둔다. 그림 2.21에서 보이고 있는 것은 V자 모양의 차량 설계, 모터에 의해 구동되는 단일 구동축, 벨트, 도르래, 모형자동차가 경사로 상단에 도달했을 때 모터를 끄기 위한 스위치 등이다.

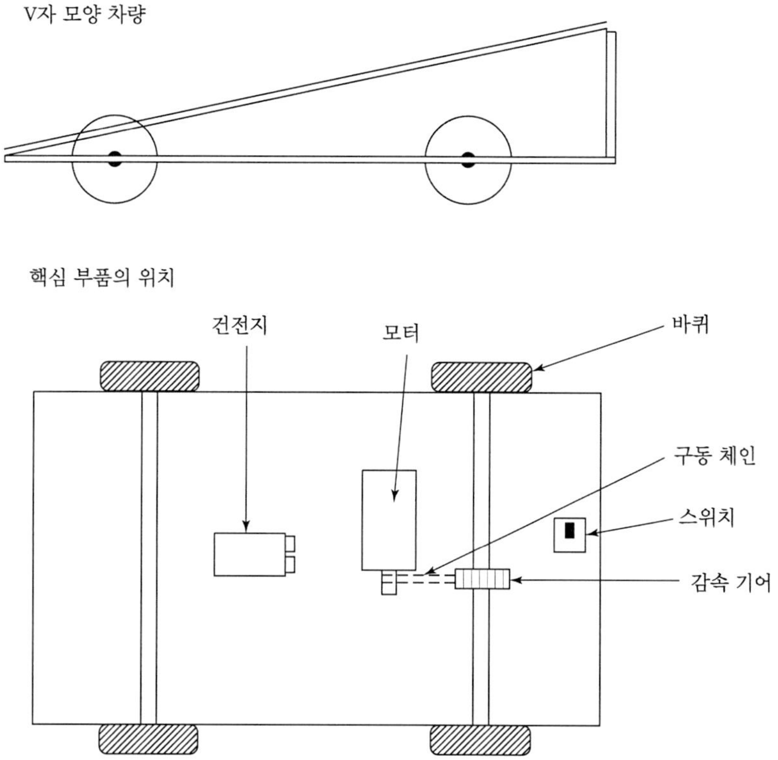

그림 2.21
모형자동차 설계 경진대회를 위한 차량의 대략적 예비 스케치

3. 제작, 문서화, 테스트, 그리고 수정

그림 2.21의 스케치는 설계의 시작을 나타낼 뿐이며 최종 결과물은 아니다. 차량이 완성되기 전에 많은 장애물을 넘어야 하며 테스트들을 거쳐야 한다. 설계 프로세스에서 다음 단계는 아마 "1차 시도" 프로토타입의 제작과 테스트가 되어야 할 것이다. 설계 프로세스에서 이 단계의 원활한 진행을 위해 공식 대회 경사로의 한쪽 면을 모방하여 테스트용 경사로를 만들어 이용할 수 있을 것이다. 차량 프로토타입에서는 먼저 구동 모터나 정지장치 없이 V자 형태의 차체 뼈대를 제작한다.

손으로 V자 모양 차량을 경사로로 밀어 올려본다. 그러면 그림 2.22(a)에서 묘사하고 있는 것처럼 차량 바닥이 언덕 상단에서 경사로에 부딪치는 것을 발견하게 될 것이다. 경사로의 각도 변화가 커서 바퀴 네 개가 항상 트랙 표면과 접촉을 유지하지는 못한다. 이 문제에 대한 몇 가지 해법에 대해 팀 동료와 의논한다. 한 가지 해법은 그림 2.22(b)에서 보이고 있듯이 바퀴 지름을 더 크게 만드는 것이다. 이러한 변경은 모터와 바퀴 사이의 기계적 확대율을 감소시키므로 모터에 요구되는 회전력 계산을 새로 해야 할 것이다. 또 다른 해법은 그림 2.22(c)에서와 같이 차체를 더 짧게 만드는 것인데, 이 해법은 V자 모양의 각이 커져 방어 전략으로서 효과를 감소시킬 것이다(V자 모양이 얇을수록

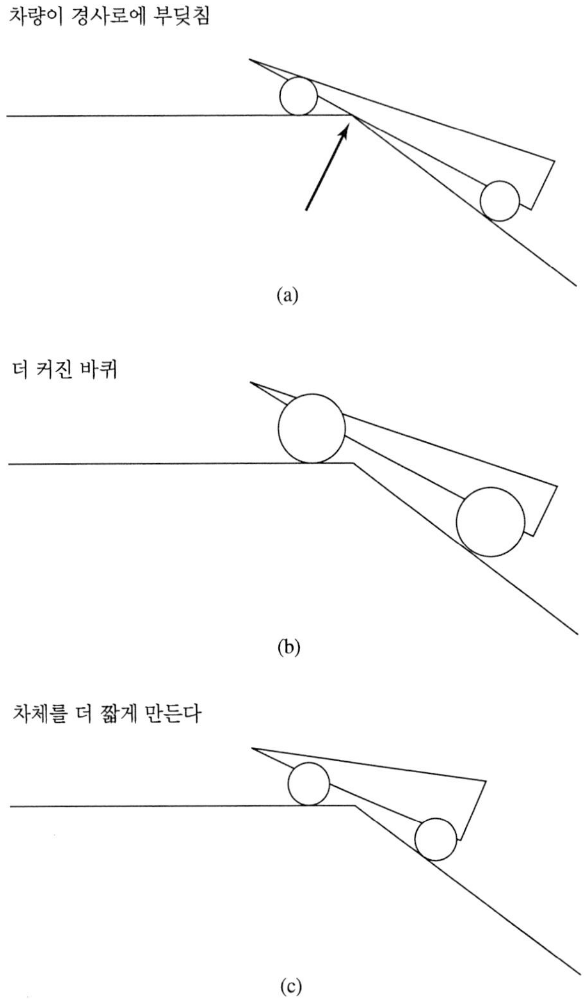

그림 2.22
경사로 상단의 차량.
(a) 차량 바닥이 경사로에 부딪침 (b) 더 큰 바퀴를 사용하는 차량
(c) 짧아진 차량

상대방 차량 아래로 파고들기 쉬워진다. 그러나 V자 모양 뒷부분은 모터와 기어박스 공간을 확보하기 위해 동일한 두께를 유지해야 한다.).

4. 재수정

팀 동료가 바퀴나 V자 모양을 현재대로 유지하는 대신 그림 2.23에서 묘사하는

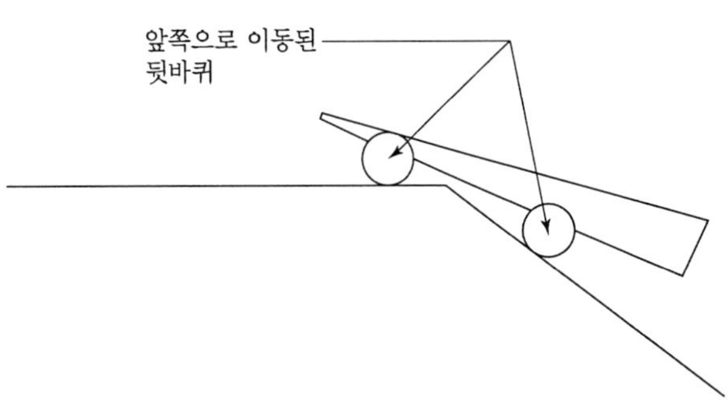

그림 2.23
뒷바퀴들을 앞쪽으로 옮긴다.

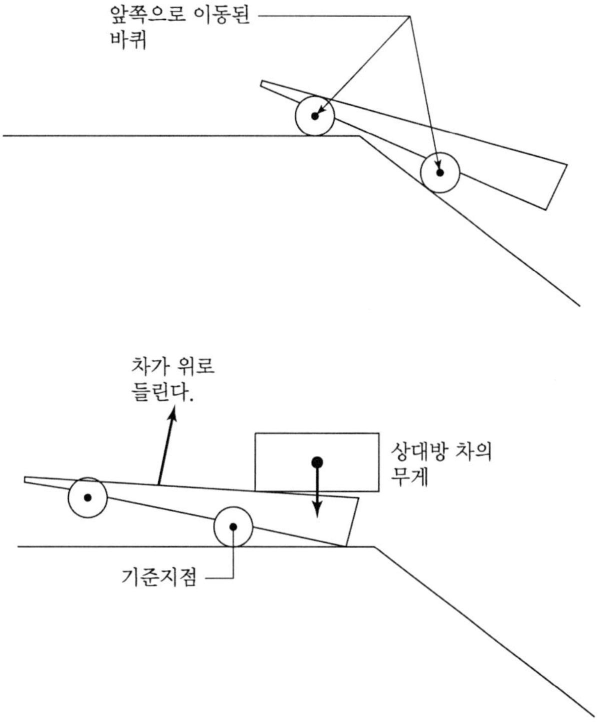

그림 2.24
뒤쪽에 실린 상대방 차의 무게로 인해 차가 뒤쪽으로 뒤집힌다.

것처럼 뒷바퀴들을 조금 앞쪽으로 옮기자고 제안한다. 뒤축을 앞쪽으로 조금 옮겨 차량을 다시 제작한 다음 다시 테스트해본다. 재설계된 차량은 더 이상 바닥에 부딪치지 않으며, 당신은 성공이라고 선언한다. 당신의 지도교수가 설계 변경을 본 후 보다 현실적 조건에서 테스트해볼 것을 권유한다. 예를 들면, V자 모양 차체 위로 다른 차가 올라탔을 때 어떤 일이 생길 것인가? 차량 상단의 여러 위치에 무거운 것을 올려봄으로써 그와 같은 일에 대한 모의실험을 진행한다. 이러한 추가적인 테스트를 해본 결과 바퀴 위치를 옮기는 것이 문제에 대한 최선의 해법이 아니라는 것을 발견할 수 있다. 뒷바퀴들이 앞쪽으로 이동함으로써 차의 중력중심에 대한 지지 기초에 변경이 생긴다. 상대방 차가 올라탔을 때 중력 중심이 뒤쪽으로 이동하면서 그림 2.24에서 묘사하고 있는 것처럼 이쪽 차가 뒤쪽으로 뒤집히게 된다.

5. 현실성 확인

위와 같은 사실의 발견은 큰 차질처럼 보이지만 반복형 설계 프로세스의 정상적 부분의 하나이다. 한 번에 잘 되는 것들도 있고 잘 되지 않는 것들도 있다. 관찰과 실패를 통해 배우며, 제작, 테스트, 수정, 재 테스트 등의 과정을 통해 문제에 대한 최선의 해법에 접근할 수 있을 것이다.

6. 추가적인 수정

생각을 좀 해본 후 결국 바퀴 지름을 늘리는 것이 최선의 방안이라고 결정한다. 팀 동료는 기어박스의 비율을 변경시킴으로써 모터와 바퀴 사이의 궁극적인 기계적 확대율을 똑같이 유지할 수 있음을 지적한다. 이러한 변경을 통해 더 큰 바퀴를 수용할 수 있게 된다. 이제 당신은 새 바퀴 몇 개를 구입하여 다시 시도해보고 성공적인 결과를 얻는다. 뒤쪽 차축을 원래 위치로 옮기고 더 큰 바퀴를 장착한 차는 더 이상 경사로에 바닥이 부딪치지 않는다.

직업적 성공의 비결: 다른 설계 해법들에 대한 병렬 경로

설계 프로세스의 흥미로운 특징 중 하나는 동일한 공학 문제에 대한 완벽한 해법이 둘 이상 존재할 수 있다는 점이다. 설계 작업의 최종 결과는 한 해법이 다른 해법에 대해 갖는 본질적 가치보다는 임의의 설계 의사결정이 좌우할 수도 있다. 이러한 시나리오는 동일한 출발점에서 시작하지만 전혀 다른 결과들로 이어지는 병렬적 시간 여행 경로들을 포함하는 공상과학 영화의 경우와 다르지 않다. 예를 들면, 『Back to the Future』라는 유명한 영화에서 마티(Michael J. Fox 분)는 우연히 그의 부모님이 다니던 1955년의 고등학교로 시간여행을 한다. 그의 과학자 친구인 브라운 박사(Christopher Lloyd 분)의 도움으로 마티는 현재로 다시 돌아오는 일을 여러 번 하게 되는데, 매번 돌아올 때마다 마티가 그의 부모님들의 과거에 가한 작은 변화들에 기초하여 달라진 현실로 돌아온다. 이 시나리오에서 묘사된 병렬적 시간 경로들은 모두 유효하고 그럴듯하지만 전혀 다른 결과들로 이어진다.

공학설계의 세계에도 똑같은 시나리오가 존재한다. 설계 방식에서의 작은 변화들로 인해 아주 다르지만 똑같이 유효한 설계 해법들로 이어질 수 있다. 이러한 상황에 놓일 경우 각각의 결과가 진정으로 설계 목표를 충족시키기만 한다면 자신의 기분과 취향에 따라 임의로 결정할 수 있다. 이러한 상황에서는 항상 각각의 결과가 진정으로 설계 목표를 충족시키는지 조심스럽게 확인해야 한다. 때로 임의성보다는(원료를 구할 수 있는지 여부, 특정 스타일에 대한 대중의 반응, 설계 별 시장성 등과 같은) 숨겨진 요인들에 따라 선택이 이루어질 수 있다.

연습문제

1. 모형자동차 설계 경진대회에서 그림 2.12의 경사로를 올라가기 위한 여러 동력원의 장점을 요약하는 두 칸으로 이루어진 목록을 만들어라.

2. 설계 경진대회용 차량을 구동시키기 위한 다른 추진 방식들의 목록을 만들어라.
3. 설계 경진대회용 차량을 위한 정지 방식으로 브레이크 방식과 비교한 중력 및 마찰력을 사용하는 방식의 장점을 요약하는 두 칸으로 이루어진 목록을 만들어라.
4. 수직 높이가 1미터인 경사로 하단에서 상단으로 2kg 무게의 차량을 구동하기 위해 필요한 최소한의 에너지를 계산하라.
5. 1미터에 걸쳐 1뉴턴의 힘을 가하기 위해 필요한 전기에너지를 줄 단위로 계산하라.
6. 10초 동안 1미터에 걸쳐 어떤 물체에 1뉴턴의 힘을 가하기 위해 필요한 전기에너지를 와트 단위로 계산하라.
7. 모형자동차 설계 경진대회에서 길이가 1미터인 경사로 하단에서 상단으로 차량을 이동시키기 위해 필요한 바퀴 회전 횟수를 구하되, 바퀴 지름을 $x$cm로 가정하라.
8. 길이가 1미터인 설계 경진대회용 경사로에 대해 차축을 50번 회전시켜 경사로 하단에서 상단으로 차량을 이동시키기 위해 필요한 바퀴 지름을 구하라.

2.6.2 DVD 제작시설

이번의 예제에서는 설계 결과물이 물질적 제품이 아니라 제조공정인 경우에 대한 설계 사이클을 살펴볼 것이다. 비록 설계 사이클의 다양한 단계의 실행 수단은 달라질 수 있지만, 기본 원리는 앞의 예제와 동일하다.

이번 사례에는 DVD를 만드는 회사를 위해 작성될 소프트웨어 인터페이스가 포함되어 있다. DVD들은 Amonia.com, BestVids.com, CircuitTown.com, WebFlix.com 등을 포함하는 여러 판매업체들에 의해 온라인 판매되고 있다. 이 업체들 각각은 주문에 신속하게 대응하는 능력을 극대화하면서도 실제 재고를 최소화시킬 수 있기를 희망한다. 에칭 작업된 금속 마스터 디스크에서 플라스틱 DVD를 대량 제작할 수 있는 스탬핑 기계는 수백만 달러에 달하는 고가장비이며, 어느 DVD 업체도 단독으로 이러한 규모의 투자를 감당할 여유는 없다고 한다. 각 DVD 업체들은 자신의 개별 웹사이트를 통한 주문에 따라 DVD를 제작해 줄 수 있는 하청업체를 확보하고 싶어 한다. 이러한 수요를 파악한 당신의 회사 디스크스탬퍼(주)에서 창업투자가들로부터 자본금을 받아 DVD 스탬핑 기계를 구입하고, 앞의 네 DVD 업체 각각과 주문에 따른 제작 계약을 개별적으로 체결하였다. 디스크스탬퍼(주)의 설계팀이 할 일은 이러한 작업을 달성할 수 있는 제작시스템을 결정하는 것이다. 이제 그림 2.7의 설계 사이클에 따라 이 설계 문제를 논의해보자.

1. 전체적 목표의 설정

이번 설계 문제의 전체적 목표는 명확하다. 첫째는 고객들을 행복하게 유지하는 일이며, 이를 위해 DVD 주문에 대해 최대한 신속하게 DVD를 찍어 배송하며 100% 정확성을 위해 노력해야 한다. 둘째, 수리를 위해 스탬핑 기계들을 가동할 수 없을 때를 대비한 계획을 마련해야 하며, 정기적으로 데이터를 백업해두어야 한다. 마지막으로 작은 기업으로서의 최우선 목표를 달성할 필요가 있는데, 바로 이익을 내야 한다는 것이다. 이 마지막 목표는 기분 문제도 아니며 냉정한 것도 아니다. 기업이 이익을 내지 못한다면 사업을 유지할 수 없으며 당신이나 사원들도 일자리를 잃게 될 것이다.

2. 정보의 수집

당신이 수행할 첫 번째 단계는 고객들의 요구사항들을 파악하기 위해 그들을 면담하는 것이다. 운이 좋다면 고객들의 요구가 일치할 것이며 설계 작업은 쉬워질 것이다. 그러나 실제로 고객들의 요구사항은 다소 차이가 나는 경우가 많다. 정보수집 목표 중 하나는 고객들의 요구들을 모아서 공통 요소들을 찾는 것이다. 어쩌면 고객들을 설득하여 진술된 요구사항들을 변경하게 함으로써 하나의 해법에 접근하는 일이 가능할 수도 있다.

또한 주문 처리 사업에 관계된 다른 회사들의 운영 내용을 조사해야 한다. 이들 중 일부는 당신의 회사처럼 배송할 제품을 실제 제작하는 경우도 있을 것이며 어떤 회사들은 단순한 도매상 역할을 수행할 수도 있겠지만, 기본적으로 이들은 제조업체와 온라인 판매업체 사이의 중개 역할을 수행한다. 예를 들면, 일부 온라인 서점들은 도매상 방식으로 사업을 하는데, 주문을 **이행업체**라고 불리는 중앙 배급처에 보내면, 중앙 배급처는 출판사에 도서를 주문하여 배송한다.

3. 설계 전략의 선택

설계 사이클의 이 단계에서는 전체적 문제에 대한 한 개 이상의 접근 방식을 요약한다. 한 전략에서는 각 DVD 판매업체에 일별 제조 시간대를 할당한다. 각 판매업체에 할당된 (24시간 작업체제의 경우 합계 6시간의) 시간대 동안에는 그동안 모인 해당 판매업체의 온라인 주문을 처리할 것이며, 동일한 타이틀의 DVD들은 일괄작업으로 처리될 것이다. 그림 2.25에서 도식화하고 있는 이 방식에서는 해당 판매업체의 시간대 동안 스탬프 마스터 디스크를 여러 차례 교환해야 하겠지만, 각 판매업체의 배송 주문들은 하나로 묶을 수 있을 것이다.

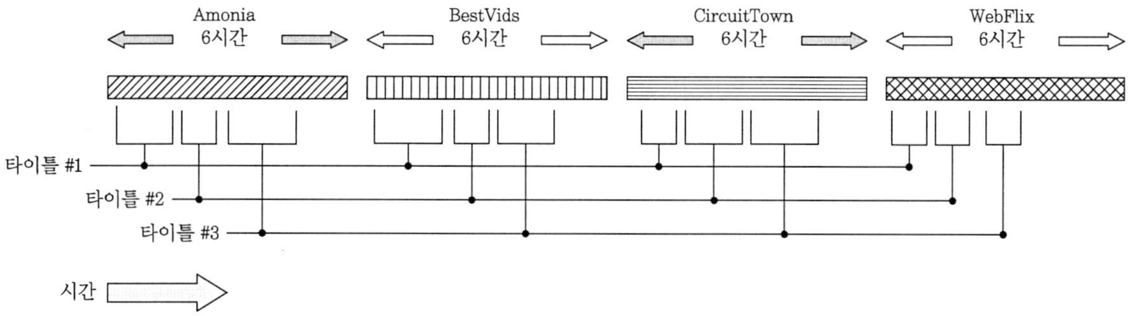

그림 2.25
DVD 주문 이행 프로세스 구현 방법 한 가지. 네 개의 판매업체 각각에 6시간의 시간대를 할당하고, 동일한 DVD 타이틀은 각 판매업체 시간대 내에서 일괄작업으로 처리된다.

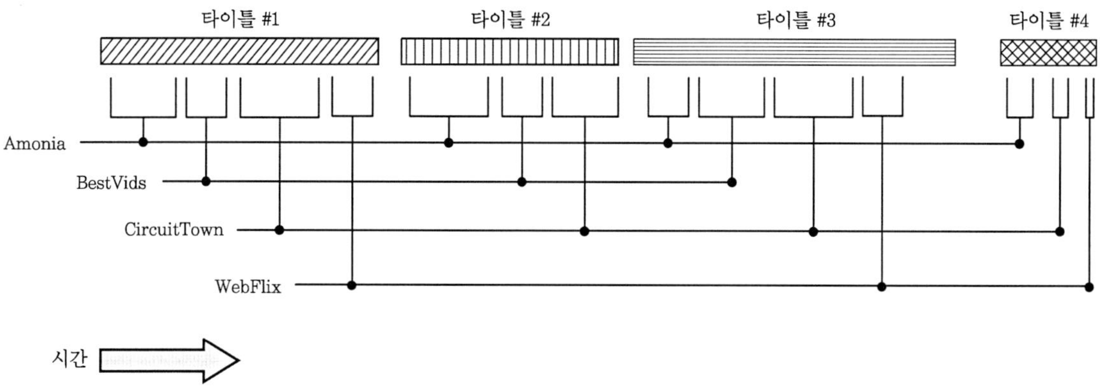

그림 2.26
또 다른 DVD 주문 이행 프로세스 구현 방법. 이 방식에서 DVD 타이틀들은 판매업체와는 관계없이 일괄작업으로 처리된다.

또 다른 전략은 그림 2.26에서 보이고 있는 것처럼 판매업체에 관계없이 동일한 타이틀의 DVD들을 모아 일괄 제작하는 방식이다. 이 방식은 스탬프 마스터 교체 횟수를 줄여주겠지만, 판매업체별로 주문을 주기적으로 정렬해야 한다. 약간의 토의를 거친 후 후자의 방식을 조사하기로 결정한다. 이 방식을 다시 정리하자면, 모든 판매업체들의 주문을 모은 다음 이들을 DVD 타이틀별로 정리하고, 동일한 타이틀의 DVD들을 일괄 제작하며 DVD 타이틀을 변경할 때가 되면 마스터를 교환한다. 이 방식의 장점은 빠르며 인건비를 줄여준다는 점이다. 일단 사업이 운영되기 시작하면 기계 운영자 급여를 시간 단위로 지급한다. (영화산업 수익의 대부분은 영화제작사로 가므로) 수익성이 낮은 DVD 사업에서 인건비 절감은 중요한 문제이다.

4. 설계에서의 1차 시도의 실행

제안된 시스템에 대한 블록 다이어그램을 그림 2.27에서 보이고 있다. 현재

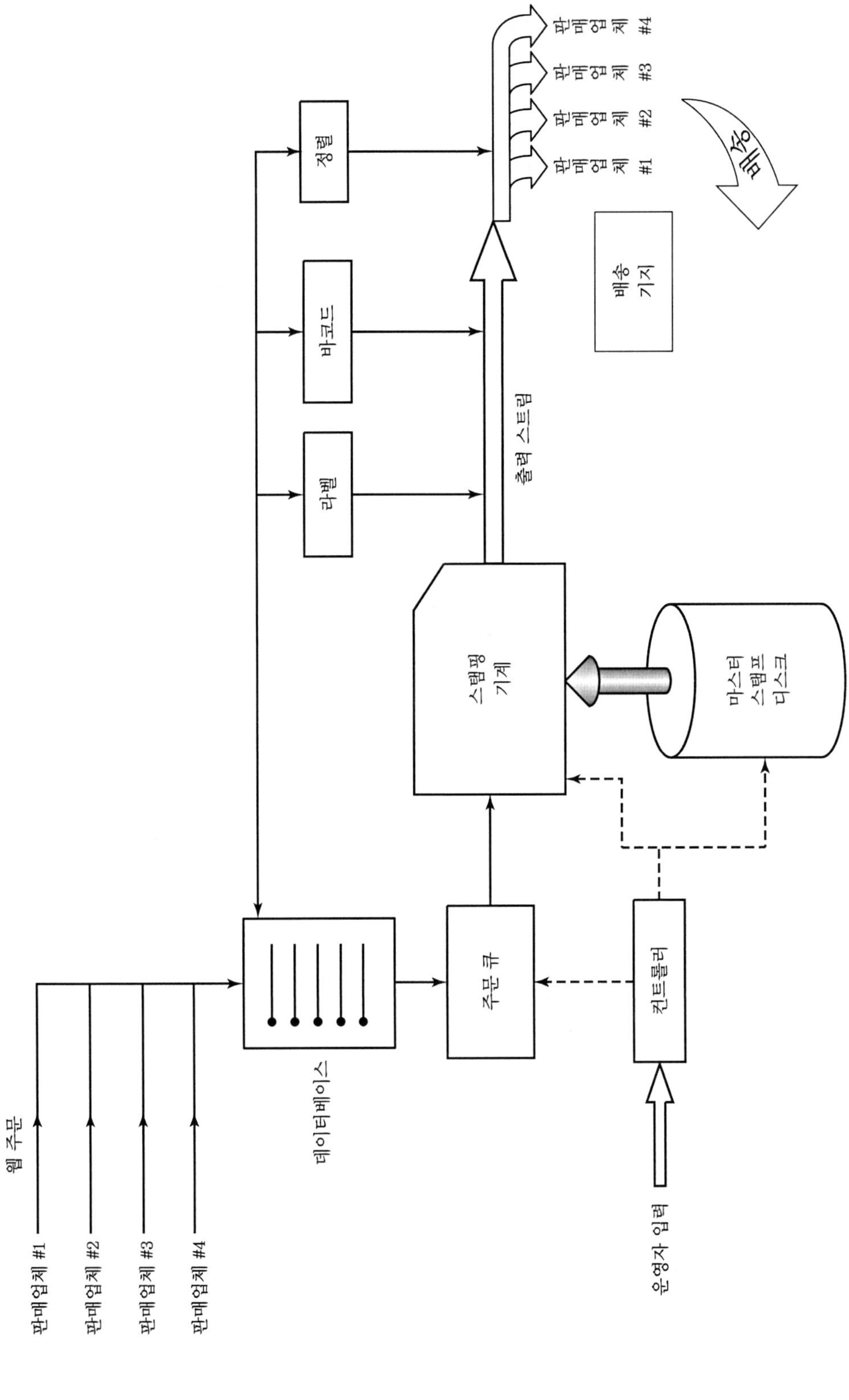

그림 2.27
그림 2.26의 생산 방식을 구현할 수 있는 블록 다이어그램

유일한 하드웨어 장비는 실제 스탬핑 기계이며, 다른 모든 요소들은 이제부터 설계하여 시스템에 통합시켜야 한다. 공급업체로부터 들어오는 데이터는 "주문" 데이터베이스에 저장되며, 마스터 디스크는 디지털 제어 회전장치에 보관되어 있다. 스탬핑 기계가 작업 준비를 완료하면, 컨트롤러는 입력 큐로부터 한 묶음의 주문을 읽어온 다음 회전장치에 올바른 마스터를 스탬핑 기계에 적재하도록 신호를 보낸다. 제작된 각 DVD가 기계를 빠져나오면 라벨을 붙이고, 특정 디스크와 주문 데이터베이스에 저장된 배송정보를 연결시키는 바코드를 DVD 케이스에 표시한다. 생산라인 뒤쪽에서 포장작업이 이루어지며, 포장상자 바깥 면에 배송정보가 인쇄된다.

5. 모델링과 분석

시스템이 예상한 대로 동작하도록 보장하기 위해서는 공학적 분석이 필요하다. 디스크가 한 장소에서 다음 장소로 이동하기 위해서는 시간 지연이 필요할 것이다. 시스템이 효율적으로 운영되고 전체적으로 빠른 처리속도를 달성하기 위해서는 작업들에 대한 적절한 조정이 필요하다. 따라서 몇 가지 질문을 제기할 수 있다. 예를 들면, 디스크에 바코드 표시를 완료할 때까지 기다린 후에 다음 공 디스크를 스탬핑 기계에 적재하는 것이 좋은 방법일까? 혹은 바코드 표시 작업과 관계없이 바로 앞의 디스크가 기계에서 빠져나온 직후 공 디스크를 적재해야 할까? 마찬가지로 들어오는 주문이 동시에 도착하여 시스템에 혼란을 초래하지 않게끔 보장하기 위해 어떤 조치들을 취해야 할까? 혹은 그와 같은 일이 발생할 경우, 충돌을 처리하기 위해 어떤 기법을 시스템에 포함시킬 수 있을까? 큐 처리 프로세스의 동작과정을 자세히 조사하는 시스템 차원의 분석이 시스템 최적화에 도움이 될 것이다. 이러한 종류의 질문들에 답하는 것은 **시스템공학** 영역에 해당되며, 대부분의 대학에서 **제조공학** 교과과정이나 **산업공학** 교과과정에 포함되어 있다.

6. 제작, 문서화, 테스트

제안 시스템의 전면적 구축은 많은 비용을 요할 것이므로 (지혜롭게) 시뮬레이션을 사용하여 설계 사이클의 제작-문서화 단계를 시도하기로 결정한다. 구체적으로는 상용 시스템 분석 소프트웨어 패키지를 사용하여 전체 시스템에 대한 모델링을 수행하는 방법을 선택한다. 이러한 프로그램에는 몇 가지 훌륭한 패키지들이 있지만 MATLAB 소프트웨어 모음 안의 도구인 Simulink™를 사용하기로 정한다.

시뮬레이션 및 테스트 과정에서 특별히 큰 문제는 드러나지 않았지만, 포장 단계에서 병목현상이 관찰된다. 판매업체들은 여러 다른 배송 방법을 지정하고 있다(예: UPS, FedEx, 미국 우편서비스). 이러한 다양한 배송 방법들로 인해 주문에 따라 배송 라벨을 교환해주어야 한다. 주문을 판매업체 별로 처리하는 대신 DVD 타이틀 별로 처리하기로 결정했기 때문에 라벨 교환이 자주 이루어져야 하며, 이로 인해 불필요한 지연이 발생할 수 있다.

7. 수정의 반복

스탬핑 작업 시스템 아래쪽에 패키지 정렬 작업대를 추가함으로써 라벨 부착 문제를 해결한다. 여기에서는 각 DVD 포장에 대해 바코드로 식별한 후 배송 방법에 따라 세 개의 배송 작업대 중 한 곳으로 보낸다. 이러한 작업대를 시스템에 추가함으로써 정렬 작업대 부품의 구입 및 설치에 따른 금전적 비용은 증가하겠지만, 전반적인 효율성 개선은 추가된 초기 비용을 충분히 보상하고도 남을 것이다. 시스템 차원의 분석을 통해 생산 수준이 100%를 유지한다고 가정하면 추가 기능을 위한 비용의 회수기간이 4개월 정도인 것으로 추정된다. 설계팀은 이러한 설계 수정을 채택하기로 결정한다.

8. 최종 제품에 대한 철저한 테스트

시뮬레이션을 통해 시스템에 대한 광범위한 테스트를 거친 후 실제 장치들을 제작하고 작업장에서 이들을 연결시킬 것이다. 실제 제작 전에 이루어진 시스템에 대한 분석과 변경을 통해 어느 정도 확신을 갖고 프로젝트에서 많은 비용을 소요하는 이러한 작업에 임할 수 있을 것이다. 시뮬레이션 상의 주문 큐를 사용하는 전면적 테스트는 실제 사업을 개시하기 전에 수행해야 할 다음 단계가 될 것이다. 그 다음에 소량의 실제 주문을 처리해본 다음 전면적 생산체제로 이행할 것이다. 구현의 최종 단계에 이르러서도 이전에는 감추어져 있던 문제점들이 발견될 수 있으며 재수정과 추가 테스트를 위해 설계 사이클로 돌아갈 준비가 되어있어야 한다.

2.6.3 자동 피펫장치

이번 예제에서는 생명의료공학, 기계공학, 전기공학 등이 합쳐지는 실세계 설계 문제를 살펴볼 것이다. 이 예제는 학제적 성격의 문제에 대한 훌륭한 사례를 보여준다. 이 예제에 대한 논의는 그림 2.7의 설계 사이클 중 "설계 전략의 선택" 단계 동안 엔지니어들이 직면하는 다양한 설계상의 선택들을 강조할 것이다.

생명의료공학 실험실에서는 흔히 여러 형태의 용량설정형 피펫 분주기를 볼 수 있다. 실험실에서 필수적인 이 도구는 수 마이크로리터에서 수백 밀리리터에 이르는 정확히 사전 설정된 부피의 용액을 전달한다. 이렇게 설정된 용량의

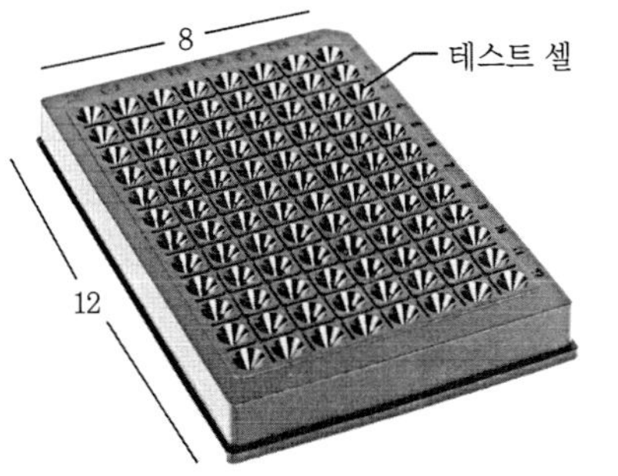

그림 2.28
표준형 96-구멍 마이크로플레이트. 각 셀의 부피는 대략 100마이크로리터이다.

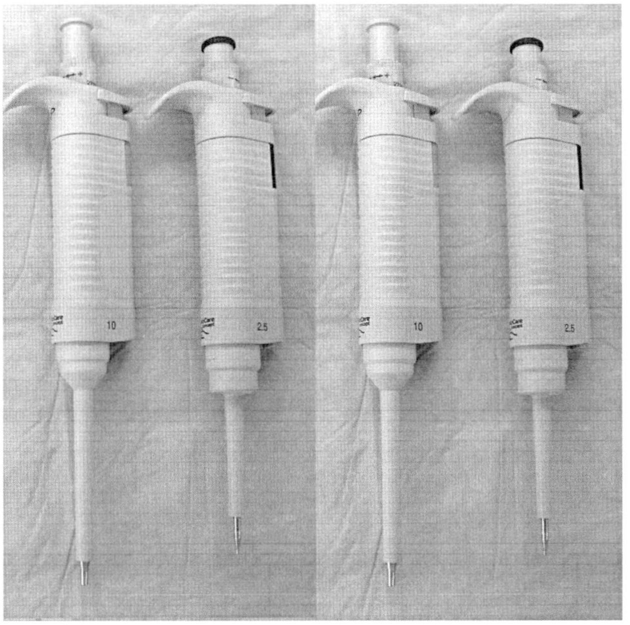

그림 2.29
다양한 소형 단일팁 마이크로피펫 (일회용 피펫팁은 부착되어 있지 않음)

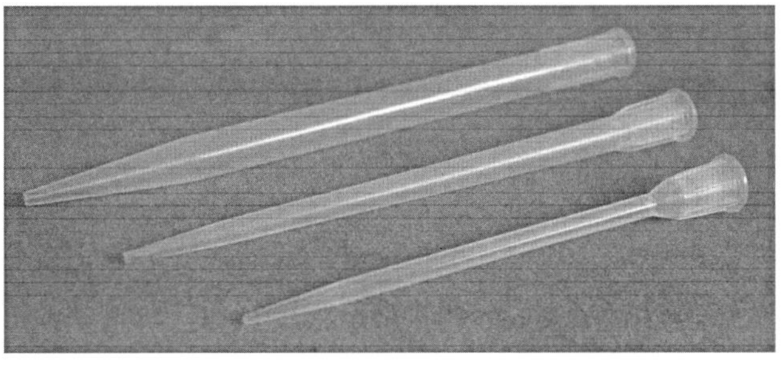

그림 2.30
일회용 피펫팁의 예

용액을 그림 2.28에서 보이는 것과 같은 표준형 96-구멍 마이크로플레이트의 셀들에 분주시키기도 한다. 사용자는 피펫 다이얼을 원하는 부피로 설정한 다음 일회용 피펫팁을 끼운다. 단일 팁 수동식 피펫의 예들을 그림 2.29에서 보이고 있으며, 피펫 끝에 끼울 일회용 피펫팁 몇 개를 그림 2.30에서 보이고 있다.

피펫을 사용하기 위해 사용자는 피펫이 새로운 용액이나 세포 배양체에 닿을 때마다 교체되는 일회용 팁을 끼운다. 이 팁을 분주될 용액에 담근다. 사용자는 엄지로 작동하는 흡입기를 밀었다가 후퇴하는 방법으로 설정된 부피의 용액을 피펫팁으로 흡입시킨다. 흡입기를 다시 눌러 용액을 분주 대상 마이크로플레이트 셀에 분주 시킬 수 있다. (셀 사이의 오염을 방지하기 위해) 아무때나 팁 방출 레버를 눌러 일회용 팁을 교체할 수 있다.

이 예제에는 여러 종류의 화합물이 생체세포 배양체에 미치는 영향을 평가하려는 보건학 교수가 관련되어 있다. 화합물들과 대상 배양체 모두 96-구멍 마이크로플레이트 셀들에 들어 있다. 수천 종류의 화합물을 테스트해야 하므로, 이 교수는 테스트를 자동으로 수행하기 위한 로봇 기계 제작을 기계공학과의 동료교수에게 의뢰하였다.

다음 리스트는 이 장치에 대한 요구사항들을 나열하고 있다.

- 표준형 96-구멍 마이크로플레이트(각기 8개의 셀을 갖고 9mm 간격을 갖는 12행)를 수용할 수 있다.
- 저장용기에서 10μL의 용매를 취할 수 있다.
- 각기 다른 화합물을 갖고 있는 대상 마이크로플레이트의 96 구멍 각각에 용매를 분주한 다음 섞을 수 있다.
- 화학물질이 포함된 용매 3μL를 취한 다음 세 개의 인접한 마이크로플레이트의 96 구멍 각각에 1μL를 분주한다. 각 구멍은 100μL의 세포 배양체를 갖고 있다.
- 분주 작업이 끝날 때마다 사용한 팁은 쓰레기통에 방출한다.

이러한 장치의 설계에서 엔지니어는 설계 프로세스 과정에서 결정되어야 할 수많은 선택들에 직면하게 된다. 설계 선택의 깊이에 대해서는 다음 논의과정에서 살펴볼 수 있다.

결정사항: 수동식 피펫 대 전자식 피펫?

이슈. 여러 제조업체에서 나오는 피펫들이 있으며, 이 중에는 수동식 피펫도 있고 전자식 피펫도 있다. 수동식 피펫에서는 모든 동작이 완전 기계식이며 수작업으로 동작된다. 전자식 피펫에서는 피펫의 분주용 주사기가 내부 모터 및 서보 제어장치로 동작하며, 사용자 인터페이스는 버튼들과 피펫의 소형 패널상의 디스플레이로 구성된다. 이와 같은 피펫 하나를 그림 2.31에서 보이고 있다. 일부 전자식 피펫은 케이블을 통해 컴퓨터에 연결될 수 있다.

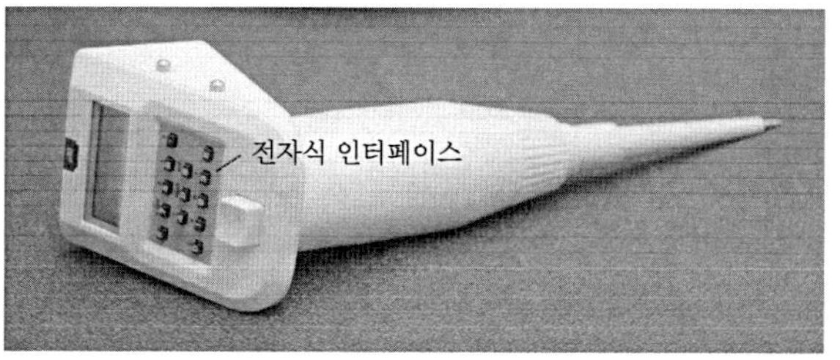

그림 2.31
전자식 피펫

피펫에 대한 비교		
	수동식 피펫	**전자식 피펫**
비용	싸다.	매우 비싸다.
신뢰성	단순하다. 오작동할 회로나 모터가 없다.	복잡한 전자장치나 내부 모터가 항상 제대로 기능해야 한다.
인터페이스 설계	자동식 로봇장치에서 동작하기 위해 복잡한 기계식 홀더, 피스톤, 작동기 등을 설계해야 한다.	표준 커넥터를 사용하여 단일 데이터 연결선을 통해 컴퓨터에 연결할 수 있다.
정확도	충분하다.	수동식보다 조금 낫다.

결정사항: 단일채널 피펫 대 다중채널 피펫?

이슈. 수동식이든 전자식이든 모든 피펫은 단일 팁 버전도 있고 다중 팁 버전도 있는데, 다중 팁 버전에서는 4, 8, 또는 12개의 팁이 동일한 분주장치에 나란히 연결되어 있다. 다중 팁 버전에서 팁들은 동일한 부피로 설정되어야 하며, 용액을 흡입하는 경우이든 분주하는 경우이든 주사기들도 동시에 작동한다. 그림 2.32에서 다중채널 피펫의 예를 보여주고 있다.

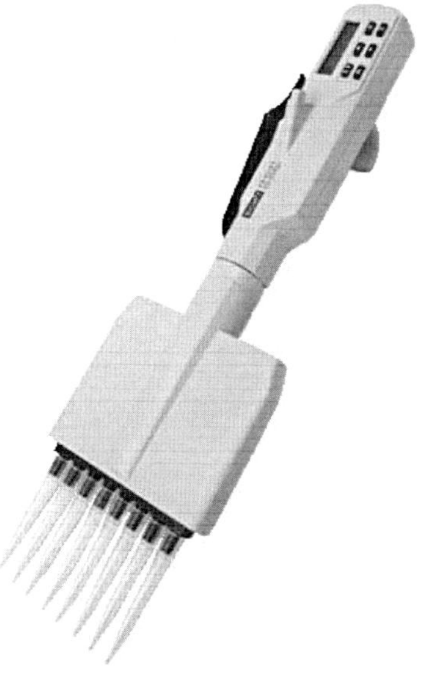

그림 2.32
다중채널 피펫

채널 개수에 대한 비교		
	단일채널	다중채널
기계적 복잡성	마이크로플레이트상의 모든 셀에 도달하기 위해 2-축(x-y) 운동을 요한다.	한 방향의 운동(x-축)만 필요하다. 8채널이나 12채널 피펫을 쓰면 마이크로플레이트 행 하나를 한 번에 분주할 수 있다.
전체 속도	느리다.	빠르다. 마이크로플레이트의 같은 행 셀들에 동시에 분주할 수 있다.
비용	가장 싸다.	채널 개수에 따라 비용이 올라간다.
팁 끼우기	쉽다. 한 지점에서만 압력이 필요하다.	어렵다. 전체 팁들에 압력이 고르게 작용해야 한다.
정확도	다중채널의 경우와 같다.	단일채널의 경우와 같다.
작은 방울 취하기	가능하다. 용액 방울에 한 개의 팁을 접촉시켜야 한다.	어렵다. 4에서 12개의 팁을 각 용액 방울에 정확히 맞추어야 한다.

결정사항: 알루미늄 프레임, 일반철제 프레임, 스테인리스철제 프레임?

이슈. 기본 프레임 제작에 사용될 재료를 선택할 때 강도, 비용, 제작 용이성, "즉각적" 설계 변경의 용이성 등을 고려해야 한다. 프로토타입을 위해 선택되는 재료는 최종 제품에서 사용되는 재료와 다를 수 있다.

재료에 대한 비교			
	알루미늄	일반철제	스테인리스철제
제작 및 수정 용이성	가공하기 쉽다.	가공하기 어렵다.	가공하기 가장 어렵다.
생체적합성	일부 화학물질과 반응할 수 있다. 쉽게 산화된다.	녹슨다. 일부 화학물질과 반응할 수 있다.	부식 저항력이 높다.
무게	금속 중 가장 가볍다.	사용 가능한 금속 중 가장 무겁다.	비교적 무겁다.
비용	가장 싸다.	비교적 싸다.	사용 가능한 금속 중 가장 비싸다.
강도	가장 약하다.	강하다.	강하다.

결정사항: 피펫을 수평 및 수직 이동시키기 위해 그리고 방출 버튼을 작동시키기 위해 필요한 동작 유형

이슈 #1. 피펫은 안정된 홀더에 고정되어야 하며, 홀더는 1-축 또는 2-축 운동이 가능한 "받침대"에 장착되어야 한다. 운동 축의 수는 단일채널 피펫이 선택되는지 다중채널 피펫이 선택되는지에 따라 달라진다. 받침대는 팁들이 마이크로플레이트 구멍들 중심에 맞추어질 수 있는 곳에 위치해야 한다. 셀 사이의 이동이나 마이크로플레이트 사이의 이동은 긴 거리의 선형운동을 요한다.

이슈 #2. 마이크로플레이트 구멍에 접근하기 전에 피펫의 주사기들에 용기에서 꺼낸 일회용 팁들을 끼워야 한다. 용기 안에서 팁들 사이의 간격은 마이크로플레이트에서 구멍 사이의 간격과 동일해야 한다.

이슈 #3. 피펫에 팁을 안정성 있게 끼우기 위해 어느 정도 힘을 가해야 한다. 팁과 주사기 사이에 확실한 밀착이 이루어지기 위해서는 필요한 힘의 양이 상당히 클 수도 있다.

이슈 #4. 일단 피펫이 정해진 마이크로플레이트 셀 위에 위치한 다음에 셀의 내용물에 닿을 수 있도록 피펫을 내려야 한다. 이 동작은 짧은 거리의 선형운동을 요한다.

이슈 #5. 정해진 분주 동작이 완료되면 장치는 팁 방출 레버를 눌러야 한다. 이 동작은 매우 짧은 (1cm 정도의) 선형운동을 요하지만, 팁을 끼울 때 사용된 힘에 따라 큰 힘이 요구될 수도 있다.

운동에 관한 일반적인 요구사항

작동기 유형. 거의 어디에서나 표준형 벽 콘센트를 통해 전기를 이용할 수 있다. 그러나 장치 크기를 기준으로 했을 때, 전기적으로 유도되는 힘은 압축 공기에 의해 유도되는 힘에 비해 일반적으로 약하다. 압축공기는 전기에 비해 아무 곳에서나 구하기는 어렵지만, 잘 구비된 과학실험실에서는 대부분 압축공기 배출장치를 쉽게 찾아볼 수 있다. 압축공기를 제공하기 위한 독립형 컴프레서를 사용할 수도 있겠지만, 대개 비용도 비싸고 소음도 심하다. 작동기 중 가장 강력한 것은 유압장치이다. 이러한 유형의 장치는 일반적으로 중장비 분야에서 발견되며, 아마 피펫 로봇의 설계 요구사항에는 잘 맞지 않을 것이다.

회전운동 대 선형운동. 전기모터의 자연스러운 역할은 회전운동을 제공하는 것이다. 시중의 모터에는 여러 유형과 크기가 수많은 공급업체로부터 제공된다. 보편적인 유형에는 스텝 모터, 서보 모터, 동기 모터 등이 포함된다. 선형 전기모터도 구할 수 있지만, 특수장비에 해당된다.

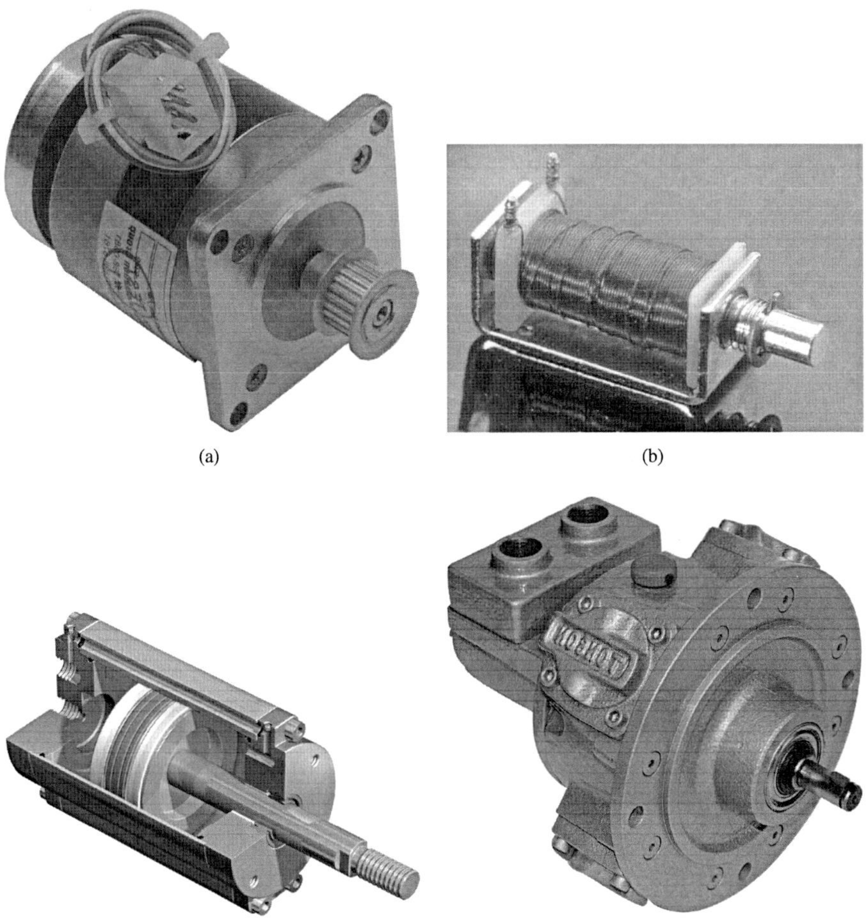

그림 2.33
다양한 유형의 작동기: (a) 벨트 도르래를 갖는 스텝 모터 (b) 자기 솔레노이드 (c) 공기 실린더 (d) 공기터빈 모터

전기모터에서 선형운동을 얻기 위해서는 나사기어 장치를 사용해야 한다. 직접적인 선형운동을 제공할 수 있는 전기모터도 몇 가지 찾을 수 있겠지만 대개 대형 특수장비들이다. 압축공기나 유압장치에서는 간단하고 싼 피스톤장치를 통해 쉽게 선형운동을 얻을 수 있다.

압축공기에서 회전운동을 얻기 위해서는 소음도 크고 값비싼 터빈장치를 필요로 한다. 반면에 간단한 공기 피스톤은 크기도 작고, 싸며, 쉽게 구할 수 있다. 그림 2.33은 보편적인 유형의 모터들과 작동기 몇 가지를 보여준다. 피펫 로봇의 다양한 기능을 위해 이러한 장치들 중 한 개, 여러 개, 또는 전부를 이용할 수도 있을 것이다.

설계 선택사항: 상대적 위치 인식 또는 절대적 위치 인식

이슈. 1-축 운동이든 2-축 운동이든 상관없이 피펫의 위치에 대한 허용한도는 (팁 구멍의 지름의 대략적 크기인) 0.5mm 이내로 제어되어야 한다. 많은 로봇

그림 2.34
회전축 인코더의 예

장치는 (x-y 좌표가 0,0인) 정해진 기본 위치로부터의 이동거리에 의해 모든 위치가 정해지는 상대적 표시체계를 이용한다. 위치 변화분은 그림 2.34에서 보이는 회전 인코더와 같은 장치에 의해 측정된다. 이러한 장치는 축이 2.5도 회전할 때마다 전자 펄스를 발생시킨다. 설계자는 해당 기어 비율에 의해 이러한 각 변화분과 거리 사이의 관계를 설정할 수 있다.

고정된 센서로 이동체의 위치를 결정하는 절대적 위치체계를 사용하는 로봇장치들도 있다. 이 방법을 사용하기 위해서는 이동체가 멈출 위치마다 센서를 설치해야 한다.

위치 인식에 대한 비교		
	상대적 위치	절대적 위치
비용	한 개의 축 인코더만 필요하다.	여러 개의 위치 센서가 필요하다.
설계 유연성	주요 정지 위치는 소프트웨어에서 쉽게 변경할 수 있다.	정지 위치들을 변경하기 위해서는 이동식 센서를 필요로 하며, 따라서 기계적 복잡도가 증가한다.
디코딩	전적으로 소프트웨어에서 해결한다.	센서 별 입력을 위한 데이터 획득 하드웨어가 필요하다.
신뢰성	한 번의 기어 미끄러짐으로 위치 추적을 망친다.	장치의 미끄러짐은 문제가 되지 않는다. 위치 센서는 고정되어 있다.

맺음말. 위의 문제는 실제 어떤 유명한 연구중심 대학에서 제기되었던 것이며, 자동 피펫장치에 대한 설계 작업은 거의 2년에 걸쳐 진행되었다. 설계

과정에서 설계 루프가 수없이 반복되었다. 단일채널 피펫과 전기 작동기들만 사용했던 최초의 설계는 거의 완성 단계에서 두 가지 이유로 폐기되어야 했다. 첫째, 셀 사이 또는 마이크로플레이트 사이에서 피펫을 이동시키도록 설계된 *x-y* 운동으로 인해 실험적 수행마다 거의 4시간을 소요하는 장치가 탄생하였다. 이러한 작업시간은 마이크로플레이트 구멍 안의 생체세포의 생존시간을 훨씬 초과하는 것이다. 둘째, 피펫을 아래로 이동시키는 전기 작동방식은 분주 작업 사이에 팁을 안정되게 끼우기에는 불충분한 것으로 판명되었다. 결국 다중채널 1-축 설계가 채택되었다. 설계의 최종 결과물을 그림 2.35에서 보이고 있다. 여기에서는 플레이트 사이에서 피펫을 이동시키기 위해 가는 나사와 함께 스텝 모터를 사용하며, 피펫의 수직 이동을 위해서는 양방향 공기 피스톤을 사용하고, 팁 방출 버튼을 누르기 위해서는 단거리 공기 피스톤을 사용한다. 전자식 피펫은 MATLAB 프로그램과 디지털 인터페이스 보드를 통해 모든 기능을 제어하는 노트북컴퓨터에 케이블로 연결된다.

그림 2.35
피펫 로봇 설계의 최종 결과물

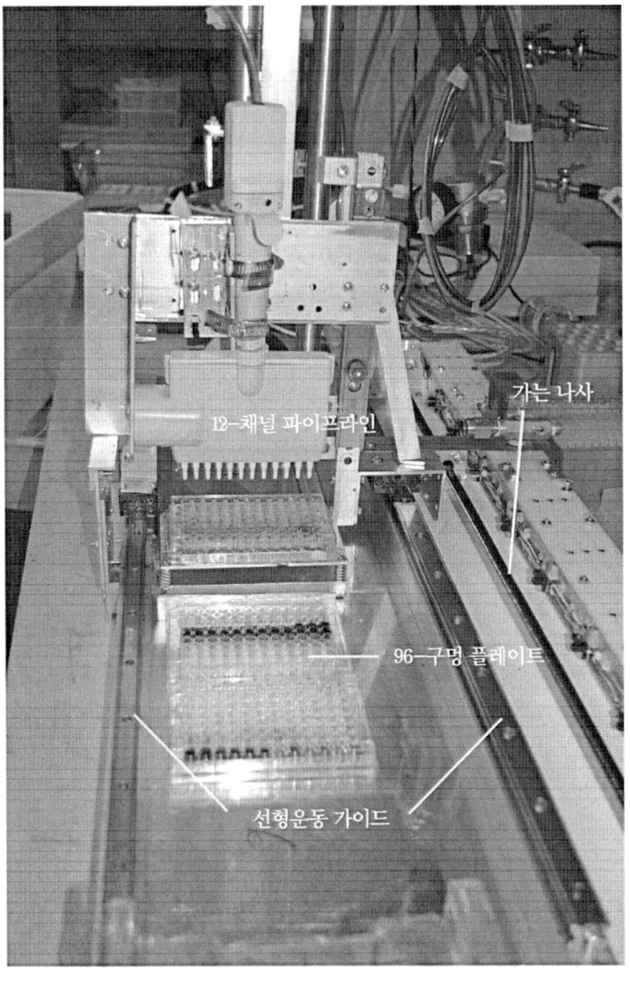

예 제 2.4

요트 자동항법장치

호머는 혼자서 대서양횡단 요트 항해에 나서기로 결정하였다. 호머의 계획은 고향인 스프링페드를 출발하여 얼마 후에 프랑스의 브레스트에 도착하는 것이다. 이를 위해 호머는 스스로 방수침실을 갖춘 나무 요트를 건조하였다. 여행을 준비하면서 호머는 이 항해가 하루 이상 걸릴 것이며 따라서 보트가 항해 중인 동안 그가 잠잘 수 있는 어떤 준비가 필요할 것임을 깨달았다. 그가 잠든 동안 배가 표류하도록 내버려두는 것은 안 될 일이었다.

기계에 능하지 않은 호머는 공대생 친구인 당신에게 요트를 위한 자동항법장치를 설계할 팀을 구성하도록 요청하였다. 당신은 호의를 베풀어 호머의 요청을 수락하면서 언젠가 호머의 여행기를 담은 TV 에피소드나 애니메이션 영화에 자신에 관한 내용이 소개되기를 희망해본다. 이제 그림 2.7의 설계 사이클의 맥락에서 이 문제를 분석해보자.

이 문제를 해결하기 위한 몇 가지 상용 제품들이 존재한다. 따라서 아래의 분석은 단지 호머의 항법장치 요구를 해결함에 있어 몇 가지 선택 문제를 강조하고 있다.

정보의 수집

우선 몇 가지 명백한 사실을 확인한다. 요트는 항해 중 풍력으로 추진되며, 요트의 횡단면은 하늘로 향한 비행기 날개 횡단면과 비슷하게 생겼다. 이 경우 "풍력"은 수평 방향으로 작용한다. 풍력의 일부는 배 앞쪽으로 향해 있으며 배를 앞쪽으로 전진하게 해준다. 나머지 풍력은 선체 바닥의 수력학적 힘과 중력 등과 균형을 이룬다. 움직이는 요트에 작용하는 힘들 사이의 완전한 균형은 복잡하지만 큰 문제없이 잘 해결된다. 요트에 작용하는 다양한 힘들을 나타내는 벡터 다이어그램을 그림 2.36에서 보이고 있다.

또한 당신은 요트가 바람의 정면 방향으로 나아갈 수 없다는 것을 알게 된다. 요트의 진행 방향은 그림 2.37에서 보이고 있듯이 바람 방향을 중심으로 하는 대략 90° 정도의 호 바깥 영역으로 국한된다. 만일 이 호 내부로 요트를

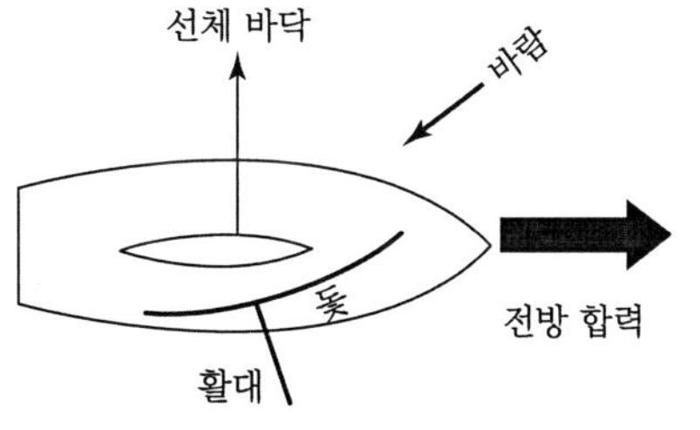

그림 2.36
요트에 작용하는 힘 벡터. 합력은 전방으로 작용한다.

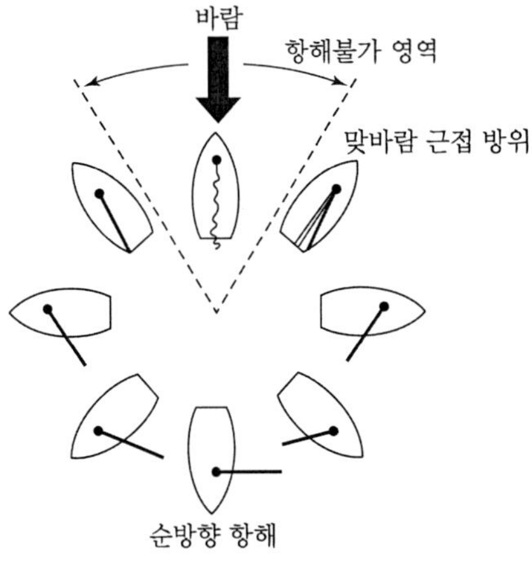

그림 2.37
돛의 방위. “항해불가” 영역 내부에서 돛은 바람을 받을 수 없다.

조종하면, 돛이 바람을 받을 수 없어서 미묘한 힘의 균형에 교란이 생기며 배는 전진하지 않을 것이다. 90° 크기의 이 호는 때로 “항해불가” 영역이라고 불린다. 배가 바람 방향에 최대한 가까운 방향을 향하고 있을 때 그러한 항해 방위를 “맞바람 근접 방위(close hauled)”라고 부르며, 배가 바람과 동일한 방향으로 나아가는 경우 “순방향 항해”라고 부른다. 직관과는 다르게 맞바람 방위로 항해하는 요트가 순방향으로 항해하는 요트보다 더 빠르게 이동한다.

요트의 방향은 배의 뒤쪽에서 물속으로 뻗어 있는 키에 의해 정해진다. 키를 오른쪽이나 왼쪽으로 틀면 배의 뒷부분이 키와 같은 방향으로 회전하게 되어 배의 진행방향을 변경시킨다. 키는 “틸러(tiller)”라고 불리는 긴 조종 막대에 의해 제어되는데, 큰 배의 경우에는 자동차 핸들과 비슷하게 생긴 조종간이 키에 기계적으로 연결되어 있다. 호머는 단순한 막대 모양의 틸러를 선택하였다.

설계 전략의 선택

배의 항로를 유지하기 위한 방법에는 세 가지 가능성이 있다, 하나는 바람의 주된 방향을 측정하여 그 방향과 희망 항로 방향 사이의 각을 유지하는 것이다. 간단한 풍향계가 이러한 용도로 가장 적합하다. 선택된 방향이 항해불가 영역에 들지만 않는다면 배는 앞으로 나아갈 것이다. 이 방법은 조종장치가 항상 배가 실제로 진행할 수 있는 방향을 선택할 것이라는 장점을 갖는다. 이 방법의 주된 단점은 배가 항해를 계속하면서 바람의 방향이 바뀔 수 있다는 것이다. 배의 항해 방향이 맞바람 방향이면 바람 방향이 바뀔 때 항로를 벗어나게 될 것이다.

또 다른 가능성은 지구의 자북을 기준으로 배의 방향을 맞추는 것이다. 이를 위해 나침반을 사용해야 할 것이다. 이 방법의 주된 장점은 배를 항상 희망 항로 방향에 맞출 수 있다는 것이다, 그러나 자동항법장치가 배를 항해불가 영역을 향하게 만들 수 있으며 이 경우 배는 전혀 움직이지 못할 것이다.

대부분의 요트용 나침반은 자축 위에 떠 있는 자기원반으로 이루어지는 단순한 설계를 취하고 있다. 원반에는 동서남북 등의 나침반 방위들이 표시되어 있다. 그러나 요트자동항법장치에 나침반 방향 방식이 채택될 경우, 좀 더 고가의 전자식 나침반을 사용해야 할 것이다. 일반 나침반의 자기원반과의 인터페이스는 쉽게 달성할 수 없는 어려운 과제이다. 요트 상의 전력은 대개 태양전지를 이용하거나 배 뒤쪽에 설치된 작은 풍차를 이용하여 얻는다. 어느 경우이든 전력 제공 여부는 예측할 수 없으며, 선원이 햇빛이나 바람에서 에너지 수확을 위해 부지런히 일할 경우에만 보장된다.

세 번째 가능성은 배의 항로를 결정하기 위해 GPS 장치를 사용하는 것이다. 이 방식은 자동항법 중 배의 실제 항로를 기록할 수 있다는 점을 제외하고는 나침반 방법과 동일한 장단점을 갖는다.

추가적인 정보의 수집

이 시점에서 당신은 호머의 예상 항로 주변 바람의 특성에 관한 추가적인 지식 없이는 풍향계 방법과 나침반 방법을 선택할 수 없다는 사실을 깨닫게 된다. 이는 출항하는 항구와 도착하는 항구, 그리고 항해가 계획된 계절 등에 따라 달라질 것이다(스프링페드는 인디아나 주에 위치하고 있으므로 호머에게 보다 편리한 출발지점을 선택하도록 권고하고, 뉴욕 주 롱아일랜드 끝에 위치한 격리된 반도인 먼토크포인트를 제안한다. 주립공원인 이 외딴 곳에서 출발한다면 호머를 배웅하기 위해 그 먼 거리를 운전할 호기심 많은 구경꾼들이 어떤 사람들인지 알 수 있을 것이다.).

이러한 조사 과정에서 미국 해양대기국(NOAA)에서 관리하는 미국 해양자료센터까지 살펴보게 될 것이다. 그림 2.38에서 요약하고 있는 자료에 따르면 10월에서 12월 사이에 먼토크와 브레스트 구간의 바람의 주된 방향은 안정적인 서풍임을 알 수 있다. 따라서 호머의 배가 맞바람 근접 항해에 따른 항해 불가 구역 문제가 발생할 가능성은 낮을 것이다.

설계에서의 1차 시도의 실행

수집된 추가 정보에 기초하여 풍향과 연계된 방향설정 장치가 아마 최선의 선택일 것으로 결정한다. 이러한 결정은 부분적으로는 인적 요인에 기초하고 있다. 호머는 햇빛이 약한 늦가을 항해를 고집하고 있었으며, 또한 호머는 햇빛이 있는 동안 배의 전지를 교환하는 것을 잘 잊어버리는 편이라는 점도 당신은 파악하고 있다. 그리고 항로에 작용하는 편서풍과 동일한 방향으로 항해할 경우 (실제 풍속과 항속의 차이에 해당하는) 배가 느낄 바람은 약할 것이다. 풍향에 기초한 시스템이 선택될 경우 완전 기계식 조종장치로 만들 수 있으며,

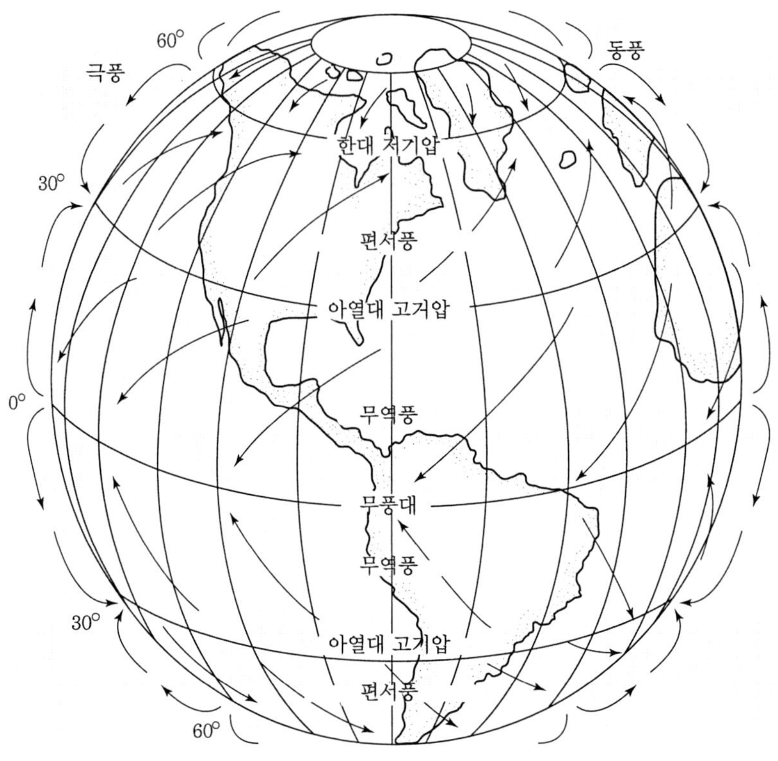

그림 2.38
세계 풍향 지도

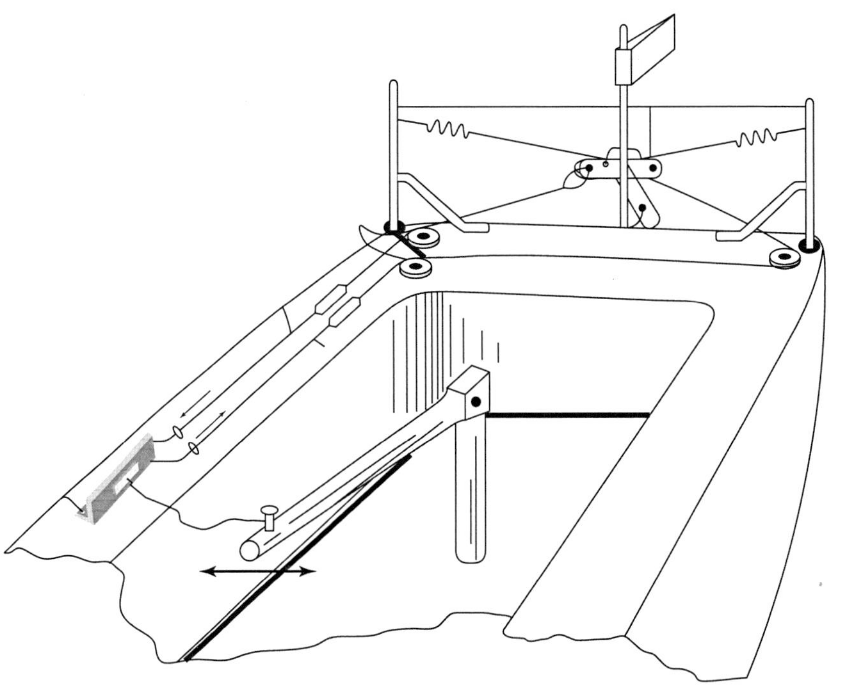

그림 2.39
호머의 자동항법장치 요구사항에 대한 한 가지 해법

따라서 전기가 필요 없게 될 것이다. 나침반 기반 시스템의 경우 항시 전력을 필요로 하므로 전원공급장치를 갖추어야 할 것이다.

위의 고려사항들에 기초하여 그림 2.39[4]에서 보이는 것과 같은 장치를 스케치한다. 배 뒤쪽에 장착된 막대 끝에 놓인 풍향계는 틸러에 항로조정을 하기 위해 도르래를 통해 케이블을 움직이며, 풍향에 따라 상대적으로 선택되는 각도로 배가 진행하게 만든다.

제작, 문서화, 테스트, 수정

일단 호머가 스프링페드에서 먼토크로 배를 실어 옮긴 후에는 반드시 테스트가 실시되어야 한다. 이보다 먼저 호머는 작은 차고문을 통해 배를 통과시킬 방법을 찾아야 할 것이다.

요 약

이 장에서는 설계 프로세스의 필수요소들을 아주 기초적 수준에서 개략적으로 설명하였다. 공학 작업 중 설계는 해법에 대한 다중 경로에다가 의사결정, 평가, 수정, 테스트, 재 테스트 등을 포함하고 있어 분석이나 복제와는 차이가 있다. 설계 사이클은 지식, 경험, 직관과 함께 공학 문제 해결에서 중요한 부분을 차지한다. 문서화도 제품의 성공에 결정적 요소이며, 설계 사이클의 필수 부분으로 다루어져야 한다.

핵심 용어

분석(Analysis)
의사결정(Decision making)
설계 사이클(Design cycle)
아이디어 창출(Idea Generation)
복제(Replication)
시뮬레이션(Simulation)
브레인스토밍(Brainstorming)
설계(Design)
평가(Evaluation)
반복(Iteration)
수정(Revision)
테스트(Testing)

직업적 성공의 비결: 좋은 엔지니어와 나쁜 엔지니어를 구별하는 방법

엔지니어를 직업으로 삼는다면 인생행로에서 많은 동료 엔지니어들을 만나게 될 것이다. 이들 중에는 좋은 엔지니어도 있고 나쁜 엔지니어도 있을 것이다. 좋은 엔지니어를 식별하고 본받기 위해서는 이 둘 사이의 차이를 알아야 한다. 다음 목록은 좋은 엔지니어와 나쁜 엔지니어의 특징을 대비시키고 있다.

[4] 미국 특허 등록번호 4,366,767에 실려 있는 그림

좋은 엔지니어	나쁜 엔지니어
• 열린 마음으로 새로운 생각을 경청한다. • 설계 방식을 선택하기 전에 다양한 방법을 고려한다. • 첫 번째 성공 신호로 프로젝트가 완료된 것으로 생각하지 않으며, 테스트를 거듭할 것을 주장한다. • 시행착오만으로 설계 변수들의 값을 정하는 것에 만족하지 않는다. • "왜 그런지 이해할 필요가 있어" 또는 "몇 가지 가능성을 고려해보자" 등의 표현을 사용한다.	• 다른 사람의 생각을 잘 듣지 않는다. • 시야가 좁으며 첫 번째로 머리에 떠오른 설계 방식만을 추구한다. • 철저한 테스트 없이 제품을 배송한다. • "이 정도면 됐어" 또는 "왜 작동이 안 되는지는 모르겠다. 어찌어찌하다보니 이렇게 되었네." 등의 표현을 사용한다. • 순전한 시행착오와 공학설계를 동일시한다.

단원복습문제

다음 문제들은 문제해결 기술이나 아이디어 창출을 연습하기 위해 사용될 수 있다. 이들 중 일부는 도상설계를 요할 것이며, 나머지 문제들은 실제 제작 및 테스트를 필요로 한다.

2.1 일반 유선전화기를 핸즈프리로 사용할 수 있게 해줄 기계적 장치를 위한 설계 개념을 개발하라. 기본 형태, 핵심 기능, 제안하는 제작 방법, 프로토타입 제작 계획 등을 요약하라. 크기, 무게, 모양, 안전성 요소, 사용 용이성 등을 고려하라.

2.2 이어폰, 마이크, 블루투스® 헤드셋 등의 보조기구 없이 휴대폰을 핸즈프리로 사용할 수 있게 해줄 장치를 위한 설계 개념을 개발하라. 이 설계에서 기계적 해법만을 이용해야 한다.

2.3 자전거를 타고 있는 동안 생각나는 설계 아이디어를 기록하기 위한 장치를 설계하라. 이 장치는 자전거에 탄 사람이 핸들을 양손으로 잡은 상태에서 기록할 수 있게 해주어야 한다.

2.4 자동차의 운전석 가까이에 휴대폰을 고정시키기 위한 장치를 설계하라. 다양한 차량에 보편적으로 사용할 수 있어야 한다. 설계에서 안전성과 책임성을 고려해야 한다.

2.5 쥐를 산 채로 잡기 위한 쥐덫을 위한 설계 개념을 세 개 이상 개발하라. 이 장치는 스프링 틀을 사용하는 일반 쥐덫에 비해 가격경쟁력을 갖추어야 한다.

2.6 울타리 기둥을 세우기 위해 땅에 구멍을 팔 수 있는 동력장치를 위한 설계 개념을 고안하라. 프로토타입을 스케치하고 고안된 설계 개념에 대한 테스트 계획을 요약하라.

2.7 집 안에 있으면서 창문의 안팎 면 모두를 청소할 수 있는 장치를 설계하라. 예상 비용을 간단한 손잡이 방식 고무청소기 타입의 창문 청소기의 비용과 비교하라.

2.8 주인이 여행 중인 동안 애완용 도마뱀에게 자동으로 먹이를 주는 장치를 설계하라.

2.9 흘림 방지형 식탁용 양초를 위한 설계 개념을 개발하라. 소방서에서 연회 등에 사용하기 위해 이러한 양초를 필요로 할 수 있다. 이 양초는 넘어지더라도 촛농을 흘리거나 불꽃을 꺼뜨리지 않고 스스로 다시 설 수 있어야 한다.

2.10 음식보관용 냉장고의 내부 온도를 감시하는 경고장치를 위한 설계 개념을 개발하라.

2.11 굴뚝 수리를 위해 지붕으로 벽돌을 운반해줄 장치를 설계하라(이 장치에 대한 대안은 사다리를 타고 손으로 벽돌을 운반하는 것이다.).

2.12 고층건물의 높이를 측정하기 위한 방법을 세 가지 이상 설계하라.

2.13 마당의 잔디를 깎을 수 있는 자체추진형 무인 잔디 깎는 기계를 설계하라.

2.14 대도시에서 동서 방향으로 운행하는 차들이 만나게 될 적색 신호의 수를 최소화시키기 위한 시스템을 설계하라. 이 시스템이 남북 방향의 교통 흐름을 과도하게 지연시켜서는 안 된다.

2.15 단선 철도로 양방향 열차 운행을 관리하기 위한 방법을 고안하라. 선로는 일정 간격으로 병렬 지선을 가질 수 있다. 이러한 병렬 구간은 다른 기차가 반대방향으로 지나가는 동안 한 열차가 대기할 수 있게 해준다. 그러나 각 병렬 구간은 철도 비용을 증가시킨다는 점을 유의하라.

2.16 모든 승객이 요청에 따라 아무 정류장에서나 출발하여 아무 정류장까지나 갈 수 있는 1인승 차량을 이용할 수 있는 대중교통체계를 위한 개념을 개발하라.

2.17 대도시 곳곳의 주요 지점에 배치되는 무료자전거에 기초한 운송체계를 설계하라.

2.18 대도시 곳곳의 주요 지점에 배치되는 유료 전기자동차에 기초한 운송체계를 설계하라. 이 체계에는 차량의 재충전 수단이 포함되어야 한다.

2.19 대부분의 큰 공항들은 수하물수취대에서 택시 승강장, 환승시설, 또는 주차장까지 수하물을 운반하기 위해 여행객이 이용할 수 있는 카트들을 제공한다. 공항 곳곳의 다양한 장소들에서 카트들을 찾아 회수하여 수하물수취대에 반환시키기 위한 시스템을 개발하라.

2.20 어떤 점포 앞을 지나가는 사람 수를 세는 장치를 위한 설계 개념을 개발하라. 상점으로 들어오는 사람과 들어오지 않는 사람을 구분하여 세어야 한다.

2.21 대형항공기에서 배식카트로 복도를 가로막지 않으면서 승객들에게 배식할 수 있도록 승무원을 도울 시스템을 설계하라.

2.22 케이크가 익으면 전기오븐을 자동으로 꺼주는 장치를 설계하라. 이 장치는 케이크 상태를 판단하기 위한 수단을 포함해야 한다.

2.23 둔 곳을 잊어버린 안경을 찾는 일을 도와주는 장치를 설계하라.

2.24 집 안에서 잃어버린 열쇠를 찾는 일을 도와주는 장치를 설계하라.

2.25 사용자가 지정한 일정 시간 동안 방에 사람이 없으면 불을 꺼주는 전등 스위치를 설계하라.

2.26 사지마비 환자가 TV 채널을 바꾸는 것을 도와줄 장치를 설계하라.

2.27 해가 저물면 보안등을 켜주고 새벽이 되면 꺼주는 시스템을 고안하라. 보안등은 대형공장 곳곳에 설치될 것이며, 이 시스템에는 모든 등을 한 번에 수동으로 끄거나 켤 수 있는 마스터 스위치가 포함되어야 한다.

2.28 물주전자가 끓으면 레인지를 꺼주는 장치를 설계하라. 이러한 장치는 밥을 하거나 계란을 삶을 때 유용할 것이다.

2.29 정해진 작은 길이로 스카치테이프를 잘라주는 방법이나 장치를 설계하라.

2.30 물기가 필요할 때 자동으로 화분에 물을 주는 장치를 설계하라.

2.31 각 식물이 위치한 곳의 흙의 습도에 기초하여 정원의 구역들에 선별적으로 물을 주는 장치를 설계하라.

2.32 가까운 연못에서 채소밭으로 물을 날라줄 관개장치를 설계하라.

2.33 과수원의 사과나무에서 자동으로 사과를 따는 장치를 위한 설계 개념을 개발하라.

2.34 도심공원 안의 연못에서 다른 생물들이 살 수 없도록 조류들이 확산되는 것을 방지하기 위해 연못을 공기처리 하는 장치를 설계하라.

2.35 팔이 하나인 사람이 치실을 올바르게 사용할 수 있게 도와주는 장치를 설계하라.

2.36 건전지충전기의 사용자가 건전지를 틀린 방향으로 끼우는 것을 방지하는 장치를 설계하라. 이 장치는 4개의 AAA 건전지를 동시에 충전시킬 수 있지만, 각 건전지는 올바른 방향으로 끼워져야 한다.

2.37 미식축구 경기의 관람객 수를 세기 위한 방법을 설계하라. 경기장은 최대 40,000명의 팬을 수용할 수 있으며, 8개의 출입구가 있다.

2.38 양로원에서 큰 문제 중 하나는 틀니 둔 곳을 잊어버리는 것이며, 틀니들이 남은 음식물과 함께 버려지는 일도 종종 발생한다. 주방 직원들이 음식물 쓰레기에 들어 있는 틀니를 찾아낼 수 있게 도와줄 장치를 고안하라.

2.39 지정된 나침반 방향으로 열기구를 자동 조종하기 위한 장치를 설계하라.

2.40 찬 공기의 유입을 막으면서 바깥에서 우편물을 끼워 넣을 수 있는 전천후 우편함을 설계하라.

2.41 대부분의 소형 요트는 조종간 대신 막대형 조종장치인 틸러를 쓴다. 틸러 방식 요트에서 사용자가 설정한 나침반 방향을 유지하도록 자동으로 조종하는 장치를 설계하라. 전기가 제공되지 않는 작은 배를 가정하고 설계하라.

2.42 한 대의 MP3 재생기나 iPod를 여섯 사람이 함께 들을 수 있는 장치의 구성요소들에 대해 기술하라. 모두 헤드폰을 사용하여 듣도록 해야 한다.

2.43 [고급문제] 폐기물 재활용에서 문제 중 하나는 재료에 따른 분류이다. 예를 들면, 다양한 플라스틱류와 금속 용기들을 보도 가장자리의 재활용 수거함에 분리하여 넣어야 한다. 소비자나 집주인들이 항상 정확하게 분류하지는 않으며, 소량의 잘못 분류된 재료들로 인해 한 덩어리의 재활용 재료를 원재료로 녹이는 과정을 망칠 수 있다. 현재 대부분의 지자체들은 재활용 물질들의 분류를 수작업에 의존한다. 재활용 시설에서 금속 캔, 플라스틱 병, 플라스틱 용기 등을 분류하는 장치를 고안하고, 장치의 모델링과 테스트를 위한 계획을 작성하라.

2.44 재활용을 위해 알루미늄캔이나 양철캔을 압착시키는 부엌용 장치를 설계하라. 이러한 장치는 저장 공간이 충분하지 않은 상황에서 재활용을 실행하는 가정에서 유용할 것이다.

2.45 로봇으로 차체 도장을 자동으로 수행하는 장치를 고안하라. 각 도장작업을 위해 로봇을 훈련시킬 방법이 포함되어야 한다.

2.46 다른 사용자들에 대한 시스템 프라이버시를 유지하면서 어떤 교수라도 아무 학생의 성적에나 접근할 수 있는 캠퍼스 차원의 정보시스템을 위한 계획을 고안하라. 학생들은 자신의 성적에는 접근할 수 있지만, 다른 학생들의 성적에 접근할 수 있어서는 안 된다.

2.47 연필심의 예리함이 지정된 수준에 이르면 스스로 멈추는 자동연필깎이를 설계하라.

2.48 비가 오면 천장 창문을 자동으로 닫아주는 장치를 위한 설계 개념을 개발하라. 비가 조금 올 때는 창을 중간쯤 닫고, 많이 오면 완전히 닫아야 한다.

2.49 지구의 자전에 상관없이 망원경이 계속 특정한 별을 가리키게 하는 장치를 고안하라.

2.50 태양광 집광판이 항상 태양을 정면으로 향하도록 유지해주는 장치를 고안하라.

2.51 비행 중에 한 비행기에서 다른 비행기로 요원을 옮겨줄 장치를 고안하라.

2.52 주요 고속도로를 통행하는 자동차의 통행료 자동징수 시스템을 고안하라. 이미 미국 전역에 그와 같은 시스템들이 존재하고 있음을 유의하기 바란다 (참고: www.mtafastlane.com 또는 www.ezpass.com). 이 문제는 이러한 시스템들이 어떻게 동작하는지에 대한 세부사항을 상상하거나 찾아

볼 것을 요구하는 문제이다.

2.53 [고급문제] 레이저통신은 변조 레이저 빔을 통해 한 장소에서 다른 장소로 디지털 데이터를 전송하는 시스템이다. 레이저통신 시스템은 전선이나 광섬유케이블을 통한 연결이 과도한 비용을 소요하거나 불가능하거나 바람직하지 않을 경우에 사용된다. 레이저통신 시스템의 주요 단점 중 하나는 송신자나 수신자가 이동 중일 때 빔 방향 조정이 어렵다는 것이다. 한쪽 차량에서 다른 쪽 차량으로 보내는 통신 빔의 방향을 자동적으로 조정하는 장치를 설계하라.

2.54 [고급문제] 변조 레이저 빔을 통해 동작하는 양방향 통신을 위한 개념을 설계하라. 이러한 시스템에서 지상의 고정 기지국에서만 빔을 방출할 것이다. 링크의 다른 참여자는 이 빔을 수신하고 수정된 버전을 다시 기지국으로 보내는 이동 중인 사람이다.

2.55 [고급문제] 공장 작업장의 여러 조립대 각각에 설치되는 비상버튼들로 구성되는 시스템을 설계하라. 이 버튼들 중 어느 것이나 누르면 중앙통제콘솔에 신호를 보내고 작동된 버튼의 위치가 파악된다. 이 시스템에 음성통신을 포함시키면 좋을 것이다. 고려해야 할 사항 중 하나는 유선 방식이 나을지 무선 방식이 나을지에 대한 것이다.

2.56 [고급문제] 어느 초등학교 교사가 어린 학생들이 날짜, 시간약속, 일정관리 등을 학습하는 것을 도와줄 달력학습 시스템을 필요로 한다. 기본 시스템은 월별 달력을 올려놓을 수 있는 큰 패드이며, 이 패드는 달력 안의 날짜에 손가락을 갖다 대면 이를 감지할 수 있는 터치인식 센서를 가져야 한다. 전체 장치는 질문-대답 게임이나 프로그램을 실행하는 컴퓨터와의 인터페이스를 가져야 한다. 전형적인 질문에는 "당신은 2주 후에 치과의사와 시간약속이 잡혀 있습니다. 달력에서 치과에 가야 할 날짜를 가리키시오." 또는 "사라의 생일은 2월 11일입니다. 달력에서 그 날짜를 가리키시오."와 같은 유형이 될 수 있다. 올바른 대답에 대해 컴퓨터는 청각적 표현이나 시각적 표현 또는 두 가지 표현 모두를 이용한 적절한 인정 표시를 해야 한다. 틀린 대답에 대해서도 적절한 신호를 보내되 겁을 주어서는 안 된다. 장치의 핵심 기능을 요약하고 개발 계획을 작성하라.

2.57 [고급문제] 어느 설계 경진대회의 규칙에서는 1.5m 길이의 경사로 상의 30cm 위치에 있는 출발선 뒤에 자율조종 자동차를 두도록 되어 있다. 출발신호가 주어지면 참가자들은 자신의 자동차를 출발시킬 수 있다. 출발신호가 주어지기 전에 출발선을 지나는 자동차는 경주에서 진 것으로 한다. 현재는 심판이 구두로 출발신호를 주며 스톱워치로 시간을 잰다. 이러한 시스템은 심판에 따라 출발신호가 ("제자리, 준비, 출발" 또는 "하나, 둘, 셋" 등과 같이) 다를 수 있고 시간 측정이나 출발선 위반 판정 등에 대한 엄격성에서 다를 수 있기 때문에 심판의 영향이 크게 작용할 수

있다.

양면 경사로의 각 면에 대해 출발선 센서, 출발신호, 출발선 위반 신호 등으로 구성되는 시스템을 설계하라. 심판이 사용할 출발신호 개시 버튼이 있어야 한다. 출발신호는 "제자리, 준비, 출발" 구절의 리듬을 모방한 신호음들의 조합으로 이루어지는데, 특히 끝의 "출발"에 해당하는 신호음의 소리는 크고 명확하게 구별될 수 있는 음이나 사이렌이어야 한다. 그리고 "출발"에 해당하는 신호음이 울릴 때, 녹색등 또는 LED에 불이 들어와야 한다. 이 시스템은 15초가 지나면, 15초가 지났으며 경기가 종료되었음을 알리기 위한 다른 신호음이나 사이렌을 울려야 한다. "출발" 신호보다 먼저 출발선을 지나는 자동차에 대해서는 경사로의 해당 면 쪽에 적색등이 켜지며 심판에게 알리기 위해 특별한 "위반" 신호음이 울려야 한다.

2.58 [고급문제] 모형비행기 경진대회에 출전한 팀들은 겨룰 차례가 되면 중앙 활주로로 호출된다. 호출된 팀은 최초의 호출 후 3분 이내에 출발선에 도착해야 하며, 3분이 지나도록 출발선에 도착하지 못한 팀은 경기에 진 것으로 판정된다. 최종 시간 1분 전과 2분 전에 경고를 보낸다. 전통적인 경고방식은 아나운서가 음향시설을 이용하여 구두로 경고내용을 알리는 것인데, 이 방법에는 몇 가지 문제가 있다. 음향시설이 변변치 않으며, 각기 출발시간이 다른 세 개의 경주가 동시에 진행되는데 팀에 따라서는 도착에 3분까지 필요하지 않은 경우도 많다. 따라서 이러한 지시사항 전달이 엄격하게 진행되지 않는다.

심판은 당신에게 3분의 준비 시간 중 얼마나 지났는지 알려줄 수 있는 자동 시스템의 설계를 의뢰하였다. 이 시스템은 해당 팀에게만 적절한 (구두, 청각, 또는 시각) 신호를 전달해야 하며, 시간 진행을 심판석에서 개시하도록 만들어져야 한다. 하루에 최대 80개 팀이 시합에 참여할 수 있으며, 각 팀은 경기장에 배열되어 있는 3 × 8피트 크기의 테이블 중 하나를 작업테이블로 배정 받는다. 비행기를 수리하거나 변경하고 있는 중이어서 호출 시간을 지키지 못하는 팀들이 자주 생긴다. 이 시스템의 핵심 설계 이슈 중 하나는 경기장이라는 설비 환경을 감안할 때 유선 방식이 나을 지 무선 방식이 나을 지에 관한 것이다. 또 행사 예산에 여유가 없어 최종 비용도 중요한 요소이다.

2.59 학생 설계 경진대회에 참가하는 자동차는 지정된 한도 이내의 전압량을 갖는 건전지를 이용해야 한다. 매일 시작할 때 한 번 주심이 전압계를 사용하여 각 자동차를 검사한다. 표준형 전압검사 장치를 이용한다면 전압 검사 시간을 줄여줄 것이다. 사전 결정된 건전지 전압량을 선택할 수 있는 회전식 (또는 다른 유형의) 스위치를 갖는 전압검사 장치를 설계하라. 측정된 건전지가 허용범위 안에 들면 녹색등이 켜져야 한다. 전압이 지정

범위보다 아래이거나 위이면 각기 황색등과 적색등이 켜져야 한다.

2.60 트랙경기를 위한 범용 소프트웨어 시스템의 설계를 요약하라. 이 시스템은 한 쌍의 대전 상대를 자동으로 선택할 수 있어야 하는데, 이러한 선택은 처음에는 무작위로 이루어지지만 이후에는 파악된 능력에 따라 (빠른 선수는 빠른 선수와 시합하며 느린 선수는 느린 선수와 시합할 수 있도록) 이루어진다. 이 프로그램은 각 라운드가 시작되기 전에 대진표를 게시해야 하며, 각 시합 후 승자가 결정되면 시합결과를 기록관이 입력할 수 있어야 한다. 최대 140명의 선수가 출전할 수 있고 경기는 6회의 시합으로 이루어지는 것으로 가정하라.

2.61 테니스 토너먼트 관람객들이 각 경기의 출전 선수들과 시합 별 결과를 볼 수 있도록 시합 상황을 전광판에 보여주는 시스템을 설계하라. 20명의 출전자가 있고 경기는 6회의 시합으로 이루어지는 것으로 가정하라.

2.62 경마에서 출발선 위반을 탐지할 수 있는 장치를 설계하라.

2.63 수영 경기의 각 시합에서 승자를 결정하기 위한 장치를 설계하라.

2.64 성금모금 경보대회에서 등록을 지원할 소프트웨어 시스템을 설계하라. 등록정보에는 참가자의 이름, 주소, 나이 등이 포함된다. 등록자들은 소액의 참가비를 내고, 사진촬영 동의서와 손해배상 청구포기 각서에 서명하며, 행사 티셔츠와 번호표를 받아야 한다. 행사가 제시간에 시작될 수 있도록 참가자들을 최대한 신속히 등록시키기 위해 몇 명의 자원봉사자들이 동시에 등록을 받겠지만, 공통으로 이용할 수 있는 데이터베이스가 요구된다.

2.65 다음 두 가지 작업을 수행할 수 있는 깡통따개를 설계하라. a) 깡통따개는 금속 뚜껑조각이 깡통 안에 빠지지 않게 해야 한다. b) 핸즈프리 방식으로 버릴 수 있도록 잘려진 깡통뚜껑을 잡고 있어야 한다.

2.66 원격감시소에서 강설량을 측정하고 보고할 수 있는 시스템을 설계하라.

2.67 사용자가 한 번에 한 개씩의 각빙을 쉽게 꺼낼 수 있도록 제빙용기를 설계하라.

2.68 팔이 하나인 사람이 넥타이 매는 것을 도와줄 장치를 설계하라.

2.69 팔이 하나인 사람이 사용할 수 있는 제설용 삽을 설계하라.

2.70 원격제어 로봇을 사용하여 키 큰 나무를 다듬기 위한 설계 개념을 개발하라.

2.71 개를 자동적으로 산책시켜 줄 안전하고도 믿을 수 있는 방법을 설계하라. 이 시스템은 초기 설치과정 외에는 사람의 개입이 필요 없어야 한다.

2.72 자체정화 기능이 있는 스쿠버 다이빙 마스크를 위한 개념을 개발하라. "자체정화"는 수면 위로 올라가지 않고 마스크 안쪽의 물을 내보내는 기능을 말한다.

2.73 활강 중인 스키선수가 착용하면 주행속도를 관찰 중인 코치에게 전달하는

장치를 개발하라.

2.74 작은 크기의 놀잇배가 갖는 여러 문제 중 하나는 비가 오면 물이 차서 퍼내야 한다는 점이다. 이러한 놀잇배의 물을 자동으로 퍼내기 위한 시스템을 설계하라. 이 시스템은 선상 축전지를 사용할 수 있지만, 해가 나는 동안 축전지를 충전시킬 수단을 포함해야 한다.

2.75 수영하면서 사용할 수 있는 무선 방수 헤드폰 세트를 설계하라. 음악 기기는 수영자의 몸에 부착되어 있을 수도 있고 물 밖의 어떤 위치에 놓여 있을 수도 있다.

2.76 일반 가정용 변기에서 물을 내린 후 물탱크 마개가 정확히 닫히지 않으면서 물이 계속 흘러내려 많은 물이 낭비되는 경우가 있다. 이러한 상황을 집주인에게 알릴 수 있는 비싸지 않은 장치를 설계하라

2.77 맹인이 전기면도기로 자신의 구레나룻 수염을 적절히 다듬도록 도울 수 있는 장치를 설계하라.

2.78 자동차의 타이밍 벨트가 마모되어 곧 파열될 상태에 있음을 운전자에게 경고할 수 있는 방법을 설계하라.

2.79 자동화된 감자 수확장치를 설계하라.

2.80 비행기에 의한 공중 살포를 이용하지 말고 농작물에 농약을 뿌리는 방법을 고안하라. 설계 목표는 작물의 필요한 곳에만 뿌림으로써 주변 환경에 화학물질을 흘리는 것을 최소화시키는 것이다. 대부분의 해충들이 살고 있는 식물 잎 아랫면에만 농약을 뿌리는 것이 이상적이다.

2.81 오늘날 많은 슈퍼마켓은 온라인 주문 및 배달 서비스를 제공한다. 주문품들을 찾아서 배달용 상자에 넣는 일은 대개 수작업으로 이루어진다. 온라인 식료품 주문에 대해 주문품을 처리하는 일을 반자동 또는 전자동으로 수행하기 위한 시스템을 설계하라. 이러한 시스템의 출력은 배달 준비된 상자들이다.

2.82 GPS 항법장치를 이용하는 자동 개 산책 장치를 고안하라.

2.83 바람이 너무 세서 장식용 블라인드를 손상시킬 우려가 있을 때 블라인드를 닫아주는 방법을 고안하라.

2.84 해가 나면 장식용 블라인드를 내려주고 (구름에 가리는 등으로) 해가 없으면 블라인드를 올려주는 방법을 고안하라.

2.85 작물 경작지의 작은 구획 단위로 땅속 수분 함유량을 감지하는 물 절약형 세류 관개장치를 고안하라.

2.86 장기 저장소로 이송되는 사용된 핵연료봉의 위치를 항상 추적하고 보고하기 위한 시스템을 고안하라.

2.87 초창기 "자동 태엽" 시계들은 착용자의 움직임을 이용하여 시계의 기계식 스프링을 감았다. 휴대폰이나 MP3 재생기와 같은 휴대형 전자장치를 위한 예비 전력원으로 사용하기 위한 유사한 장치를 개발하라.

2.88 자전거 페달에서 iPod를 충전시킬 방법을 설계하라.

2.89 먼 곳에 위치한 쓰레기통이 가득차서 비워야 한다는 것을 공원관리인에게 알리기 위한 시스템을 설계하라.

2.90 화장실에 비누나 종이타월이 떨어졌다는 것을 관리인에게 알리기 위한 시스템을 설계하라.

2.91 전면유리가 더러우면 자동차의 앞유리 와이퍼를 자동으로 켜는 장치를 설계하라.

2.92 비가 오기 시작하면 자동차의 앞유리 와이퍼를 자동으로 켜는 장치를 설계하라.

2.93 배달용 트럭으로 가정용 난방유를 "적시" 배달하는 시스템을 설계하라. 현재 난방유 배달 회사들이 사용하는 시스템은 "난방 수요 일수"와 고객 소비 이력 등에 대한 통계에 의존하고 있다. 본부 사무실과 통신할 수 있는 각 가정의 난방유 탱크에 설치된 센서를 이용하는 것이 좋은 방법일 것이다.

2.94 자동차의 타이어 압력을 측정하여 필요에 따라 타이어들을 더 팽창시키거나 수축시킴으로써 차 연비를 개선시키는 장치를 설계하라. 권장 타이어 압력은 타이어 크기와 차량의 적재하중에 따라 달라진다는 점에 유의하라.

2.95 [고급문제] 어떤 교사가 디지털시계에 표시되는 시간과 아날로그시계에 표시되는 시간 사이의 관계를 학습하는 어린 학생들에게 도움이 될 시계 장치를 필요로 하고 있다. 이 장치에는 큰 아날로그시계 모습과 큰 글씨의 디지털시계 표시화면을 포함하는 콘솔이 있어야 한다. 이 장치의 이용 방법은 교사가 두 시계 중 아무 것이나 맞추어 놓은 다음 학생에게 다른 시계를 같은 시간에 맞추도록 시키는 방식으로 이루어진다. 학생이 시계를 맞게 맞추면 이 장치가 학생에게 적절한 신호를 보낸다. 이러한 장치의 중요한 기계적 요소와 전기적 요소들에 대해 요약하라.

2.96 [고급문제] 금일의 안내사항, 임박한 세미나 공고, 특별행사 장소 안내 등을 표시하기 위해 건물 현관에 설치될 수 있는 컴퓨터 인터페이스를 갖춘 전광판을 위한 설계 개념을 개발하라. 이 문제에서 목표로 하는 것은 비디오 디스플레이 대신 주소지정이 가능한 LED 행렬을 사용하는 것이다. 이 시스템은 원격 사이트로부터 케이블을 통해 메시지를 받아들일 수 있어야 한다. 한 가지 방안은 전광판 시스템을 지역 컴퓨터 네트워크에 독립적으로 연결될 수 있도록 설계하는 것이다. 또 다른 방안은 데스크톱 컴퓨터에 연결될 수 있는 별도의 원격 장치를 제작하고 전광판에 연결하여 데이터를 전광판에 전달하는 것이다. 무선 방식을 사용할 수도 있다. 이상의 예들은 단지 제안일 뿐이다. 일반적으로 데이터를 전광판에 전달할 수 있는 어떤 수단이라도 무방하지만, 별도의 PC를 전광판 전용으로

요구해서는 안 된다.

2.97 [고급문제] 매일 정해진 시간들에 알약을 배포하기 위한 손에 쥘만한 투약용 소형 디스펜서를 설계하라. 이 장치는 사람이 휴대하고 다닐 수 있어야 하며 최소한 1일분의 알약을 담을 수 있는 충분한 크기를 가져야 한다. 이 장치는 알약을 내보낼 때 약통을 열어야 하며 청각 신호나 시각 신호를 발출해야 한다. 이 장치는 알약을 채우기 쉬워야 하며 투약 시간을 설정하는 일이 쉬워야 한다.

2.98 [고급문제] 무선조종 모형비행기에 내재된 문제 하나는 지상의 조종자에게서 멀리 떨어져 있을 때 비행 방향이나 비행기 각도를 알 수 없다는 점이다. 비행기가 너무 멀리 떨어져 잘 보이지 않을 때, 조종자는 비행기를 정확하게 조종할 수 없게 된다. 모형비행기에 장착하여 비행기의 회전각, 경사각, 방위 등의 정보를 무선으로 조종자의 조종 콘솔에 전송하기 위한 설계 개념을 개발하라. 이 시스템은 비행기의 경사각과 회전각은 +90도에서 −90도 사이로 인식해야 하며, 360도 회전 즉, “빙글빙글” 상황을 감당할 수 있어야 한다.

2.99 [고급문제] 모뎀과 전화선 또는 휴대폰을 이용하여 원격 컴퓨터로 조회할 수 있는 별장용 원격 판독장치를 설계하라. 별장에 설치된 장치는 10번의 벨 소리 후에 대답하며, 비밀번호 메커니즘을 제공하며, 여러 가지 정보를 제공해야 한다. 제공되는 정보에는 실내 및 실외 온도, 집안에 틀어둔 수도꼭지의 존재 여부, 시끄러운 소리나 이상한 움직임, 문과 창문에 설치된 경보 스위치의 상태 등이다. 이러한 장치를 위한 설계 명세에 대해 토론하고, 설계 및 구현을 위한 블록 다이어그램을 작성하라.

2.100 [고급문제] 주어진 전기 콘센트에 연결된 회로차단기가 어느 것인지 식별하기 위한 시스템을 설계하라. 최선의 시스템은 이용자가 회로차단기가 설치되어 있는 지하실과 콘센트가 설치되어 있는 위치를 오갈 필요가 없는 시스템일 것이다.

2.101 [고급문제] 개인화된 공항 수하물 처리를 위한 시스템을 설계하라. 수하물은 대기 중인 개인별로 전달되거나 최소한 소수의 그룹이 대기하고 있는 지정된 장소에 전달되어야 한다.

2.102 [고급문제] 미래에는 작접 연소 방식을 이용하거나 연료전지를 이용하여 주행하는 수소 동력 차량들이 나타날 것이다. 이러한 차량들이 널리 사용되기 위해서는 실용적인 연료보급 시스템이 배치되어야 한다. 가장 가벼운 물질인 수소는 휘발성이 극히 강하며 수소 가스는 사고로 발화되기도 쉬워 수소연료 보급은 쉬운 일이 아니다. 현재의 휘발유주유소를 점차적으로 대체할 전국적 수소보급 시스템을 설계하라. 설계 고려사항에 비용, 편의성, 안전성 등의 요소들을 포함시켜라.

2.103 [고급문제] 현대 기술은 기계들이 말하고, 듣고, 만지고, 보는 데까지

인간의 지각능력을 크게 확장시켜왔다. 아직까지는 생각할 수 없었던 맹인이 자동차를 운전할 수 있도록 도와주는 시스템을 설계하라.

2.104 [고급문제] 해양의 파도에 담긴 에너지를 이용하기 위한 시스템을 설계하라. 이러한 방안들은 이미 많이 제안되어 있다(참고: ocsenergy.anl.gov). 그러나 이러한 시스템들은 대부분 국가단위의 전력망에 연계된 대규모 생산시설을 지향하고 있다. 당신의 시스템은 워싱턴 주 푸겟사운드 가까이 있는 섬의 작은 별장 주인이 사용할 수 있는 것이어야 한다. 이 섬은 어떤 외부 전력원에도 연결되어 있지 않다.

2.105 [고급문제] 우주의 파편들은 지구의 궤도공간을 탐사하는 비행체들에 주의를 요하는 문제가 되고 있다(참고: www.orbitaldebris.jsc.nasa.gov). 궤도 우주선들의 우주비행사들에게 위험물체와의 충돌이 임박했음을 경고할 수 있는 시스템을 고안하라. 또한 비행선의 항로 변경 없이 충돌을 방지하기 위한 수단을 고안하라.

CHAPTER 3

프로젝트 관리와 팀워크 기술

목표

이 장에서는 다음과 같은 내용을 다룬다.

- 설계의 성공을 담보함에 있어 프로젝트 관리의 중요성
- 공학설계의 필수요소로서의 팀워크
- 엔지니어가 최종 제품에 이르기까지의 과제들을 결정하는 방법
- 설계 과제들에 대한 일정계획 및 관리
- 프로젝트 관리자의 역할
- 설계팀 구성원들의 상호작용
- 설계 프로세스에서의 문서화와 그 핵심적 역할
- 법률적 이슈 및 설계 엔지니어와의 관련성

이 장의 주제는 프로젝트 관리인데, 아마 공학도들은 "왜 이러한 주제의 장이 필요할까? 이 주제는 왜 중요한가?"와 같은 질문을 제기할 수도 있을 것이다. 그에 대한 대답은 설계 문제의 본질 속에 담겨져 있다. 설계 문제는 근본적으로 자유해답형이며, 복잡한 과제일수록 프로젝트 요소들이 잘 조화될 수 있도록 담보하기 위한 관리 인프라의 필요성도 커진다. 이러한 목표를 달성하기 위해서는 모든 팀과 팀 구성원들이 공통의 전략 내에서 협력할 필요가 있다. 때로 프로젝트 관리는 상식의 기초적 적용만으로 충분할 수도 있으며, 이러한 상식이란 제때에 일을 마치고, 진행상황을 논의하기 위한 정기적 모임을 갖고, 잊어버리지 않도록 기록하는 일 등이다. 어떤 때는 보다 정형적인 구조가 요구되는 경우도 있는데, 이러한 정형적 구조는 오랜 세월 다듬어진 프로젝트 관리 방법들을 이용한다. 훌륭한 엔지니어는 팀 조직 안에서 일하고, 프로젝트의 궤도를 유지하고, 훌륭한 문서화를 유지하고, 법률적 이슈를 고려하고, 잘 정의된 관리계획 안에서 일하는 방법을 알아야 한다. 이 장에서는 공학설계의 핵심요소인 몇 가지 프로젝트 관리 기술을 소개한다.

3.1 팀 작업

오늘날의 사회에서는 굳센 개인주의가 널리 퍼져있으며 책, 영화, TV 등의 테마로도 자주 등장하고 있다. 극복하기 힘든 난관에 맞서 진실과 정의를 수호하는 고독한 영웅의 이미지는 우리의 모험심과 용기를 자극한다. 우리의 개척정신은 경제적 어려움을 극복해가며 기술의 지형을 바꾸어 놓을 1인 창업가나 혼자의 힘으로 마이크로소프트나 인텔을 능가할 신생기업의

대표를 꿈꾸게 할 것이다. 그러나 현실에서 엔지니어들이 혼자서 일하는 경우는 드물다. 대부분의 공학문제들은 학제적 성격을 갖고 있으며, 진정한 진보를 위해서는 협력적인 팀워크와 많은 개인들의 공헌이 필요하다. 이러한 개념은 교량, 공항, 고층건물, 정유공장 등과 같은 대형구조물의 설계를 생각해보면 쉽게 이해할 수 있다. 이러한 대규모 과제를 관리자, 인사담당자, 엔지니어, 기술자 등으로 이루어진 잘 정의된 조직 없이 수행한다는 것은 상상하기조차 어려운 일이다. 마찬가지로 아폴로호의 달 착륙, 국제우주정거장, 허블천체망원경, 화성탐사선 등과 같은 우주탐사에서의 위대한 공학적 업적들도 수백 수천 명의 엔지니어들이 물리학자, 화학자, 천문학자, 재료과학자, 의학전문가, 수학자, 프로젝트 관리자 등과 팀을 이루어 일한 결과이다. 팀워크는 의료 보철물, 복사기, 어린이용 기계식 장난감, 주방용 기구, 휴대폰 등과 같은 작지만 복잡한 장치들의 설계에서도 대단히 중요하며, 이러한 장치들을 혼자 힘으로 설계할 수는 없다.

팀워크는 중요한 기술이며, 훌륭한 엔지니어가 되기 위해서는 팀워크에 능숙해야 한다. 그림 3.1에서 묘사하고 있는 것처럼 팀 작업은 명확한 의사소통, 효과적 작업능력, 다른 사람의 관점을 수용하는 능력 등을 요구한다. 팀의 모든 구성원들은 자신이 맡은 일이 팀 전체의 담당업무와 어떻게 연관되어 있는지

그림 3.1
투석장치의 프로토타입을 만들고 있는 설계팀 (사진제공: Daily Free Press.)

이해하고 있어야 한다.

설계 문제에서 기술적 이슈는 절반에 불과하며, 사람과 시간을 어떻게 관리하는가도 똑같이 중요하다. 적재적소에 사람들을 배치하고 이들이 협력하며 일할 수 있게 함으로써 프로젝트 성공을 보장할 수 있다. 이후의 절들에서는 사람의 관리와 관련된 주요 이슈들 중 몇 가지를 살펴볼 것이다.

3.1.1 효과적 팀의 구성

효과적인 팀이란 함께 잘 일하는 팀을 말한다. 이러한 팀은 최대한의 잠재력을 발휘하며 개별 구성원의 특별한 역량들을 결합하여 훌륭한 성과를 이룰 것이다. 효과적 팀의 중요한 특징의 하나는 팀 동료들이 서로 격려하는 태도를 갖는 것이다. 팀 구성원들이 몇 가지 기본 행동수칙에 합의할 경우 팀의 사기와 직업정신을 강화할 수 있다. 다음 지침은 효과적인 설계팀을 구성하기 위한 방안의 하나를 제시하고 있다.

1. **목표에 합의한다.** 팀 구성원들은 프로젝트 목표에 합의해야 한다. 이러한 공감대를 형성하는 것이 생각처럼 쉽지는 않다. 어떤 팀 구성원은 검증된 전통적인 방법을 사용하여 문제를 해결하고 싶어 하는데, 다른 구성원은 현실성이 없어 보이며 잘 사용되지 않는 방법을 시도하고자 할 수도 있다. 시작할 때 현실적인 목표들을 설정해야 한다. 선택한 방식에서 예상치 않은 일이 발생할 경우, 프로젝트 진행 도중에 목표를 재설정할 수도 있다.
2. **역할들을 명확히 정한다.** 팀의 각 구성원은 팀 내에서 구체적인 역할이 배정되어야 한다. 프로젝트의 작업들이 시작되기 전에 각 개인의 책임을 정해야 한다. 개개인의 역할이 겹칠 수도 있지만, 설계 문제의 모든 측면을 누군가 한 사람은 담당하고 있어야 한다. 이렇게 함으로써 누구도 책임지지 않는 작업의 발생을 방지하게 될 것이다.
3. **절차를 규정한다.** 팀 구성원들은 일들을 처리하기 위한 절차들에 합의해야 한다. 문서화, 부품의 주문, 프로토타입 제작, 교수나 고객과의 의사소통 등을 포함하는 모든 일은 정해진 절차를 따라야 한다. 이렇게 함으로써 작업수행에 관한 오해를 크게 줄일 수 있다.
4. **좋은 인간관계를 형성한다.** 개인적으로 싫어하는 사람을 포함하여 팀 내의 모든 사람과 협력하는 방법을 배워야 한다. 현실에서 고객은 보이지 않는 곳에서 어떤 갈등이 있더라도 관심을 갖지 않을 것이다. 엔지니어로서의 직업정신은 성격적 충돌을 극복하고 당면한 일에 집중할 것을 요구한다. 사람들을 잘 대하고, 프로정신을 발휘하라. 팀 구성원들을 욕하거나, 비난하거나, 탓을 해서는 안 된다.

5. **리더와 역할을 정한다.** 한 명의 리더가 정해지면 잘 진행되는 팀들도 있고, 리더십이 분산되거나 아예 리더 없이 합의를 통해 진행할 때 더 잘 할 수 있는 팀들도 있다. 어떤 팀 스타일을 채택하든 프로젝트를 시작할 때 리더십 계층구조를 명확히 정의하고 합의해야 한다.

직업적 성공의 비결: 당신이 팀 리더인데, 팀 구성원 하나가 사라져 버리고, 모든 일을 당신이 떠맡게 되었다.

모든 사람과 항상 잘 지낸다는 것은 불가능한 일이다. 다른 사람들과 가까이 일하다보면 개인적 충돌은 불가피하다. 팀 구성원 누군가가 배정된 책임을 다하지 못했을 때 이러한 불화가 발생하는 경우도 있고, 사고방식이나 우선순위에 대한 근본적인 차이에서 마찰이 생길 수도 있다. 팀 관계가 아무리 복잡해지든 고객이 이를 이해해주지는 않을 것이다. 고객의 관심은 당신의 능력이 최대한 발휘된 잘 설계된 제품을 받는 것뿐이다. 팀 내의 마찰을 내부적으로 해결하는 것은 당신의 몫이다. 이러한 해결 과정에서 일부 팀 구성원들이 추가적인 보상도 없이 다른 구성원들보다 더 많은 일을 해야 할 수도 있다. 훌륭한 리더라면 이러한 타협을 이해하고 잘못된 팀 구성원을 우회하기 위한 계획을 마련할 것이다. 이러한 상황은 실망스럽고 불공평해보일 수도 있겠지만 현실에서 늘 일어나게 마련이다. 학생으로서 이러한 상황들에 대처하는 법을 배우는 것도 공학교육의 한 부분이다.

연습문제

다음 사항에 적용될 수 있는 역할, 목표, 절차 등을 정하라.

1. 주요 광역도시의 8차선 고속도로 시스템의 설계와 건설 (www.masspike.com/bigdig).
2. 경매 웹사이트를 개발하는 소프트웨어 엔지니어 팀 (www.ebay.com).
3. 무선조종 로봇을 개발하는 전기 엔지니어들과 기계 엔지니어들로 구성된 팀 (www.usfirst.org).
4. 인체에 기계적 이식이 가능한 인공심장을 개발하는 생명의료 엔지니어 팀.
5. 고객 주문이 도착하는 대로 이행하는 "즉석식" 직물공장의 생산 일정 조정을 위한 소프트웨어 시스템 (www.crohmiq.com).
6. 화성탐사선의 설계와 제작 (origin.mars5.jpl.nasa.gov).
7. 알래스카의 프루드호 만에서 발데즈에 이르는 석유 파이프라인 (www.alyeska-pipe.com).

8. 항공/지상 배송회사를 위한 탁송물 추적 시스템 (www.fedex.com).
9. 전국규모 일간신문의 편집, 인쇄, 배송 등을 위한 시스템 (www.usatoday.com).
10. 구리, 우라늄, 금, 은 등을 생산하는 제련소의 설계 (www.wmc.com).
11. 휘발유, 경유, 등유 등을 포함하는 다양한 제품을 생산하는 정유공장.
12. 분산형 센서들에 의해 해충이 탐지된 농지 부분에만 살충제를 선택적으로 살포하는 장비.
13. 다수의 발전소에 대한 에너지 흐름과 전력 생산을 모니터링하는 시스템.
14. 외과의사가 원격지에서 원격제어를 통해 수술을 실행할 수 있게 하는 시스템.
15. 노변 텐트 캠핑을 위한 이동식 에어컨의 설계와 제작.
16. 개인 이어폰을 착용하는 미식축구선수들에 지시를 내리기 위한 지휘소의 설계.
17. 쇼핑몰 안의 식당가의 설계.
18. 자동 (무인) 지하철 열차로 이루어지는 수송시스템의 설계.
19. 피자 식당에서 주문을 처리하기 위한 주문시스템의 개발.
20. 대형 농장 집단을 위한 농업관리 시스템의 설계.

3.1.2 조직도

엔지니어들이 팀 지향의 프로젝트에서 일할 때 구성원들 사이에 계층구조를 확립하는 경우들이 종종 있다. 엔지니어 팀이 항상 단순한 동료 집단으로 기능할 수 있다면 좋겠지만, 모든 사람들의 책임이 명확히 규정되지 않을 경우 누군가는 다른 사람들보다 더 많은 부담을 지게 되는 것은 불가피할 것이다. 또한 모든 사람들이 책임이나 역할에 대해 이해하고 있지 않을 경우 어떤 작업인가는 아무도 챙기지 못하는 일도 발생하기 쉬울 것이다. 팀의 관리구조를 규정하는 한 가지 수단이 **조직도**이다. 조직도는 공학 프로젝트의 각 측면을 누가 담당하는지 표시하며, 또한 팀의 위계질서와 보고계통을 기술한다. 그림 3.2는 공학 수업을 위한 설계 프로젝트를 수행하는 학생들이 사용할 법한 조직도를 보여주고 있다. 이 프로젝트의 목표는 심장 제세동 연구를 수행하는 교수를 위해 심장박동 모니터를 설계하는 것이다. 케이던스가 팀 리더 역할을 수행하며 지도교수에게 보고하는 일을 맡는다. 임직원들의 조직이 복잡할 수도 있는 기업 세계에서는 고위 경영진에서 시작되는 전체 책임 사슬을 모든 직원들이 이해해야 하므로 조직도가 필수적이다.

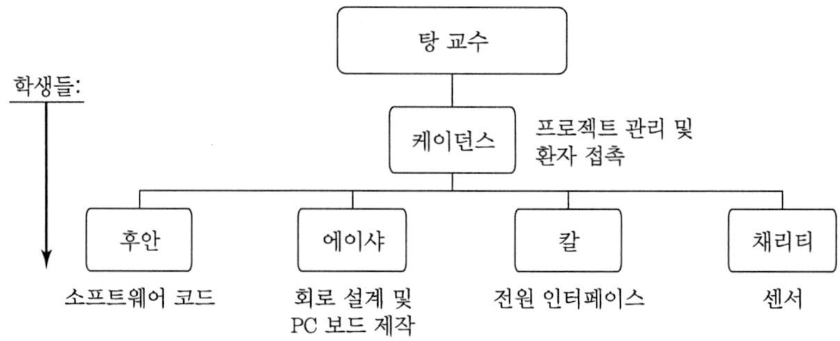

그림 3.2
심장 제세동기 프로젝트를 위한 팀 조직도

3.1.3 직무기술서

공학기업에서 (혹은 이 경우 임의의 기업에서) 근무하는 직원의 담당업무를 명문화한 문서를 **직무기술서(job description)**라고 부른다. 직무기술서는 간단한 임용장과 같은 약식 문서일 수도 있고, 여러 페이지에 걸친 자세한 문서일 수도 있다. 일반적으로 회사규모가 크고 조직도가 복잡할수록 개개인을 위한 직무기술서도 자세해진다. 작은 회사들의 경우 회사를 운영하기 위한 과제들을 처리할 수 있는 사람들의 수가 많지 않기 때문에 직무기술서가 대략적으로 작성되기 쉽다. 직무기술서는 수행해야 할 업무에 연계되어 있는 것이지 특정 시점에 그 업무를 맡은 특정 개인에 연계되는 것이 아니다. 직무기술서는 해당 자리에 결원이 생겨 모집공고가 날 때 가장 명확해진다.

일반적인 공식 직무기술서는 다음과 같은 정보를 포함할 수 있다.

- 직함
- 직급 (급여 수준을 결정함)
- 직속 상급자 (개인의 이름이 아니라 직책으로 표시함)
- 담당업무 목록

직무기술서가 채용공고의 기초자료가 되는 경우도 많다는 사실을 유의하기 바란다. 직무기술서 예를 하나 들어보면 다음과 같다.

구조 엔지니어, 질모어 토건회사, SG 74
편성코드 1743/G274

직무기술 피치트리 쇼핑센터의 식당가 리모델링과 같은 다양한 대규모 프로젝트의 개발 및 시공 관리. 음식 서비스 장비를 위한 새 장비의 구입, 설치, 가동 등의 조정. 건설현장에서의 공정 생성 및 작업흐름 관리를 위해 질모어 사원 및 협력사들과의 협동. 인턴사원, 시간제 직원, 협력사 직원들에 대한 장비 사용방법 훈련 및 사용에 대한 감독. 비품 주문, 정책과 절차의 확립 및 집행, 장비의 정비 등과 같은 작업

현장에 대한 유지보수.

구비 요건 토목공학 또는 건축공학 분야 석사 이상의 학위와 건설 프로젝트 관리 분야의 4-6년의 현장 경력. 다양한 사람들과의 협동작업 능력을 갖춘 우수한 대인관계 기술. 전문 등록증 필히 보유할 것.

3.1.4 팀 연락명부

당연한 것처럼 보이겠지만 특정 프로젝트에 참여하는 모든 인원에 대한 연락명부를 유지하는 것은 중요한 일이다. 팀 구성원 중 한 명이(또는 간사가 존재할 경우 간사가) 연락명부의 유지를 담당해야 한다. 연락명부에는 팀 내의 모든 사람에 대해 이메일주소와 전화번호, 집전화번호와 휴대폰번호, 근무시간 외 호출 허용 시간 및 호출 방법 등이 포함되어야 한다. 여건이 허용할 경우 쉽게 갱신하고 정확한 **단일** 명부로 제약할 수 있도록 연락명부를 웹페이지로 유지하는 것도 좋은 방법이다. 상황에 따라서는 비밀번호를 통한 보호가 필요할 수도 있다.

3.1.5 팀 회의

공학설계 팀은 프로젝트 진행상황, 설계 이슈, 문제 해결 등을 검토하기 위해 정기적으로 회의를 갖는 것이 중요하다. 회의 빈도는 팀에 따라 달라지겠지만, 대개 팀 리더가 정한다. 대학 설계 수업을 포함하여 많은 공학기관에서 주 1회 회의가 일반적이다. 필요할 때만 회의를 갖는 경우도 있으며("임의 소집" 회의라 불림), 매일 회의를 갖는 경우도 있다. 소집 주기에 관계없이 회의가 엉망이 되지 않도록 격식을 갖추는 것이 중요하다. 사전에 준비된 의사일정이 도움이 되겠지만, 회의 기조를 정하는 것은 팀 리더의 몫이다. 이러한 작업은 팀이 동급의 인원들로 구성되는 수업 상황의 경우 특히 어려울 수 있다. 기업 환경에서도 사원들 간의 성격 차이가 팀 내의 협조나 진행에 방해가 될 수 있다. 대학에서 이러한 상황들에 대처하는 방법을 배우는 일은 공학교육의 중요한 요소의 하나이며 장차 취업 준비에도 도움이 될 것이다.

3.1.6 조직 내 다른 팀과의 협력

복잡한 설계 작업의 경우 둘 이상의 팀이 참여하는 경우가 자주 있다. 한 프로젝트에 여러 팀을 배정하는 것은 판매용 제품을 제조하는 회사에서는 일반적 관행이다. 많은 기업에서 여전히 사용되고 있는 고전적인 인력 구분은 담당업무를 연구, 개발, 제조, 판매 등의 큰 영역들로 분할하는 것이다. **연구팀**은 기업의 핵심 전문분야와 관련된 새로운 첨단 지식의 탐색을 추구하는 기초연구를 수행한다. 종종 여러 분야의 사람들로 구성되는 **개발팀**은 기초적인 발견에서 제품 개념을 만들어내고 나아가서 실용성 있는 프로토타입을 구축하는 일을 한다. **제조팀**은 프로토타입을 인수하여 비용 효과적이고 수익성 있는 방식으로 제품을 대량생산할 수 있는 방법을 개발한다. 종종 제품의 동작 원리를 이해하는 엔지니어들을 포함하기도 하는 **영업팀**은 고객을 물색하고 확보하는 일을 한다.

프로젝트 관리에서 전통적인 사고는 이러한 네 가지 유형의 팀들이 각자의 일을 완료하여 진행순서상의 다음 팀에 넘기는 순차적인 상호작용을 가정한다. 그와 같은 시나리오에서 연구팀은 아이디어를 생각해내고, 개발팀은 실현방법을 찾고, 제조팀은 제품의 대량생산 방법을 정하고, 영업팀은 새로운 고객을 찾는다. 전통적으로 이러한 순환계상의 유일한 피드백은 영업팀에서 연구팀에게 고객의 요구사항을 전달하는 것이다. 장기적으로 보면, 팀들은 대개 각자 분리된 단위로 자체의 우선순위를 갖고 일하며 이들 사이에 경쟁도 작용한다. 종종 이러한 경쟁관계는 설계 프로세스에서 걸림돌이 되며 개념 단계에서 최종 제품에 이르는 기간만 크게 연장시킨다.

보다 최근의 프로젝트 관리 철학에서는 기업의 조직도상의 여러 구성체 사이의 지속적인 상호작용의 중요성을 인식하게 되었다. 성공적인 기업이 되기 위해서는 처음부터 각 팀의 요구사항들과 우선순위들을 고려하고 의사결정이 이루어질 때 이들에 대한 적절한 가중치가 감안되어야 한다. 예를 들자면, 그와 같이 상호작용이 활발한 팀 환경에서는 개발팀이 단독으로 제품의 재료나 크기를 정할 권한을 갖지는 않을 것이다. 대신 제조팀에서 재료나 크기를 선택할 때 비싼 고가 장비를 새로 도입하지 않고도 가동될 수 있는 기존 공정을 이용할 수 있도록 개발팀에 요청할 것이다. 영업팀에서는 이 제품이 경쟁사 제품보다 호평을 받을 수 있도록 인체공학 기능을 설계에 반영하도록 주장할 수도 있다. 연구팀이 어느 프로젝트를 추진해야할 지 결정하는 데 개발팀과 제조팀의 조언을 구할 수도 있으며, 개발팀은 고객들의 요구사항을 평가하기 위해 영업팀의 도움을 요청할 수도 있다. 제조팀은 래피드 프로토타이핑 방법을 채택하기 위해 개발팀과 협력할 수도 있다.

기업에 따라서는 앞에 서술한 고전적인 팀 분류에 따른 명확한 경계가 아예 존재하지 않는 경우도 있다. 하나의 혼합 그룹에서 연구, 개발, 제조 등을 모두 담당할 수도 있다. 이러한 방식은 제너럴모터스의 자회사인 세이턴사에서 성공한 바 있다. 이들의 팀 철학과 작업 단위 구조는 그림 3.3의 간이도표에 요약되어 있다. 세이턴사의 구조는 "작업 단위"와 "모듈"에 기초하고 있다. 작업 단위는 자동차 생산에 관련된 기본 작업들을 담당하며, 모듈은 비슷한 유형의 작업을 수행하는 작업 단위들로 이루어지는 그룹이다. 작업 단위와 모듈 모두

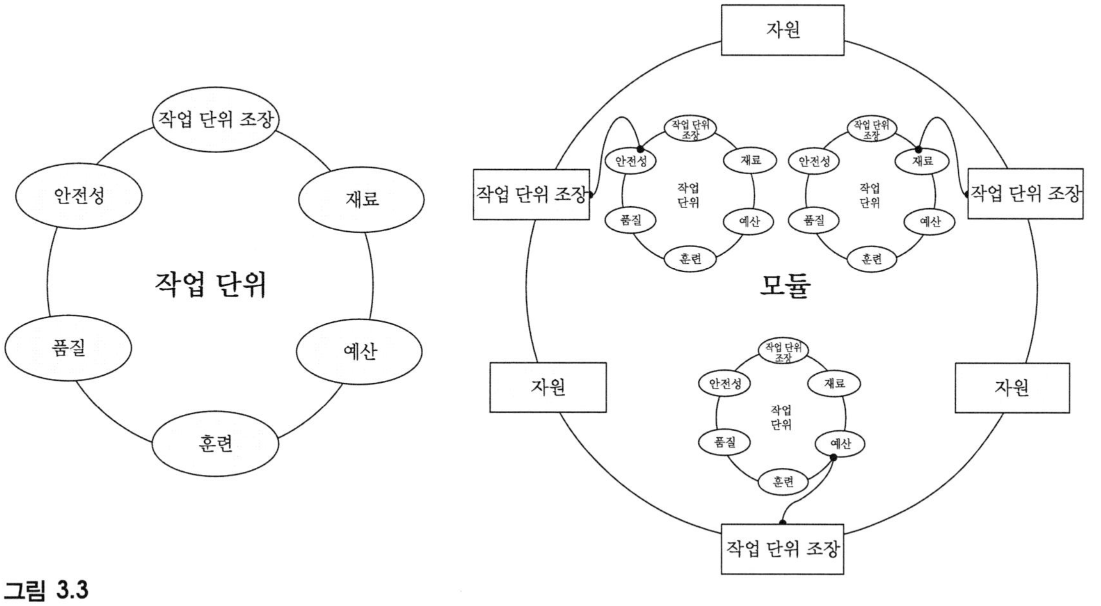

그림 3.3
세이턴 자동차제조회사를 위한 작업 단위 및 모듈 기반의 조직구조

서클 내부에서 이루어지는 모든 의사결정을 자체적으로 수행하며, 각 서클은 직속 상위 서클에 대한 자신의 대표를 선임한다. 이러한 자치형 팀 통합 방식의 프로젝트 관리 방안이 처음 소개되었을 때 미국 자동차 산업에서 혁신적인 방식이었으며, 오늘날에도 대규모 작업을 위한 신선한 방식으로 간주되고 있다.

제품 설계에 대한 고전적인 부서 분류 방식이 사용될 때 엔지니어들은 경쟁의식이나 "영역 싸움"을 피해야 한다. 궁극적 성공을 위해서는 설계 프로세스에 참여하는 모든 팀 간의 상부상조가 요긴하다는 점을 유념하기 바란다. 기업 조직도의 가지마다 다양한 팀 구조가 나타날 수 있지만, 그림 3.4에서 보이고

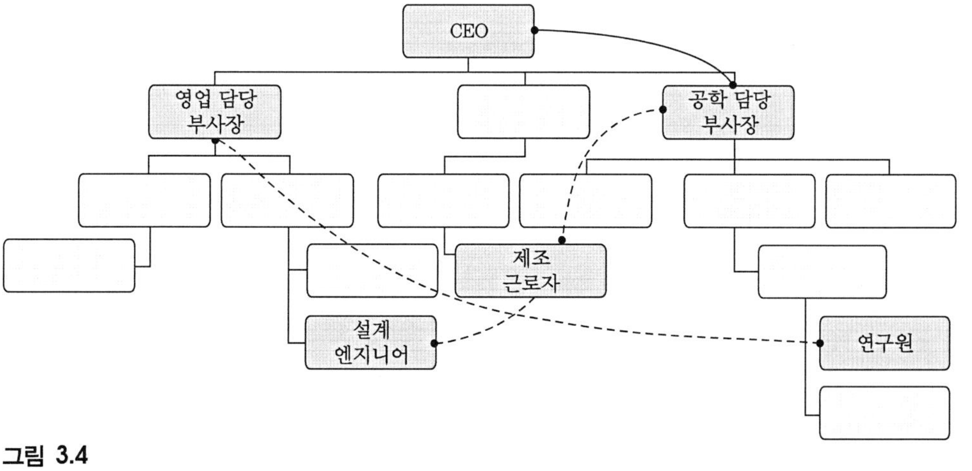

그림 3.4
조직도 가지 사이의 보이지 않는 유대가 기업을 강하게 결속시키고 신속하고 성공적인 제품 개발로 이끈다.

있듯이 기업을 강하게 결속시키고 신속하고 성공적인 제품 개발로 이끄는 것은 팀 사이의 보이지 않는 유대이다.

연습문제

1. 대학에서 드라마 제작을 위한 무대 장치를 구축하기 위한 조직도와 시간 이정표를 작성하라.
2. 대형 비영리법인에서 3,000명의 참가자가 밤에는 텐트 캠프에서 자며 3일 동안 60마일을 걷는 도보행진대회를 계획하고 있다. 이 행사의 기획 및 진행에 참여하는 모든 사람들을 위한 조직도를 작성하라.
3. 어떤 학생단체가 자동차엔지니어학회(students.sae.org)가 후원하는 "Mini Baja" 차량 경진대회에 참가하기 위한 계획을 준비하고 있다. 경진대회용 차량의 설계와 제작을 위한 조직도를 작성하라.
4. 전력 생성을 위한 풍력 터빈을 만드는 회사에 근무한다고 가정하고, 설계와 제작에서 설치와 계약에 따른 유지보수에 이르는 일들을 담당하는 부서들을 위한 조직도를 작성하라.
5. 스포츠 팀들도 조직도를 갖고 있다. 자신이 좋아하는 스포츠 팀을 선택하여 그 조직도를 작성하라.
6. 대학은 행정 조직 구조를 갖고 있다. 자신이 다니는 대학의 행정 조직 구조를 조사하여 총장에서 학과장 수준에 이르는 조직도를 작성하라.
7. 대형 석유회사를 위한 조직도를 작성하라. 탐사, 회수, 정제, 유통에 이르는 모든 측면을 포함시켜야 한다.
8. 플라스틱 처리시설을 설계하는 팀에 배정된 엔지니어를 위한 직무기술서를 작성하라.
9. 온라인 철물점에서 일하는 사람을 위한 직무기술서를 작성하라.
10. 지하수 채수기를 만드는 회사에 입사한 엔지니어를 위한 직무기술서를 작성하라. 이 회사에는 모두 10명의 직원이 있다.
11. 군용기를 제작하는 방위산업체에 근무하는 엔지니어를 위한 직무기술서를 작성하라.
12. 파이프라인 밸브를 제작하는 회사에 근무하는 엔지니어를 위한 직무기술서를 작성하라.
13. 어떤 회사에 근무하며 화장품 제조업체를 위한 생산 작업을 최적화시키는 일을 돕는 엔지니어를 위한 직무기술서를 작성하라.
14. 대형 주방기구들을 제작하는 회사를 위해 산업 엔지니어를 채용하려 한다고 가정하자. 전국 규모의 취업 사이트(예: www.monster.com)에 실을 채용공고를 작성하라.

> 15. 발전소 건설 프로젝트의 작업들을 감독하는 원자력 엔지니어를 채용하려 한다고 가정하자. 전국 규모의 원자력 관련 잡지에 실을 채용공고를 작성하라.

3.2 작업 관리: 프로젝트 진행의 유지

시간 관리는 어떤 공학 프로젝트에서나 성공의 핵심 요소이다. 완벽한 세상에서는 엔지니어들은 프로젝트의 모든 측면에 대한 작업에 필요한 충분한 시간을 갖겠지만, 현실에서는 마감 시간은 늘 제품 완성을 재촉하는 압박으로 작용한다. 진행경과 보고, 프로토타입 테스트, "판매팀이나 영업팀이 보여주기 위한" 어떤 것 등에 대한 요구와 조직생활의 압력 등으로 인해 엔지니어는 제품 개발의 각 측면에 얼마만큼의 시간이 필요할지에 대한 감각을 키워간다.

아무리 단순한 설계 프로젝트라고 해도 시간 관리는 필요하다. 계획성 없이 운에 맡기는 방식보다는 설계 작업들에 대한 체계적 접근방식이 바람직하다. 시간 관리는 책 전체를 차지할 만큼 복잡한 주제이지만, 모든 엔지니어들이 이해해야 할 기초가 될 몇 가지 시간 관리 도구가 있다.

3.2.1 체크리스트

간단한 체크리스트를 이용하여 특정 설계 프로젝트에 관련된 공학 작업들을 모니터링 할 수 있다. 체크리스트는 주말에 할 일들을 정리한 "과제" 리스트와 크게 다르지 않다. 공학 체크리스트에 나열된 작업들은 특정 순서를 따르거나 완벽할 필요는 없다. 휠체어 경사로 설계에 적용될 수 있는 간단한 체크리스트의 예를 그림 3.5에서 보이고 있다.

3.2.2 시간 이정표

시간 이정표(timeline)는 프로젝트 일정을 지키기 위한 중요한 도구이다. 시간 이정표는 체크리스트와 비슷하지만, 다양한 작업들을 완료 예상 일자에 따라 차례대로 나열한 것이다. 팀 전체가 함께 일하며 각자 맡은 작업의 일정에 차이가 있을 경우 시간 이정표는 대단히 유용하다. 특정 작업이 예정시간까지 완료되기 어려울 것 같으면, 인원을 추가배치하든지 초과근무를 시키든지 해서 그 작업이 예정대로 완료될 수 있도록 처리하는 것은 프로젝트 관리자의 책임이다. 그림 3.6에서 전형적인 시간 이정표를 보여주고 있는데, 이것은 수업용 설계 프로젝트에서 자동차를 설계하고 있는 학생들이 작성한 것이다.

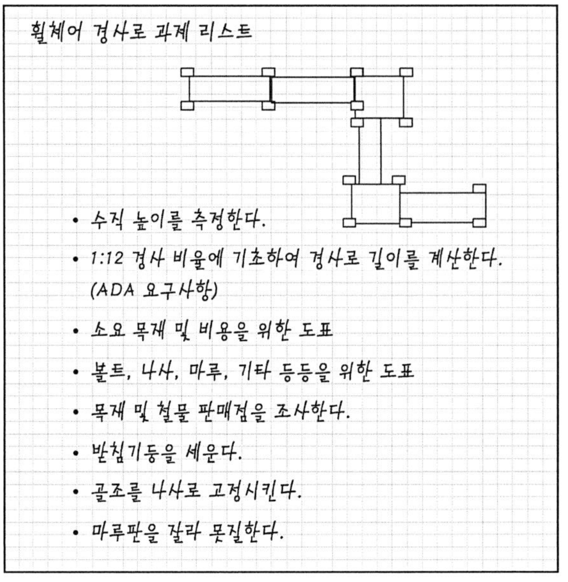

그림 3.5
휠체어 경사로 설계를 위한 체크리스트

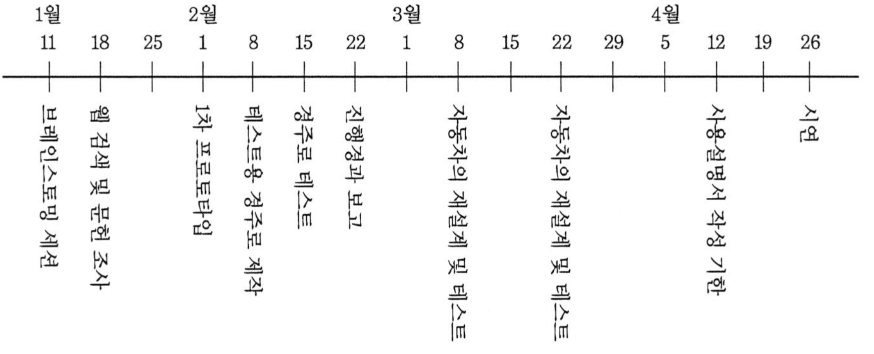

그림 3.6
자동차 설계 경진대회에 관련된 작업을 위한 시간 이정표

3.2.3 간트 도표

프로젝트가 복잡하고 많은 사람이 참여하고 있을 경우 간단한 시간 이정표는 프로젝트의 모든 측면을 관리하기에는 충분하지 않다. 또한 프로젝트의 다양한 작업들이 서로 연관되어 있어 한 단계가 완료되기 위해서 다른 단계들이 성공적으로 완료되어야 할 경우에는 그림 3.7의 간트 도표(Gantt Chart)가 보다 적합한 시간 관리 도구이다. 간트 도표는 2차원 도표이며, 수평 축은 날짜, 주, 또는 월 단위로 표시된 시간을 나타내며 수직 축을 따라 완료해야 할 작업이나 작업 담당자 등을 표시한다. 완료해야 할 작업들을 단순히 나열하는 체크리스트나 프로젝트의 각 단계를 위한 순차적 시간 배정을 보여주는 시간 이정표와는 달리, 간트 도표는 병렬수행되는 여러 작업들에 얼마만큼의 시간이 배정되는지를 보여준다. 간트 도표에서는 또한 기간의 중첩 표현이 가능하며 이는 프로젝트의 다양한 측면 사이의 상호연관성을 표시하는 데도 도움이 된다.

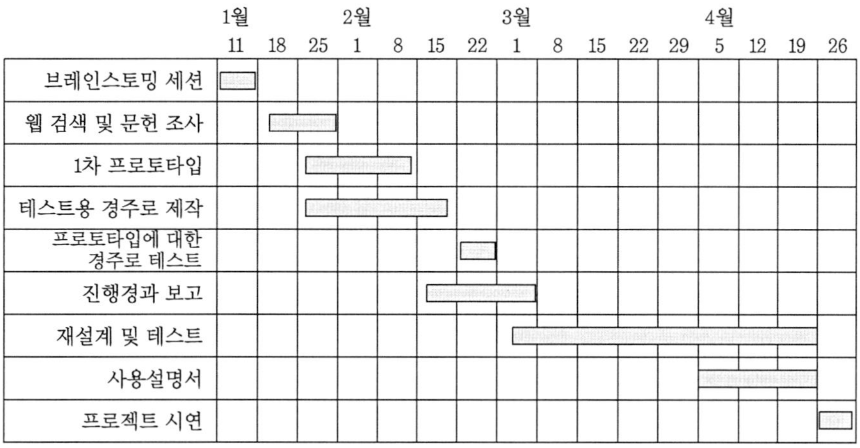

그림 3.7
그림 3.6의 작업들의 추진 일정을 표현하는 보다 포괄적인 2차원적 방법을 제공하는 간트 도표

프로젝트의 진행상황을 한 눈에 파악할 수 있도록 완료된 작업들에 대해서는 간트 도표에서 음영 처리할 수 있다.

3.2.4 PERT 도표

PERT(Project Evaluation and Review Technique; 프로젝트 평가 및 검토 기법)는 미국 해군에 의해 처음 제안되었으며, 경영자문회사인 Booz, Allen & Hamilton이 1958년 개발하였다. 당시의 PERT 개발 목적은 폴라리스 미사일 개발 프로그램에 참여하는 10,000개가 넘는 하청업체들의 활동을 조정하기 위한 것이었다. PERT 방식은 **CPM**(critical path method; 임계경로법)과 아주 비슷하며, 이 용어들은 서로 바꿔 쓰기도 한다. PERT 기법은 기본적으로 상호연관된 복잡한 활동들의 우선순위와 일정을 정하기 위한 방법이다. PERT 도표는 설계 프로세스에서 시간적 제약이 가장 많은 작업의 식별을 돕는다.

이 기법의 핵심은 그림 3.8에서 예를 들고 있는 **PERT 도표**라고 불리는 그래프 형식으로 표현된다. PERT 도표는 여러 개의 주요 사건과 연결선들로 구성된다. 각 연결선에는 연결선 진행 방향의 작업을 완료하기 위해 배정되는

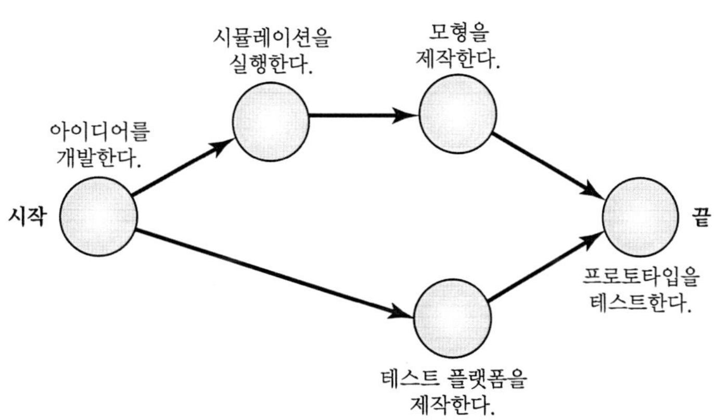

그림 3.8
PERT 도표의 예. 서클들은 주요 사건들을 표현하며, 각 화살표는 해당 노드에 이르기 위한 작업을 표시한다. 각 작업에는 소요 시간이 배정된다.

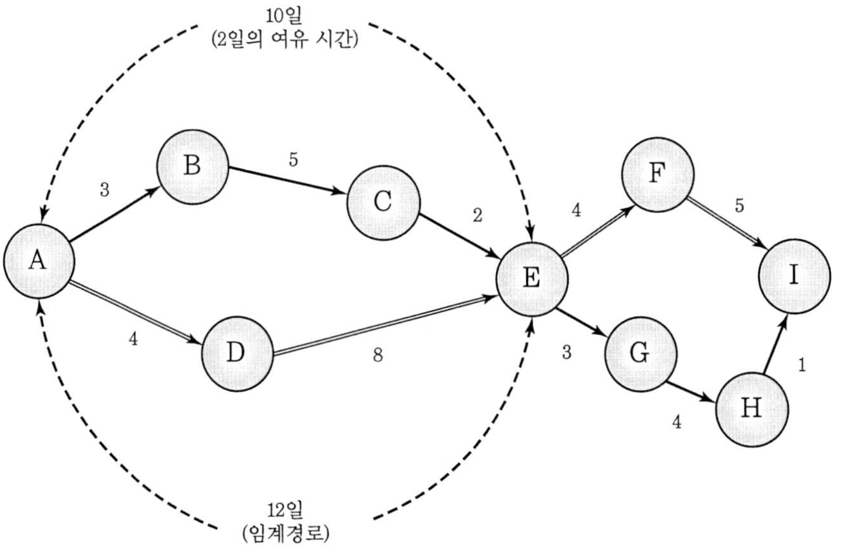

그림 3.9
이정표 노드들과 작업 배정 시간을 날짜 단위로 보여주는 PERT 도표. 이 도표에서 임계경로는 이중실선으로 표시되어 있다.

시간이 (날짜, 주, 월 등) 적절한 시간 단위의 라벨로 표시된다. 간트 도표와 마찬가지로 PERT 도표도 각 작업에 배정된 시간을 요약하고 있으며 작업 완료 이정표를 제시한다. 그러나 PERT 도표는 간트 도표와 달리 작업들 사이의 종속 관계도 표시한다. 이러한 종속 관계는 도표에서 작업 완료 서클들을 연결하는 연결선에 의해 표시된다.

PERT 도표에는 시작 지점을 나타내는 하나의 **노드(node)**와 하나의 종료 이정표(모든 경로가 모이는 마지막 노드)가 있어야 한다. 간트 도표에서와 마찬가지로 시간은 왼쪽에서 오른쪽으로 진행한다. 임의의 두 이정표 노드 사이의 경로에 배정되는 시간은 해당 경로상의 각 작업에 배정되는 시간의 합과 같다. 예를 들면, 그림 3.9에서 이정표 A에서 이정표 C에 이르는 작업들에는 모두 합해 3 + 5 = 8일이라는 시간이 배정된다.

PERT 도표에서 완료된 작업들에 대해서는 프로젝트 관리자가 완료 표시를 하며, 이러한 방법으로 전체 프로젝트 진행상황을 모니터링할 수 있고 특정 경로상의 지연에 대해서도 쉽게 파악할 수 있다. 프로젝트 관리자들에 따라서는 작업들 사이의 종속성을 명확히 보여주는 PERT 도표를 간트 도표보다 선호하기도 한다. 그러나 PERT 도표는 해석하기가 훨씬 더 어려우며, 특히 복잡한 프로젝트의 경우 더 어렵다. 어떤 프로젝트 관리자들은 두 가지 기법 모두를 사용하기도 한다.

프로젝트 관리를 위해 PERT 도표를 작성할 때 병렬 경로들의 시간 합계들이 차이가 날 수 있으며 이러한 차이는 때로 유용하게 이용될 수 있다. **여유 시간(slack time)**이라고 불리는 이 시간은 시간 합계가 적은 쪽 경로에서 설계 프로세스에 나타나는 불가피한 지연을 보상하기 위해 사용될 수 있다. 해당 경로 상에서 발생한 지연이 여유 시간을 초과하지 않을 경우 전체 프로젝트 진행 일정에 문제가 되지 않을 것이다. 따라서 가장 중요한 것은 여유 시간이 0인 소위 임계경로(critical pathway)라고 불리는 경로이다. 임계경로에서 약간의 지연이라도 발생하면 이는 전체 프로젝트의 일정에 영향을 미치며, 따라서 세심한 모니터링을 요한다. 그림 3.9의 경우 노드 A에서 노드 D를 통해 노드 E에 이르는 경로가 임계경로이다.

예 제 3.1

건축 프로젝트의 관리

그림 3.10의 PERT 도표는 (다소 단순화된) 목조 가옥을 세우기 위해 필요한 주요 단계들을 요약하고 있다. 이와 같은 도표는 대개 프로젝트의 다양한 요소들을 완성하기 위해 여러 도급업체를 고용해야 하는 시공총괄업자가 사용할 수 있다. 노드 0은 건축의 시발점을 나타낸다. 다른 일을 진행하기에 앞서 기초 골조 구성, 거푸집 조립, 콘크리트 타설 등의 기초공사를 할 수 있도록 대지에 터파기 공사를 해야 한다. 그림 3.10에서 터파기 공사에는 4일, 콘크리트 타설 등에는 2일이 잡혀있다. 기초를 위한 콘크리트 타설과 양생 후에 건물의 외부골조를 세울 수 있다. 이 골조는 건물의 모든 외벽들과 건축가가 지정한 내벽들을 위한 지지 구조를 형성할 것이다. 이 작업에는 전부 5일이 배정된다.

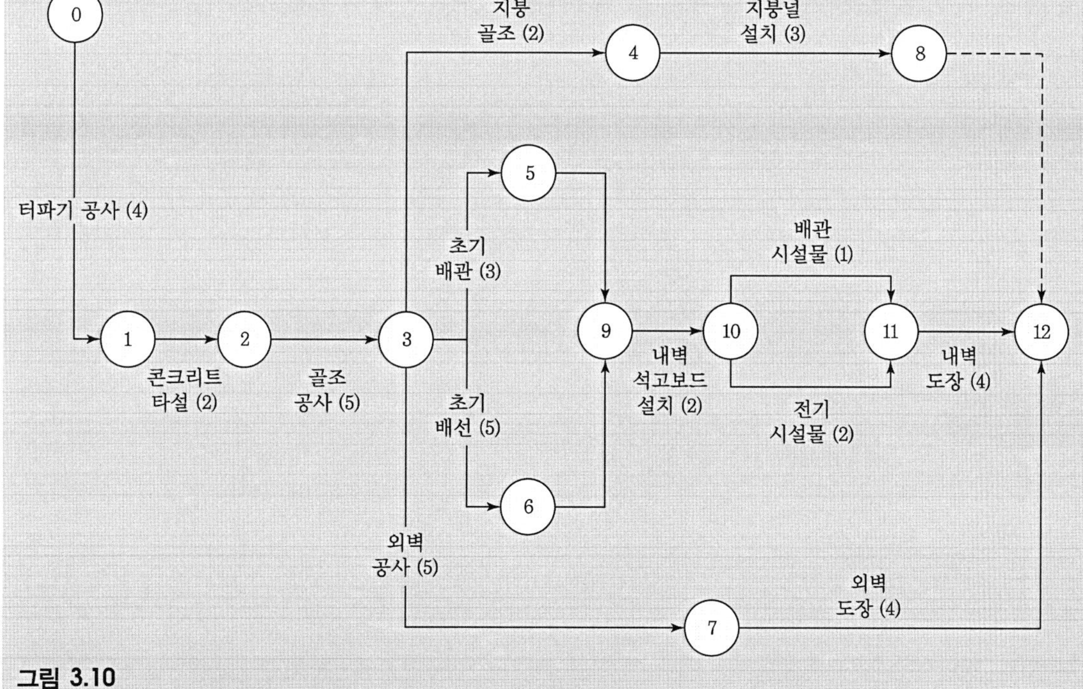

그림 3.10

가옥 건축에 포함되는 주요 단계들을 기술하고 있는 PERT 도표. 번호 달린 노드들은 작업 완료 지점을 나타낸다. 각 연결선에는 작업에 배정된 시간을 나타내는 라벨이 붙어 있다. 노드 번호는 임의로 지정되어 있다.

건물 골조가 완성된 후 주요 작업은 몇 개의 병렬 경로를 따라 진행된다. 지붕 골조가 완성된 후 비바람으로부터의 보호를 위해 지붕널 설치 작업이 진행된다. 이 작업들에는 각기 2일과 3일이 배정되며, 다른 경로들에 비해 상당한 여유시간을 갖는다. 노드 3에서 시작되는 또 다른 병렬 경로는 건물 외벽의 설치로 진행한다. 다음 문단에 기술될 초기 배관 및 전기공사를 위해서는 내벽은 열려있어야 하지만 외벽이 열려있을 필요는 없다.

지붕과 외벽의 마감작업과 병렬적으로 초기 배관 설치를 시작할 수 있다. 초기 배관은 구조물 벽 내부에 위치해야 하는 상하수도 파이프 설치를 말한다. 당연히 이 작업이 끝나야 내벽 설치 작업을 진행할 수 있다. 노드 3에서 시작되는 또 다른 병행 경로는 기초 전기배선이며, 이 작업 역시 내벽을 올리기 전에 완료되어야 한다. 초기 배관 작업과 초기 배선 작업에는 각기 3일과 5일이 배정된다.

초기 배관배선 작업이 완료되면 표준 석고보드(참고: www.nationalgypsum.com)와 같은 내벽이 설치될 수 있다(2일). 일단 내벽이 완성되면 배관공과 배선공이 돌아와 시설물들을 설치할 수 있으며, 그 다음에 내벽 도장이 진행될 수 있다. 대개 도장작업은 전기 및 배관 작업이 완료된 후 수행되는데, 그렇지 않으면 일꾼들이 도장된 벽을 더럽힐 수 있기 때문이다. 그러나 시공업자에 따라서는 시설물 설치 전에 도장을 진행하는 것을 선호하기도 하는데, 이렇게 함으로써 배관 시설물이나 전기 시설물 가장자리 도장이 훨씬 깔끔해질 수 있기 때문이다.

PERT 도표 상에서 지붕, 내부 도장, 외부 도장 등이 모두 완료되면 도표 상의 마지막 노드인 노드 12에 도달하게 된다. 이제 집은 입주 가능한 상태가 된다. 이 PERT 도표에서 임계경로는 노드 3에서 시작하여 기초 전기 배선(5일), 석고보드 설치(2일), 배선 완료(2일), 내부 도장(4일) 등을 포함한다. 이러한 작업들은 전부 합해서 5 + 2 + 2 + 4 = 13일을 요한다. 이 임계경로에 지연이 생기면 주택 입주 일정을 지연시킬 것이다.

예 제 3.2

소프트웨어 프로젝트의 관리

그림 3.11은 (기계 수준의 2진 소프트웨어인) 펌웨어 상에서 실행되는 휴대폰의 설계 작업을 맡은 개발팀이 사용할 PERT 도표를 보여준다. 이 장치는 제조가 완료되어 판매 준비가 되면 사용자 설명서 및 온라인 도움말 파일 등과 함께 출하된다. 명세가 작성되면 PERT 도표는 하드웨어 관련 경로, 펌웨어 관련 경로, 사용자 문서 관련 경로 등의 세 개의 경로로 나누어진다. 이 프로젝트에서 임계경로는 노드 1에서 노드 2, 그리고 3, 5, 6, 8, 7 등으로 진행하다가 최종 노드인 13에 이르며, 할당되는 전체 시간은 2 + 4 + 2 + 3 + 4 + 1 + 4 = 20주이다.

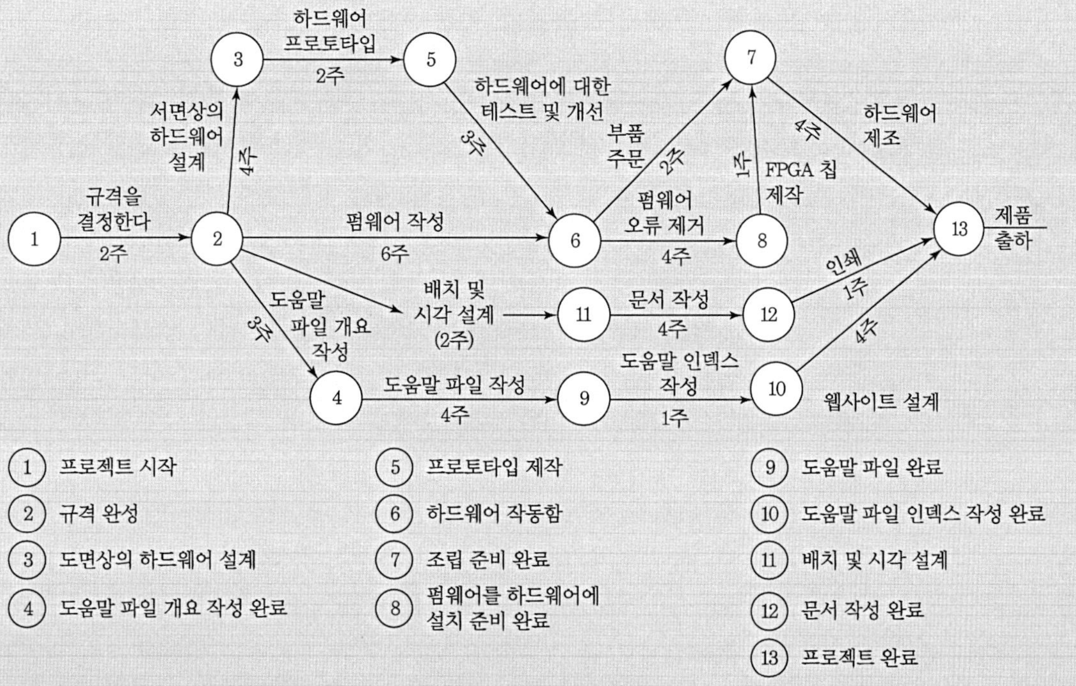

그림 3.11
펌웨어 상에서 실행되는 휴대폰의 개발 과정을 기술한 PERT 도표

직업적 성공의 비결: 시간 추정에 관한 법칙

특정 설계 작업의 수행이 얼마나 걸릴까? PERT 도표나 간트 도표의 각 작업에 얼마만큼의 시간을 배정해야 할까? 아래의 시간 추정에 관한 법칙이 특정 설계 작업에 필요한 시간을 결정하는 데 도움이 될 것이다.

1. 모든 일은 예상보다 오래 걸린다.
2. 똑같은 작업을 다른 프로젝트에서 해본 적이 있다면, 그때의 작업에 소요된 시간을 추정하라. 이번 프로젝트에서 동일한 작업에 소요될 시간은 그때 소요된 시간의 2배로 산정하라. 현재 프로젝트에서는 무언가 다른 부분이 있게 마련이다.
3. 전에 정확히 같지는 않고 **비슷한** 작업을 해본 적이 있다면, 그때의 작업에 소요된 시간을 추정하라. 이번 프로젝트에서 동일한 작업에 소요될 시간은 그때 소요된 시간의 4배로 산정하라.
4. 전에 비슷한 일조차 해본 적이 없다면, 이 작업에 소요될 시간을 추정해 보라. 실제 소요시간을 산정하기 위해 시간 단위를 바로 상위의 단위로 변경하라. 예를 들면, 한 시간으로 추정된 작업은 하루가 걸릴 것이며, 하루로 추정된 작업은 일주일이 걸릴 것이다.

3.3 문서화: 프로젝트 성공의 핵심

단독으로 공학설계를 수행하는 경우는 없다. 가장 단순한 프로젝트에도 설계자와 최종사용자가 있게 마련이다. 많은 경우 설계 작업에는 제품의 다양한 국면에 관련된 많은 사람들이 개입된다. 또한 제품의 사용에는 인구 중 특정 계층 전체가 관련될 수도 있다. 예를 들면, 자동차의 설계에는 기계, 전기, 산업, 재료, 안전 등의 분야 엔지니어들이 참여하며, 모든 운전자가 최종사용자 그룹을 구성한다. 휴대폰 생산에 참여하는 가전제품회사는 컴퓨터, 시스템, 기계, 제조 등의 분야 엔지니어들을 모아 다중 학제적 팀을 구성할 것이며, 이러한 팀에 판매나 영업 담당자들이 참여할 수도 있다. 폐수처리 시설의 설계를 맡은 관급 공사 관리회사라면 토목, 화학, 기계, 환경 등의 분야 엔지니어들과 도시계획가, 시스템 엔지니어들의 도움을 청할 것이다. 복잡한 공학 프로젝트는 설계 팀의 모든 구성원이 설계 작업의 여러 단계들에 참여하는 다른 모든 사람들과 의사소통이 잘 이루어질 경우에만 성공할 수 있다.

엔지니어들이 서로 잘 소통할 수 있는 한 가지 방법은 세심한 기록 관리를 이용하는 것이다. 설계팀의 일원으로 일할 때 문서화를 잘하는 것이 대단히 중요하다. 프로젝트에 참여한 엔지니어로서 당신에게는 설계 개념, 스케치, 세부 도면, 테스트 결과, 재설계 자료, 각종 보고서, 개략도 등 프로젝트에 관련된 모든 기록을 유지할 책임이 있다. 이러한 **문서 증적(documentation trail)**은 당신의 작업을 반복하거나 검증할 필요가 있는 팀 구성원들에게 정보를 전달하기 위한 도구로 이용될 수 있다. 문서 증적은 프로토타입에서 당신이 설계한 제품을 제조하는 사람, 당신의 발명에 기초하여 특허를 출원하는 사람, 혹은 당신이 승진하거나 다른 회사로 이직할 때 당신의 업무를 인수할 사람 등에게는 대단히 중요하다. 기록문서는 또한 자신과의 의사소통에도 유용한 방법이다. 허술한 기록 관리로 인해 자신이 설계한 것을 다시 반복하지 못하는 엔지니어들도 많다. 실로 프로 엔지니어의 특징 중 하나는 조직화되고, 깔끔하며, 최신 상태가 반영된 기록 관리에 필요한 소양이다. 문서화는 사후 작업으로 수행되어서는 안 된다. 프로젝트에서 팀 구성원 하나가 빠지게 될 경우, 다른 팀 구성원이 바로 그 일을 재개할 수 있을 정도의 문서화 상태가 항상 유지되어야 한다. 공학도로서 늦기 전에 기록 관리 기술을 습득하고 훌륭한 문서화 습관을 길러야 한다. 대부분의 기업, 연구소, 기타 기술업체 등은 사원들이 공학 작업의 결과를 문서로 작성한 기록을 유지하도록 요구한다.

3.3.1 종이문서 대 전자문서

오늘날 (다음 절에서 기술될) 엔지니어의 업무일지를 제외한 거의 모든 공학

문서는 전자적 형식으로 작성되는데, 10년 전만 하더라도 상황이 달랐었다. 보존용 문서의 예에는 텍스트 문서, 컴퓨터 프로그램, 개략도, 각종 도면, 설계 배치도, 시뮬레이션 테스트 결과 등이 포함된다. 대부분의 엔지니어들은 화면에서 볼 수 있고 필요할 때에만 인쇄할 수 있도록 전자적 정보 저장을 선호한다. 모든 것을 종이에 인쇄하여 캐비닛 안에 보관하는 것을 선호하는 사람들도 아직 있기는 하다. 어느 방법을 선택하든 아래의 중요한 지침들을 유념하기 바란다.

- 정보를 조직화하라. 문서를 조직적이고 논리적인 방식으로 저장하는 것이 중요하다. 소규모 프로젝트라면 모든 문서를 하나의 (종이든 전자적이든) 폴더 안에 저장해야 한다. 대규모 프로젝트의 경우 폴더 별로 프로젝트의 각기 다른 측면에 관한 문서를 소장하는 여러 개의 폴더가 필요할 것이다. 폴더들은 날짜 표시와 함께 ("XYZ 프로젝트를 위한 추진장치" 등과 같은) 내용을 설명하는 제목 라벨을 가져야 하며 나중에 찾기 쉬운 장소에 보관되어야 한다.
- 정보의 사본을 만들어두라. 모든 문서의 사본을 보관하는 것도 똑같이 중요한 일이다. 이 지침은 필사본 정보뿐만 아니라 전자적 정보에도 똑같이 적용된다. 화재, 홍수, 도난, 분실, 디스크 오류, "악성 코드"에 의한 파괴행위 등으로 인해 프로젝트의 전체 문서 증적의 손실이 발생할 수도 있다. 별도의 물리적 장소에 기록들을 보관하는 것은 이러한 재난이 발생할 경우 프로젝트 궤도를 유지하는 데 도움이 될 것이다. 핵심 데이터를 위한 안전한 외부 사이트 보관 서비스를 제공하는 회사들도 있다.

3.3.2 엔지니어의 업무일지 (필기장)

기록 관리를 위한 중요한 수단 하나는 **엔지니어 업무일지**이며, 때로 **엔지니어 필기장**이라고 불리기도 한다. 잘 기록된 업무일지는 설계 작업에서 나타난 모든 아이디어, 계산, 혁신사항, 테스트 결과 등을 포함하는 영구 기록으로 이용된다. 엔지니어들이 팀 단위로 일할 때 각 구성원은 자신이 담당한 작업을 반영한 별도의 업무일지를 유지한다. 프로젝트가 완료되었을 때, 모든 팀 구성원들의 업무일지들을 모아 하나의 보관소에 두며 회사의 소유로 남는다. 따라서 공학 필기장은 새로운 아이디어나 공학연구 성과물의 **상업화 여부와 관계없이** 이들에 대한 기록 보존의 역할을 한다.

완전한 내용을 갖춘 업무일지는 또한 새로운 아이디어에 대한 발명권에 대한 증거로 이용될 수 있으며, 창안 또는 "실용화" 날짜를 확립하는 데 이용될 수도 있다. 이러한 업무일지는 발명자가 발명을 완성시키기 위해 필요한 조치들을 취하였음을 보여준다. 이런 점에서 엔지니어의 업무일지는 단순한 실험

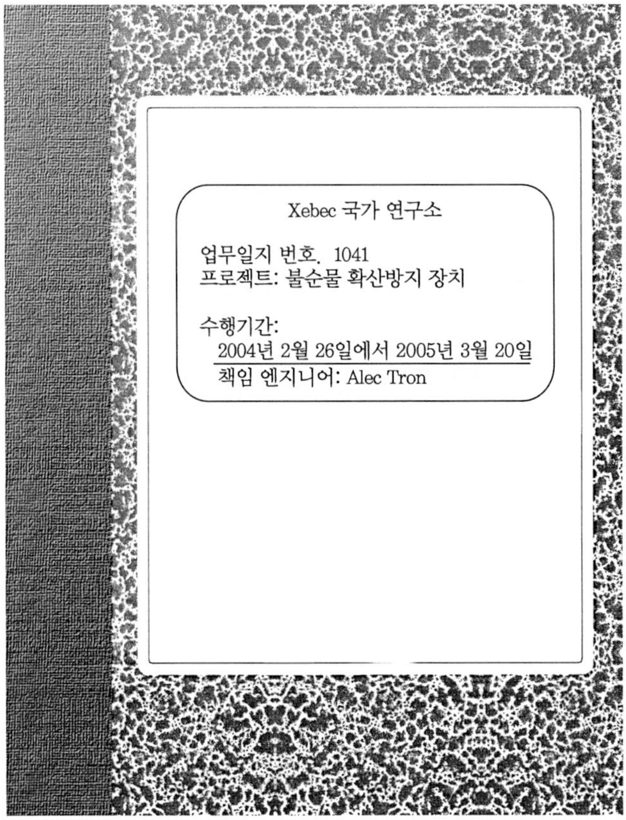

그림 3.12
전형적인 엔지니어 업무 일지의 표지와 라벨

필기장과는 다르며, 법률적 의미를 갖는 중요한 문서로 이용될 수 있다. 엔지니어는 고용주, 동료들, 자신의 직무 성실성 등에 대해 업무일지를 잘 기록할 직업적 책임을 갖는다.

그림 3.12는 산업체, 정부연구소, 민간연구기관 등에서 많이 사용되는 전형적인 필기장의 예를 보여주고 있다. 기관 이름이나 프로젝트 이름이 상단에 나타나며, 필기장에는 사용자가 부여한 고유번호가 매겨져 있다. 대형기관이라면 중앙부서에서 필기장을 발급할 때 직원들에게 필기장 번호를 지정할 수도 있다.

업무일지 사용 방법은 대부분의 과학 수업이나 (유감스럽게도) 일부 기초공학 수업에서와 차이가 있는데, 이러한 수업들에서는 강사가 학생들로 하여금 임시 필기장에 대충 필기한 다음 중요한 항목들을 깔끔한 공책에 다시 정리하도록 권장한다. 이러한 절차는 설계 엔지니어에게는 좋지 않은 습관이다. 이렇게 정리된 공책은 강사들이 채점하기에는 수월하겠지만, 완성된 공책은 실험실에서 **실제로** 발생한 일들에 대한 정확한 기록과는 다른 경우가 많으며, 특히 공학설계 프로젝트에는 도움이 되지 않는다. 설계에서는 최종 제품만큼 **진행과정**이 중요하며, 아이디어가 떠오르는 대로 또 사건들이 발생하는 대로 기록하는 행위는 엔지니어의 사고와 창의성에 도움이 된다. 또한 **실패**한 것에 대한 기록을 유지하는 것도 성공한 것에 대한 기록만큼 중요한 일이다. 이러한 습관은 실수를 장차 다시 반복하지 않도록 보장해준다.

3.3.3 업무일지의 형식

엔지니어 업무일지는 설계도구로 사용되어야 한다. 설사 상관이 없어 보이더라도 모든 사항을 업무일지에 기록해야 하며, 아이디어들이 생각나면 당장 이들을 추진할 계획이 없더라도 기록해야 한다. 성공과 실패에 대해 즉시 기록해야 한다. 기계, 구조, 전기, 시스템, 비행, 흐름, 압력, 성능 등 모든 측면의 테스트 결과를 설사 최종 설계에서 이용되지 않는다고 해도 기록하라. 기록을 위해 작업을 멈추어야 한다. 이러한 습관은 때로 어렵지만 길러야 하며, 이를 위한 훈련이 필요하겠지만 그만한 노력을 들일 가치가 있다. 잊어버릴 수도 있는 중요한 정보가 업무일지에 담겨있을 것이며 나중에 필요할 때를 위해 보존될 것이다.

자신이 설계 프로젝트에서 수행한 일을 영구히 기록할 수만 있다면 자신이나 팀의 요구를 충족시키는 어떤 업무일지 형식이라도 무방하다. 낱장의 종이가 실험실에서 돌아다니는 것은 금해야 한다. 그와 같은 종이는 분실되거나, 엉뚱한 파일 속에 섞이거나, 손상되기 쉽다. 계산이 필요할 때 낱장의 종이를 쓰고 싶은 유혹에 저항해야 한다. 스케치를 하거나 아이디어에 대해 토론할 때에도 연습지를 사용하는 대신 업무일지를 펴는 시간을 들여라. 필요한 숫자나 스케치를 쉽게 이용할 수 있게 되었을 때 분명 기뻐할 것이다. 철해져 있지 않은 종이는 낙서 외의 어떤 용도로도 공학실험실에서 사용되어서는 안 된다.

3.3.4 엔지니어 업무일지의 사용

엔지니어는 자신의 업무일지의 주저자로서 스스로 업무일지 사용목적을 설정할 자유가 있다. 그러나 아래의 지침은 많은 엔지니어와 설계팀에서 이용하는 전형적 사용 방식이다.

1. 프로젝트에 참여하는 각 개인은 해당 프로젝트를 위한 별도의 업무일지를 유지해야 한다. 업무일지를 다 썼으면 업무일지 보관용으로 지정된 안전한 장소에 보관해야 한다. 이렇게 함으로써 모든 사람이 필요할 때 그 업무일지를 어디에서 찾아야 할지 알 수 있다.
2. 프로젝트에 관련된 모든 아이디어, 계산, 실험, 테스트, 기계 스케치, 순서도, 회로도, 기타 등등을 업무일지에 기록해야 한다. 항목들에는 날짜를 표시해야 하며 (연필로 쓴 것은 지워지기 쉬우므로) 잉크로 작성해야 한다.

펜으로 작성한 내용에 오류가 있으면 선을 그어 지우면 된다. 컴퓨터로 작성하여 낱장에 인쇄된 그래프, 그림, 개략도, 사진 등은 업무일지 안의 페이지들에 부착해야 한다. 이러한 절차는 중요한 데이터의 분실을 방지하는 데 도움이 될 것이다.

3. 업무일지 항목들은 고려한 문제, 수행된 테스트, 기타 등등에 대해 요약해야 하지만, ("이렇게 생각한다" 등과 같은) 테스트의 성공 여부에 대한 주관적인 결론은 피해야 한다. 사실을 있는 대로 기술해야 한다.
4. 업무일지는 1인칭 형식으로 작성될 수 있지만, 다른 사람을 독자로 가정한 표현을 사용해야 한다. 팀 동료, 상관, 또는 영업부의 누군가가 당신의 업무일지를 읽는다고 가정하라.
5. 지적재산권이 걸려 있는 환경에서는 각 세션의 마지막 페이지에는 날짜 표시를 하고, 필요할 경우 서명을 하라. 이러한 습관은 발명 및 공개 날짜에 관련된 모호성을 제거할 수 있다.
6. 업무일지 페이지를 비워두어서는 안 된다. 페이지의 일부를 비워두어야 할 경우 수직선이나 사선을 그어라. 페이지들에는 일련번호를 붙여야 하며 페이지를 뜯어내어서는 안 된다. 수정액을 사용하여 변경해서는 안 되며, 대신 선을 그어 지우는 방법을 사용하라. 이러한 절차는 업무일지를 특허 절차나 배상 소송에서 법률적 증거로 제출할 경우 모호하거나 의문스러운 항목이 생기는 것을 방지할 것이다. 이러한 주의사항은 아마 대학에서의 설계 수업을 위한 필기장에는 상관이 없겠지만, 이러한 절차가 직업적 습관이 될 수 있도록 지금부터 따르기 시작하는 것이 좋을 것이다.

예 제 3.3

엔지니어의 업무일지

다음 예는 엔지니어 업무일지의 적절한 사용법을 보여준다. 제시된 업무일지 페이지들은 전동식 휠체어를 위한 망원경식 깃발을 위한 설계를 보여준다. 깃발을 둔 목적은 도심 거리에서 휠체어를 사용할 때 눈에 잘 띄게 하자는 것이다. 그림 3.13의 첫 페이지에는 망원경식 자동차 안테나와 비슷한 설계 개념에 대한 예비 스케치가 실려 있다. 그림 3.14의 두 번째 페이지에는 깃발을 올리고 내릴 때 전지 소모량을 추정하기 위한 계산을 담고 있다. 그림 3.15의 세 번째 페이지는 설계팀에서 구입하기로 결정한 부품과 재료 목록을 담고 있다. 이 부품들은 프로토타입 제작용이며, 이를 통해 깃발을 올리고 내리는 시스템 기능을 테스트할 수 있을 것이다.

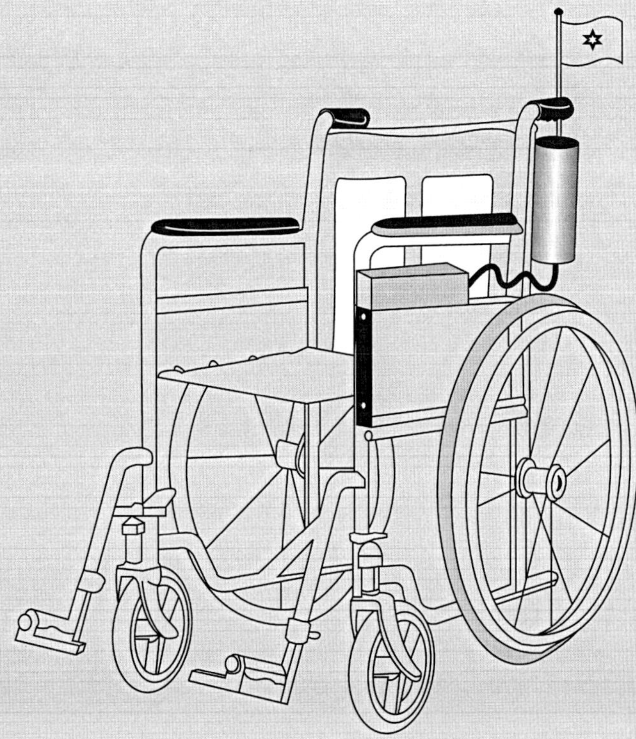

그림 3.13
망원경식 휠체어 깃발을 위한 예비 스케치

전력 요구사항 10/1/09

측정된 모터 전류: 0.45A ≈ 0.5A

기대 속도: (추정치) 대략 10cm/초

→ 모터 가동 시간: 거리/속도 = 121cm ÷ 10cm/초 = 12.1초

여기서 12초 = 1/5분 = 1/300시간

...따라서 기대 확장에 요구되는 전력은...

$0.45A \times 1/300$시간 $= 1.5 \times 10^{-3}$A-h

0.3A-h 전지라면 다음과 같은 사용횟수를 제공할 수 있다

$0.3A\text{-}h \div 1.5 \times 10^{-3}A\text{-}h \approx 200$회의 기대 연장

마이크에게: 시작으로서는 괜찮군!

그림 3.14
전지 소모량 추정을 위한 계산

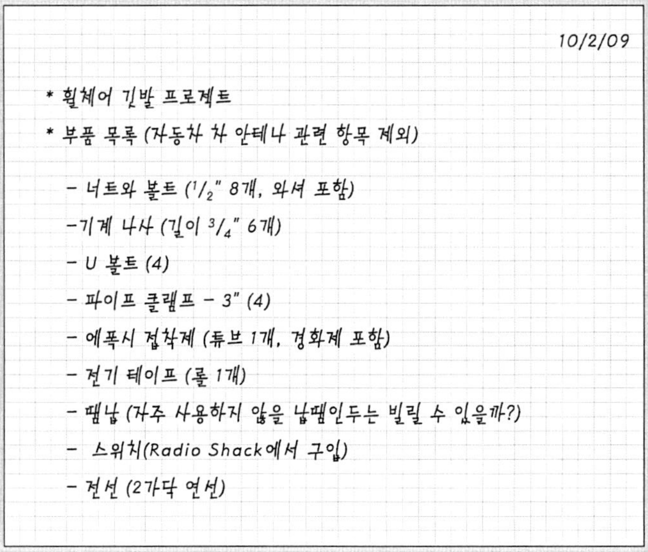

10/2/09

* 휠체어 깃발 프로젝트
* 부품 목록 (자동차 차 안테나 관련 항목 제외)

- 너트와 볼트 ($^1/_2$" 8개, 와셔 포함)
- 기계 나사 (길이 $^3/_4$" 6개)
- U 볼트 (4)
- 파이프 클램프 – 3" (4)
- 에폭시 접착제 (튜브 1개, 경화제 포함)
- 전기 테이프 (롤 1개)
- 땜납 (자주 사용하지 않을 납땜인두는 빌릴 수 있을까?)
- 스위치(Radio Shack에서 구입)
- 전선 (2가닥 연선)

그림 3.15
업무일지에 기록된 부품 및 재료 목록

3.3.5 기술보고서와 학술논문

업무일지는 문서 증적의 한 요소를 나타낼 뿐이며, 엔지니어들은 또 다른 의사소통 방법으로 프로젝트의 주요 기준 시점에 기술보고서를 작성하기도 한다. 기술보고서는 특정 성과에 대해 기술하며 때로 배경 자료도 함께 제공한다. 기술보고서는 이론, 데이터, 테스트 결과, 계산, 설계 변수, 제작 치수 등을 포함할 수 있다. 기술보고서는 기업의 기술 데이터베이스의 중추적 요소이다. 기술보고서는 대개 자체의 제목과 색인번호를 가지며, 기록보관소 형식에 맞추어 저장된다. 기술보고서에 포함될 정보는 정확하고 최신 상태가 유지되어 있는 업무일지에서 쉽게 모을 수 있다. 특허 명세, 학술논문, 제품 응용 설명서 등을 작성할 시점이 되면, 기술보고서는 없어서는 안 될 참고자료가 된다. 부정적 결과나 설계 실패에 관한 기술보고서를 작성할 시간을 들이는 것도 원래의 프로젝트 수행 당시에 참여하지 않았던 엔지니어들이 동일한 설계 개념을 다시 검토하게 될 경우 상당한 시간을 절약할 수 있게 해준다.

엔지니어들이 자신의 아이디어에 관해 다른 엔지니어들과 의사소통하는 또 다른 방법은 학술지에 공식 논문을 발표하는 것이다. 학술논문은 해당 분야에서 일하는 사람들에게 알려져 있지 않은 새로운 지식을 발견한 연구의 경우에 적합하다. 학술논문은 실험적 발견이나 이론적 발견을 보고하는 경우가 많지만, 때로 설계 혁신을 보고하기 위해 이용되기도 한다. 전형적인 학술논문의 구조에 대해서는 이 책의 다른 부분에서 자세히 논의할 것이다.

전문가심사(peer review)는 논문을 평가하고 비평하며, 게재 여부를 결정하는 프로세스를 말한다. 학술지 편집자는 대개 제출된 논문을 한 명 이상의 식견 있는 심사위원에게 보내며, 심사위원들은 논평과 저자에게 보내는 질의사항 등을 보내온다. 대개의 경우 최소한 한 번은 수정요청과 함께 제출된 논문을 저자에게 다시 돌려보낸다. 논문을 처음 제출한 대로 변경 없이 승인하는 경우는 드물다. 어떤 논문들은 게재 부적합으로 판정받아 거부되기도 한다. 이와 같은 전문가 심사 방법은 우수 학술지들에 게재되는 논문들이 정확성, 중요성, 최신성 등을 갖추도록 보장한다.

3.3.6 소프트웨어 문서화와 엔지니어 필기장의 역할

설계 작업 중에서도 소프트웨어 개발은 문서화가 부실해질 가능성이 높은 분야이다. 소프트웨어 설계 사이클의 수정 주기는 극히 짧을 수 있는데, 이는 대개의 소프트웨어 개발 도구들을 사용할 경우 프로그래머가 약간의 변경과 그 효과에 대한 테스트를 짧은 시간에 수행할 수 있기 때문이다. 이와 같은 속사포식 개발 방식은 프로토타이핑에는 좋겠지만 나쁜 문서화 습관을 유도하기 쉽다. 소프트웨어의 경우 변경이 잦으며 변경 사이의 휴지시간이 짧아 프로그램의 흐름을 문서화하기 위한 시간을 잡기가 어렵다. 그 결과로 많은 소프트웨어 프로그램에 대한 문서화는 대개 프로그램 개발이 끝난 후에 이루어진다.

소프트웨어를 작성할 때는 프로그램을 작성하면서 그 안에 문서화를 포함하는 습관을 들이는 것이 좋다. 모든 소프트웨어 개발 도구는 프로그램 코드 내부에 주석을 포함할 수단을 제공한다. 왜 특정 방식을 취했는지 또는 특정 코드 부분을 작성했는지를 설명하기 위한 주석을 자주 추가하라. 객체 이름이나 프로그램 변수의 의미를 설명하라. 이러한 프로그램 설명은 팀 내의 다른 엔지니어들이 주석 행들만 읽고도 당신이 작성한 코드 부분을 완전히 이해하고 인계받을 수 있을 정도라야 한다. 문서화를 잘 해두면 나중에 본인이 코드를 수정해야 할 경우에도 크게 도움이 된다. 프로그래머가 자신이 작성한 프로그램을 잠깐 동안 내버려둔 후에 프로그램의 내부 논리를 얼마나 빨리 잊어버리는지는 놀라울 정도이다.

프로그램을 상용화할 경우 내부 논리에 대한 훌륭한 문서화와 정말 도움이 되는 "도움말" 파일은 필수적이다. 체계적으로 프로그램 내부에 포함되어 있는 문서화는 필요할 때 도움말 파일로 쉽게 변환될 수 있다. 일류 소프트웨어 개발자들이 사용하는 비법 중 하나는 도움말 파일이나 설명서 파일을 나중에 작성하는 대신 프로그램 코드를 개발하면서 함께 작성하는 것이다. 프로그램 코드를 수정할 경우 도움말 파일에 대한 수정도 함께 이루어질 수 있다. 한심

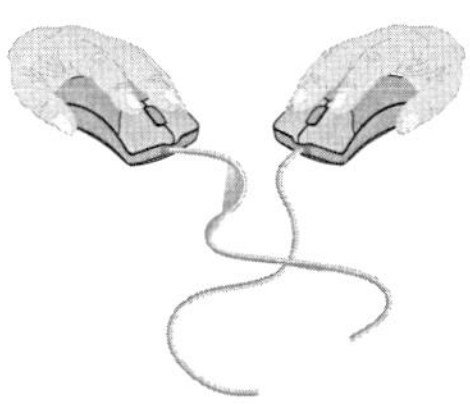

하고 부실하게 작성된 도움말 파일을 갖는 상용 소프트웨어 패키지들이 넘쳐나는 것은 나쁜 문서화 습관에 젖은 소프트웨어 엔지니어들이 많다는 증거이다. 소프트웨어 문서화 기술에 능한 엔지니어가 개발한 소프트웨어 제품은 부실하게 문서화된 소프트웨어 제품들에 비해 더 잘 활용될 수 있고 성공할 가능성도 높다.

공학 업무일지의 유지는 다른 공학 분야에 비해 소프트웨어 개발의 경우 관련성이 떨어지기는 하지만, 소프트웨어 개발에서도 공학 업무일지가 갖는 역할이 있다. 필기장에 (순서도 등을 사용하여) 프로그램의 전반적 구조나 다양한 모듈 사이의 상호연결성을 요약해둘 수 있다. 실제 프로그램 코드 작성 전에 그래픽 사용자 인터페이스에 대한 스케치를 그려둘 수도 있다. 관계형 데이터베이스에 대한 블록 다이어그램을 그려둘 수도 있고 프로그램 안에서 사용되는 변수 목록을 만들어둘 수도 있다.

직업적 성공의 비결: 항상 훌륭한 기록을 유지하는 방법

훌륭한 문서 증적을 유지하고 싶다면 항상 업무일지를 갖고 다녀라. 그렇게 한다면 기록이 필요한 아이디어가 떠올랐을 때 언제나 업무일지에 기록할 수 있게 될 것이다. 가방에 쉽게 들어갈 수 있는 중간 크기의 공책을 구입하고, 앞표지 안쪽에 펜을 꽂아두어라. 분실할 경우를 대비해서 표지에 본인의 이름과 연락처를 적어두는 것을 잊지 말아라. 3"×5" 크기의 소형 공책으로 충분할 수도 있다. 크기가 작아 필기 공간이 제한되겠지만 지나치게 큰 공책에 비해 휴대하고 다닐 가능성이 높다. 이 작은 공책의 페이지들을 뜯어 일반 크기의 정규 업무일지 안에 테이프로 붙여 넣을 수 있다.

연습문제

1. 그림 3.14의 업무일지 상의 계산에서 모터에 필요한 전류가 2.1A일 경우 확장 횟수에 대한 추정을 수정하라. 해당 업무일지 페이지를 다시 작성하라.
2. 그림 3.14의 업무일지 상의 계산에서 모터에 필요한 전류가 300mA이고, (자동차용 납축전지와 비슷한) 200A-h 전지가 사용될 경우, 확장 횟수에 대한 추정을 수정하라. 해당 업무일지 페이지를 다시 작성하라.
3. 인터넷을 조사하여 그림 3.13에 보인 망원경식 안테나의 출처와 판매점을 찾아보라. 그 결과를 업무일지에 기록하라.

4. 그림 3.13에 제시되어 있는 깃발 장치에 대해(휠체어 동력용 주전지의 배선을 분지시켜 이용하는 방식에 비해) 깃대 동작과 깃대를 위해 별도의 전지를 사용할 경우의 장점과 단점은 무엇인가? 그 결과를 업무일지에 기록하라.
5. 업무일지를 모방하여 당신의 망원경식 안테나 발명을 위한 영업 아이디어를 요약하라. 제조비용에 대한 추정을 포함시켜라.
6. 당신이 최초의 비행기를 개발했던 라이트 형제 중 한 사람이라고 가정하라. 이 프로젝트의 업무일지 페이지라고 할 법한 내용을 대략적으로 작성하라.
7. 20세기 미국의 유명한 발명가 Lee DeForest의 경력에 대해 조사해보라. 그가 자신의 발명에 대해 기록했을 법한 업무일지 한 페이지를 대략적으로 작성하라.
8. 현대식 식기세척기의 발명자인 Josephine Cochran이 기록했을 법한 업무일지 한 페이지를 대략적으로 작성하라.
9. TV의 원래 발명자인 Philo T. Farnsworth가 된다면 어떨지 상상해보라. 초창기 TV의 동작 방식을 요약하는 업무일지 몇 페이지 정도를 대략적으로 작성하라.
10. 개인용 비행장치의 개발에 관련된 업무일지 몇 페이지 정도를 작성하라.

3.3.7 업무일지의 중요성: 사례 연구

이 사례에는 인간 심장의 이식을 통해서만 살 수 있었던 사람들에게 영구적인 심장 대체물로 사용되도록 설계된 독립형 인공심장 개발의 선두주자의 하나였던 Heartthrob[1]이라는 생명의료공학회사가 관련되어 있다.

그림 3.16에서 보이고 있는 심장 시스템의 주요 구성요소에는 이식된 중앙 펌프와 펌프를 가동시키기 위해 신체 외부에 착용한 전지에서 피부를 통해 전력을 전달하는 체계가 포함된다. 전력 전달 체계의 주요 특징 하나는 피부를 뚫고 지나가는 전선이 없다는 것이다. 피부에 구멍을 내게 되면 감염의 주요 원인이 되어 전문 의료시설에서 지속적인 의료 감독을 요하게 되므로, 전선을 쓰지 않는 것은 인공심장의 장기적 효능에 필수적 요건이다. 환자를 케이블로 제어장치에 연결해야 하는 대신에 완전독립형 장치를 사용함으로써 이동이 자유로운 정상적인 재택생활을 환자에게 제공할 수 있다. TET(transcutaneous energy transfer; 피부통과 에너지 전달) 장치라고 불리는 전력 전달 체계는 2개의

[1] 프라이버시 보호를 위해 이름은 바꾸었지만, 이야기 자체는 전부 사실이다.

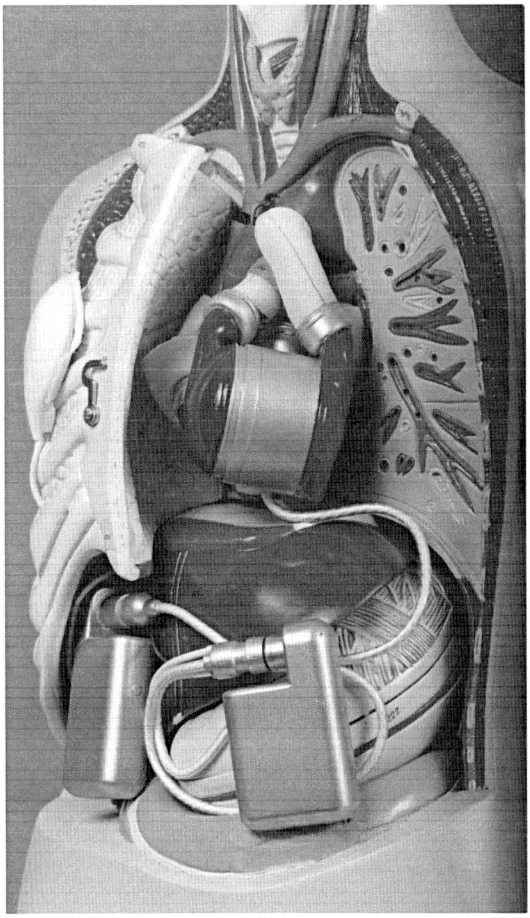

그림 3.16
Heartthrob의 인공심장 시스템

동심원 AC 자기코일로 구성된다. 하나는 피부 안쪽에 이식되며 다른 하나는 피부 바깥쪽에 착용한다. Heartthrob은 자사 엔지니어들이 심장펌프 자체를 개발하는 힘든 작업에 전념하기를 원했으며, 따라서 에너지 전달 모듈의 설계를 위해 Tech-Heart라는 또 다른 생명의료공학회사를 고용하였다.

4년 정도의 노력에도 불구하고 Tech-Heart는 여전히 Heartthrob의 엄격한 기술규격을 충족시키는 TET를 만들지 못하고 있었다. Tech-Heart 측에서는 거의 완성되어가고 있다고 주장했지만, Heartthrob 측에서는 만족스러운 TET 장치가 곧 만들어질 것이라고 확신할 수 없었다. 전체 심장 프로젝트에 대한 NIH(National Institutes of Health; 국립보건원)로부터의 추가 자금 지원을 결정하게 될 결정적 동물시험이 임박해 있어 Heartthrob는 Tech-Heart 측의 TET에 더 이상 의존하지 않기로 결정하였다. Heartthrob CEO는 자사의 엔지니어 중 한 사람인 메이븐 박사에게 가능한 한 빨리 자체적으로 TET 장치를 개발하도록 지시하였다. 메이븐 박사는 매우 유능한 연구원이었으며 4개월의 노력 끝에 Heartthrob의 임박한 심장펌프 시험을 위한 모든 요구사항들을 충족시키며

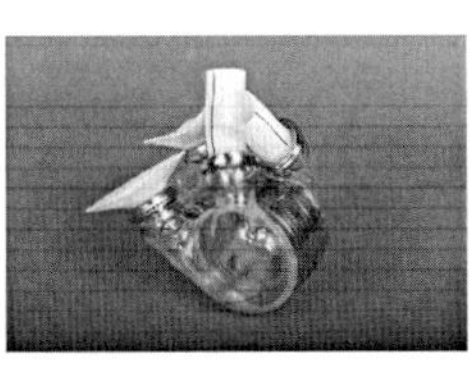

완벽하게 가동되는 TET 장치의 설계와 테스트에 성공하였다.

이 개발에 대해 Tech-Heart 측은 소송을 제기하였는데, Tech-Heart 측은 Heartthrob 측이 Tech-Heart의 비밀과 기술을 훔치지 않고서는 4개월 만에 자체적으로 TET 장치를 개발할 수 없었을 것이라고 주장하였다. Tech-Heart 측의 주장은 자기네 엔지니어들이 4년 동안 프로젝트를 수행하고도 겨우 가능성 있는 해법에 근접하고 있었는데, 어떻게 Heartthrob 엔지니어가 단 4개월 만에 더 우수한 TET를 설계할 수 있었겠는가 하는 것이었다. 이에 대해 Heartthrob 측은 자기네가 더 짧은 기간 동안에 성공할 수 있었던 것은 오직 자기네 엔지니어의 우수성에 힘입은 것이었으며, 사실상 성공적이지 못했던 Tech-Heart 측의 설계 작업에서 어떤 것도 이용하지 않도록 특별한 주의를 기울였다는 주장으로 맞섰다. 이 소송은 법정으로 가게 되었으며 결국 Heartthrob 측이 승소하였다. 배심원들은 Heartthrob 측의 TET 설계가 Tech-Heart 측의 장치와 동일한 기본적 에너지 전달 기능을 수행하고 있지만 구현 세부사항의 모든 측면에서 완전히 다르다고 인정하였다. Heartthrob 측의 장치는 완전히 다른 회로, 재료, 자성체 제작, 반도체 부품 등을 사용하였다고 배심원들은 결론지었다.

이 재판 과정에서 Heartthrob 측의 항변 중 핵심 요소의 하나는 TET를 설계한 엔지니어가 기록한 업무일지였다. 그의 업무일지는 Heartthrob 측이 자체의 독립적인 TET 버전을 설계하였음을 증명하는 데 사용되었다. 회사의 관행적인 업무일지 정책과 건전한 공학 관행을 따랐던 메이븐 박사는 자신의 TET 설계에 관한 기록을 조심스럽게 유지하면서 설계 과정에서 생겨난 모든 설계 개념, 개략도, 회로 배치, 테스트 결과 등을 적어두었다. 메이븐 박사는 심지어 첫 번째 성공적 모형을 얻기 전에 시험대에서 불타버린 다양한 회로 구성에 대해서도 기록하였다. 그의 업무일지 각 페이지에는 날짜가 표시되어 있었으며, 성공적인 테스트에 관련된 각 실험에 대한 기록에는 자신의 서명과 또 다른 Heartthrob 엔지니어의 확인 서명을 첨부해두었다. 재판 과정에서 메이븐 박사의 업무일지의 모든 페이지들이 복사되었으며 배심원들이 볼 수 있도록 대형 스크린에 투사하였다. 메이븐 박사의 업무일지는 Heartthrob 측의 성공적 항변에 결정적 역할을 하였다.

메이븐 박사의 업무일지를 제시한 것은 재판 결과에 결정적인 역할을 하였지만 완벽하게 진행되었던 것은 아니었다. 1996년 1월에 수행된 연구에 관련된 업무일지 몇 페이지에서 날짜가 1995년으로 잘못 표시되어 있었다. 연도 변경 시에 나타나는 흔한 실수를 하는 많은 사람들처럼 메이븐 박사도 별 생각 없이 급하게 그 전 달인 12월에서와 동일한 연도를 옮겨 적었다. Tech-Heart 측 변호사들은 재빨리 이러한 착오는 무언가 수상한 일이 있음을 나타내는 명백한 증거라고 매달렸다. 이들은 메이븐 박사가 그의 성과를 속이기 위한 시도로 업무일지를 위조하였다고 주장하였다. 그러나 배심원들은 그와 같은 주장을 믿지 않았으며 메이븐 박사의 실수는 흔한 달력 표기 착오에 지나지 않는 것으로 판단하였다. 그렇지만 이와 같이 업무일지 절차의 세부사항에 대한 사소한 부주의로 인해 한동안 Heartthrob 측 입장이 위험에 처해 있었다.

직업적 성공의 비결: 훌륭한 업무일지 습관의 형성

대부분의 사람들은 별 생각 없이 일상습관을 따른다. 아침에 일어나면 이를 닦으며, 식사를 할 때는 본능적으로 깨끗한 접시를 꺼내고, 차에 탈 때는 무의식적으로 안전벨트를 맨다. 엔지니어로서 업무일지에 기록하고자 하는 충동도 이와 같은 다른 일상 작업처럼 본능적이 되어야 한다. 우리의 안녕을 향상시켜주는 일상 행동들과는 달리 엔지니어들은 어린 시절부터 자신의 경험을 필기장에 기록하도록 훈련되지는 않는다. 이러한 본능의 형성은 연습을 요하며, 일상생활의 일부가 되기 위해서는 오랜 세월이 필요하다. 개인용 컴퓨터와 인터넷이 처음 도입되었을 때 대부분의 사람들은 이메일이 새로운 것이라고 생각하지 않았다. 이는 휴대폰의 문자 메시지의 경우에도 마찬가지다. 이러한 활동들은 대부분의 사람들에게 일상습관이 되어버렸다. 이와 같이 타고나지 않은 기술도 오랜 세월의 연습을 통해 몸에 배게 되며, 엔지니어 업무일지도 다를 바가 없다. 설계를 할 때는 언제나 업무일지를 사용하는 습관을 지키도록 하라. 세월이 지나다보면 이를 닦는 일처럼 몸에 밸 것이다.

3.4 법률적 이슈: 지적재산권, 특허, 영업비밀

엔지니어들이 기술적 이슈에만 전념할 수 있다면 좋을 것이다. 공학도들은 기초와 응용, 여러 가지 기술지식 등을 배우는 데 막대한 시간을 들인다. 공학 교과과정에서 다루는 모든 기술 외적 주제들 중에서 가장 중요하다고 말할 수도 있는 것은 설계 프로세스에서 법률적 이슈들이 갖는 역할에 대한 것이다.

법률적 이슈와 설계 업무를 결합시키는 일은 프로젝트 관리 영역에 해당하며, 그 중심에 특허 보호에 관한 이슈가 있다. 범세계적 특허 및 허가 제도는 **지적재산권(intellectual property)**이라는 보다 큰 범주의 한 부분을 차지하며, 새로운 아이디어와 발명의 보호가 그 숭고한 목적이다. 특허제도는 큰 자본을 가진 대기업들이 소규모 발명가의 아이디어를 집어삼키고 시장을 지배하는 것을 방지함으로써 혁신을 장려하는 수단으로 탄생하였다. 개념적으로는 좋은 의도를 갖고 있지만, 특허제도는 법적 절차에 익숙하지 않은 엔지니어들에게는 당혹스러울 수 있는 법규와 관행의 미로로 발전하였다. 이러한 이유로 대부분의 대기업들은 종종 당황스럽기까지 한 지적재산권 세계를 회사가 헤쳐 나갈 수 있게 해주는 변호사들을 고용하고 있다. 여러분이 회사 일을 하는 과정에서 어떤 아이디어를 창안하게 되면, 상주 변호사가 특허 절차를 진행하도록 여러분을 도와줄 것이다. 이 경우 특허는 회사 명의로 지정되며 당신은 발명자 명단에 오를 것이다.

법률적 이슈와 공학이 만나는 또 다른 중요한 무대는 제조물 배상책임(product liability) 영역이다. 서구 세계, 특히 미국의 경우에는 상해, 재산 피해, 인명 피해 등으로 이어지는 모든 종류의 실제적 혹은 인지된 제품 결함에 대해 기업들에 대한 소송이 만연한 사회가 되어가고 있다. 극적 요소가 강한 이야기들, 특히 자동차 사고와 관련된 이야기들이 언론매체를 통해 대중에게 알려지고 있지만, 민사법정을 채우고 있는 수많은 소송들은 이들만큼 널리 알려지지 않고 있다. 설계 프로젝트의 관리가 제조물 배상책임 문제에 어떤 영향을 미치는지 이해하는 것도 핵심적 공학기술의 하나이다.

이 절에서는 공학과 법률 사이의 관계를 강조하는 기초적 법률 개념들을 소개한다. 여기에 소개되는 내용들은 단시 지적재산권 법률의 표면을 훑고 지나갈 뿐이지만, 법률 용어들을 소개하고 있으며 공학설계에 관련된 법률적 이슈들에 대한 인식의 기반이 될 것이다.

3.4.1 특허

특정 기준을 충족시키는 어떤 발명에 대해서도 특허로 지정될 수 있다. 발명은 새로운 개념이나 새로운 수행 방법을 소개해야 한다. 제품의 경우 실제 제작이 가능해야 하며, 특허 출원 전에(프로토타입 제작 이상의 완성도로 증빙되는) **실용성**을 갖추어야 한다. 또한 특허의 대상은 기존 아이디어의 단순한 합성이어서는 안 된다.

(미국의 경우) 특허 유효기간은 20년이며, 이 기간 동안 발명자는 발명품의 생산 또는 허가에 대한 독점적 권리를 갖는다. 특허 **허가(license)**는 발명품을 실제로 생산할 수 있는 자원을 갖추지 못한 발명자와 발명품의 제조 및 영업을 위한 자원과 의지를 갖춘 기업 사이를 엮어주는 법률적 계약이다. 미국에서는 USPTO(United States Patent and Trademark Office; 미국특허상표청 또는 특허청)에서 특허 승인 업무를 담당한다. 이 기관은 누구나 1976년 이후의 특허들을 다운로드 받을 수 있는 공개 웹사이트(www.uspto.gov)를 운영하고 있다. 그 이전의 특허들에 대해서는 특허 보관소에서 인쇄본으로 주문해야 한다.

3.4.2 특허 용어

법률가들은 특허 프로세스에 관한 전문용어들을 사용하고 있다. **선행기술(prior**

art)이라는 개념은 특허 등록물의 발명 시점에 이미 존재하고 있는 지식을 가리킨다. 어떤 장치가 선행기술 어딘가에 기술되어 있다면 특허를 받을 수 없다. 발명은 재연 가능해야 하며 특허에 대한 설명은 **통상의 지식을 가진** 자가 이해할 수 있도록 명확히 서술되어야 한다. 통상의 지식을 가진 자란 발명 시점에 발명이 적용되는 분야에 익숙하며 일반 기술 영역에 근무하는 사람들에게 요구되는 정도의 교육을 받은 사람을 말한다. 새로운 발명이 특허를 받을 수 있기 위해서는 **자명성** 및 **예측 가능성** 테스트를 통과해야 한다. 선행기술 요소들을 조합하여 해당 발명품을 만들 수 있고 특허 출원 시점에 일반 문헌에 그와 같은 방법이 제안되어 있을 경우, 그와 같은 아이디어는 법률적 용어로 "자명하다(obvious)"고 표현된다. 선행기술 하나로 해당 발명 전체를 기술할 수 있다면, 그와 같은 발명은 "예측 가능하다(anticipated)"고 표현된다. 이러한 테스트들은 특허의 **심사처리 이력(prosecution history)**으로 불리는 출원 프로세스의 일부로 실행된다. 발명이 USPTO에 의해 자명하거나 선행기술에 의해 예측 가능한 것으로 판정될 경우 특허를 받을 수 없다.

핵심 용어

문서화(Documentation)	간트 도표(Gantt chart)
조직도(Organizational chart)	특허(Patent)
PERT 도표(PERT chart)	프로젝트 관리(Project management)
팀워크(Teamwork)	시간 이정표(Timeline)

단원복습문제

3.1 울타리 제작을 위한 간단한 체크리스트를 작성하라.

3.2 성능 최적화를 위한 자전거 튜닝에 필요한 작업에 대한 체크리스트를 작성하라.

3.3 어린이용 안전좌석의 설계를 인도할 체크리스트를 작성하라.

3.4 당신이 휘발유-전기 하이브리드 자동차를 설계하는 기업에 근무한다고 가정하자. 이 회사를 위한 조직도와 하이브리드 자동차의 동력계통의 설계를 위한 간트 도표를 작성하라.

3.5 본인이 익숙한 공학기업을 선택하고 그 회사를 위한 조직도를 작성하라. 회사 직원들에 대한 정보가 종종 회사 웹사이트에 제공되는 경우들이 있다.

3.6 당신이 온라인 사업을 개척하는 사람들을 위한 소프트웨어 도구를 개발하는 회사를 차리고 싶다고 하자. 회사의 출범에 필요한 직책들을 요약하는 조직도를 작성하라.

3.7 내연기관 대신 연료전지로 구동되는 자동차의 프로토타입을 완성하기 위한

시간 이정표를 작성하라.

3.8 4개 학년에 걸친 기간 동안 교과목 이수 요구사항을 마치기 위한 시간 이정표를 작성하라.

3.9 사람의 동력을 이용한 비행기를 개발하는 과제를 맡았다고 하자. 이 야심찬 과제를 완수하기 위한 시간 이정표를 작성하라.

3.10 전국규모의 태양 에너지 자동차 설계 경진대회 "First Solar"(www.firstsolar.com) 출품작을 위한 간트 도표를 작성하라.

3.11 10층짜리 시 건물을 위한 화재대피로 개축을 위한 간트 도표를 작성하라.

3.12 캘리포니아 주 샌프란시스코의 금문교 건설을 위해 사용되었을 법한 간트 도표를 작성하라.

3.13 공학설계에 관한 교육 콘퍼런스 장소 준비를 위한 간트 도표를 작성하라. 음식, 교통제공, 숙박, 회의시설 등을 포함하는 모든 필요한 준비사항을 고려하라.

3.14 휴대폰 전송탑의 설계를 위한 간트 도표를 작성하라.

3.15 재료 처리 경진대회(참고: www.mhiq.org) 출품작을 설계하는 4명의 엔지니어가 있다고 하자, 당신이 개발한 아이디어 목록에 기초한 시스템의 설계를 위한 간트 도표를 작성하라. 이 간트 도표의 세로축은 프로젝트 과업이 아니라 설계팀 구성원을 반영해야 한다.

3.16 철물점에서 재고 추적을 위한 소프트웨어 시스템을 설계하는 데 필요한 과업들을 묘사하는 "퍼지" 간트 도표를 작성하라. 도표 상의 각 과업에 할당되는 시간에 일찍 완료되거나 늦게 완료될 가능성을 허용하는 오차 추정치(퍼지 시간)를 포함시켜야 한다. 당신의 퍼지 추정치에 기초하여 설계 작업에 소요될 전체 시간의 최대값과 최소값을 구하라. 간트 도표의 수직축에는 개별 설계 과업이 아니라 소프트웨어 개발자가 표시되어 있어야 한다.

3.17 무인정찰기의 설계를 위해 앞 문제와 비슷한 퍼지 간트 도표를 작성하라.

3.18 지구의 생성을 위한 간트 도표를 작성하라. 이 도표는 본인의 선호에 따라 종교적 관점, 진화론적 관점, 우주론적 관점 어느 것에 기초해도 좋다.

3.19 2층짜리 영업용 건물을 짓기 위해 필요한 단계들에 대해 조사를 수행한 후, 공공도서관의 설계와 건축에 적용될 수 있는 PERT 도표를 작성하라.

3.20 국제 우주정거장의 설계에 적용될 수 있는 PERT 도표를 작성하라.

3.21 본인이 연안 항구를 위한 방파제를 설계하는 엔지니어 팀을 이끌고 있다고 가정하고, 이 프로젝트를 완수하기 위한 PERT 도표를 작성하라. 기초적 조사 및 데이터 분석에서부터 최종적인 건설에 이르기까지의 모든 요소를 고려하라. 본인이 작성한 도표에서 임계경로들을 찾아라.

3.22 한 변이 3m인 정사각형 테이블 상에 만들어진 한 변이 10cm인 정사각형 구멍 속으로 작은 콩 주머니("Hacky Sack®")를 먼저 넣는 것이 목표인

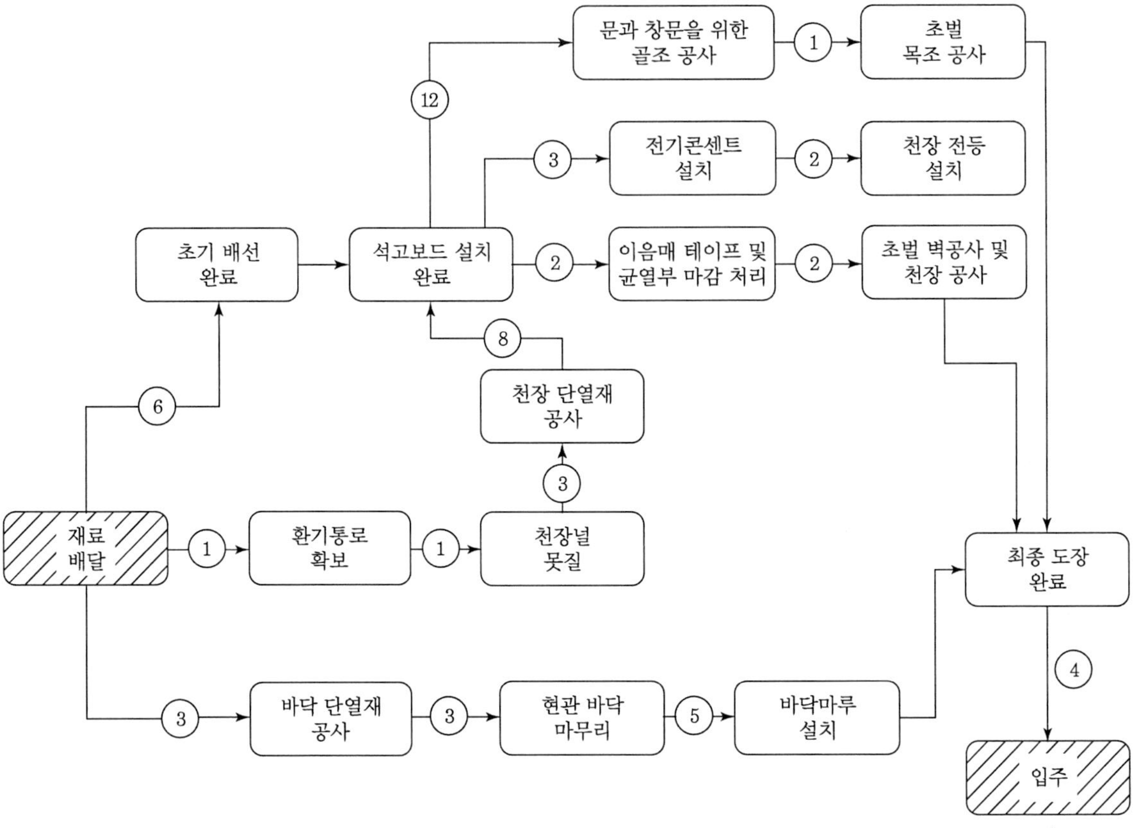

그림 3.17

문제 24-26을 위한 PERT 도표

모형자동차 설계 경진대회가 있다고 하자. 성공적 설계 작업을 완수하기 위한 PERT 도표를 작성하라. 도표에서 임계경로들을 찾고, 한 학기 안에 프로젝트가 완료될 수 있도록 경로상의 시간 배정을 최소한으로 조정하라.

3.23 시간 관리에 PERT 도표보다 간트 도표를 선호할만한 조건들을 열거하라. 그리고 반대의 경우에 해당하는 조건들을 나열하라.

3.24 그림 3.17의 PERT 도표를 살펴보고, 모든 임계경로 목록, 여유 시간의 위치와 시간 등을 구하라.

3.25 그림 3.17의 PERT 도표에서 전체 설계 작업을 완료하기 위한 총 시간은 얼마인가?

3.26 그림 3.17의 PERT 도표에서 모든 경로들을 찾고 각 경로에 할당된 시간을 구하라.

3.27 베이징과 뉴욕시를 연결하는 터널의 설계를 위한 PERT 도표를 작성하라.

3.28 최초의 자급자족형 달 탐사 기지의 완성을 위한 PERT 도표를 작성하라.

3.29 대학 졸업식 행사를 위한 PERT 도표를 작성하라.

3.30 수업 활동에 대한 업무일지 기록을 시작하라. 스케치들과 설계 과제, 발명, 아이디어 등을 기록하라.

3.31 누운 자세 자전거의 설계 개념을 기술하는 한 페이지 분량의 업무일지를 대략적으로 작성하라.

3.32 일반 DVD 플레이어의 내부 동작을 기술하는 한 페이지 분량의 업무일지를 작성하라.

3.33 땅콩의 껍질을 벗기고 통에 넣는 장치에 대해 기술하는 업무일지 항목을 작성하라.

3.34 실내 아이스하키 링크용 냉각시스템의 설계를 위한 한 페이지 분량의 업무일지를 작성하라.

3.35 자신이 전화의 발명자인 Alexander Graham Bell이라고 가정하고, 자신의 발명을 기술하는 업무일지 페이지들을 작성하라.

3.36 자신이 방사성원소인 라듐을 발견한 Marie Curie라고 가정하고, 자신의 발견에 이르는 활동들을 기술하는 몇 페이지 정도 분량의 업무일지를 작성하라.

3.37 자신이 TV 및 영화 시리즈 『Star Trek』에서 플라즈마 워프 항법의 발명자인 Dr. Zephram Cockrane이라고 가정하고, 자신의 발명을 기술하는 몇 페이지 정도 분량의 업무일지를 작성하라.

3.38 자신이 바늘 끝에 바늘귀를 만들어 최초의 재봉틀을 완성시킨 발명가 Elias Howe라고 가정하라. 이러한 혁신으로 인해 오늘날의 재봉틀에서도 여전히 사용되고 있는 북을 만들 수 있게 되었다. 자신의 발명과 초기 테스트를 기술하는 몇 페이지 정도 분량의 업무일지를 작성하라.

3.39 종이클립을 발명한 노르웨이 사람 Johan Vaaler가 작성했을 법한 한 페이지 분량의 업무일지를 작성해보라.

3.40 자신이 3.3.8절의 Heartthrob 사례에 관련된 메이븐 박사라고 가정하고, 피부통과 에너지전달 장치의 기본적인 동작 개념을 요약하는 업무일지 페이지들을 대략적으로 작성하라.

3.41 백열등 발명의 주된 공로는 그 유명한 미국의 발명가 Thomas Edison에게 돌아가 있다. 에디슨이 역사적인 자신의 설계 작업을 기술하기 위해 기록했을 법한 업무일지 페이지들을 작성해보라.

3.42 전산화된 최초의 전화교환기는 1950년대에 Erna Hoover에 의해 발명되었다. 이 전화교환기는 중앙의 교환실에서 도착하는 호출을 모니터링하고 수용률을 조정하기 위해 컴퓨터를 사용하였다. 이 프로세스는 시스템 과부하 문제를 제거하는 데 도움이 되었다. 후버의 “내장 프로그램 방식의 데이터 처리 시스템을 위한 피드백 제어 모니터”라는 제목의 미국 특허 3,623,007은 미국에서 승인된 최초의 소프트웨어 특허 중의 하나이다. www.uspto.gov에서 특허 등록번호를 이용하여 이 특허를 찾아보고 후버의

발명의 핵심사항을 기술하는 한 페이지 분량의 업무일지를 작성하라.

3.43 뉴욕 출신의 안과의사인 Patricia Bath는 백내장 제거 방법을 발명하였다. 이 발명은 레이저를 사용하여 정확성을 개선함으로써 안과수술법에 일대 전환을 가져왔다. 미국 특허 4,744,360을 조사하고 배스의 발명에 관한 업무일지 페이지로 상상될 수 있는 내용을 재구성하라.

3.44 목화씨에서 원면을 만들어주는 조면기는 1800년 전후에 미국의 발명가 Eli Whitney에 의해 개발되었다. 이 발명은 초창기 미국역사에 심대한 영향을 미쳤다. 휘트니가 자신의 발명품에 대해 기본적 기능과 개발을 기술하기 위해 기록했을 법한 업무일지 페이지들을 작성해보라. 휘트니가 조면기를 개발하고 있었던 시점은 미국 특허법의 초창기에 해당한다는 점에 유의하라.

3.45 유명한 여배우 Hedy Lamarr는 또한 무선통신의 개척자이기도 하다. 그녀는 2차 대전 중 연합군을 돕기 위한 비밀통신 시스템을 개발하는 일을 도왔다. 이 시스템은 송신과 수신 사이에 불규칙한 간격으로 라디오 주파수를 조작하는 방법에 기초하였다. 이러한 송신 방법은 기밀 메시지가 적군 측 도청자에 의해 가로채어 해독당하는 것을 방지하는 해독 불가능한 코드를 구성하였다. 라마의 발명의 핵심사항을 기술하는 업무일지 페이지를 작성하라.

3.46 1830년대의 전신기 발명자이며 세계 최초로 "정보 시대"를 개척하였던 Samuel F.B. Morse의 전신기 발명 당시 원래 직업은 미술가였다. 프랑스 유학을 마치고 집으로 돌아오는 긴 항해 도중, 유럽에서 현재 진행 중인 전자기학에 관한 실험들에 관해 들은 대화에 대해 생각하며 시간을 보냈다. 모스가 전신기 아이디어를 개발한 것은 바로 미국으로 돌아가던 이 항해 중에 이루어졌다. 모스가 긴 항해 중에 기록했을 법한 업무일지 페이지들을 대략적으로 기술해보라.

3.47 최초의 포켓용 계산기는 Texas Instruments의 엔지니어 Jack Kilby에 의해 설계되었다. 이 발명자의 경력에 대해 조사하고 그의 업무일지에 포함되었을 법한 몇 페이지 정도를 재구성해보라.

3.48 자신이 2차 대전 중에 부상군인들을 도왔던 물리치료사 Bessie Blount라고 가정하라. 1951년 블런트는 사지절단 환자들이 스스로 음식을 먹을 수 있게 도와주는 장치에 대한 특허를 출원하였다. 이 장치는 휠체어에 앉은 사람이 튜브를 물어 한 입 분량의 음식이 빠져나오게 조절하는 방식으로 이용되었다. 블런트는 나중에 환자의 목 주위에 찰 수 있는 동일한 유형의 휴대형 정치도 발명하였다. 미국 특허 2,550,554를 조사하고 블런트의 발명에 관한 몇 페이지 정도 분량의 업무일지를 작성하라.

3.49 Sarah Boone은 1892년 개선된 다림질 받침대에 관한 특허를 출원하였다. 새로운 받침대는 소매와 숙녀복의 다림질을 개선시켰다. 분이 개발한 좁은

받침대는 뒤집을 수 있어서 소매 양면을 쉽게 다림질할 수가 있었다. 미국 특허 473,653을 조사하고 분의 업무일지에 들어있었을 법한 내용을 재구성하라.

3.50 Augustus Jackson은 필라델피아 출신의 과자 제조사이며, 1832년경 몇 가지 아이스크림 조리법을 만들었으며 개선된 아이스크림 제조방법을 발명하였다. 잭슨의 발명의 세부사항을 조사하고 그의 업무일지에 들어있었을 법한 내용을 재구성하라.

3.51 Kevin Woolfolk는 "회전기록계를 갖춘 다람쥐 우리와 동물의 활동을 모니터링하기 위한 방법"이라는 제목의 미국 특허 5,649,503의 발명자로 수록되어 있다. 이 특허 제목은 기본적으로 애완동물의 운동량이나 쳇바퀴 회전수를 기록하는 개선된 "햄스터 운동용 쳇바퀴"를 나타내고 있다. 미국 특허 5,649,503을 조사하고 울포크의 업무일지에 들어있었을 법한 내용을 재구성하라.

3.52 Rachel Zimmerman은 의사소통에 어려움을 겪는 사람들을 돕는 소프트웨어 프로그램의 발명자이다. 레이첼은 불과 12세의 나이에 블리스 기호를 사용하여 소프트웨어 프로그램을 작성하였다. 블리스 기호는 뇌성마비와 같은 신체적 장애를 갖고 있는 사람들과 같이 말을 못하는 사람들이 다른 사람과의 의사소통에 사용하는 기호들이다. 당신이라면 프로그램의 순서도를 작성해 넣었을 업무일지에 레이첼이 (12세의 나이에) 기록했을 법한 내용을 작성해보라.

3.53 보편적인 자동차 앞유리 와이퍼는 1905년경 Mary Anderson에 의해 발명되었다. 앤더슨은 1903년에 자신의 창유리 세척장치에 대해 특허를 승인받았다. 앤더슨은 전차 운전기사가 비가 올 때 앞을 보기 위해 차창을 열어야 하는 것을 보면서 그와 같은 발명에 착상하였다. 이 문제를 해결하기 위해 앤더슨은 전차 내부에서 운전기사가 레버를 이용하여 작동시킬 수 있는 고무 날이 달린 흔들리는 팔에 착안하였다. 처음에 사람들은 앤더슨의 발명에 대해 회의적이었으며 오히려 운전자의 주의를 분산시킬 것이라고 생각했지만, 15년 정도가 지난 후에는 거의 모든 차량에서 앞유리 와이퍼가 표준 장비가 되었다. 자신이 앤더슨이라고, 가정하고 자신의 발명을 기술하는 업무일지 페이지들을 대략적으로 작성하라.

CHAPTER 4

공학 도구

목표

이 장에서는 다음과 같은 내용을 다룬다.

- 공학설계에서 추정의 중요성
- 공학 프로토타입의 중요한 역할
- 설계 프로세스에서 역공학의 역할
- 공학설계에서 컴퓨터의 역할
- 공학 직업에서 중심적 역할을 하는 인터넷과 주요 소프트웨어 프로그램
- 컴퓨터를 사용해야 할 경우와 사용하지 말아야 할 경우
- 분석, 데이터 수집, 시뮬레이션, CAD 작업 등을 위한 컴퓨터 사용 예

병원에 가면 청진기, 설압자, 혈압계, 반사 해머, 검진대 등을 포함하는 여러 진단장치들을 보게 된다. 마찬가지로 자동차 정비공에게 차를 끌고 갔을 때 텅 빈 정비소를 기대하지는 않을 것이다. 자동차 정비공은 다양한 수동식 및 동력식 도구, 각종 렌치, 공기 해머, 드릴, 드라이버 등을 갖추고 있을 것이다. 훌륭한 정비공이라면 아마 수리작업에 필요한 자주 쓰는 부품들과 일부 원료들까지도 갖추고 있을 것이다. 이러한 전문직업인들과 마찬가지로 엔지니어들도 설계 프로세스의 모든 측면들을 보조하기 위한 다양한 도구들을 이용한다. 엔지니어의 도구들 중에는 도구함 안에 넣어 휴대할 수 있는 것들도 있지만, 지식 도구의 범주에 드는 것들도 많다. 지식 도구는 엔지니어가 현장이나 학교에서 배운 실무지식이나 방법론으로 정의된다. 엔지니어들이 특정 범주의 문제들을 처리하는 것을 돕기 위해 개발된 소프트웨어 프로그램의 형태로 존재하는 도구들도 있다. 이 장에서는 엔지니어의 도구함에 포함될 수 있는 중요한 지식과 소프트웨어 도구 몇 가지를 소개한다.

4.1 추정

공학과 추정은 불가분의 관계이다. 새로운 설계 전략을 고려할 때, 중요한 수치와 변수들에 대한 대략적인 계산을 통해 타당성을 시험하는 것이 좋다. 제안된 전략에 대한 간단한 계산을 통해 세부적인 설계 프로세스를 시작하기 전에 큰 모순들을 제거할 수 있다. 이러한 계산은 정교하거나 정확할 필요는 없다. 오늘날의 정교한 계산기를 감안하여 학생들은 유효숫자가 많은 답일수록 더 정확하고 나은 답으로 생각하기 쉽다. 그러나 많은 경우

손으로 아무 종이에나 계산한 (나중에 엔지니어 업무일지에 기록되는) 것도 설계 전략의 건전성을 판단하기에 충분할 수 있다.

예제 4.1

건전지의 에너지 흐름 추정

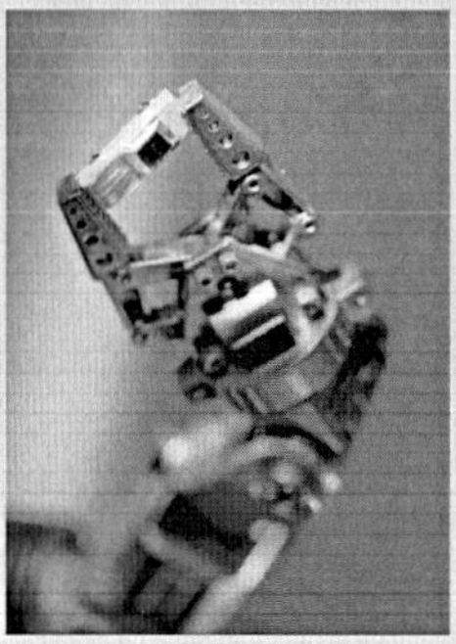

다음 예제는 설계 도구로서 추정의 유용성을 보여준다. 당신이 자동화된 화학처리에 관여하는 이동식 (즉, 건전지 구동형) 로봇을 위한 전력 전달 계통을 설계하는 일을 맡았다고 하자. 고객의 명세에 따르면, 이 로봇은 양동이를 집게로 잡아서 들어 올리고 바닥 위 0.5미터 높이에 위치한 용기에 내용물을 붓도록 되어 있다. 빈 양동이 무게는 무시할 정도이지만, 그 내용물은 1파운드(2.2kg) 정도에 이를 수 있다. 당신의 팀은 (로봇을 이동시키는 모터 및 기어 시스템인) 동력계통과 승강장치에 동력을 공급하기 위해 별도의 건전지들을 사용하기로 결정하였다. 이렇게 함으로써 이들은 다른 편의 건전지가 약해지더라도 영향을 받지 않을 것이다.

무게를 동일하게 유지하기 위해 설계팀은 가능한 한 작은 건전지를 사용하고자 한다. 알칼리 전지, 니켈수소 전지, 리튬 전지 등 특정 전지 기술에 대해, 건전지에 저장되는 전체 에너지는 건전지 부피에 비례한다. 따라서 중요한 작업의 하나는 2.2kg 무게를 0.5미터 높이로 들어 올리는 데 필요한 전체 에너지를 추정하는 것이다. 매번 들어 올릴 때마다 필요한 에너지와 들어 올리는 작업의 수행 횟수를 곱한 결과를 이용하면 건전지 크기를 정하는 데 도움이 될 수 있다.

한 번 들어 올리는 데 필요한 전력 계산

이 계산을 위해 양동이의 최대 무게를 고려해야 한다. 최악의 경우 들어 올릴 양동이 무게는 2.2kg이다. 중력계수를 대략 10N/kg(킬로그램 당 뉴턴)으로 가정하면, 극복해야 할 중력은 다음과 같이 쉽게 계산된다.

$$F = mg = (2.2\text{kg})(10\text{N/kg}) = 22\text{N} \tag{4.1}$$

또 다른 간단한 계산으로 양동이를 0.5미터 높이에 들어 올리기 위해 필요한 (줄 단위의) 일의 양 즉, 기계 에너지 W를 구할 수 있다.

$$W = Fy = (22\text{N})(0.5\text{m}) = 11\text{J} \tag{4.2}$$

이 계산이 보여주듯이 2.2kg 무게를 바닥에서 용기로 들어올리기 위해 도합 11줄의 위치에너지가 양동이에 작용해야 한다. 결국 이러한 기계적 에너지는 건전지에서 전기 형태로 나와야 한다. 모터가 하는 일은 전기에너지를 기계적 에너지로 변환시키는 것이다. 따라서 모터에 유입될 전체 전기에너지는 양동이에 작용할 전체 기계적 에너지와 시스템상의 전기적 손실분과 기계적 손실분을 합한

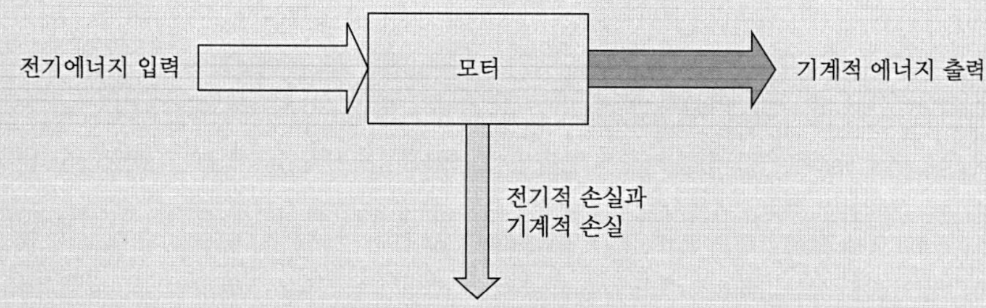

그림 4.1
에너지 흐름 다이어그램

것과 같아야 할 것이다. 이러한 에너지 흐름 관계를 그림 4.1에서 요약하고 있다.

전력 = 단위 시간 당 에너지 흐름

요구되는 전력에 대한 추정

전력은 (초 당 줄 단위로 측정되는) 단위 시간 당 에너지 흐름과 같다. 추정을 위해 양동이를 들어 올리는 데 대략 10초가 소요된다고 하자. 필요한 전력은 아래와 같이 양동이에 가해지는 에너지를 해당 시간으로 나눈 값으로 추정될 수 있다.

$$P = W \div \Delta T = 11\text{J} \div 10\text{s} = 1.1\text{watts}. \qquad (4.3)$$

이러한 유형의 계산에서 답이 현실성이 있는지 확인하기 위한 조사과정을 거쳐야 한다. 비교를 위한 기초로 4와트 정도를 사용하는 작은 화장실 전구를 생각해보자. 경험을 통해 이러한 전구는 항상 켜져 있더라도 그렇게 뜨거워지지 않는다는 사실을 알고 있다. 이러한 전구의 4분의 1 정도를 10초 동안 사용하는 모터가 심하게 뜨거워지지 않을 것으로 예상하는 것은 합리적이며, 이 답은 현실성이 있다.

건전지의 전류 추정

이 시스템에서 중요한 또 다른 변수는 로봇이 양동이를 들어 올릴 때 건전지에서 나오는 전류일 것이다. 전류를 추정함으로써 들어 올리는 장치를 제어하기 위해 필요한 스위치나 트랜지스터 등 전기 부품들의 크기를 적절히 정할 수 있다. 건전지가 공급하는 전력은 최소한 양동이를 들어 올릴 때 소요되는 기계적 에너지와 모터와 (기어, 벨트, 도르래, 베어링 등의) 동력계통에서 발생할 수 있는 손실분을 합한 것과 같아야 한다. 이러한 손실분을 무시하면 $P_{mech} = P_{elec}$이라는 간단한 결론에 이르게 된다. 건전지가 공급하는 전력은 아래의 식과 같이 건전지 전압과 건전지에서 나오는 전류를 곱한 것과 같을 것이다.

$$P_{elec} = VI \qquad (4.4)$$

들어 올리는 장치를 동작시키기 위해 (화재탐지기 등에서 사용되는) 표준형

9V 건전지를 사용한다고 가정하자. 1.1와트의 전력을 사용하기 위해 9V 건전지가 공급해야 할 전류는 다음 식과 같이 계산된다.

$$I = \frac{P}{V} = \frac{1.1\text{W}}{9\text{V}} = 0.12\text{A} = 120\text{mA} \tag{4.5}$$

이 시점에서 120mA가 이러한 유형의 건전지의 권장 전류 사용량을 초과하는지 판단하기 위해 인터넷에서 표준형 9V 건전지의 성질을 조사해 보니, 일반 9V 건전지는 (대략 1시간 이내의) 짧은 시간 동안 100mA의 전류를 공급할 수 있다는 사실을 발견한다. 이러한 건전지 성능은 당신의 설계 규격을 타당성 경계의 약간 아래에 위치시킨다.

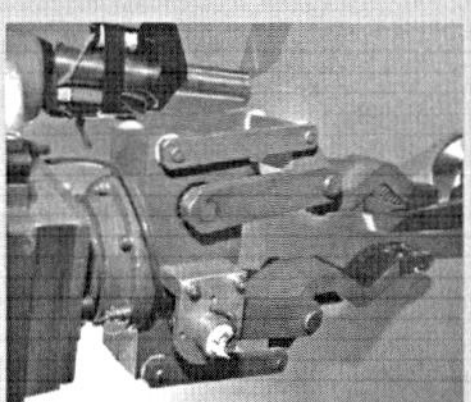

재검토

그동안의 계산과 가정들에 대해 검토한 결과, 시스템상의 모든 손실분을 감안하지 않았음을 깨닫는다. 사실 전기에너지에서 기계적 에너지로의 변환 효율은 완벽하지 않다. 매뉴얼상의 대략적 규칙에 따르면 잘 설계된 전기기계 장치에서 에너지 변환 효율은 최대 90% 정도이지만, 당신은 인터넷에서 싸게 구입할 수 있는 모터와 부품들을 사용하기로 결정하였다. 그리고 기어나 구동 벨트의 마찰 손실로 인해 모터 축이 공급하는 변환된 기계적 에너지의 60% 정도만이 사용 가능하며, 이는 건전지에서 나온 전력의 50% 정도만이 2.2kg 무게를 들어 올리는 데 사용될 것임을 의미한다. 따라서 이 로봇은 양동이를 들어 올리는 데 120mA가 아니라 240mA를 필요로 할 것이다.

건전지 한 개로는 240mA의 전류를 공급하면서 9V 전압을 유지할 수 없다. 이에 대한 대안으로 18V 전압을 내기 위해 두 개의 건전지를 직렬로 연결하여 사용할 수 있다. 이러한 변화로 인해 식 (4.5)에서 계산되는 전류 추정값은 60 mA로 줄어들 것이며, 따라서 손실분을 감안할 때 실제 요구되는 전류는 이제 120mA 정도가 될 것이다. 이 값은 각 전지의 출력 범위 안에 든다.

이러한 종류의 재평가는 공학에서는 흔한 일이다. 두 개의 건전지를 사용하게 되면 건전지 부피가 두 배가 되며, 따라서 건전지에 저장된 에너지도 두 배가 된다. 또 다른 대안은 (손전등에서 사용되는 종류인) 1.5V D 타입 건전지 두 개를 직렬로 연결하여 사용하는 것이다. 이 경우 전류 추정값은 다음과 같이 변한다.

$$I = P/V = 1.1\text{W} \ / \ 3\text{V} \approx 370\text{mA} \tag{4.6}$$

이 전류는 한 개의 9V 건전지에 대해 계산된 값에 비해 거의 세 배이지만 (전압이 1/3으로 줄었지만 VI 곱은 같은 값으로 유지되어야 함), D 타입 건전지 출력 범위 안에 든다. 표준형 D 타입 알칼리 전지의 경우 전압 저하가 거의 없이 500mA (0.5A) 정도의 전류를 유지할 수 있다. 이는 D 타입 건전지의 경우 담고 있는 에너지를 결정하는 부피가 9V 건전지보다 훨씬 크기 때문이다.

직업적 성공의 비결: 필요할 경우 자신의 결론을 수정할 수 있는 자세를 갖추어라

훌륭한 엔지니어는 설계상의 선택 사항들에 투입한 시간과 노력에도 불구하고 간과한 것이 있음을 인정하고 기본적인 설계 결정을 바꾸어야 할 때를 안다. 공학의 역사에는 제대로 작동하지 않아 설계를 폐기해야 했던 사례들이 무수히 나타난다. 이러한 사례 중 하나는 대도시용 경전철 차량(전차)에서 찾아볼 수 있다. 엔지니어들은 전차 내부 공간을 극대화하기 위해 전차 문의 모든 부속품들을 바깥쪽에 두는 형태로 문을 설계하였다. 이들의 전차 문 설계는 (미니밴 옆문과 비슷하게) 하나의 크고 무거운 판이 문틀을 따라 옆으로 미끄러지며 열고 닫히는 구조로 되어 있었는데, 전차 문들에 걸림 현상이 자주 생겨 기관사가 전차 밖으로 나와 손으로 밀어 문을 닫아야 했다. 약간의 노력을 시도해본 후 엔지니어들은 그와 같은 설계를 완전히 폐기하고 이전의 전차들에서 사용되었던 표준형 양 갈래 문으로 돌아갔다.

예 제 4.2

큰 물체의 도장에 필요한 페인트 부피의 추정

자동차 제조 분야에서 가져온 이 예제는 공학설계 도구로서의 추정의 유용성을 보여준다. 당신이 자동차 제조회사에 근무한다고 가정하라. 생산부장은 액체 페인트에서 정전기를 응용한 분말 페인트로 변경하면 많은 비용을 절감할 수 있다고 생각하고 있다. 이 경우 페인팅을 완성시키기 위해 분말 페인트를 바른 후 굽는 작업을 한다. 따라서 재료비용의 절감과 신규 도장장비의 설치비용, 굽기 공정에 소요되는 추가적인 에너지 비용 등을 비교할 수 있도록 생산부장은 전체 페인트 소요량을 추정하는 일을 당신에게 지시하였다. 이러한 추정에 포함된 단계들을 아래 논의에서 제시한다.

도장을 요하는 표면들에 대한 대략적 스케치를 그린다.

첫 번째 단계로서 차체에 대한 대략적 스케치를 손으로 그린다. 차의 여러 표면을 묘사하는 스케치의 예를 그림 4.2에서 보이고 있다. 도장을 요하는 큰 영역들에는 엔진 덮개, 트렁크, 지붕, 두 개의 옆면 바퀴덮개 등이 포함된다. 창틀에 소요될 페인트 양은 무시할 수 있는 정도이다.

각 구역의 넓이를 추정한다.

다음은 차의 각 구역의 넓이를 추정한다. 이를 위해 차의 실제 구역들을 그림 4.3과 같은 매우 단순한 모양으로 표현한다. 예를 들면, 엔진 덮개는 기본적으로

그림 4.2
차체의 대략적 스케치

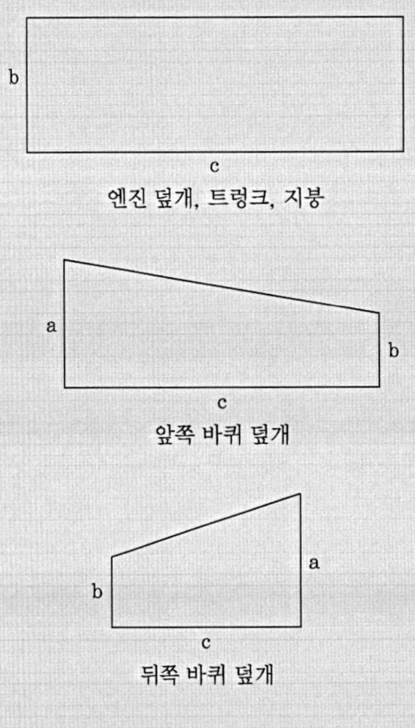

그림 4.3
차체 옆면 구역들에 대한 추정 모양

1.2m × 1.2m 사각형이며, 넓이는 대략 1.4m^{2}이다. 곱셈의 결과가 정확한 값인 1.44m^{2}로 표시되지 않았음에 유의하기 바란다. 여기서의 추정은 근사값일 뿐이며, 따라서 소수점 아래에 유효숫자를 추가하는 것은 별 의미가 없기 때문이다.

트렁크도 거의 사각형 모양이며, 크기는 대략 1.2m × 1.5m이며 면적은 1.8m^2 정도이다. 문들은 각기 대략 1m 길이에 0.8m 높이이며, 면적은 대략 0.8m^2 정도가 된다. 지붕의 크기는 대략 1.4m 길이에 1.2m 폭이며, 면적은 대략 1.7m^{2}가 된다.

추정을 위해 바퀴덮개 각각은 사다리꼴로 모델링된다. 창문은 칠하지 않을 것이므로 그 면적은 포함되지 않는다. 각 바퀴덮개의 면적은 사다리꼴을 위한 면적 공식을 사용하여 다음과 같이 계산될 수 있다.

$$A = \frac{a+b}{2}c \tag{4.7}$$

여기서 a와 b는 평행 변들의 길이이며 c는 높이이다.

앞쪽 바퀴덮개를 위한 적당한 수치는 $a \approx 0.8$m, $b \approx 0.4$m, $c \approx 1.5$m 정도이며 면적은 0.9m^2가 된다. 마찬가지로 뒤쪽 바퀴덮개에 대한 추정은 $a \approx 0.8$m, $b \approx 0.4$m, $c \approx 1$m이며 면적은 0.6m^2가 된다. 아래의 표는 추정값들에 대한 요약이다.

엔진 덮개	1.4m^2
트렁크	1.8m^2
문 (4개)	3.2m^2
지붕	1.7m^2
앞쪽 바퀴덮개 (2개)	1.8m^2
뒤쪽 바퀴덮개 (2개)	1.2m^2
합계	11m^2

계산 결과는 대략 11제곱미터이다. 각 값은 추정값이기 때문에 자릿수를 몇 개만 사용하여 표시하고 있음을 유의하기 바란다.

페인트 두께를 곱한다.

표면적에 페인트 두께를 곱하여 필요한 페인트 부피를 추정할 수 있다.[1] 페인트의 평균 두께는 보통 대략 4mil이다. 이 두께로 차 전체를 칠하는 데 소요되는 페인트 부피는 다음과 같이 간단히 계산될 수 있으며, 대략 1리터 정도가 된다.

$$\begin{aligned}\text{부피} &= \text{면적} \times \text{두께} = 11\text{m}^2 \times 4\text{mil} \times 25 \times 10^{-6}\text{m/mil} \\ &= 0.001\text{m}^3 \end{aligned} \tag{4.9}$$

[1] 두께는 대개 mil 단위로 측정된다. ($1\text{mil} \equiv 0.001\text{inch} \approx 0.02\text{mm} = 25 \times 10^{-6}\text{m}$)

연습문제

1. 예제 4.1에서 양동이를 들어올리기 위한 시간이 10초가 아니라 25초일 경우, 건전지에 요구되는 전력을 계산하라. 전체 에너지 요구량에 변동이 있는가?
2. 예제 4.1에서 한 개의 9V 건전지 대신에 4개의 1.5V AAA 건전지를 사용할 경우 첫 번째 추정에서 건전지에 요구되는 전력을 계산하라.
3. 최대 허용 전류가 1A일 경우, 85%의 효율성을 갖는 6V 전기 모터에서 유도될 수 있는 기계적 에너지는 얼마나 되는가?

4. 외부 하중에 대해 20W의 기계적 에너지를 제공하는 전기 모터의 효율이 60%일 경우 내부에서 발생하는 열을 구하여 와트 단위로 표시하라.
5. 나무 연필 한 개를 칠하기 위해 필요한 페인트 양을 추정하라.
6. 90분용 오디오 카세트테이프의 길이를 추정하라.
7. 자유의 여신상 주변을 둘러쌀 비계를 설치할 때 몇 층이나 필요할 지 추정하라.
8. 단층 주택의 급수관 내부에 포함되어 있는 물의 부피를 추정하라. 이 물을 (실내온도에 해당하는) 20°C에서 (샤워용 온도에 해당하는) 80°C로 가열하기 위해 얼마만큼의 에너지가 필요한가? 이 에너지양이 갖는 의미는 무엇인가?
9. 사무실용 일반 스테이플러의 적재실에 들어가는 스테이플 개수를 추정하라.
10. 20ft × 30ft × 10ft 크기의 차고 외부를 칠하는 데 필요한 페인트 양을 갤런 단위로 표현하라.
11. 보잉 747을 칠하는 데 필요한 페인트 부피를 추정하라.
12. 8.5 × 11인치 종이에 Arial 10포인트 글꼴에 행간 여백 없이 1인치 여백을 두고 작성된 문서를 인쇄할 때 필요한 잉크 부피를 추정하라. 일반 잉크젯 카트리지 한 개로 몇 페이지나 인쇄할 수 있겠는가?
13. 24시간 켜져 있는 현관의 등이 소모할 에너지 비용을 추정하라.
14. 나라 전체 인구가 소비하는 테이크아웃 커피 1인당 소비량을 조사해 보고, 필요한 커피컵을 만들기 위해 사용될 종이의 전체 무게를 추정하라. 이 문제에서 모든 컵은 종이로 만들어지는 것으로 가정하고, 플라스틱 컵에 대해서는 무시하여라.
15. 2시간 분량의 DVD의 트랙 두께를 추정하라.
16. 1제곱 야드의 카펫에 몇 타래의 실이 필요할지 추정하라.
17. 한 번의 NBA 경기 동안 농구공이 몇 번이나 손에 닿을지 추정하라.
18. 볼링공을 떨어뜨려 2km 깊이의 해양 바닥에 닿는 데 소요되는 시간을 추정하라.
19. 일반 볼펜의 전체 필기 거리를 추정하라.
20. 일반 매직펜의 전체 필기 거리를 추정하라.
21. 나라 전체로 매년 슈퍼마켓에서 사용되는 비닐봉지의 개수를 추정하라.
22. 자동차에 주유하는 동안 기화되어 손실되는 휘발유 부피를 추정하라. 노즐 증기 회수장치를 갖추지 않은 주유소들에 대해 전체 손실량을 계산하라.
23. 매년 폐기되는 알칼리 건전지의 수를 추정하라.
24. 전체 인구가 일 년 동안에 먹는 사과의 수를 추정하라.

25. 1달러 지폐 한 장이 매달 몇 사람의 손을 거칠지 추정하라.
26. 나라 전체의 모든 교차로에 있는 신호등의 총 개수를 추정하라.
27. 자신이 보통 때 하루에 몇 타나 치는지 추정하라. 이 추정치를 컴퓨터 키보드에 대한 것과 휴대폰이나 PDA에 대한 것으로 나누어라.
28. 나라 전체로 매일 슈퍼마켓의 농산물 코너에서 사용되는 비닐봉지의 개수를 추정하라.
29. 임의의 시점에 바다에 떠있는 모든 유조선에 실려 있는 전체 석유의 부피를 추정하라.
30. 4차선 고속도로 1마일을 포장하는 데 필요한 아스팔트 부피를 추정하라.

4.2 수치의 사용

4.2.1 국제단위계(SI)

미국의 대부분 제조업체들은 아직도 (피트, 파운드, 기타 등등의) 영국식 단위 체계를 사용하지만, (영국을 포함한) 전 세계의 지배적 단위 체계는 미터법을 쓰는 국제단위계(International System of Units)이다. 원래는 과학 분야에서만 사용되었던 "SI"(프랑스어 Le Système International d'Unités에서 유래) 단위들은 전 세계 상업 및 무역 분야에서 보편적인 측정 단위가 되었다. SI 단위와 용법은 1960년의 제11회 유럽 도량형일반협의회에서 확립되었다.

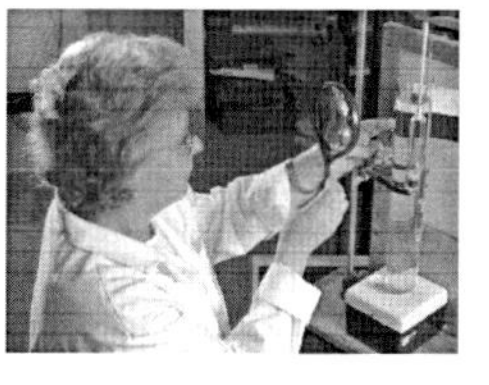

SI 체계에서 길이는 **미터**, 무게는 **킬로그램**, 시간은 초 단위로 측정된다. 다른 SI 기본 단위로는 **암페어**(전류), **켈빈**(온도), **몰**(원자량 또는 분자량), **칸델라**(빛의 밝기) 등이 있다. 면적, 부피, 속도, 압력, 밀도 등과 같은 다른 양들은 앞의 7가지 기본 SI 단위들을 조합하여 표현한다. SI 체계와 그 규칙들에 대한 자세한 기술은 미국 NIST(National Institute of Standards and Technology; 미국표준기술원) 웹사이트 physics.nist.gov/cuu에서 찾아볼 수 있다.

SI 체계는 기호, 구두점, 대문자 표시 등에 대한 규약도 포함하고 있다. 모든 SI 단위에는 표준 약호가 있으며, 이들 중 자주 쓰이는 것들을 표 4.1에 싣고 있다. 단위 약호들은 (Pascal, Watt, Hertz, Becquerel 등과 같은) 사람의 이름에서 유래한 것들을 제외하고는 항상 소문자로 표시한다. 사람의 이름에서 유래한 단위 약호들의 첫 글자는 (Pa, W, Hz, Bq 등과 같이) 대문자로 표시한다. 그러나 사람 이름에서 유래한 단위들에 대해서도 완전한 단어로 표시할 경우에는 (pascal, watt, hertz 등과 같이) 전체를 소문자로 쓴다. 문장 끝에 나타나는 경우가 아니라면 SI 단위 약호 뒤에는 마침표를 붙이지 않는다.

표 4.1 많이 사용되는 SI 단위들을 위한 약호[1]

단위	약호	양	공로자
미터	m	길이	
킬로그램	kg	질량	
초	s	시간	
베크렐	Bq	(방사성 핵종) 활동	Henri Becquerel (1852-1908)
암페어	A	전류	Andre–Marie Ampere (1775-1836)
퀴리	C	방사능활동	Marie Curie (1867-1934)
도(섭씨)	°C	온도	Anders Celsius (1701-1744)
패럿	F	콘덴서 용량	Michael Faraday (1791-1867)
헤르츠	Hz	주파수	Heinrich Hertz (1857-1894)
줄	J	에너지	James Joule (1818-1889)
켈빈	K	절대온도	William Thomson, 1st Baron Kelvin (1824-1907)
루멘	lm	빛의 세기	
네퍼[2]	Np	자연로그 비율	John Napier (1550-1617)
뉴턴	N	힘	Sir Isaac Newton (1642-1727)
옴	Ω	저항	Georg Ohm (1789-1854)
파스칼	Pa	압력	Blaise Pascal (1623-1662)
볼트	V	전압	Alessandro Volta (1745-1827)
와트	W	전력	James Watt (1736-1819)

[1] 사람의 이름을 딴 단위 약호는 대문자로 시작한다. 그와 같은 단위의 단어는 항상 소문자로 표시한다.
[2] SI 단위는 아니지만, 이러한 목록에 종종 포함된다.

해당 SI 단위보다 훨씬 작거나 큰 양은 표 4.2의 10의 멱승 접두어를 사용하여 표현될 수 있다. 10^3보다 위쪽의 접두어들은 대문자로 표시된다(이 표는 엔지니어들이 자주 사용하는 접두어들만 싣고 있는데, SI 체계에는 10^{24}에서 10^{-24}까지의 접두어들이 있다.). 킬로그램은 접두어를 포함하는 유일한 기본 SI 단위임을 유의하기 바란다. 아주 크거나 작은 무게를 표현할 때는 kg에 대해 10의 멱승 접두어를 사용하는 대신 그램 단위로 변환한 다음 접두어를 붙인다. 예를 들면, 10^{-6}kg은 1μkg(1마이크로킬로그램)이 아니라 1mg(1밀리그램)으로 표현된다.

표 4.2 국제단위계를 위한 10의 멱승 접두어

배수	10^{12}	10^{9}	10^{6}	10^{3}	10^{-2}	10^{-3}	10^{-6}	10^{-9}	10^{-12}
이름	tera	giga	mega	kilo	centi	milli	micro	nano	pico
접두어	T	G	M	k	c	m	μ	n	p

4.2.2 단위 일치 확인

식의 계산에서 결과를 점검할 때 유의해야 할 사항의 하나는 결과 값에 적절한 단위가 사용되는지를 확인해야 한다는 것이다. 그렇지 않을 경우 계산상 오류가 발생했을 가능성이 있다. 이러한 확인 과정을 흔히 **단위 일치 확인(unit reconciliation)**이라고 하며, 숫자들마다 SI 단위들이 표시되어 있다면 쉽게 검사할 수 있다. 예를 들어 공식 $V = \pi r^2 h$를 사용하여 원통형 탱크의 부피를 계산한다고 하자. 가령 r = 20cm, h = 40cm이면, 계산 결과는 다음과 같을 것이다.

$$\text{부피} = \pi\,(0.2\text{m})^2(0.4\text{m}) = 0.05\text{m}^3 \tag{4.10}$$

식 (4.10)의 우변은 m × m × m 즉, 세제곱미터이며, 이는 부피를 위한 SI 단위임을 알 수 있다. 따라서 식 양변의 단위들은 일치한다.

이번에는 정해진 시간 동안 어떤 물체의 낙하거리를 계산한다고 하자. 중력 하에서 물체가 수직으로 이동하는 거리는 공식 $y = -½gt^2 + v_o t$에 의해 주어지며, 이때 g = 9.8m/s^{2}는 중력 계수이며, v_o는 초당 미터 단위로 표현된 초기 수직방향 속도이며, t는 초 단위로 표현된 시간이다. 이 공식을 v_o = 20m/s, t = 4s인 경우에 대해 대포에서 쏘아진 발사체에 적용하면 다음과 같은 전체 거리를 구할 수 있다.

$$\begin{aligned} y &= -½(9.8\text{m/s}^2)(4\text{s})^2 + (20\text{m/s})(4\text{s}) \\ &= -78.4\text{m} + 80\text{m} = 1.6\text{m} \end{aligned} \tag{4.11}$$

식의 좌변의 각 항은 최종적으로 길이 단위가 된다. 첫 번째 항은 m/s^2 × s^{2}가 되어 미터가 만들어지며, 두 번째 항도 m/s × s가 되어 결국 미터가 만들어진다. 따라서 식 (4.11) 양변의 단위들은 일치하는 것으로 확인되었다.

4.2.3 유효숫자

공학에서 수치가 사용될 때 그 안에 포함된 유효숫자의 개수에 유의해야 한다. 0 이외의 숫자나 맨 앞에 있지 않은 0은 모두 유효숫자이다. 수치는 그 안에 포함된 가장 작은 단위의 유효숫자보다 더 정확한 것으로 해석될 수 없으며, 어떤 양은 측정 정밀도가 보장하는 이상의 자릿수로 표현되어서는 안 된다.

예를 들면, 128.1, 0.50, 5.4 등의 숫자들은 각기 ±0.1, ±0.01, ±0.1 등의 정밀도를 갖는다. 첫 번째 숫자는 네 자리 유효숫자를 가지며, 두 번째와 세 번째 숫자는 두 자리의 유효숫자만을 갖는다. 소수점 오른쪽에서 숫자 끝에 나타나는 0들은 유효숫자들이다. 따라서 숫자 0.50은 0.5 ± 0.01을 의미한다.

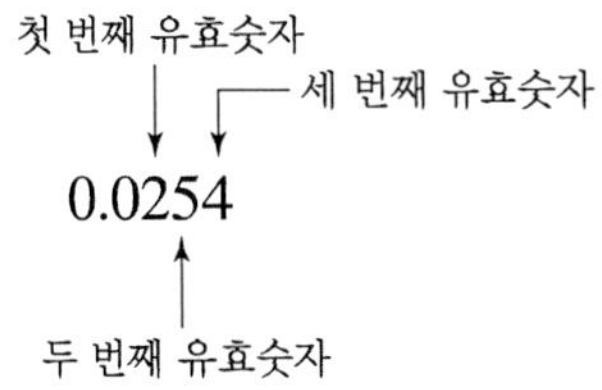

어떤 계산의 정밀도는 그 계산에 사용되는 정밀도가 가장 낮은 숫자에 의해 결정된다. 예를 들면, 곱셈과 나눗셈이 포함된 계산 $127 \times 0.50 \div 5.3$을 계산기에 입력하여 계산한 결과는 11.98113이 될 것이다. 그러나 0.50과 5.3은 두 자리의 유효숫자만을 갖기 때문에 계산의 반올림 결과는 두 자리의 유효숫자만을 사용하여 12로 기록해야 한다. 5 이상의 자릿수를 반올림하면 올라가며, 5 미만의 경우는 버리게 된다.

직업적 성공의 비결: 계산기를 올바로 사용하는 방법

일반 계산기는 계산에서 8자리 이상의 유효숫자를 허용한다. 계산기 화면에 나타난 숫자들의 모든 자릿수가 유효숫자는 아니다. 엔지니어는 계산에서 유효숫자의 수에 주의해야 하며, 계산기에서 만들어진 결과 값에서 여분의 자릿수는 버려야 한다. 유효숫자가 아닌 여분의 숫자들은 아무런 의미가 없음을 유념하라. 끝에 있는 여분의 숫자들을 버리는 습관을 키워라. 적절한 자릿수 개수로 답을 표시하는 것은 유효숫자의 중요성을 이해할 줄 아는 전문가라는 것을 나타낼 것이다.

4.2.4 크기 표시와 허용오차

기술 도면에 숫자를 표시할 때, 유효숫자의 개수는 특별한 의미를 갖는다. 기계 가공 도구가 완벽하게 자르는 것은 불가능하므로 어떤 물리적 부품도 정확한 크기로 제작될 수는 없다. 예를 들면, 절단 도구는 가공 과정에서 정확한 위치를 벗어난다. 온도나 습도의 변화, 절단 과정의 진동 등으로 인해 도구가 완벽한 경로를 벗어날 수 있다. 주조나 분사금형 등과 같은 다른 제조방법에서도 부품 크기에 비슷한 불확실성이 발생한다. 도면에 표시된 각 크기에 대한 허용오차는 완성 부품에 허용되는 오차 정도를 지정한다. 일반적으로 허용오차가 작은 부품을 만들기 위해서는 보다 비싼 가공 장비와 더 많은 시간을 요하는데, 이는 재료의 절단이나 제작 단계가 보다 느리게 진행되어야 하기 때문이다. 이러한 특성은 부품의 완성에 소요되는 비용을 상당히 증가시킨다. 설계자들은 정말 중요한 크기인지 이러한 추가 비용을 들일 가치가 있는지 등을 결정해야 한다.

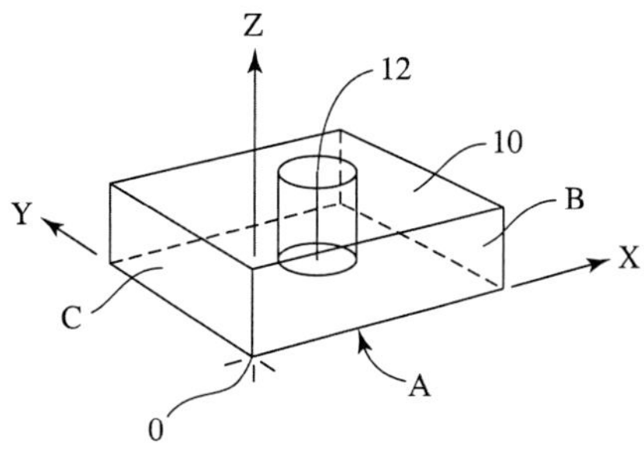

그림 4.4에서 보이고 있는 받침판을 만든다고 하자. 0.4mm 두께의 알루미늄을 사용해서 만들 이 받침판에는 고정대를 달기 위해 몇 개의 구멍이 뚫어져 있다. 이러한 받침대를 제작하는 일은 단순한 수동 공구로는 다소 복잡한 일어어서 전문 기계공에게 제작을 의뢰하기로 결정하였다. 이 일에는 정확한 지름의 구멍을 만들기 위해 밀링기계, 천공반, 확공기 등을 포함하는 특수가공 도구들이 필요하다. 생각해야 할 한 가지 문제는 이 부품을 얼마나 정밀하게 제작할 것인가에 대한 것이다. 대략적인 프로토타입에 사용되는 경우라면 신속히 제작할 수 있는 대략적 정밀도의 받침판으로 충분하겠지만, 최종 제품의 경우에는 지정된 크기에 더욱 가까운 받침판을 만들기 위해 기계공이 더 많은 시간을 들이기를 원할 것이다. 이러한 성격의 문제에 대해 엔지니어와 기계공

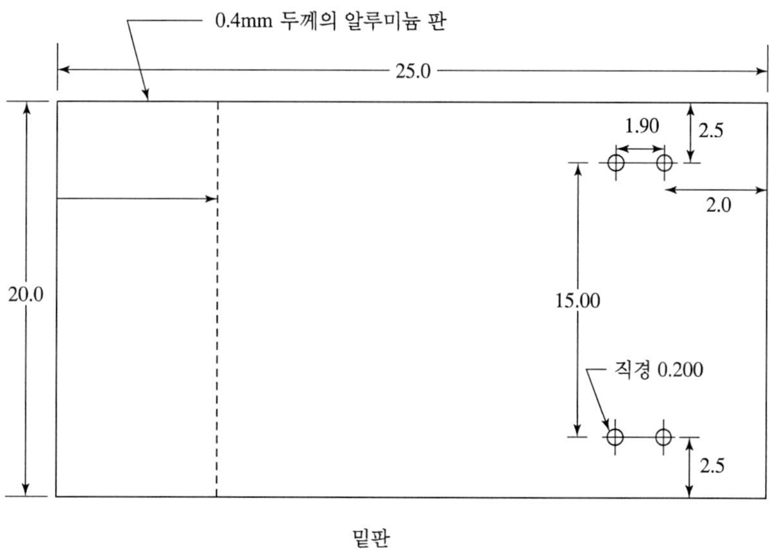

허용오차 표	
모든 단위는 cm임	
X	± 0.5
X.X	± 0.1
X.XX	± 0.05
X.XXX	± 0.001

그림 4.4
크기 표시가 포함된 받침판과 허용오차 표

사이에 의사소통하는 한 가지 방법은 부품도면상의 수치 표기법을 이용하는 것이다.

그림 4.4에서 보이고 있는 크기 표시들을 자세히 살펴보자. 이 수치들은 받침판의 여러 크기 값 각각에 대해 허용할 수 있는 편차 즉, **허용오차 (tolerance)**를 기계공에게 알려주고 있다. 도면상의 수치들은 허용오차 표를 읽는 기계공에게 중요하며, 이 가공작업의 경우 유효숫자의 수가 가장 많은 구멍 직경이 가장 높은 정밀도를 요하는 수치임을 알 수 있다. 예를 들면, 받침판의 길이는 25cm인데, 25.0, 25.00, 25.000 등의 수치는 수학적으로는 같은 값을 나타내지만 기계공에게는 다른 의미를 갖는다. 허용오차 표에 의하면, 소수점 아래 한 자리까지 표시된 25.0이라는 수치를 기계공은 25 ± 0.1cm를 의미하는 것으로 해석해야 한다. 가공이 끝났을 때 구멍 지름이 24.9에서 25.1cm 사이인 받침판은 적합한 것으로 인정된다. 마찬가지로 구멍 간격은 15.00cm로 표시되어 있는데, 이는 가공 시 15 ± 0.05cm를 의미한다. 구멍 중심 사이의 최소 간격 및 최대 간격은 각기 14.95cm와 15.05cm이다.

그림 4.4의 허용오차 표는 가장 엄격한 크기는 구멍 직경임을 나타내고 있다. 이 부품에서 구멍은 삽입된 핀을 마찰력으로 고정시켜야 하며, 따라서 직경은 소수점 아래 세 자리까지 표시되어 있고 이는 가공 시 허용오차를 0.200 ± 0.001cm로 엄격히 제한하고 있다.

연습문제

1. 그림 4.4에서 보이고 있는 허용오차 표를 참고하여, 21.0cm, 8.75cm, 10cm, 2.375cm, 0.003cm 등의 숫자들이 나타내는 크기들에 대해 물리적으로 허용되는 최대값과 최소값 차이를 계산하라.
2. (45 + 8.2) × 91.0 ÷ 12.1의 계산 결과를 적되, 적절한 개수의 유효숫자를 사용하라.
3. 3.00 + 54.0 + 174 + 250의 계산 결과를 쓰라?
4. 정수들의 합인 3 + 54 + 174 + 250의 계산 결과는? 이 경우의 유효숫자 이슈를 설명하라.
5. 그림 4.4에서 보이고 있는 허용오차 표를 참고하여, 5.1cm, 954cm, 573cm, 15mm 등의 크기를 표시하라.
6. 어떤 부품의 모든 크기 값이 ±1mil (±0.001inch) 범위까지 표현되어 있다면, 1인치 정사각향의 변 사이에 가능한 각도의 최소값은 얼마가 되는가?
7. 한 변의 길이가 5cm이고 허용오차는 ±0.2cm인 정삼각형에서 각도에 대한 허용오차 한도를 계산하라.

8. 변의 길이가 3cm × 4cm × 5cm인 삼각형에서 허용오차는 ±1mm라고 하자.
   a. 변의 길이가 정확할 경우 이 삼각형의 세 각의 값을 구하라.
   b. 각각의 각에 대한 ± 허용오차 한도를 구하라.
9. 일반 철물점에서 구할 수 있는 줄자를 사용하여 물체의 길이를 측정할 때의 허용오차 한도는 얼마인가?
10. 옥외 뜰을 만들기 위해 3인치 두께의 콘크리트 기초를 부어 넣을 10ft × 10ft 크기의 목재 프레임을 만들고 있다고 하자. 새 모이용 막대를 꽂기 위한 구멍을 뜰 중심 위치에 배치하고자 한다. 목재 프레임의 귀퉁이들을 대각선으로 연결한 X자 형태의 줄들을 이용하여 중심을 구하려고 한다. 두 줄의 길이가 0.5인치 차이가 난다면 중심의 위치는 얼마나 벗어나겠는가?
11. 사칙연산 계산기에서 8자리의 유효숫자를 허용한다고 하자. 이 정도의 정밀도가 필요한 응용 분야를 3개만 들어라(소득이 굉장히 많을 경우의 소득세 계산을 들 수 있을 것이다.).
12. $-4° < \theta < +4°$ 범위에서 $\sin\theta$의 근사값으로 θ를 사용할 경우 오차율을 퍼센트로 표현하라.

4.3 그래프 유형

대부분의 공학도들은 대수학이나 미적분학에서 사용되는 x–y 그래프에 익숙할 것이다. x–y 형식의 그래프는 많은 정보를 간결한 형태로 전달할 수 있다. 예를 들면, 그림 4.5(a)의 그래프는 구조용 강재 표본이 늘어나는 정도를 나타내는 **변형(strain)**을 표본에 작용하는 하중력 즉, **응력(stress)**의 함수로 보여주고 있다. 그림 4.5(b)는 계산 장비의 CPU 이용률을 하루 중 시간의 함수로 표현하고 있다. 이 그래프들은 둘 다 모두 선형 배율을 사용한 단순한 x–y 그래프들이다. 정의상 선형 배율(linear scale)에서는 동일한 간격의 눈금 표시를 사용한다.

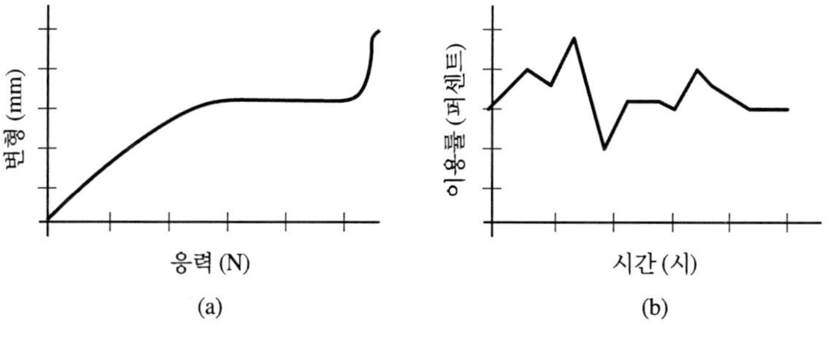

그림 4.5
단순 선형 배율을 사용하는 x–y 그래프들의 예

단순한 $x-y$ 그래프로는 수치 정보를 적절히 표현할 수 없는 경우도 있다. 이러한 상황에서 엔지니어는 **반로그(semilog)** 그래프, **로그-로그(log-log)** 그래프, **극좌표(polar)** 그래프, **3차원** 그래프, **막대그래프** 등을 포함하는 다른 유형의 그래프를 이용하기도 한다. 다음 절들에서 이러한 유형의 그래프 각각에 대해 간략히 설명할 것이다.

4.3.1 반로그 그래프

반로그(semilog) 그래프는 한 쪽의 수치 범위가 여러 자릿수에 걸쳐 있을 경우에 사용된다. 생명공학에서 이러한 예를 쉽게 찾아볼 수 있다. 영양 배지에서 세포 증식은 다음과 같은 공식을 따른다.

$$n = n_o e^{at/T} \tag{4.12}$$

여기에서 t는 시 단위의 시간이며, n은 cm^{-3} 단위의 세포 밀도, n_o는 $t = 0$일

표 4.3 세포 밀도와 시간

시간 (시)	세포 밀도 (cm^3 당)	세포 밀도의 Log 값
0	1.00 E+00	0.00
1	3.32 E+00	0.52
2	1.10 E+01	1.04
3	3.66 E+01	1.56
4	1.22 E+02	2.08
5	4.03 E+02	2.61
6	1.34 E+03	3.13
7	4.45 E+03	3.65
8	1.48 E+04	4.17
9	4.90 E+04	4.69
10	1.63 E+05	5.21
11	5.40 E+05	5.73
12	1.79 E+06	6.25
13	5.96 E+06	6.77
14	1.98 E+07	7.30
15	6.57 E+07	7.82
16	2.18 E+08	8.34
17	7.24 E+08	8.86
18	2.40 E+09	9.38
19	7.98 E+09	9.90
20	2.65 E+10	10.42
21	8.79 E+10	10.94
22	2.92 E+11	11.47
23	9.69 E+11	11.99
24	3.22 E+12	12.51

때의 세포 밀도, a는 증식 계수, T는 시 단위의 특성 시간 계수이다. $a = 1.2$, $n_o = 1/\text{cm}^3$, $T = 1$시인 경우에 대해 한 개의 세포에서 시작하여 24시간 동안 세포 밀도의 증가를 그래프로 나타내고 싶다고 하자. 표 4.3은 식 (4.12)를 사용하여 구한 t와 n의 값을 나타내고 있다.

첫 두 열에 대한 단순한 *x-y* 그래프를 보이고 있는 그림 4.6에서 알 수 있듯이 식 (4.12)의 기하급수적 종속관계로 인해 세포 밀도는 시간이 지남에 따라 급격히 증가한다. 20시 이후의 시간에 대해서만 그래프 상에서 의미 있는 값을 나타낸다. 위의 표에서 세포 밀도의 범위는 12 자릿수에 걸쳐져 있는 것을 볼 수 있다. 따라서 *x-y* 그래프에서는 세포 증식의 기하급수적 특징을 나타내주기는 하지만, 표현된 전체 데이터 범위에서 유용한 수량적 정보를 얻기가 어렵다.

비교를 위해 동일한 식을 그림 4.7에 다시 그래프로 표현하고 있는데, 이번에는 수직 축이 세포 밀도의 상용로그를 나타내고 있다. 즉, 세포 밀도는 로그 배율로 표현되어 있다. 수직 축의 각 눈금 간격은 세포 밀도 상 10배의 증가를 나타낸다. 이제 표 4.3의 전체 범위를 그래프로 표현할 수 있으며, 24시간 기간의 어떤 시간 값에 대해서도 사용자가 그래프에서 세포 밀도를 찾아볼 수 있다.

수직 방향 배율은 "로그 배율(logarithmic scale)"이라고 불리는데, 이는

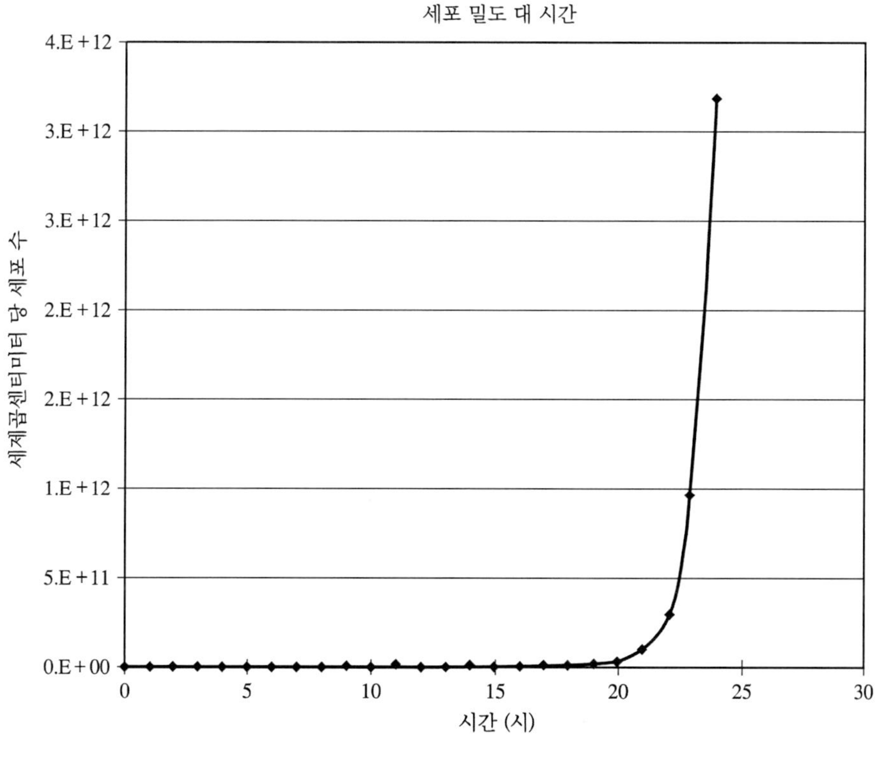

그림 4.6
세포 밀도 대 시간을 나타내는 그래프. 그래프의 두 축 모두 선형 배율을 쓰고 있다.

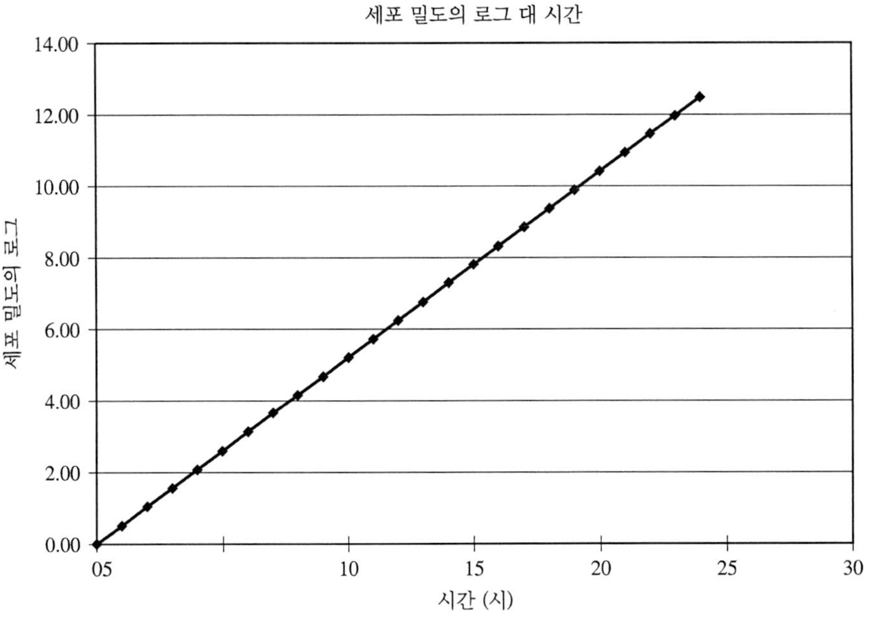

그림 4.7
표 4.3의 자료 점들을 반로그 그래프로 표현. 세포 밀도는 시간에 따라 기하급수적으로 증가하므로 로그 수직 축을 사용하면 더 많은 점들을 그래프 범위 안에 포함시킬 수 있다.

(cm와 같은) 물리적 단위로 측정된 길이는 표현되는 숫자의 로그와 같기 때문이다. 이러한 그래프를 "반로그(semilogarithmic)" 그래프라 부르는 것은 두 축 중의 하나는 로그 배율로 표현되고 다른 하나는 단순 선형 배율로 표현되기 때문이다. 로그 배율은 현재 값을 어떤 기준 값에 대해 정규화시키는 상대적 배율임에 유의하기 바란다. 그림 4.7의 경우, 참조 값은 1/cm^{3}이며, 배율은 상용 로그로 표현된다. 따라서 실제 세포 밀도가 1/cm^{3}이면, 그 로그 값은 0이 된다. 마찬가지로 n = 10/cm^{3}일 때, 그 로그 값은 1.0이 되며, n = 100/cm^{3}일 때, 그 로그 값은 2.0이 된다.

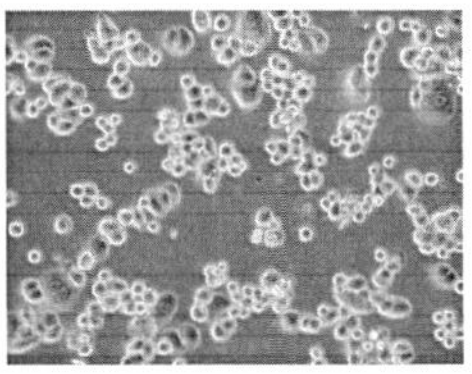

반로그 그래프는 수평 축에 나타내는 데이터가 여러 자릿수에 걸쳐 있을 경우에도 사용될 수 있다. 한 예는 고속 항공기의 속도를 엔진 추력의 함수로 표현하는 경우이다. 공기역학적 항력은 속도의 세제곱에 비례하므로, 높은 속도를 얻기 위해서는 더 센 엔진 출력이 요구된다. 따라서 속도 대 추력의 로그 그래프가 적절할 수 있다.

4.3.2 로그–로그 그래프

때로 엔지니어들은 양쪽 변수 모두 여러 자릿수 범위에 걸쳐 있는 데이터를 표현할 필요가 있으며, 이러한 경우에 **로그-로그(log-log)** 그래프가 유용한 도구가 될 수 있다. 로그-로그 그래프에서는 수평 축과 수직 축 모두 로그 배율을 사용하여 표현된다. 로그-로그 그래프는 종종 어떤 것인가에 대한 물리적 반응 대 자극 변수의 빈도를 표현하기 위해 사용된다(이 경우의 "빈도"라는

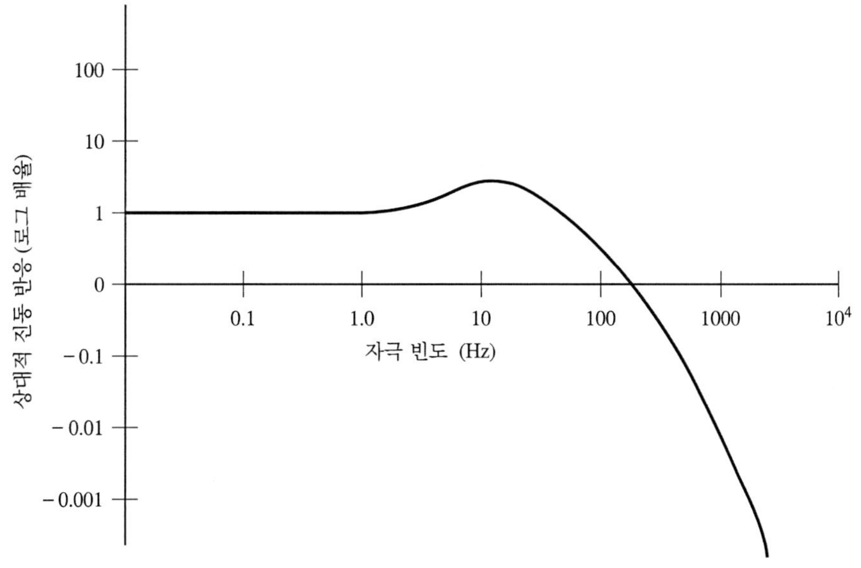

그림 4.8
다양한 빈도의 일정한 크기의 자극에 대한 자동차 서스펜션 장치의 반응

용어는 초당 주기적 자극이 작용하는 횟수를 가리킨다.). 예를 들면, 그림 4.8의 그래프는 센티미터 단위로 측정된 자동차 서스펜션 장치의 진동 크기를 차대에 사인 하중이 작용하는 빈도의 함수로 표현하고 있다. 이 그래프에서 작용되는 사인 하중의 최고 크기는 자극 빈도와 상관없이 항상 동일한 뉴턴 값을 갖는다. 설계자는 넓은 범위의 진동 크기 대 비슷하게 넓은 범위의 적용 빈도를 로그-로그 그래프로 표현할 수 있다.

4.3.3 극좌표 그래프

때로 엔지니어들은 어떤 양에 대한 측정치를 각도의 함수로 표현해야 할 경우가 있다. 이러한 예에는 방향성 안테나의 감도, 인간 청각기관의 청각능력, 광원의 밝기 등이 포함될 수 있다. 이러한 경우에 **극좌표(polar)** 그래프가 유용한 공학도구가 될 수 있다. 극좌표계에서 좌표 변수는 일반적으로 사용되는 x와 y 대신에 반지름 값 r과 각도 θ이다. 극좌표 그래프에서 중심으로부터의 반지름 거리가 주어진 각도에 대해 결정된 값을 나타낸다.

극좌표 그래프의 예 하나를 그림 4.9에 보이고 있다. 이 그래프는 여러 각도에서 도착하는 라디오파에 대한 수신 안테나의 감도를 보여준다. 도착하는 라디오파는 각도에 상관없이 일정한 크기를 갖는 것으로 가정된다. 안테나로부터의 신호는 부호화된 라디오파를 소리나 디지털 데이터로 변환시킬 수신회로에 전달된다. (최대 반지름 거리 r에 해당하는) 이 안테나를 위한 최대 감도는 0°, −90°, +90° 등일 때 발생한다. 반대로 두 번의 수신 두절 각도는 −37°와 +37° 근처에서 발생하며, 이 각도들에서 그래프 원점으로부터의 반지름 거리는 0으로 줄어든다.

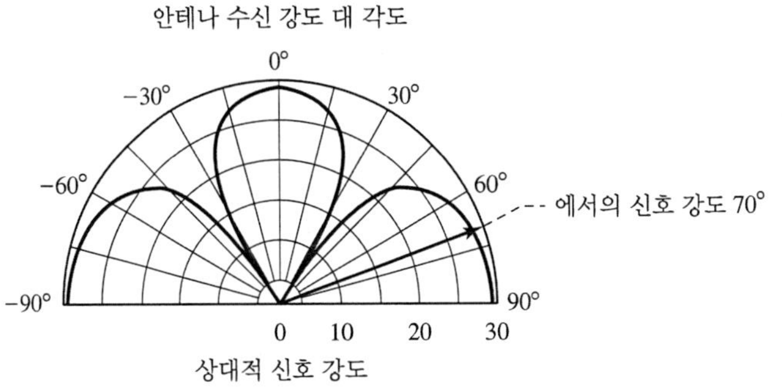

그림 4.9
안테나 패턴에 대한 극좌표 그래프. 원점으로부터의 벡터 길이는 주어진 각도 θ에서의 수신 강도를 나타낸다.

때로 r-축 상에서 표현해야 할 데이터 범위가 여러 자릿수에 걸쳐있을 수 있다. 이러한 경우, 데이터를 적절히 표현하기 위해 로그-반지름 그래프를 사용할 수 있다. 로그-반지름 그래프에서 중심으로부터 그래프 상의 어떤 점까지의 직선거리는 데이터 값에 대한 로그를 나타낸다. 로그-반지름 그래프의 예 하나를 그림 4.10에 보이고 있다. 이 그래프는 마이크의 (방향성이 강한) "팝콘 노이즈" 현상을 각도의 함수로 표현하고 있다. 이 경우 지름 좌표는 다음 공식에 의해 정의되는 **데시벨**(dB)이다.

$$dB = 20 \log_{10} M \tag{4.13}$$

여기서 M은 고정된 기준 소리 세기에 의해 발생되는 출력 수준에 대해 정규화된 마이크 출력이다.

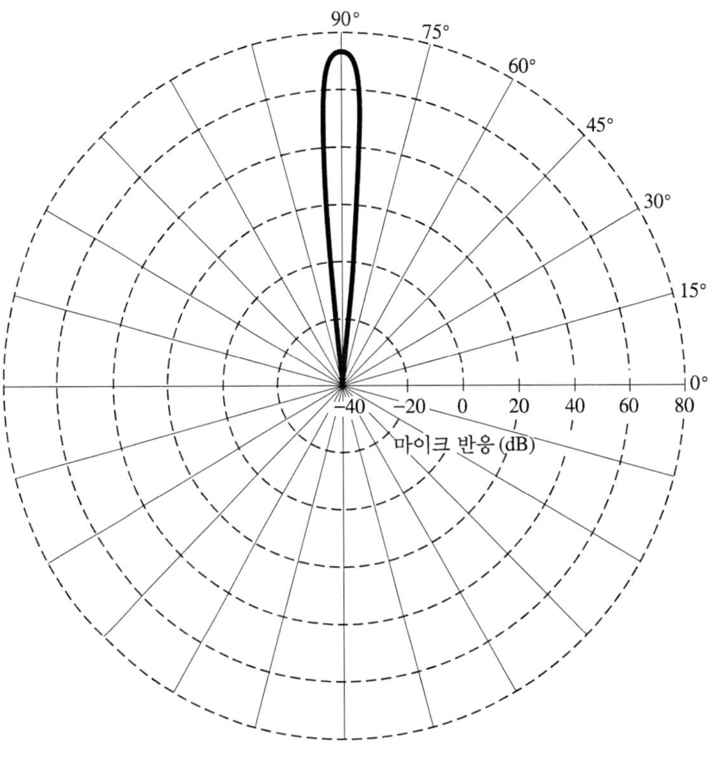

그림 4.10
마이크의 방향성이 강한 "팝콘 노이즈" 현상은 반지름에 로그 배율을 적용하는 극좌표 그래프로 표현하는 것이 가장 적절하다. 이 경우 데시벨(dB) 배율이 선택되었다. 20dB 만큼의 증가는 10배에 해당한다.

4.3.4 3차원 그래프

때로 2차원 그래프로는 공학 데이터를 적절히 표현하지 못할 수도 있다. 주어진 출력 변수가 **두** 개의 입력 변수의 함수일 경우 3차원 (x-y-z) 그래프가 사용될 수 있다. 유감스럽게도 종이나 컴퓨터 화면은 2차원이어서 2 변수 함수를 그래프로 표현하기 위해서는 특별한 기법이 요구된다. 많은 경우 그림 4.11에서 보이는 것과 같은 유형의 **등축(isometric)** 그래프가 이용될 수 있다. 이 그래프는 반도체 표본의 표면 깊이를 x, y 좌표의 함수로 표현하고 있다. 표본의 두께는 0으로 정해진 "평면" 수준에 대해 상대적으로 측정되며, x-y 바탕 평면 위에 산 모양의 윤곽선 높이로 표현된다. 그림 4.11의 그래프는 간섭광학 스캐너를 사용하여 얻은 것이며, 수직 방향 단위는 마이크로미터 즉, 미크론(micron)이다.

z 변수가 x, y 좌표의 함수로 값의 변화가 심할 경우 **윤곽선(contour)** 그래프가 더 적합할 수도 있다. 윤곽선 그래프에서는 동일한 z 값을 갖는 위치들이 (**등압선**이라고 불리기도 하는) 선으로 표현되며, 그래프의 경사 정도는 인접한 등압선 사이의 거리에 반비례한다. 등압선들이 가까울수록 경사가 가파르다. 그림 4.12는 윤곽선 그래프의 예를 보이고 있다. 윤곽선 그래프를 많이 사용하는

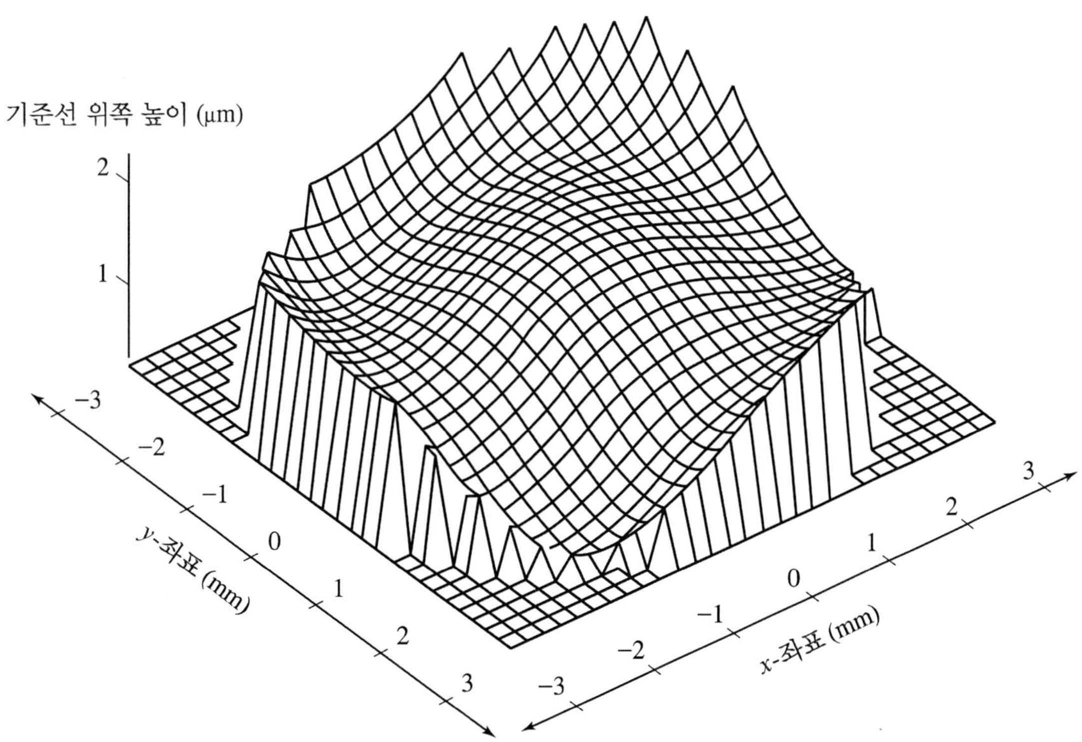

그림 4.11
반도체 표면의 높이를 평면상의 x–y 위치의 함수로 표현한 등축 그래프

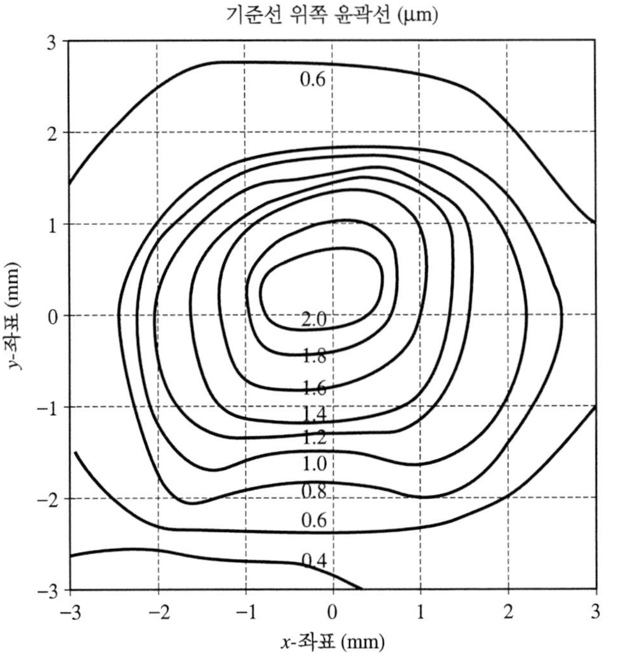

그림 4.12
윤곽선 그래프의 예. 등압선들은 실리콘칩의 표면 윤곽을 나타낸다.

곳 중의 하나는 지도제작 분야이며, 여기에서는 지도상의 영역에 대한 땅의 높이를 등고선으로 표현한다.

연습문제

1. $0 < r < 1\text{m}$ 범위의 반지름의 함수로 원의 면적에 대한 그래프를 그려라. 선형 배율의 *x-y* 그래프와 반로그 그래프 중 어느 것이 더 적절한가?
2. 선형 축과 반로그 축 두 가지로 함수 $y = \sqrt[3]{x+12}$ 에 대한 그래프를 그려라. 반로그 그래프의 경우 수직 축과 수평 축 중 어느 것이 로그 축이 되어야 하는가?
3. 선형 축과 반로그 축 두 가지로 함수 $y = 4x^3 + 6.2x + 12$에 대한 그래프를 그려라. 반로그 그래프의 경우 수직 축과 수평 축 중 어느 것이 로그 축이 되어야 하는가?
4. 미국의 50개 주의 인구를 알파벳 순서의 함수로 나타내는 그래프를 그리고자 한다. 어떤 유형의 그래프를 사용하겠는가?
5. 다이오드라고 불리는 전자 소자를 통해 흐르는 전류는 가해지는 전압에 따라 아래 식과 같이 정해진다.

$$i = I_0 e^{v/V_T} \tag{4.14}$$

$I_0 = 10^{-12}$ 암페어와 $V_T = 25$ 밀리볼트에 대해 위의 식을 그래프로 표현하라.

6. 특정 조건에서 사람 귀의 주파수에 대한 반응은 다음 식으로 표현될 수 있다.

$$H = \frac{f/f_0}{1+(f/f_0)^2} \tag{4.15}$$

여기에서 f는 헤르츠 단위의 주파수 즉, "초당 사이클 수"이며, f_0는 기준 주파수이다. 이 식을 f_0 = 15kHz인 경우 1Hz < f < 100kHz 범위에 대해 그래프로 표현하라. 어떤 유형의 그래프를 사용하겠는가?

7. 피보나치 정수 수열은 다음과 같이 정의된다. 수열의 첫 번째 숫자는 0, 두 번째 숫자는 1, 이후의 숫자는 수열 상에서 그 앞의 두 숫자의 합과 같으며, 0, 1, 1, 2, 3, 5, 8 …과 같은 수열이 생성된다. 이 수열의 첫 50 개의 값을 순서번호의 함수로 나타내는 그래프를 그려라. 어떤 유형의 그래프가 가장 적합할까?

8. 자신이 네브래스카 주 Omaha에 거주하고 있다고 가정하고, 다음 도시들의 인구를 방위각의 함수로 나타내는 그래프를 그려라.

Brownsville	Des Moines	Olympia
Butte	Detroit	Orlando
Chicago	Mesa	Providence
Cleveland	Minneapolis	San Diego
Dayton	Mobile	San Francisco

9. 물리적 현상 중에는 식 $x = N_0(1-e^{-t/T})$으로 설명될 수 있는 것들이 많다. 이 식은 지수부분이 음수이기는 하지만 "상승 기하급수"라고 불린다. N_0 = 100, T = 5인 경우에 대해 이 식을 그래프로 표현하라. 어떤 유형의 그래프가 가장 적합할까?

10. 해양관측데이터센터(www.ndbc.noaa.gov)에서 해양관측 부표 44011로부터의 바람 관련 데이터를 찾아보라. 일주일 기간에 걸쳐 시간 별 바람의 이력을 그래프로 표현할 때 어떤 유형의 그래프가 가장 적합할까?

11. 휴대폰 안테나의 전기 출력은 다음 식으로 표현될 수 있다.

$$P = 2P_0 \sin^2(2\pi \cos\theta)$$

여기에서 P_0는 안테나 출력이 각도 θ의 함수가 아닐 경우에 존재했을 출력이다. P를 θ의 함수로 나타내는 극좌표 그래프를 그려라.

12. 태양계 안의 각 행성의 지름을 태양에서부터의 거리의 함수로 나타내는 그래프를 그려라.

13. K = 12.2, x_0 = 0.01일 때, 식 $y = K(1-e^{-x/x_0})$을 나타내기 위해 적절한 반로그 그래프를 그려라.
14. 1인당 석유 소비량을 국가 인구의 함수로 나타내는 그래프를 그려라. 웹 검색을 통해 필요한 데이터를 찾을 수 있을 것이다.
15. 1인당 소금 소비량을 국가의 함수로 나타내는 그래프를 그려라. 웹 검색을 통해 필요한 데이터를 찾을 수 있을 것이다.
16. 전체 인구에 대해 키와 해당 키의 사람 수를 그래프로 표현하라. 웹 검색을 통해 필요한 데이터를 찾을 수 있을 것이다.

4.4 프로토타이핑

무엇이든 처음으로 설계할 때는 세심한 계획을 필요로 한다. 브레인스토밍 단계부터 설계 사이클의 반복 과정에 이르는 전 과정에서 예견이 뒤늦은 인식보다 더 가치가 있다. 프로젝트의 초기 단계들에서 엔지니어는 종종 아이디어의 타당성을 테스트하기 위해 추정, 스케치, 근사치, 기타 예비 도구 등을 이용한다. 나중의 단계들에서는 적절할 경우 컴퓨터 시뮬레이션을 이용할 수도 있다. 그러나 설계 사이클의 어디에선가 최초의 프로토타입을 제작해야 할 것이다. 프로토타입은 완성품에 대한 실물 크기 모형이며, 중요한 기능들은 모두 실현하고 있지만 외관 등과 같은 비본질적 요소들이나 기본 동작에 중요하지 않은 기능들은 생략한 것이다. 프로토타입은 거의 모든 공학 분야에서 사용된다. 예를 들면, 그림 4.13은 각기 2004년 1월 4일과 1월 25일에 화성에 성공적으로 착륙했던 탐사선 Spirit과 Opportunity의 실물 크기 프로토타입을 보여주고 있다.

그림 4.13
NASA에서 개발한 화성 탐사선의 프로토타입 (사진제공: NASA)

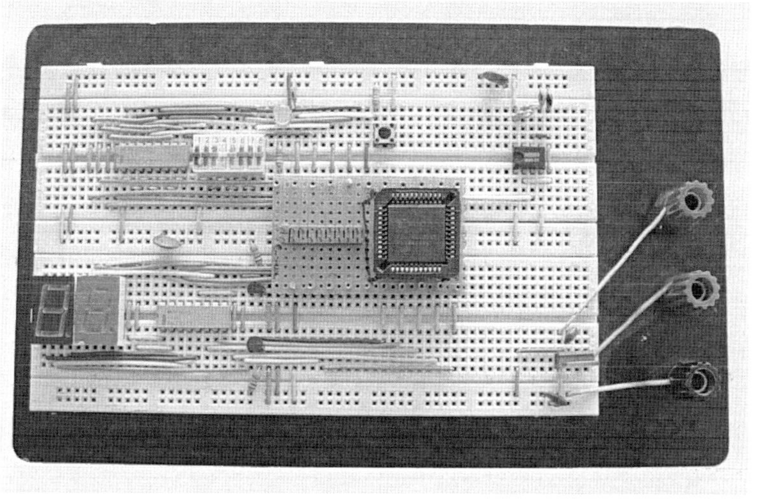

그림 4.14
실험용 보드 상에 잘 배치된 회로

이 탐사선 프로토타입은 워싱턴 DC의 스미소니언 항공우주박물관에 영구전시되어 있다.

제품의 프로토타입은 여러 형태를 취할 수 있다. 전자제품의 경우 프로토타입은 임시 실험용 보드 상에 제작된다. 실험용 보드는 엔지니어가 저항, 콘덴서, 트랜지스터, 집적회로 등을 연결하여 동작 가능한 회로를 만들 수 있게 해준다. 실험용 보드에서는 회로 변경이 쉬우며, 이는 설계 사이클에 내재된 테스트 과정에서 대단히 중요한 특성이다. 그림 4.14에서 잘 배치된 실험용 보드를 보이고 있다.

기계제품을 만드는 일도 수정이 용이한 프로토타입의 사용을 요한다. 프로토타입은 테스트나 평가에 사용될 수 있지만 최종 제품만큼 내구성이나 외적 미관을 갖추지 않아도 되는 버전을 만들기 위해 쉽게 가공할 수 있는 재료로 제작될 수 있다. 예를 들면, 로봇 팔은 최종 제품에서는 스테인리스강으로 제작되겠지만 부품 호환성이나 전반적 성능에 대한 초기 테스트용으로는 목재와

그림 4.15
구멍 있는 막대, 합판, 철망 등으로 만들어진 임시 구조물

알루미늄으로 프로토타입을 만들 수도 있다. 목재나 알루미늄은 드릴 작업이나 형태 구성이 용이하며 쉽게 구할 수 있지만, 힘든 작업에서 스테인리스강이나 티타늄 같은 내구성을 갖지는 않는다. 기계적 프로토타입은 또한 막대, 끈, 철제 앵글, 기타 제작 재료 등을 이용하여 제작될 수도 있다. 그림 4.15에서는 기계적 프로토타이핑의 예를 보이고 있다. 이 프로토타입에 사용되는 막대에는 설계 사이클의 수정 단계에서 신속한 제작과 변경을 위해 여러 곳에 구멍이 뚫려 있다. 이러한 특성은 장치의 기계적 요소의 배치 위치들의 다양한 조합을 가능하게 한다.

물리적 프로토타이핑의 또 다른 예는 그림 4.16에 보이고 있는 볼-소켓형 인공 고관절에서 찾아볼 수 있다. 개발 과정에서 이 장치는 동작 범위에 대한 테스트와 대량생산에 필요한 장비 개발을 위해 알루미늄과 폴리에틸렌으로 제작할 수 있으며, 이 두 가지 재료 모두 쉽게 가공될 수 있는 것들이다. 이식 가능한 완성품은 10배나 비싼 수술 등급의 티타늄과 고강도 폴리머로 제작될 것이다.

건물, 교량, 댐 등과 같은 대형구조물을 설계하는 엔지니어나 건축가에게는 다른 엔지니어들이 봉착하지 않는 핸디캡이 있다. 이러한 구조물의 경우 테스트용 실물 크기 프로토타입을 제작한다는 것은 현실적으로 불가능하다. 예를 들면, 고층 건물이 견딜 수 있는 최대 풍속을 조사하기 위해 외딴 사막에 골조를

그림 4.16
볼-소켓형 인공 고관절. 완성품은 고가의 티타늄으로 제작된다. 개발 과정에서 초기 프로토타입은 알루미늄이나 스테인리스강으로 만들 수 있다.

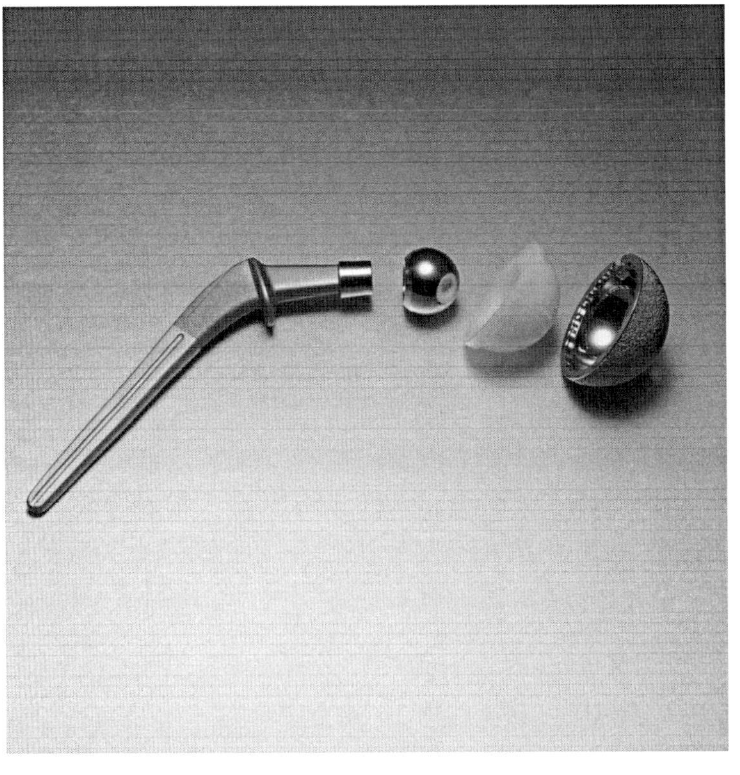

만들어 테스트하는 일은 비용이 너무 많이 들 것이다. 대형구조물을 짓는 엔지니어들은 프로토타이핑 단계에서 축소 모델링을 이용한다. 축소 모델링에서는 일정한 비율로 축소시켜 만든 모형에 대한 관찰을 보외법을 적용하여 실물 크기로 확장하는 기법을 사용한다. 구조적 안정성, 풍력 하중 등의 효과나 대규모의 동작 등을 축소시켜 테스트하고 그 결과를 실물 크기 구조로 쉽게 확장할 수 있다. 축소 모형에 대한 공기역학 효과 테스트를 위해서는 풍동실험이 널리 이용된다. 진동, 연소, 파동현상 등의 효과는 크기 비율에 관계없이 고정된 물리적 변수들에 의해 지배되기 때문에 축소 모델링을 통한 테스트가 어렵다(이는 바다에서의 모형 배나 불타는 건물을 이용한 영화장면에서 현실감이 떨어지는 이유의 하나이다.).

소프트웨어 모듈 또한 프로토타입 단계를 갖는다. 전형적인 (실제 논리적 작업을 수행하는 소프트웨어 프로그램 부분에 해당하는) 소프트웨어 커널은 사용자 접근을 제공하는 그래픽 사용자 인터페이스(GUI)로 둘러싸여 있다. 소프트웨어 설계자는 때로 GUI를 작성하기 훨씬 전에 프로그램의 커널 부분을 작성하고 테스트한다.

예 제 4.3

전기장치에 대한 프로토타이핑

앞 절에서 논의하였듯이 프로토타입 단계는 초기 계획 및 추정 단계에서 잡아내지 못했던 설계 결함이나 문제점을 엔지니어가 밝혀내는 데 도움이 된다. 다음 시나리오는 공학설계에서 세심한 프로토타이핑의 중요성을 보여준다. 이 시나리오에서 티나, 팀, 탤리 등 세 명의 학생들은 다중 학제적 프로젝트 수업을 위해 설계하고 있는 심장박동 모니터의 프로토타입을 테스트한다. 프로젝트의 목적은 달리는 사람의 심장박동을 측정하여 그 데이터를 무선 인터페이스를 통해 육상 코치에게 전달할 수 있는 장치를 설계하는 것이다. 이 장치는 또한 보행 중인 심장병 환자를 위한 의료진단 도구로 이용될 수도 있을 것이다. 전기공학을 전공하는 티나는 주로 심장 모니터링 센서를 담당한다. 기계공학 전공인 팀은 달리는 사람의 심장 위의 센서를 잡고 있을 케이스와 고정벨트를 설계한다. 컴퓨터공학 전공인 탤리는 심장박동을 측정하기 위한 마이크로프로세서 장치와 데이터를 운동장 옆의 기지국으로 전송할 무선링크를 설계한다. 이들이 만들 시스템 전체에 대한 스케치를 그림 4.17에서 보이고 있다.

현재 학생들은 달리는 사람이 착용할 마이크 센서를 테스트하고 있다. 이들은 탤리의 타이밍 회로, 무선링크, 기지국 등을 추가하기 전에 티나의 회로와 팀의 고정벨트 등을 포함하는 센서 쪽을 완성하기로 계획하고 있다. 티나가 맡은 부분은 마이크, 앰프, 신호조절 회로 등이다. 마이크와 앰프는 사람의 심장박동을 아날로그 신호로 변환하는 역할을 하며, 신호조절 회로는 각 심장박동을 탤리의

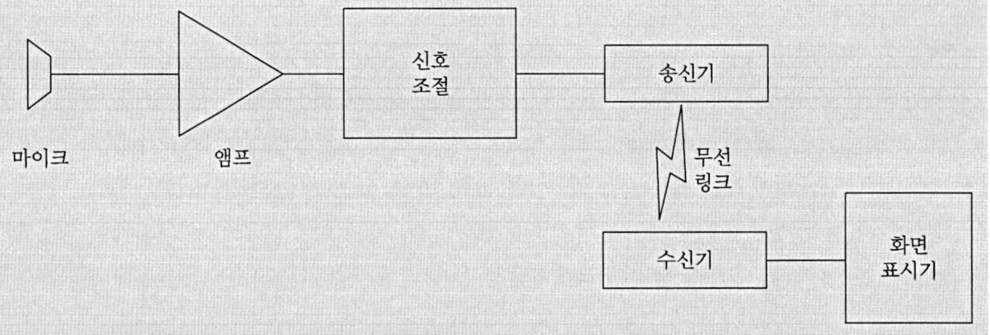

그림 4.17
달리는 사람에 관한 데이터를 운동장 옆의 기지국으로 전송하는 심장 모니터에 대한 블록 다이어그램

측정 장치에 입력될 수 있는 하나의 디지털 펄스로 변환시킨다. 티나는 가까운 테이블 위에 올려놓은 임시 실험용 보드 상에 모니터링 회로를 구성한다. 프로토타입의 최종 버전에서 이 회로는 소형 인쇄기판에 배선으로 연결되어 달리는 사람이 착용할 부드러운 플라스틱 케이스 안에 들어갈 것이다.

팀이 만든 고정벨트를 이용하여 달리는 사람 역할을 자원한 탤리에게 마이크를 착용시켰다. 티나가 오실로스코프에서 앰프 출력을 살펴보는 동안 탤리는 제자리에 서 있으며, 신호는 그림 4.18에 보이고 있는 기록 형태를 갖는다. 학생들은 인간 심장박동의 표준적인 특징을 갖는 파형을 파악한다. 티나는 오실로스코프를 신호조절 회로의 출력에 연결한다. 신호조절 회로에서 생성된 펄스들은 그림 4.19에서 보이는 형태를 갖는다. 이러한 펄스들 사이에 있는 수평 눈금의

그림 4.18
그림 4.17의 앰프의 출력. 이 파형은 인간 심장박동의 소리 특성과 비슷하다.

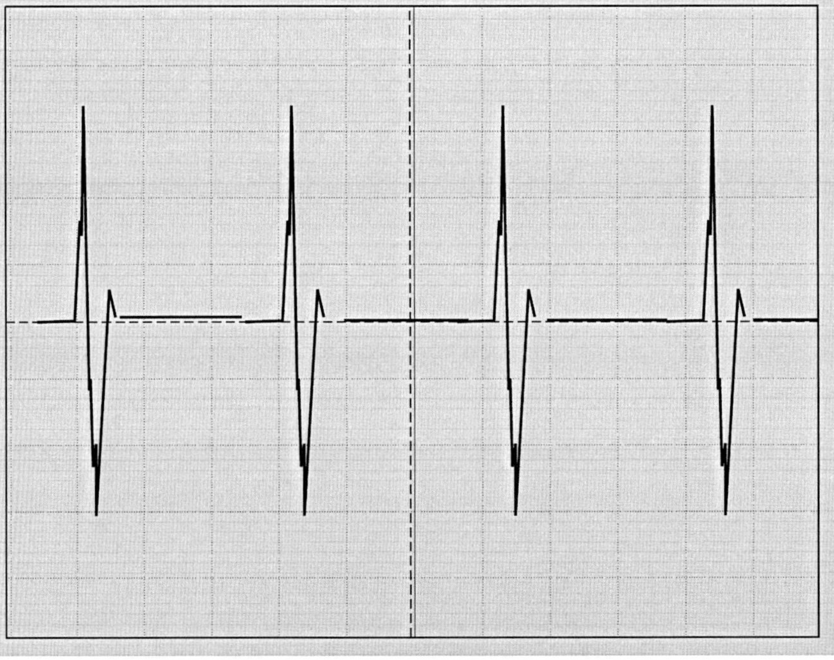

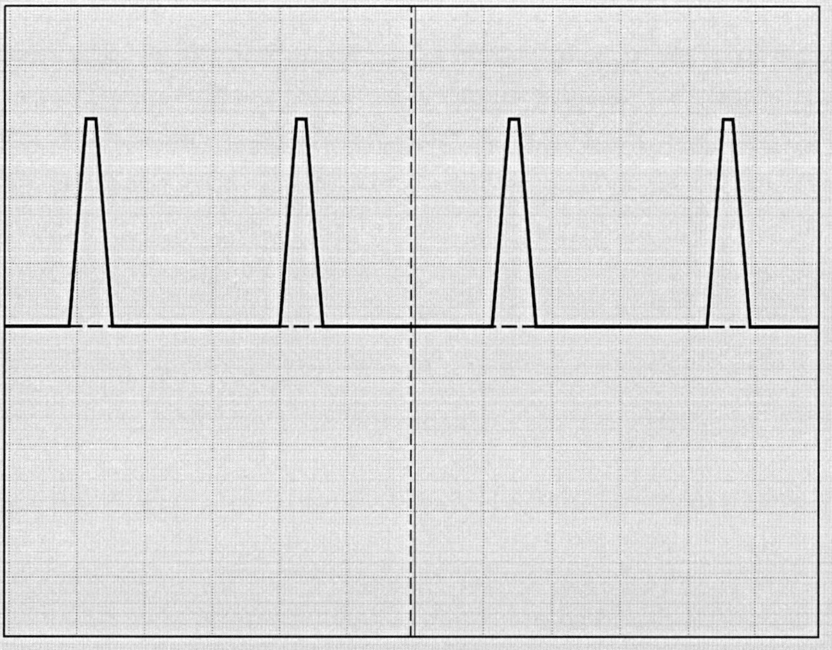

그림 4.19
그림 4.18의 신호에 대응되는 그림 4.17의 신호조절 회로의 출력. 분당 펄스 수는 맥박에 의해 정해진다.

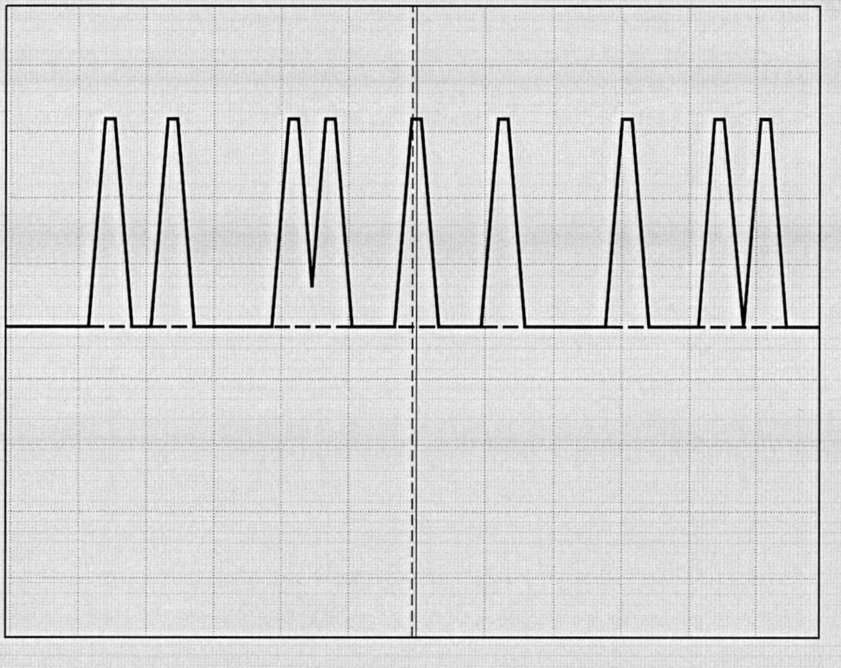

그림 4.20
제자리에서 뛸 때의 신호조절 회로의 출력. 신호는 불규칙하며, 이는 장치 어딘가가 잘못되었음을 나타낸다.

수를 세어보고 오실로스코프의 눈금당 시간 설정을 확인함으로써 탤리의 심장박동이 대략 분당 60회라는 것을 추정할 수 있다.

다음에 티나는 탤리에게 제자리에서 뛰도록 요청한다. 이제 오실로스코프 상의 펄스는 그림 4.20처럼 나타난다. 펄스들의 간격은 더 이상 일정하지 않으며, 이는 탤리의 맥박이 위험스럽게 불규칙해졌음을 의미한다. 물론 탤리는 아무 이상이 없으며 뛰기를 멈추었을 때 펄스는 고른 간격의 규칙적인 패턴으로 돌아온다. 학생들은 현명하게 건강문제를 불규칙한 맥박의 원인에서 배제한다. **도대체 무엇이 잘못 되었을까?** 티나가 자문한다. 티나는 다시 탤리에게 뛰어보라고 요청하며, 똑같은 일이 일어난다. 펄스는 불규칙해지며 간격은 일정하지 않다.

잠깐 생각해보고 나서 학생들은 탤리가 뛰기 시작했을 때 나타나는 현상이 마이크 연결 상태의 불량으로 인한 것이 아닌지 의심한다. 이들은 마이크 배선을 앞뒤로 당겨보는 등 마이크를 조작해본 후 펄스 패턴에 아무런 변화가 없음을 관찰하게 된다. 탤리가 다시 한 번 뛰어보지만 펄스는 또 다시 불규칙해진다.

팀이 티나의 신호조절 회로로 입력되는 지점에서 프로토타입의 앰프 출력을 조사한다. 탤리가 쉬고 있을 때 마이크 신호는 그림 4.18에서처럼 정상으로 나타나며, 신호조절 회로를 거친 신호는 그림 4.19에서와 같은 형태가 된다.

팀이 "불규칙한 걸음걸이로 뛰어봐."라고 제안하며, "뭔가 확인해볼 게 있어."라고 말한다. 탤리는 "힙합" 뛰기를 시작하며, 기록 결과는 4.21의 형태로 나타난다.

"무얼 생각하고 있는지 알 것 같아. 탤리 발이 바닥을 치는 소리까지 마이크로 들어가는 거지."라고 티나가 말한다. 의문은 해결되었다.

"앰프 회로를 바꿀 수 있겠어?"라고 탤리가 묻는다.

"내 생각에 팀의 마이크 고정벨트를 재설계하면 문제가 해결될 수 있을 것 같은데. 탤리 가슴에 닿는 곳에 부드러운 패드를 대고 방음 폼 안에 넣으면 도움이 될 거야."라고 티나가 대답한다. 학생들은 회로의 재설계에 착수하기 전에 비용이 별로 들지 않는 이러한 해결책을 시도해보기로 합의한다.

그림 4.21
제자리에서 뛸 때의 앰프 출력 신호. 학생들은 달리는 사람의 발이 바닥을 치는 소리가 기록에 추가되어 있음을 깨닫는다.

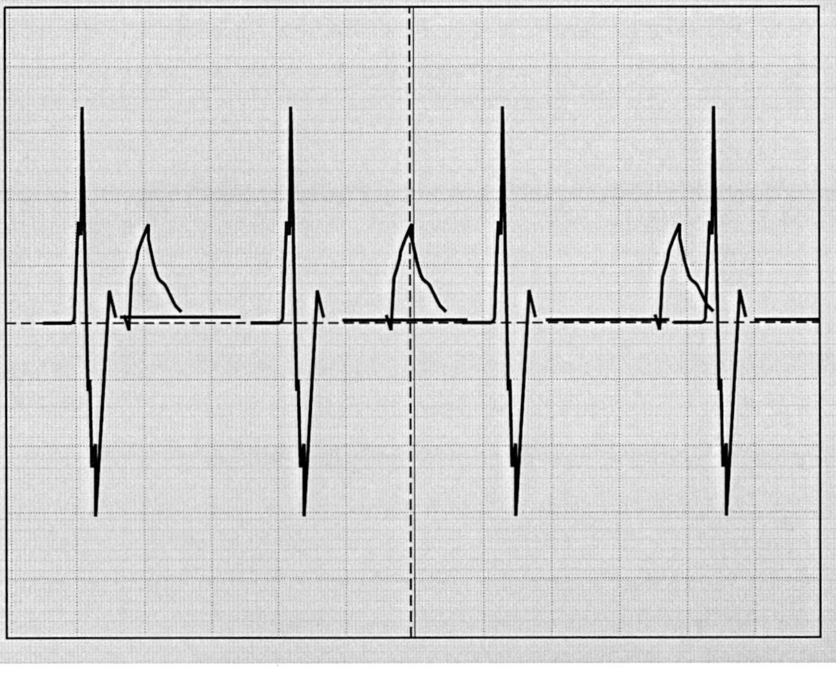

학생들은 실험실에서 포장용 폼을 찾아 잘라서 자신들의 아이디어를 테스트해본다. 폼의 추가로 오실로스코프 상에 원하지 않는 신호를 크게 줄일 수 있었다. 이제 설계 반복 과정을 거쳐 이 해결책에 완벽을 기하는 작업을 해야 할 것이지만, 이 문제는 해결된 것처럼 보인다.

직업적 성공의 비결: 프로토타이핑 재료를 어디에서 구할 것인가

프로토타입의 제작에 필요한 재료들은 여러 곳에서 구할 수 있다. 기계 구조물 제작을 위해서는 근처의 철물점에서 시작할 수 있다. 많은 제품을 갖춘 철물점에서는 온갖 종류의 너트, 볼트, 연접봉, 은못, 못, 스프링, 경첩, 선반받이 등을 판매한다. 전선, 전기 단자, 테이프, 소켓, 스위치 등도 철물점에서 구할 수 있다. 대형 철물점, 목재소, 배관재료 판매점, 전기재료 판매점, 정원 용품 판매점 등이 합쳐진 홈센터는 합판, 각종 끈, 철제 앵글, 파이프, 선반받이 등과 같은 구조물 프로토타이핑 재료들에 대한 훌륭한 공급원이다(참고: www.homedepot.com). 아주 기본적인 전자부품이나 실험용 보드 등은 Radio Shack™과 같은 근처의 소매점에서도 구할 수 있다. www.digikey.com, www.jameco.com, www.mpja.com, www.newark.com 등과 같은 사이트에서 인터넷쇼핑을 통해 보다 다양한 부품을 싼 값에 구할 수 있다.

4.5 역공학

역공학은 엔지니어가 다른 사람이 만든 제품의 동작 방법을 파악하기 위해 그 제품을 분해하는 프로세스를 가리킨다. 이 설계도구는 경쟁사의 제품을 자신의 기술을 이용해 자신의 버전을 새로 만들고자 할 경우에 특히 유용하다. 역공학은 전 세계의 기업들에 의해 일상적으로 실행되고 있다. 불공정한 방법처럼 보이지만, 경쟁사가 취한 접근방법을 파악하여 피함으로써 특허침해나 기타 법적 문제들을 피하기 위한 좋은 방법일 수 있다. 문서 증적이 분실되거나 부실한 자사의 제품에 대해서도 역공학은 그 동작을 이해하기 위한 좋은 방법일 수 있다.

어떤 제품에 대해 역공학을 수행하는 쉬운 방법은 분해해보는 것이다. 어떤 장치를 완전히 분해해보면 그 안의 구성요소들과 장치가 적절히 기능하기 위해 구성요소들이 어떻게 상호작용하는 지에 대한 세부사항이 드러난다. 예를 들면, 그림 4.22는 위성용 적외선 탐지기 모듈의 분해된 부품들을 보여준다. 그림에서 점선들은 모듈 안의 다양한 부품들이 어떻게 조립되어야 할지를 나타낸다.

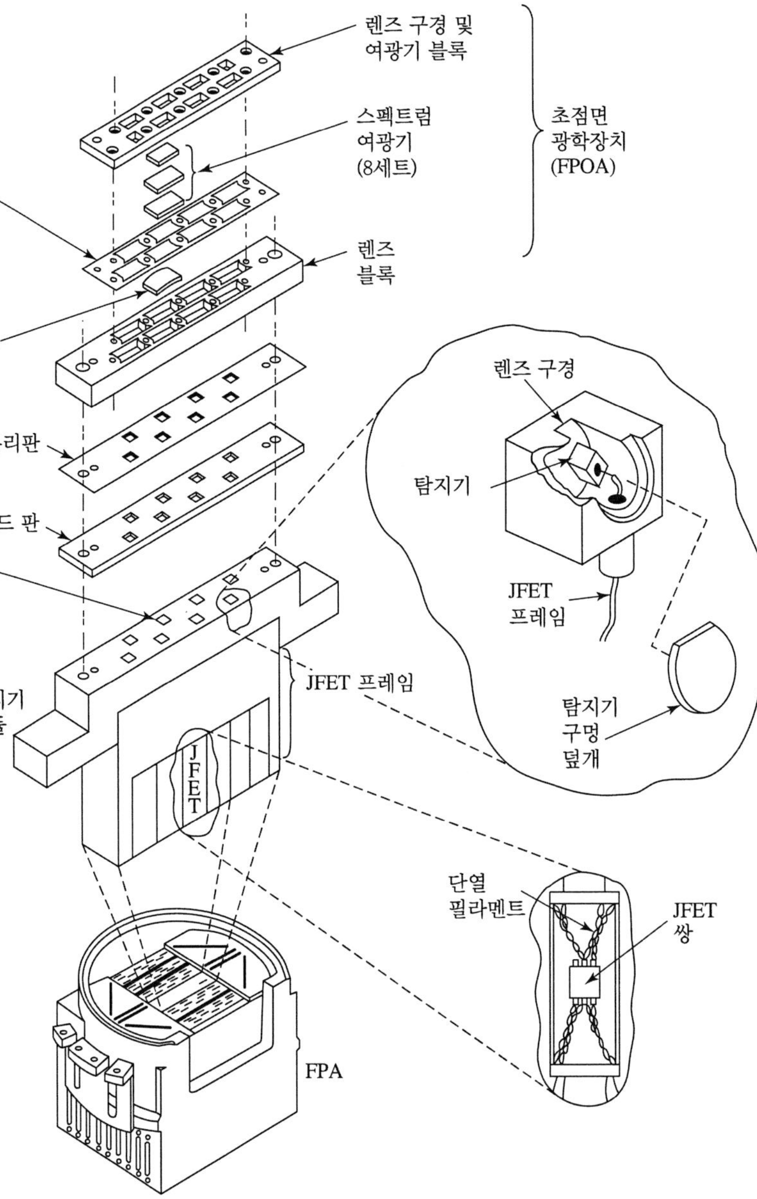

그림 4.22
위성용 적외선 탐지기 모듈의 분해도 (사진제공: NASA)

소프트웨어 영역에서도 인터넷 웹페이지를 작성할 때 역공학이 권장된다. 모든 주요 웹브라우저들은 사용자 컴퓨터로 다운로드되는 웹페이지를 인코딩하기 위해 사용되는 명령들인 HTML 코드를 보고 해독하기 위한 수단을 제공한다. 이러한 관행은 인터넷의 태동 이래 그 특징이 되어온 개방적 정보교환 환경을 촉진하고 있다. 이와는 대조적으로 C, C++, Java, MATLAB, Mathematica, MathCAD, Fortran 등과 같은 고급 프로그래밍 언어로 작성된 소프트웨어에 대한 역공학은 어려울 수 있으며, 특히 소프트웨어에 대한 문서화가 부실할 경우에는 더욱 어려워진다. 소프트웨어 프로그램 안의 무수한 실행 경로와 논리적 갈래 길은 프로그램을 읽는 사람에게 혼동을 일으킬 수 있으며 프로그램이 어떻게 동작하는지 이해하기 어렵게 만든다.

4.6 컴퓨터 분석

엔지니어가 어떤 장치를 처음 설계할 때는 종종 기본 동작 원리를 테스트하기 위해 단순화된 프로토타입을 제작한다. 간단히 손으로 한 계산만으로도 제대로 된 프로토타입을 제작하기 위한 사전 준비로 충분한 경우가 많다. 그러나 경우에 따라서는 설계 개념의 타당성을 확인하기 위해 복잡한 계산이 필요할 수도 있다. 이러한 확인 과정에서 컴퓨터는 중요한 요소가 될 수 있다. 시뮬레이션은 컴퓨터가 크게 도움이 되는 주요 작업 중 하나이며, 교량에서부터 전자회로에 이르기까지의 시뮬레이션에서 엔지니어들을 돕기 위한 수많은 소프트웨어들이 존재한다. 널리 사용되는 시뮬레이션 프로그램에는 PSpice(전기 및 전자 회로), Pro-Engineer™와 Solidworks™(입체모델링), Simulink™(공학시스템 분석), FEMLAB™(구조해석 및 파장분석) 등이 포함된다. MATLAB™, Mathcad™, Mathematica™ 등과 같은 일반 수리 프로그램도 공학문제의 분석에 대단히 유용하다. 아래의 예제에서는 동적 조각의 설계를 돕기 위해 시뮬레이션이 사용되고 있다. 분석 단계의 예는 MATLAB 프로그래밍 언어를 사용하여 제시된다. 비록 이 예제에서는 MATLAB이 사용되고 있지만, 여기에서 설명하는 방법은 범용성이 있으므로 수치 계산을 수행할 수 있는 어떤 컴퓨터 언어나 소프트웨어 프로그램을 사용해도 된다.

예 제 4.4

이동하는 물체의 궤적 계산

이 예제는 과학박물관이나 공항 등에서 쉽게 찾아볼 수 있는 유형의 동적 조각을 설계하기 위해 사용되는 계산에 대해 기술한다. 그림 4.23에서 이러한 장치의 예를 보이고 있다. 여러 개의 공을 공 엘리베이터에 넣으면 공을 하나씩 여러 다른 경로로 보내는데, 각 공이 여행하는 경로는 이전 공들의 여행 이력에 따라 결정된다. 장치의 바닥에 도달하기까지의 여행 과정에서 개별 공은 벨을 울리거나, 레버를 움직이거나, 계단을 통통거리며 내려가거나, 다양한 종류의 곡예를 부린다. 동적 조각들에 공통된 구성요소는 바닥에 위쪽을 향한 발사관이 달린 하방경사트랙이다. 경사트랙 상단에서 공을 놓으면 트랙을 따라 내려가면서 가속되어 조정 가능한 발사관으로 들어가서 멀리 떨어진 목적지점을 향해 발사된다. 그림 4.24의 도면에서 암시하고 있듯이 공이 목적지점을 정확히 맞히도록 트랙과 발사관을 설계하기 위해서는 뉴턴 물리학에 기초한 분석이 필요하다.

그림 4.23
동적 조각. 공은 자단 상자 위로 떨어져 충격음을 낸다.

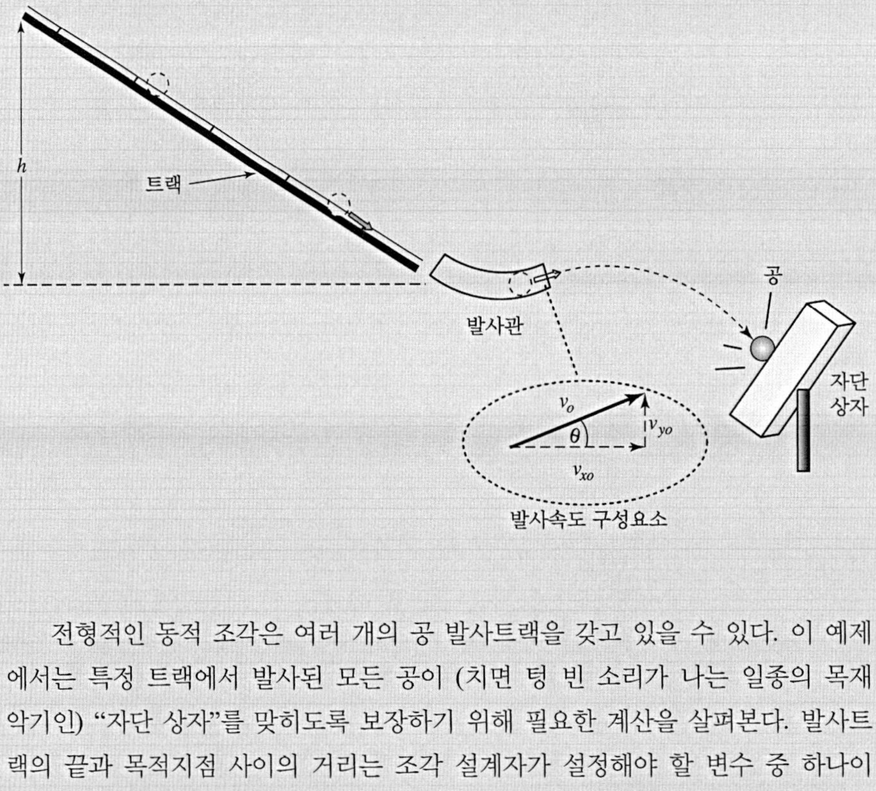

그림 4.24
공이 목적지점을 정확히 맞히도록 트랙과 발사관을 설계하는 일은 분석 작업을 필요로 한다.

전형적인 동적 조각은 여러 개의 공 발사트랙을 갖고 있을 수 있다. 이 예제에서는 특정 트랙에서 발사된 모든 공이 (치면 텅 빈 소리가 나는 일종의 목재 악기인) "자단 상자"를 맞히도록 보장하기 위해 필요한 계산을 살펴본다. 발사트랙의 끝과 목적지점 사이의 거리는 조각 설계자가 설정해야 할 변수 중 하나이다. 자단 상자의 위치를 선정한 후 설계자는 공이 목적지점을 맞힐 수 있도록 정확한 발사트랙 각도, 발사트랙 길이, 발사각 등을 결정해야 한다. 선택된 트랙 변수들은 최종 조각을 제작하기 전에 트랙 프로토타입에서 테스트되어야 한다.

그림 4.25에서 보이고 있는 테스트 장치는 고정 길이의 발사트랙, 끝부분의 유연한 발사관, 트랙 기울기를 다양한 각도로 설정할 수 있는 고정용 받침대 등으로 이루어진다. 공의 낙하지점을 변경함으로써 다양한 트랙 길이를 모방할 수 있다.

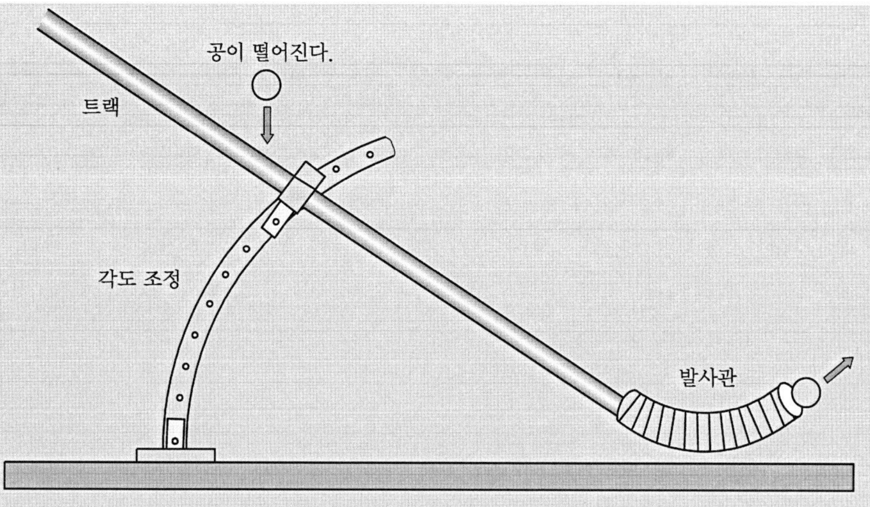

그림 4.25
고정 길이의 발사트랙과 끝부분의 유연한 발사관. 고정용 받침대를 조정하여 트랙 기울기를 다양한 각도로 설정할 수 있다.

이 조각의 특정 구역에 자단 상자가 발사관 끝에서 40cm 떨어진 곳에 20cm 위쪽에 위치하고 있다. 공은 5cm의 지름에 135g의 무게를 갖는다. 공기저항을 무시할 경우, 낙하하는 공에는 중력만 작용할 것이며 따라서 포물선 궤적을 그리며 이동할 것이다. 따라서 트랙의 길이나 경사각, 발사관의 각 등에 대한 선택은 전체 설계의 일부분이 된다.

컴퓨터는 공의 궤적을 쉽게 풀 수 있다. 트랙을 떠날 때 공의 초기 속도를 v_0로 가정하자. 처음 공을 놓아준 후 공의 운동 방정식은 아래와 같은 뉴턴의 운동 법칙에 의해 정해진다.

$$\mathbf{F} = m\mathbf{a} \tag{4.16}$$

여기에서 **F**는 공에 작용하는 전체 힘이며, **a**는 공의 가속도이다. 공기저항을 무시하면, **F**는 전적으로 중력에 의해 결정되며 y-축 방향으로만 작용한다.

미적분학을 사용하여 뉴턴 법칙의 x-요소와 y-요소를 적분하면, 아래와 같은 결과를 얻을 수 있다.

$$x = x_0 + v_{x0}t \tag{4.17}$$

$$y = y_0 + v_{y0}t - gt^2/2 \tag{4.18}$$

여기에서 x_0와 y_0는 $t = 0$일 때의 공의 위치를 나타내며, v_{x0}와 v_{y0}는 각기 공의 초기 속도의 x-요소와 y-요소를 나타낸다. $g = 9.8\text{m/s}^2$는 중력계수이며, $gt^2/2$는 식 (4.16)의 y-요소에 적분을 적용한 결과로서 중력으로 인한 공의 낙하거리를 나타낸다. 중력은 x 값에는 영향을 미치지 않음에 유의하라. 일단 공이 발사관을 떠나면 수평 방향의 속도는 시간이 지나더라도 변하지 않으며, 공의 높이만이 중력의 영향을 받는다.

$t = 0$일 때 공이 발사관을 떠나는 속도는 트랙 상단의 출발점에서 공에 저장

되는 위치에너지 W에 의해 결정된다.

$$W = mgh \tag{4.19}$$

여기에서 m은 킬로그램 단위로 표시되는 공의 질량이며, mg는 공에 작용하는 중력이며, h는 발사지점을 기준으로 한 공의 높이를 미터 단위로 나타낸 것이다. 물론 공을 높이 h만큼 들어올리기 위해 필요한 전체 위치에너지 즉, 일의 양을 구하기 위해 수직 방향 힘의 방정식 $F_y = -mg$를 수직 방향 y의 함수로 적분함으로써 식 (4.19)를 유도할 수 있다.

$$W = -\int F_y \, dy = mgh \tag{4.20}$$

공이 굴러 내려가며 이 위치에너지는 전면 방향의 이동과 회전이라는 형태의 운동에너지로 변환된다. 이때 전면 방향의 이동만이 공의 궤적 계산에서 중요하다. 회전 에너지는 전면 방향 이동을 위한 운동에너지로 변환되지 않는 위치에너지 부분에 해당한다.

아주 정확한 분석에서는 공에 저장된 회전 에너지까지 고려하겠지만, 여기에서는 논의의 편의를 위해 마찰로 인한 손실분과 공의 회전에너지는 무시할 정도라고 가정한다.

발사 순간의 공의 운동에너지 K는 아래와 같이 전면 방향 이동 에너지로 표현될 수 있다.

$$K = \frac{mv_0^2}{2} \tag{4.21}$$

여기에서 v_0는 공의 초기 속도이다. K를 W와 같게 두면(즉, 위치에너지 전부가 운동에너지로 변환되었다고 가정하면), v_0를 아래와 같이 초기 높이 h의 함수로 표현할 수 있다.

$$v_0 = \sqrt{2gh} \tag{4.22}$$

v_0는 공의 질량 m과 무관하다는 점에 유의하라. 이는 모든 물체는 질량에 관계없이 동일한 속도로 낙하한다는 우리의 지식에 부합된다.

간단한 삼각법을 이용하여 발사 속도의 수평방향 요소와 수직방향 요소를 아래와 같이 발사각의 함수로 표현할 수 있다.

$$v_{x0} = \sqrt{2gh}\cos\theta \tag{4.23}$$

$$v_{y0} = \sqrt{2gh}\sin\theta \tag{4.24}$$

여기에서 θ는 발사관을 떠날 때의 발사각이다. 식 (4.17), (4.18), (4.23),

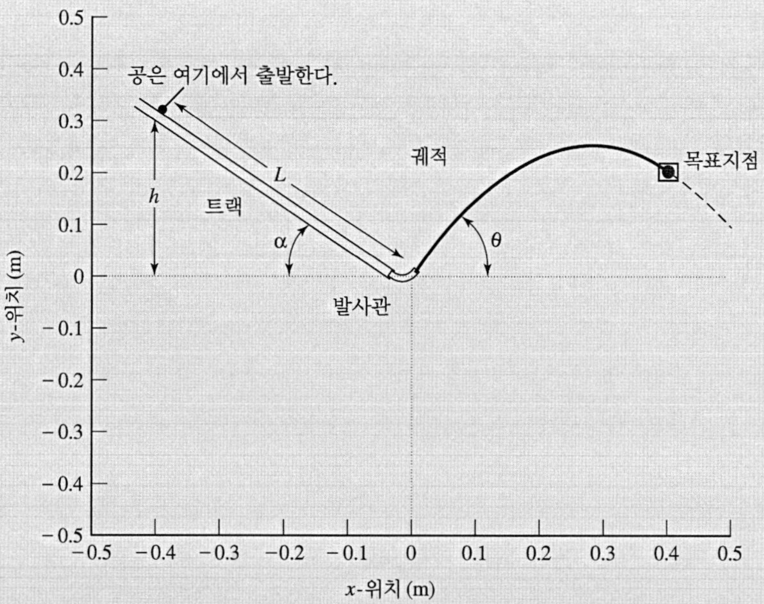

그림 4.26
공의 포물선 궤적과 착륙 위치. 이 시뮬레이션을 위한 변수들은 L = 0.51m, h = 0.33m, $\alpha = 40°$, $\theta = 61°$와 같이 정해졌다. 목표지점은 발사지점을 기준으로 x = 0.4m, y = 0.2m에 위치한다.

(4.24) 등을 이용하여 공이 자단 상자 쪽을 향해 이동하는 동안의 정확한 궤적을 대수식으로 계산할 수 있으며, 그 결과를 그림 4.26에서 그래프로 보이고 있다. 또 다른 방법은 트랙 변수들에 여러 값을 선택한 다음 컴퓨터로 공의 궤적을 그래프로 표시하고 이 궤적이 상자를 맞히는지 관찰하는 것이다. 이 방법은 직접적인 계산만큼 정확한 답을 제공하지는 못하겠지만, 시각적 이점이 있고 컴퓨터 구현에 적합하다.

예 제 4.5

MATLAB을 사용하여 궤적을 그래프로 표시하기

공의 궤적을 그리는 작업은 스프레드시트나 C++, Mathematica, MATLAB 등의 프로그래밍 언어를 포함하는 많은 소프트웨어 도구 중 아무 것이나 사용하여 수행될 수 있다. 이 예제에서는 엔지니어들이 많이 사용하는 소프트웨어 도구인 MATLAB을 사용하기로 한다.

MATLAB은 특히 공학문제의 해결에 적합한 다양한 기능을 갖고 있으며 포괄적인 프로그래밍 환경을 제공한다. MATLAB의 구문은 프로그래밍 언어 C와 비슷하지만, 데이터의 조직화와 그래프 표현, 행렬 계산, 변수의 관찰, 연립방정식 풀이, 미분방정식 풀이 등을 위한 간단한 명령들을 제공한다. MATLAB의 강점은 많은 데이터에 대한 조작과 그래프 표현 능력에 있다. MATLAB 학습을 위한 다양한 참고 서적들이 있다.[2]

[2] Etter, D., Kuncicky, D., and Moore, H. *Introduction to Matlab* 7, Upper Saddle River, NJ: Prentice Hall, 2005. Hanselman, D.C. and Littlefield, B. L. *Mastering Matlab* 7, Upper Saddle River, NJ: Prentice Hall, 2005.

MATLAB으로 작성된 코드 예를 아래에 보이고 있다. 이 프로그램은 먼저 사용자에게 발사관 길이, 발사각, 발사관 출구를 기준한 자단 상자의 위치 등을 위한 값을 입력하도록 요청한다. 그런 다음 공의 초기 높이, 출구에서의 속도의 *x*-요소와 *y*-요소 등을 계산하고 공의 궤적을 그린다. 공의 궤적을 그리기 위해 매번 **while** 루프를 반복할 때마다 *t*를 *dt*라는 작은 시간만큼 증가시킨다. 이 루프의 반복은 *x*, *y*가 $-0.5\text{m} < x < 0.5\text{m}$와 $-0.5\text{m} < y < 0.5\text{m}$로 임의로 정해진 해답 공간 범위 안에 있는 동안 계속된다. 각 루프의 끝에서 프로그램은 가장 최근에 계산된 (x, y) 위치에서 새로 계산된 위치까지 궤적을 확장한다. 그래프를 눈으로 보면 궤적이 자단 상자 상의 원하는 위치를 맞힐 수 있을 지 알 수 있다.

발사각 θ, 트랙 길이 L, 경사각 α 등을 위한 최선의 값을 시행착오를 통해 구할 수 있다. 그림 4.26은 발사 변수가 $L = 0.51\text{m}$, $h = 0.33\text{m}$, $\alpha = 40$, $\theta = 61$일 때의 궤적을 보여주고 있으며, 이러한 변수 조합을 얻기 위해 다양한 변수 값들에 대한 시행착오가 반복되었다.

```
%%%%% MATLAB 프로그램 코드 %%%%%%%%
%%%%% 트랙을 타고 내려가서 특정 발사각으로 발사관을 빠져나가는
%%%%% 공의 궤적을 계산한다.
%%%%% 발사지점은 x=0, y=0로 가정한다.
%%%%% 변수 설정:
xT=input('ENTER Target x-position in meters: ');
yT=input('ENTER Target y-position in meters: ');
L=input ('ENTER length of ball travel distance down track, in
meters: ');
alpha=input('ENTER ANGLE OF TRACK INCLINATION in DEGREES: ');
alpha=alpha*pi/180;          %각도를 라디안으로 변환한다.
theta=input('ENTER ANGLE OF LAUNCH in DEGREES: ');
theta=theta*pi/180;          %각도를 라디안으로 변환한다.
h=L*sin(alpha);              %y=0에 대한 출발지점의 상대적 높이를
                              계산한다.
vo=sqrt(2*g*h);              %발사시점의 전체 공의 속도를 계산한다.
vxo=vo*cos(theta);           %발사속도의 x-요소를 계산한다.
vyo=vo*sin(theta);           %발사속도의 y-요소를 계산한다.
g=9.8;                       %m/s^2 단위의 중력가속도
                             %계산과 그래프 작성을 준비한다.
                             %화면상에 그래프 축들을 그린다.
close                        %전에 열어둔 그림들을 모두 닫는다.
S=0.5;                       %축의 폭을 임의로 설정한다.
axis([-S S -S S]); hold on
plot(xT,yT,'ob')             %목표지점을 화면상에 그린다.
line([-L*cos(alpha) 0], [h 0])
                             %트랙을 그린다.
```

```
line([-L*cos(alpha)+0.01 0.01], [h+0.01 0.01]) %트랙을 그린다.
xo=0.001; x=xo              %x의 초기값을 설정한다.
yo=0.001; y=yo              %y의 초기값을 설정한다.
t=0;                        %초기 시간을 0으로 설정한다.
dt=0.1*L/vo;                %시간 증가치를 설정한다.
%-----------------------------------------------------------------
while (x>S & y<0)           %궤적이 범위를 벗어날 때까지 계산한다.
t=t+dt;                     %시간을 증가시킨다.
xnew=vxo*t;                 %새로운 x-위치를 계산한다.
ynew=vyo*t-0.5*g*(t^2);     %새로운 y-위치를 계산한다.
                            %새로 계산된 궤적 구간을 추가하여 그린다.
plot ( [x xnew] , [y ynew],'-r' ); hold on
drawnow;                    %화면에 구간을 그린다.
x=xnew; y=ynew              %x, y의 값을 갱신한다.
end
%-----------------------------------------------------------------
```

연습문제

1. 해석학적 계산을 이용하여 발사각 40°, 트랙 길이 1m, 트랙 경사각 40°에 대해 그림 4.26의 궤적을 계산하라. 자단 상자의 y-좌표가 발사관 출구와 동일한 높이일 경우 x-좌표를 결정하라.
2. 해석학적 계산을 이용하여 발사각 75°, 트랙 길이 0.5m, 트랙 경사각 40°에 대해 그림 4.26의 궤적을 계산하라. 자단 상자의 x-좌표가 발사관 출구에서 25cm 떨어져 있을 경우 y-좌표를 결정하라.
3. 예제 4.6의 프로그램을 MATLAB을 실행할 수 있는 컴퓨터에 입력하라. 자단 상자 상의 목표지점은 x = 25cm, y = −10cm라고 하자. 트랙 길이 65cm, 트랙 경사각 30°에 대해, 공이 목표지점을 맞히기 위한 발사각을 구하라.
4. 예제 4.6에서 공이 여행하는 수평 거리를 최대로 하기 위한 발사각은 얼마인가? $y > 0$인 궤적 부분만이 관심대상이라고 가정하라.
5. 예제 4.6에서 목표지점이 발사관 출구보다 20cm 아래에 위치할 경우 공이 여행하는 수평 거리를 최대로 하기 위한 발사각은 얼마인가?
6. 테니스공이 선수의 라켓을 떠난 후의 경로를 계산하기 위한 프로그램의 순서도를 작성하라.
7. 해수면 높이에서 놓아준 헬륨으로 채운 풍선의 높이를 계산하기 위한 프로그램의 순서도를 작성하라.

8. 발사대 상단에서 출발하여 장애물로 이루어진 미로를 거쳐 가는 동안 핀볼의 궤적을 계산하기 위한 프로그램의 순서도를 작성하라. 탄성장치가 따르는 복원력 방정식은 $F = -kx$로 주어진다.
9. 1kN/m의 복원력을 갖는 스프링을 1cm 잡아당겼을 때 저장되는 위치에너지는 얼마인가?
10. 고무줄을 10cm 만큼 당겨 발사한 100g 무게 발사체의 초기 속도를 계산하라. 고무줄의 탄성계수는 k = 50N/m이며, 고무줄이 $F = -kx$ 법칙을 따른다고 가정하라.
11. 500N/m의 복원력을 갖는 스프링을 10cm 잡아당겼을 때 저장되는 위치에너지는 얼마인가? 이러한 압축 스프링에 의해 추진되는 250g 무게 핀볼의 초기 속도는 얼마나 될까?
12. 어떤 스프링의 탄성계수가 100N/m라고 하자. (a) 이 스프링을 5cm 늘이기 위해 필요한 힘은 얼마인가? (b) 지면에서 이 스프링으로 30° 각도로 쏘아 올린 100g 무게 공깃돌의 착륙지점을 계산하라?

직업적 성공의 비결: 사회에서 컴퓨터의 역할

우리 생활 곳곳에 컴퓨터가 침투되어 있어 컴퓨터 없는 사회를 상상하기란 어렵다. 컴퓨터는 과학, 공학, 상업, 정부, 교육, 금융, 의학, 항공, 복지 서비스 등 쓰이지 않는 곳이 없다. 컴퓨터는 심지어 오락에도 이용되고 있다. 컴퓨터의 이점이나 컴퓨터가 인간관계에 미치는 영향에 대해서는 토론의 여지가 있다. (메신저 대화가 전화를 통한 대화보다 나은 것인가? 온라인 구입과 실제 상점에서의 구입 중 어느 것이 나은가?) 그러나 공학의 세계에서 컴퓨터는 필수불가결한 도구이다. 대부분의 사람들처럼 엔지니어들도 통신, 정보검색, 데이터처리, 문서작성, 전자우편, 웹브라우징 등에 컴퓨터를 이용한다. 그러나 엔지니어에게 컴퓨터의 특별한 가치는 컴퓨터의 신속한 계산 능력이다. 컴퓨터는 온갖 종류의 수치 계산을 수행하도록 프로그램될 수 있다. 시뮬레이션, 스프레드시트, 그래프 작성 등을 위한 상용 프로그램들은 기계 부품에 대한 압력이나 복잡한 전자회로의 동작에서 건물골조에 대한 하중이나 로켓 발사에 대한 이론적 예측에 이르기까지 모든 것의 결정에서 엔지니어에게 도움을 준다. 컴퓨터와 풍부한 소프트웨어 도구들이 있음으로 해서 모든 분야 엔지니어들의 생산성이 크게 향상되었다.

예제 4.6

컴퓨터에 의한 수치계산 반복법

MEMS(micro-electromechanical system; 마이크로전기기계시스템) 분야는 지난 10여 년 동안 중요성이 점차 증가하고 있다. MEMS 장치는 실리콘, 금속, 기타 소재 등으로 만든 초소형 기계이다. 이들은 사진석판술, 패턴 마스킹, 침전법, 식각(etching) 등의 집적회로 제조에서 차용한 도구들을 사용하여 제작된다. MEMS 장치는 주류 공학설계 해법으로 자리를 잡아가고 있다. 예를 들면, 자동차용 에어백의 작동에 사용되는 센서에서는 크기가 1제곱밀리미터 정도인 초소형 MEMS 가속도계를 이용하고 있으며, 잉크젯 프린터 카트리지의 노즐도 마이크로 단위의 MEMS 장치이다.

MEMS 장치 제작기법 중에 표면 미세가공(surface micromachining)이라는 것이 있는데, 그 기본 단계들을 그림 4.27에 보이고 있다. 실리콘 기판 위에 원하는 기계구조를 형성하는 산화막과 다결정 실리콘 패턴을 입힌다. 산화막은 제조 과정에서 다결정 실리콘 층을 지지하는 희생층 역할을 하지만, 제조 과정의 최종 단계에서 제거된다. 이러한 제작기법은 고대의 석조건물에서 아치를 만드는 방법과 비슷한데, 이 경우에는 돌조각들을 지탱하기 위해 모래를 사용했다가 건물이 자체적으로 지탱할 수 있게 되면 모래를 제거하여 최종 구조물을 만든다.

여러 응용분야에서 사용되고 있는 간단한 MEMS 장치 하나를 그림 4.28에서 보이고 있다. 이러한 이중 외팔보 구조의 액추에이터는 하부의 고정 활성전극 위에 걸쳐져 있고 양단에 지지구조를 갖는 브리지로 이루어지며, 그림 4.28에서 그 측면도를 보이고 있다. 이 브리지를 위에서 보면 직사각형 모양을 갖는다. 이 브리지는 실리콘 기판과 절연층 위에 위치한다. 브리지와 실리콘 기판 사이에 전압을 가하면, 정전기에 의한 인력이 발생하여 브리지가 기판 쪽으로 휘게 된다. 이러한 동작이 유용한 기능들을 수행하기 위해 사용될 수 있다. 예를 들면, 휘어진 브리지는 초소형 밸브의 개폐, 반사광의 방향 조절, 액체의 펌프질, 소형 혼합실에서 화학물질의 혼합 등에 이용될 수 있다. MEMS 설계자는 브리지에 가해지는 전압과 브리지의 휘어짐 정도 사이의 관계를 알아야 한다. 가해지는 전압 V에 대한 정전기력 F_e는 다음과 같은 근사식으로 표현될 수 있다.

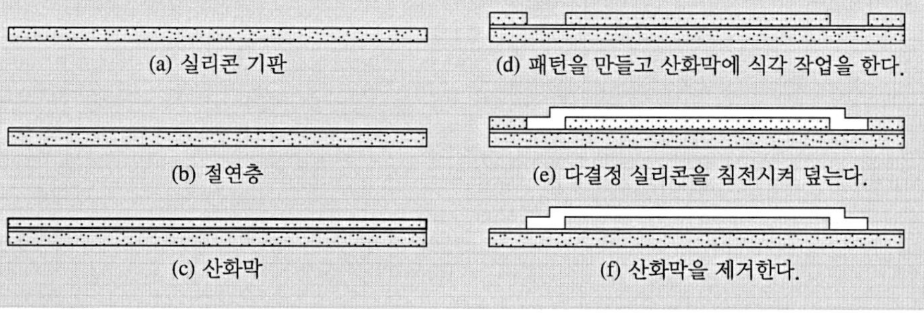

그림 4.27
간단한 MEMS 액추에이터 제작 과정. (a) 실리콘 웨이퍼 기판으로 시작한다. (b) 실리콘 질소화합물을 입힌다 (c) 두꺼운 실리콘 산화물 층을 입힌다. ("산화막") (d) 사진석판술과 마스킹 기법을 사용하여 패턴을 만들고 산화막에 식각 작업을 한다. (e) 액추에이터 브리지 역할을 하는 다결정 실리콘 층을 입힌다. (f) 산화막을 제거하여 액추에이터와 실리콘 기판 사이에 공기가 통할 수 있는 에어 갭(air gap)을 만든다.

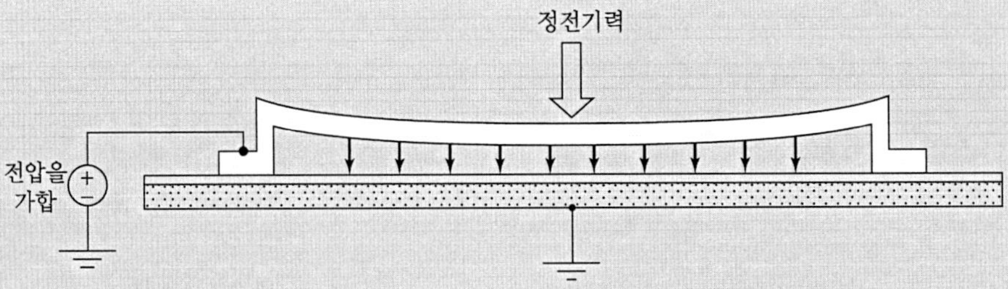

그림 4.28
액추에이터와 기판 사이에 전압을 가하면 액추에이터 브리지가 휘게 된다. 이러한 기계적 운동은 다른 장치의 동작, 반사광의 방향 조절, 액체나 가스에 대한 펌프질, 기타 미세 동작 등의 수행에 이용될 수 있다.

브리지는 실리콘 기판과 절연층 위에 위치한다. 브리지와 실리콘 기판 사이에 전압을 가하면, 정전기에 의한 인력이 발생하여 브리지가 기판 쪽으로 휘게 된다. 이러한 동작이 유용한 기능들을 수행하기 위해 사용될 수 있다. 예를 들면, 휘어진 브리지는 초소형 밸브의 개폐, 반사광의 방향 조절, 액체의 펌프질, 소형 혼합실에서 화학물질의 혼합 등에 이용될 수 있다. MEMS 설계자는 브리지에 가해지는 전압과 브리지의 휘어짐 정도 사이의 관계를 알아야 한다. 가해지는 전압 V에 대한 정전기력 F_e는 다음과 같은 근사식으로 표현될 수 있다.

$$F_e = \frac{\varepsilon_0 A V^2}{2(g-y)^2} \tag{4.25}$$

여기에서 y는 브리지 편향 값이며, A는 위쪽에서 본 브리지의 면적이며, g는 편향 값이 0일 때 브리지와 전극 사이의 간격이다. 허용계수 ϵ_0는 공기의 경우 8.85×10^{-12}F/m(미터당 패럿)이다. 정전기력은 편향 값이 증가할 때 같이 증가하며, $y = g$일 때 즉, 브리지와 전극 사이의 간격이 0일 때 무한대가 된다. 브리지 제작에 사용되는 탄성 소재의 기계적 복원력이 없다면, 편향에 따른 정전기력의 증가로 인해 브리지가 완전히 내려앉을 것이다. 1차적인 복원력 F_m은 브리지 편향 값에 비례하며, 아래와 같은 간단한 식으로 표현될 수 있다.

$$F_m = -ky \tag{4.26}$$

이 힘은 고무줄이나 스프링의 힘과 비슷하며, 힘의 크기는 편향 값에 비례한다. 그림 4.30의 MEMS 장치의 경우, 전압이 가해질 때 기계적 복원력이 브리지가 완전히 내려앉는 것을 방지한다. 편향 값이 증가하면서 복원력도 같이 증가한다. 특정 편향 값에 대해 기계적 복원력이 정전기력과 같게 되어 더 이상의 편향을 막는다. 주어진 전압에 대한 브리지 편향 값을 결정하는 이러한 평형지점을 찾는 것이 MEMS 설계자에게 중요한 일이다.

원리상 식 (4.25)와 (4.26)에 의해 주어지는 정전기력 크기와 기계적 복원력 크기를 같게 둠으로써 평형 편향 지점을 구할 수 있으며, 결과 식은 아래와 같다.

$$ky = \frac{\varepsilon_0 A V^2}{2(g-y)^2} \tag{4.27}$$

이 힘의 균형 방정식을 손으로 푸는 것은 어렵다. (한 번 시도해보라!) 그렇지만 이 계산은 컴퓨터상에서 수치계산 반복법을 사용하기에 적합하다. 이 방법에서 컴퓨터는 식 (4.27)의 양변이 같아질 때까지 여러 다른 y 값을 시도한다. 예를 들면, 어떤 작은 y 값에서 시작하여 해를 찾을 때까지 그 값을 조금씩 증가시켜볼 수 있다. 이러한 반복법은 수작업으로 하면 수많은 반복으로 인해 많은 시간을 소요할 것이므로 컴퓨터상에서 구현하는 것이 이상적이다.

그림 4.29의 순서도는 반복법으로 평형 지점을 찾기 위해 필요한 단계들을 보여준다. 이 프로그램은 어떤 작은 y 값에서 시작하여, 식 (4.27)의 양변의 차가 프로그래머가 설정한 작은 값 범위 안에 들 때까지 그 값을 dy 만큼씩 증가시켜 나간다.

그림 4.30에서 원들은 표 4.4에 나열된 변수 값들과 몇 개의 전압 값에 대한 계산 결과를 나타내며, 이 원들을 지나는 곡선은 해석적 방법에 의한 전체 해를

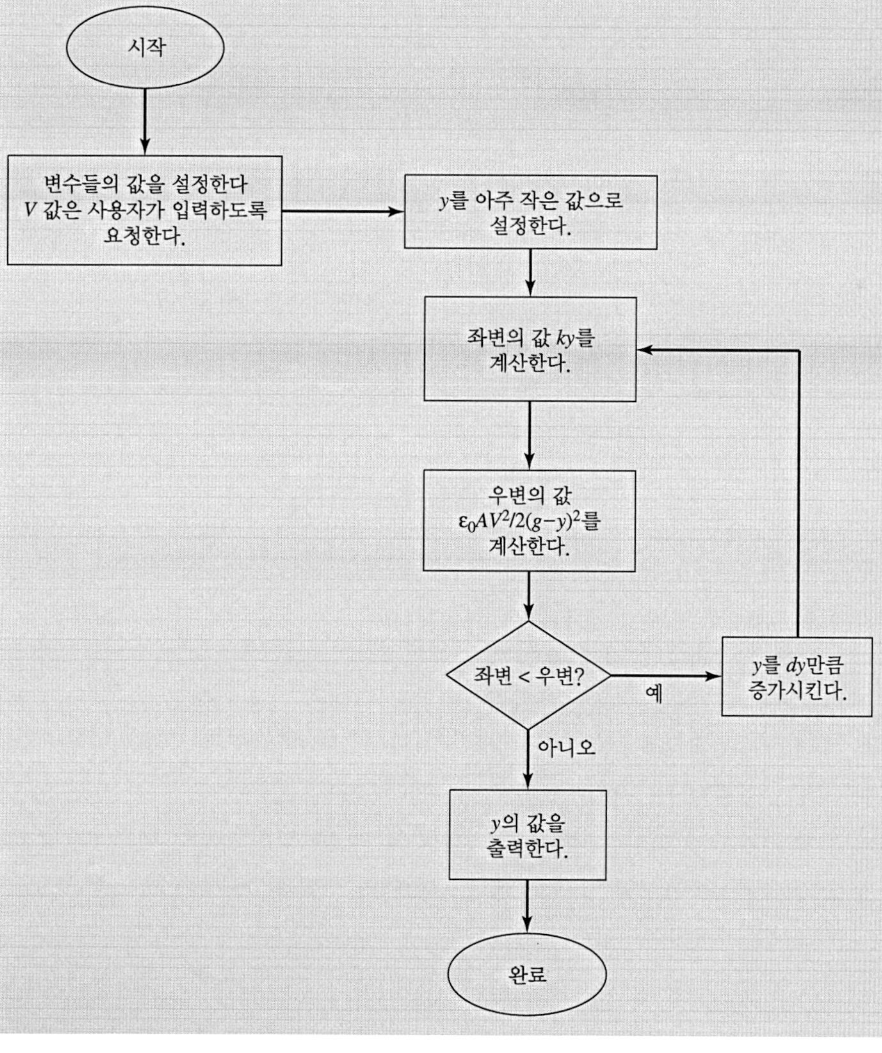

그림 4.29
식 (4.27)을 반복법으로 구하기 위한 순서도

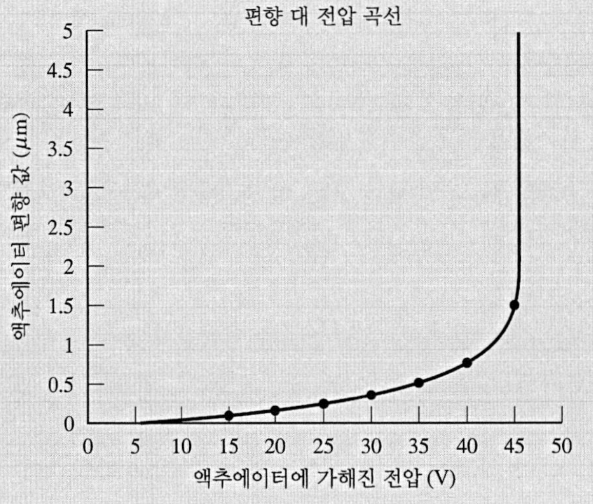

그림 4.30
그림 4.29의 시뮬레이션 결과를 이용하여 그린 편향 대 전압을 나타내는 곡선

표 4.4 예제 4.6의 MEMS 시뮬레이션을 위한 변수

기호	변수	값
k	복원력	30N/m
s	액추에이터 정사각형의 한 변	250μm
g	전압이 0일 때의 간격	5μm
y	브리지 편향	0 < y < 5μm
dy	반복을 위한 편향 증가치	0.05μm

나타낸다. 이 곡선은 수많은 y, V에 대해 식 (4.27)을 풀고 그 결과를 저장했다가 그래프로 그린 것이다.

45 볼트가 넘으면 복원력은 더 이상 정전기력을 지탱할 수 없어 편향 값은 "무한대"가 되고, 브리지는 하부의 전극 위로 내려앉는다. 이러한 현상을 MEMS 분야에서는 **스냅스루(snapthrough)**라고 한다. 대개 스냅스루는 편향이 0 볼트 갭 간격의 3분의 1 정도에 이를 때 발생한다.

그림 4.30을 얻기 위한 반복계산을 수행할 수 있는 소프트웨어 프로그램은 수없이 많다. 여기에서는 많은 엔지니어들이 사용하는 대표적인 프로그래밍 언어로 MATLAB과 C++를 선택하였다. 그림 4.30의 결과를 얻기 위한 MATLAB과 C++로 작성된 소스 프로그램 리스트가 아래에 주어져 있다. C++ 프로그램은 헤더 파일과 변수 입출력에 사용되는 함수만 변경하면 C 프로그램으로 변환될 수 있다. 이 프로그램들은 가해지는 전압 값을 사용자가 입력하도록 요청하고, 편향 값 y를 계산하여 결과를 표시한다.

MATLAB으로 작성된 프로그램 코드 리스트

```
%%% ——————————————————— %%%

%%% MATLAB 프로그램 코드 리스트 %%
% 퍼센트 기호(%) 이후의 행 부분은 주석이다.
% 이 프로그램은 주어진 전압에 대해
% MEMS 브리지 액추에이터의 편향을 계산한다.
k = 30;               %N/m 단위의 탄성복원력
eo = 8.85e-12;        %공기의 절연계수
side = 250e-6;        %액추에이터 각 변의 길이
Area = side^2;        %액추에이터 면적을 계산한다.
gap = 5e-6;           %액추에이터와 활성전극 사이의 간격
dy = gap/100;         %반복에서 사용될 편향 증가치
                      %사용자에게 전압 값을 요청한다.
V=input('Enter value of voltage applied to actuator: ')
y=0;                  %편향 값을 0으로 초기화한다.
Fm = k*y;             %기계적 복원력을 계산한다.
Fe = eo*Area*V^2/2*(gap-y)^2;
                      %정전기력을 계산한다.
%——————————————————————————————
while Fm
y = y + dy;           %편향 값을 증가시켜본다.
Fm = k*y;             %기계적 복원력을 다시 계산한다.
Fe = eo*Area*V^2/2* (gap-y)^2;
                      %정전기력을 다시 계산한다.
end
                      %결과를 화면에 표시한다.
disp ('Deflection in microns when Fe = Fm:'), y*1e6
```

C++로 작성된 프로그램 코드 리스트

```
/*———————————————————————————————*/
/* C++ 프로그램 코드 리스트 */
/* MEMS 액추에이터 위치 대 전압의 관계를 나타내는 곡선을
   시뮬레이션하는 프로그램 */
#include <iostream.h>
#include <math.h>
int main() {
   int k = 30;
   float eo = 8.85e-12,
         side = 250e-6,
         area,
         gap = 5e-6,
         dy;
   float v,
```

```
            y,
            Fm,
            Fe;
/* "변(side)"을 제곱하여 면적을 계산한다. */
   area = pow(side,2);
   dy = gap/100;
/* 사용자에게 전압 값을 요청한다. */
   cout << "Enter value of voltage applied to actuator: ";
   cin >> v;
   y = 0;
   Fm = k * y;
   Fe = (eo * area * pow(v,2)) / pow(gap - y,2);
   while(Fm < Fe) {
      y = y + dy;
      Fm = k * y;
      Fe = (eo * area * pow(v, 2)) / pow(gap - y, 2);
   }
   cout << "Deflection in microns when Fe=Fm: " << y*1e6 <<
              endl;
   return 0;
}
/*------------------------------------------------------------*/
```

직업적 성공의 비결: 입력이 제대로 되어야 제대로 된 결과를 얻는다.

컴퓨터는 사람보다 훨씬 빠르게 계산을 수행할 수 있으므로 엔지니어들에게는 필수적인 도구로 자리 잡아가고 있다. 컴퓨터는 데이터의 저장과 검색이나 그래픽 이미지의 생성에 뛰어나지만, 인간의 사고를 대신하지는 못한다. 컴퓨터는 엔지니어를 대체하기 위해서가 아니라 엔지니어의 능력을 강화하기 위해 사용되어야 한다. 컴퓨터는 프로그램 코드를 충실히 따르지만 그 결과의 가치에 대해 판단을 내리지는 못한다. 컴퓨터에게 의미 있고 관련성 있는 정보를 제공하는 것은 엔지니어의 몫이다. 만일 컴퓨터로 하여금 교량을 위한 구조강의 무게를 계산하도록 프로그램 한다면, 컴퓨터는 그와 같은 계산을 정확하게 수행할 것이다. 그러나 컴퓨터는 그와 같은 교량을 만드는 것이 가능한지, 프로그램 안의 응력-변형 식이 정확한지, 애초에 교량을 건설할 필요성이 있는지 등에 대해서는 알려줄 수 없을 것이다. 경험과 훌륭한 판단력을 갖춘 엔지니어만이 그와 같은 결정을 내릴 수 있다.

컴퓨터가 프로그래머의 실수로 무의미한 숫자들에 대해 계산하거나 또는 잘못 입력된 틀린 데이터를 사용할 때, 컴퓨터는 GIGO(garbage in, garbage out) 모드로 수행된다고 표현한다. GIGO는 입력 데이터나 프로그램 코드가 제대로 되어 있지 않으면 계산이 정확히 수행되더라도 무의미한 결과를 얻게 되는 상황을 가리킨다. 손으로 답을 쉽게 계산할 수 있는 잘 알려진 간단한 예들에 대해 프로그램을 테스트함으로써 GIGO 조건을 방지할 수 있다. 만일 컴퓨터가 다양한 간단한 문제들에 대해 올바른 답을 제공할 수 있다면, 아마 정확히 프로그램 되었을 것이며 보다 복잡한 문제에 사용될 수 있을 것이다.

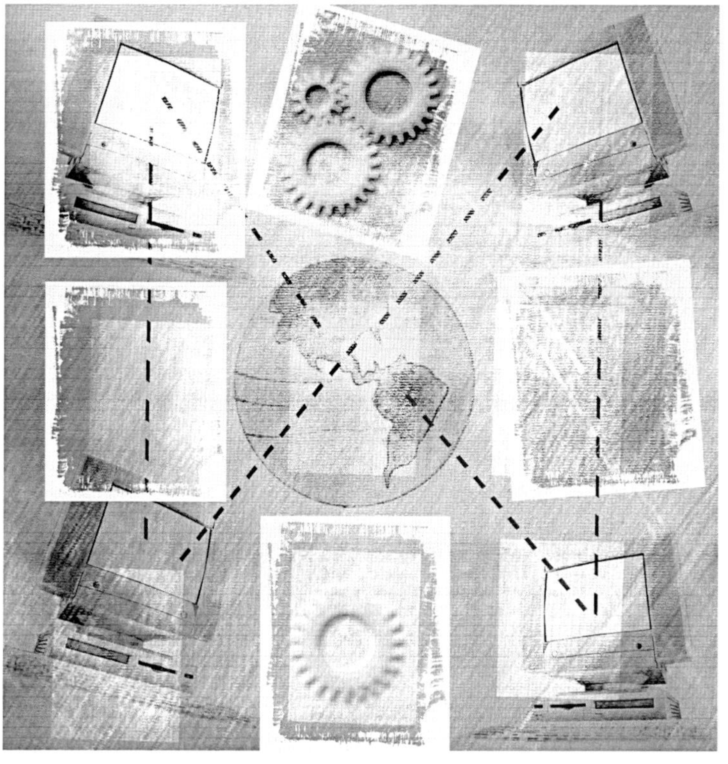

4.7 사양서

설계 작업이 초기의 브레인스토밍 단계에서 설계 사이클의 다양한 반복 과정들을 거쳐 그럴싸한 프로토타입에 접근하면서, 설계자가 제품의 세부사항에 대해 어느 정도 확신을 갖게 된다. 이 시점에서 제품의 세부사항을 한 페이지 정도의 제품사양서로 요약할 수 있다. 이 문서의 내용은 공학 분야에 따라 크게 달라지겠지만, 그림 4.31에서 하나의 대표적인 버전을 보이고 있다. 이 사양서는

해상용 수신기 사양

크기................1.49in. × 5.42in. × 8.47in.
전력 요구사항................10–30 VDC
시스템 커넥터................D25, RS232 데이터 및 전원
안테나 커넥터................TNCF

해상용 안테나 사양

크기................지름 2in., 높이 53.5in.
마운트 방식................표준 해상용 1–14 깃대 장착대
이득 & 임피던스................36db, 50ohm
안테나 커넥터................SMAF

해상용 소프트웨어 요구사항

운영체계................마이크로소프트 윈도우 98, 2000, NT, XP
프로세서................300MHz 이상
메모리................128MB RAM
저장장치................60GB의 하드디스크 잔여 공간

그림 4.31
전형적인 사양서의 예. 이 사양서는 해상용 무선수신기를 기술한다.

배에서 사용하기 위한 해상용 무선수신기를 기술하고 있다. 중요한 정보에는 장치의 크기, 전원 연결, 소프트웨어 요구사항, 동작 주파수 등이 포함된다. 그림 4.32에서는 전혀 다른 종류의 제품인 색층분석(chromatography)을 위한 단백질 세정장치의 사양서를 보이고 있다. 두 사양서에 포함된 정보들이 얼마나 다른지에 유의하기 바란다. 일반적으로 사양서의 형식과 내용은 설계자가 정하도록 되어 있다. 사용자가 제품이 특정 응용 분야에서 사용하기에 적합한지 결정하기 위해 필요한 모든 정보를 포함하고 있다면, 사양서로서는 그 사명을 다하고 있다고 볼 수 있다.

BD TALON^{TM} Product Specifications

	BD TALON	BD TALON Superflow	BD TALON CellThru	BD TALON Spin Columns
Batch/Gravity Flow	Yes	Yes	Yes	No
FPLC	No	Yes	Yes	No
Scale	Analytical Preparative	Analytical Preparative Production	Preparitive	Analytical
Capacity (mg protein /ml absorbent)	5-10	5-14	5-10	2-4
Type of matrix	6% Cross-linked agarose	6% Cross-linked agarose	4% Cross-linked agarose	6% agarose
Bead size, mm	45-165	60-160	300-500	45-165
Maximum linear flow rate (cm/h)	75-1 50	3000	800	NA
Maximum volumetric flow rate (ml/min)	0.5	50	13	NA
Recommended volumetric flow rate* (ml/min)	0.3	1.0-5.0	1.0-5.0	0.3
Maximum pressure	2.8 psi 0.2 bar 0.02 MPa	140 psi 10 bar 0.97 MPa	9 psi 0.62 bar 0.06 MPa	NA
pH Stability	2 – 14 (< 2h) 3 – 14 (< 24h)	2 – 14 (< 2h) 3 – 14 (< 24h)	2 – 14 (< 2h) 3 – 14 (< 24h)	2 – 8.5 (< 2h) 2 – 7.5 (< 24h)
Protein exclusion limit, D	>> 4×10^7	4×10^6	2×10^7	NA
Supplied as	50% suspension in 20% ethanol, precharged with Co^{2+} ions	50% suspension in 20% ethanol, precharged with Co^{2+} ions	50% suspension in 20% ethanol, precharged with Co^{2+} ions	50% suspension in 20% ethanol, precharged with Co^{2+} ions, packed in columns
Storage Conditions	RT or 4°C Do Not Freeze	RT or 4°C Do Not Freeze	RT or 4°C Do Not Freeze	RT or 4°C Do Not Freeze

* Determined on 5 × 1cm HD (height & diameter) column

Superflow^{TM}와 CellThru^{TM}는 Sterogene Bioseparations, Inc.의 등록상표임

그림 4.32
색층분석을 위한 단백질 세정 제품을 위한 사양서

4.8 인터넷

2000년 이 책의 초판이 작성되었을 때, 인터넷은 "급속히 보급되고 있는" "부상하는 공학설계 도구의 하나"라고 기술되었다. 오늘날 인터넷 없는 공학을 (혹은 우리의 삶 자체를) 상상하기가 어려울 정도이다. 실제로 수백만 개가 넘는 사이트들이 연결되어 있는 인터넷은 엔지니어들뿐만 아니라 사업, 정부, 언론, 상업, 과학, 정치, 예술, 교육, 오락 등의 분야에 종사하는 사람들에게도 절대적으로 필요한 도구가 되어왔다. PDF 형태의 제품사양서의 광범위한 이용으로

인해 인쇄된 기술사양서 책자는 거의 무의미해졌다. 오늘날 부품이나 재료들에 대한 구입은 실제 상점보다 온라인 상점을 통해 이루어지는 경우가 더 많다. 여러 날이 걸리던 찾기 어려운 부품의 검색은 이제 몇 분이면 해결되며, 어떤 공학 주제에 대해서도 간단한 "구글" 검색으로 과다할 정도의 정보를 찾을 수 있다. 특정 유형의 제품에 대한 정보를 찾는 엔지니어가 처음 들러보는 것은 아마 인터넷일 것이다.

직업적 성공의 비결: "인터넷에서 본 것이니까 분명 사실일거야."

인터넷에 대한 포괄적인 소개는 이 책의 범위 밖의 일이며 아마 대부분의 학생들에게 불필요하겠지만, 공학설계의 일부분으로 언제 인터넷을 사용해야 할지에 대한 논의가 필요할 것으로 생각된다. 인터넷에서 공학 프로젝트에 관한 정보를 찾았을 때 그 정보의 출처가 믿을만한지 확인할 필요가 있다. 웹상에 게시된 정보라고 해서 반드시 정확하다는 법은 없다. 명망 있는 기업이나 기관의 웹사이트에서 나온 정보라면 신뢰성이 높을 것이다. 개인의 웹페이지, 학생들의 프로젝트 사이트, 아마추어 언론인, 개인적 정보제공자, "블로그", 기타 비주류 출처 등에서 나온 정보에 대해서는 회의적 시각을 갖고 대해야 한다. 인터넷이 도래하기 전에는 소문이나 잘못된 정보가 기술계에서 널리 전파되는 데 많은 시간이 걸렸지만, 이제 이러한 과정은 몇 분 정도가 소요될 뿐이다. 한 웹사이트에서 다른 웹사이트로 복사되어 오류의 다중 전파로 이어질 수 있다. 인터넷은 무한한 정보에 대한 신속한 접근을 제공하지만, 또한 인쇄 매체가 갖는 중요한 여과장치가 결여되어 있다. 웹페이지는 비용이 많이 들지 않으므로 누구든지 만들 수 있다. 웹이 있기 전에는 진지한 기업들만이 일반 대중에게 정보를 배포할 재정적 여유가 있었다. 인쇄 시대에는 기술적 정보의 정당성에 대한 뿌리가 깊었지만, 이제 무가치한 정보와 진지한 제공자에게서 나온 가치 있는 정보를 구별하기가 어려워졌다. 인터넷상의 출처에 대해서는 스스로 조심하여 선택해야 한다.

월드와이드웹은 1990년대 초반 이후에 등장하였다. 웹의 성장은 폭발적이었지만, 웹이 특정 주제에 대해 제공하는 정보의 완성도는 누군가 그 정보를 만들기 위해서 들인 시간에 따라 정해진다. 대부분의 공학 데이터와 지식은 인터넷이 등장하기 훨씬 전에 존재하던 것들이다. 정보의 출처로서 웹은 단지 전 세계 도서관에서 구할 수 있는 수억 권의 책, 보고서, 정기간행물 등을 보완할 뿐이다. 비록 인터넷과 검색 도구들이 설계 프로젝트를 위한 중요한 정보 출처이지만, 그에만 의존해서는 안 된다는 점을 당부하고 싶다.

INTERNET:
Truth?

연습문제

1. 인터넷 브라우저의 검색 기능을 사용하여 "oil platform"이라는 용어를 조사하라. 검색 결과의 개수를 기록하라. 이 검색에 "photo", "north", "sea", "terminal" 등의 키워드를 차례로 추가하여 검색 범위를 좁혀가라. 키워드를 추가할 때마다 검색 결과의 개수가 얼마만큼씩 줄어드는지 기록하라.
2. 인터넷 브라우저의 검색 기능을 사용하여 "Lyle gun"이라는 용어를 조사하라. 검색 결과의 개수를 기록하라. 이 검색에 "photo", "history", "rescue", "reenactment" 등의 키워드를 차례로 추가하여 검색 범위를 좁혀가라. 키워드를 추가할 때마다 검색 결과의 개수가 얼마만큼씩 줄어드는지 기록하라.
3. 인터넷 브라우저의 검색 기능을 사용하여 "space station"이라는 용어를 조사하라. 검색 결과의 개수를 기록하라. 이 검색에 "photo", "NASA", "Russian", "shuttle" 등의 키워드를 차례로 추가하여 검색 범위를 좁혀가라. 키워드를 추가할 때마다 검색 결과의 개수가 얼마만큼씩 줄어드는지 기록하라.
4. 인터넷을 이용하여 1994년형 도요타 캠리(Camry) 모델의 교체용 휠캡을 찾아라. 찾기 쉽지 않은 이 부품을 보유하고 있는 판매처는 몇 곳이나 되는가?
5. 인터넷은 기술적 뉴스 항목을 찾을 때 대단히 유용한 소스이다. 인터넷에서 "total artificial heart"라는 주제에 대해 찾아보라. 유사 장치에 대한 이전에 시도된 모든 설계에 비해 이 발명이 갖는 뚜렷한 특징은 무엇인가?
6. 인터넷을 이용하여 "red coachman" 낚시 미끼의 적절한 설계에 대한 정보를 찾아보라. 특히 최적의 제작을 위해 어떤 종류의 깃털이 권장되는가?
7. 인터넷은 정확한 정보의 출처인 동시에 잘못된 정보의 출처가 될 수도 있다. 다음 주제들 중 아무 것이나 검색해보고 서로 모순되는 둘 이상의 참고자료를 찾아라.
   a. 인공 감미료와 정신 건강 사이에 연관성이 있는가?
   b. 정전기의 전하량 감소를 측정하기 위해 마찰대전(triboelectrification) 방법을 사용하는 것이 맞는가? 아니면 코로나(corona) 방법을 사용하는 것이 맞는가?
   c. 겨울물결자나방(winter moth)에 대한 최선의 방어책은 무엇인가?
   d. 산업용 포장재인 FIBC(flexible intermediate bulk container)는 접지선 없이 안전하게 사용될 수 있는가?

e. 경전철 차량의 바퀴 사이의 간격에 대한 최대 허용오차는 얼마인가?
f. 계단에 대해 권장되는 디딤판 대 층뒤판의 비율은 얼마인가?
g. 생수병에 다시 물을 채워 나중에 마셔도 좋은가?
h. 전력선과 인체의 건강 사이에 연관성이 있는가?
i. 탄산음료 캔의 옆을 두드리면 캔을 딸 때 거품이 넘치는 것을 방지할 수 있는가?
j. 보통 사람은 일 년에 몇 마리 정도의 거미를 삼키는가?
k. 열차선로에 올려놓은 페니 동전으로 인해 기차가 탈선할 수 있는가?

4.9 공학설계에서의 스프레드시트

스프레드시트는 프로그램 가능한 표이며, 그 안의 각 셀은 텍스트, 고정된 수치 데이터, 혹은 스프레드시트 안의 다른 숫자들을 이용하는 공식 등으로 이루어진다. 가장 많이 사용되는 스프레드시트 프로그램은 마이크로소프트 엑셀이다. 다른 프로그램에는 로터스 1-2-3, 오픈오피스(리눅스용), 애플웍스, 클라리스웍스, 코렐 쿼트로프로 등이 있다. 엔지니어들은 계산 작업, 결과 분석, 예산 계획, 부품 목록의 관리, 시뮬레이션 작업 등 설계 과정의 모든 단계에서 스프레드시트를 이용할 수 있다. 스프레드시트는 특히 문제가 복잡하고 많은 상호 연관된 변수들이 존재할 때 유용하다. 복잡한 문제에 대한 모델링을 위해 스프레드시트 프로그램을 작성해두면, 엔지니어가 한 변수의 값을 변경할 때 전체 시스템에 어떤 영향을 미치는지 쉽게 조사할 수 있다. 아래의 두 예제는 공학설계에서 스프레드시트의 유용성을 보여준다. 여기에서 스프레드시트 표들은 일반적인 형태로 표현되어 있지만, 대부분의 상용 스프레드시트 소프트웨어에서도 비슷한 형태를 사용한다.

예 제 4.7

무게 중심의 계산

이 예제는 IEEE가 후원하는 연례 "마이크로마우스" 경진대회에 참가한 프리다와 프로다의 설계활동 중 한 단계를 기술하고 있다. 이 경진대회의 목표는 스스로 미로를 학습하여 최대한 빨리 통과하는 독립형 건전지 동력 소형자동차를 설계하는 것이다(참고: www.ieee.org에 가서 검색 필드에 "micromouse"를 입력해 보라.). 마우스가 미로를 통과하면서 수많은 고속 회전을 해야 하므로, 고려해야 할 문제 중 하나는 부품의 배치 장소에 따라 자동차의 균형에 미치는 영향이다. 이 학생들은 무게 중심이 전방 차축과 후방 차축 중간에 위치할 경우 최선의 성능을 발휘할 것으로 결정하였다. 이들이 시뮬레이션을 수행해본 결과 무게 중심이 너무 앞쪽에 있으면 뒤쪽 바퀴들이 마우스를 고속으로 구동하기에 충분한 마찰력을 유지하지 못하는 것으로 나타났다. 반대로 무게 중심이 너무 뒤쪽에 있으면 모터와 기어의 높은 회전력으로 인해 마우스 앞쪽이 들려 일시적으로 조종이 불가능해질 수 있다. 이제 학생들은 다양한 부품들을 마우스 차대 상의 어디에 장착해야 할지 결정해야 한다. 이러한 부품들의 물리적 위치가 자동차 무게 중심의 위치를 결정할 것이다.

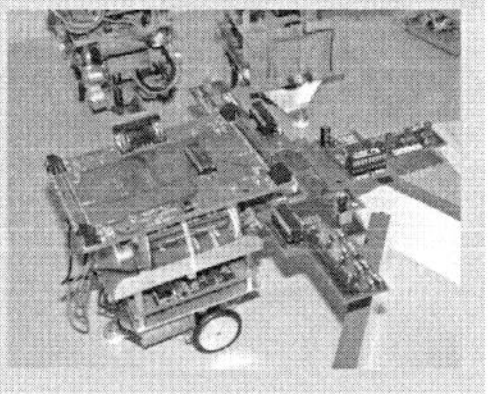

프리다는 각 부품의 무게를 측정하여 그림 4.33에서 보이는 것처럼 자신의 업무일지에 기록하였다. 프리다는 또한 부품들의 가능한 배치 한 가지를 요약하는 그림 4.34의 스케치도 업무일지 안에 그려 넣었다. 프리다는 기본 법칙을 이용하여 (부품들을 하나도 설치하지 않은 상태의) 기본 프레임의 무게 중심을 계산해보니, 두 개의 차축 중앙지점보다 7cm 정도 뒤에 위치한다는 것을 알아내었다.

2/14/09

자동차 부품의 무게

항목	무게 근사치*	제안된 위치
차대	1000	[중앙 선을 정의]
V자 프레임	400	−7cm
건전지	120	+8
스위치	10	+5
모터	200	−7
기어박스	50	−10
발사관	15	−12

*접시저울로 측정

그림 4.33
자동차의 핵심 부품들의 무게를 보여주는 업무일지

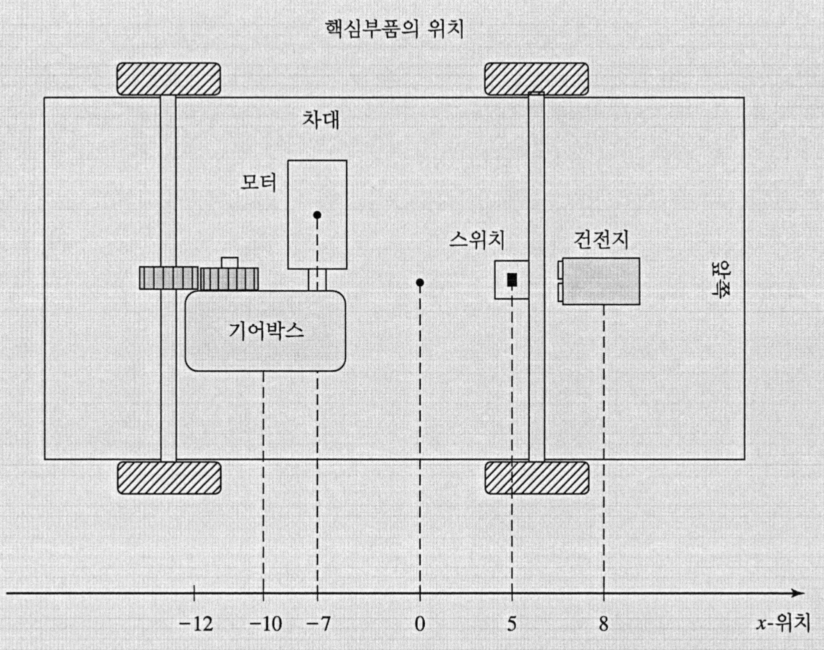

그림 4.34
자동차 부품의 가능한 배치

프로다가 다음으로 할 일은 자동차 차대 위 어디에 각 부품을 배치할 지 결정하는 것이다. 프로다는 모든 부품들을 포함하는 전체 자동차의 무게 중심을 계산하기 위해 표 4.5에서 보이고 있는 것과 같은 스프레드시트를 작성하였다(표 4.5에서는 프로다의 컴퓨터 화면에 나타나는 내용이 아니라 스프레드시트 각 셀의 내용을 보여주고 있음을 유의하기 바란다.). 다음의 논의는 x-방향의 무게 중심에 초점을 맞추고 있으며, y-방향에 대한 분석도 비슷하게 수행된다.

각 부품의 x 위치는 차대의 무게 중심을 기준으로 각 부품의 개별 무게 중심 위치를 나타낸다. 차대의 무게 중심은 두 차축 사이의 중앙지점에 위치한다. n 번째 부품의 모멘트 M_n은 아래와 같이 그 위치와 무게의 곱으로 주어진다.

표 4.5 무게 중심을 계산하는 스프레드시트 안의 각 셀

부품 이름	무게 *m* (g)	위치 *x* (cm)	모멘트 *M* (g-cm)
1 차대	1000	0	= B2*C2
2 V자 프레임	400	-7	= B3*C3
3 건전지	120	8	= B4*C4
4 스위치	10	5	= B5*C5
5 모터	200	-7	= B6*C6
6 기어박스	50	-10	= B7*C7
7 발사관	15	-12	= B8*C8
8 무게 합계	= SUM(B2:B8)		
9 모멘트 합계	= SUM(D2:D8)		
10 전체 무게 중심	= D10/B9		

표 4.6 표 4.5의 스프레드시트에 대한 화면 출력

부품 이름	무게 m (g)	위치 x (cm)	모멘트 M (g-cm)
1 차대	1000	0	0
2 V자 프레임	400	−7	−2800
3 건전지	120	8	960
4 스위치	10	5	50
5 모터	200	−7	−1400
6 기어박스	50	−10	−500
7 발사관	15	−12	−180
8 무게 합계	1795		
9 모멘트 합계			−3870
10 전체 무게 중심		−2.16	

$$M_n = x_n \times m_n \tag{4.28}$$

부품들을 모두 합쳤을 때의 x-방향 무게 중심 x_{CM}은 모멘트들의 합을 무게 합으로 나눈 것과 같다.

$$x_{CM} = \frac{\sum M_n}{\sum m_n} \tag{4.29}$$

프로다의 컴퓨터 화면에 나타날 스프레드시트 출력은 표 4.6과 같다. 이 계산은 (스프레드시트 표의 전체 무게 중심에 해당하는) 자동차 무게 중심이 $x \approx -2.16$의 위치 즉, 두 차축의 기하학적 중심보다 대략 2cm 정도 뒤쪽에 위치한다는 것을 보여준다. 학생들이 이전에 수행했던 힘에 관한 계산은 무게 중심이 자동차 중앙지점의 1cm 범위 안에 들 필요가 있음을 가리킨다.

학생들은 자동차 부품들의 다른 배치 방법들에 대해 논의한다. 프리다는 스프레드시트에서 건전지 위치 항을 변경함으로써 건전지를 앞쪽으로 이동시키는 것을 시뮬레이션 해본다. 건전지는 일정하지 않은 길이의 전선으로 모터에 연결되어 있으므로 건전지의 위치를 변경하는 일은 어렵지 않다. 그러나 건전지를 앞쪽 끝까지 이동시킬 때의 x 위치는 15cm이며, 이때 무게 중심은 단지 −1.7cm 위치로 이동할 뿐이다.

프로다는 자동차의 중앙지점과 전방 차축 사이의 적당한 위치에 평형추를 하나 추가할 것을 제안한다. 프로다는 표 4.7에서 보이고 있는 것처럼 스프레드시트에 줄 한 개를 삽입하고 셀들에 평형추를 위한 데이터를 입력한다. 학생들은 평형추를 위한 위치와 무게에 여러 값을 넣어 실험해본다. 스프레드시트는 학생들이 넣는 값들에 대해 무게 중심이 어떻게 변경되는지 쉽게 추적할 수 있게 해준다. 경진대회 규칙은 건전지를 포함하여 마우스 무게 한도를 2kg으로 규정하고

표 4.7 수정된 스프레드시트에 대한 화면 출력

부품 이름	무게 *m* (g)	위치 *x* (cm)	모멘트 *M* (g-cm)
1 차대	1000	0	0
2 V자 프레임	400	-7	-2800
3 건전지	120	8	960
4 스위치	10	5	50
5 모터	200	-7	-1400
6 기어박스	50	-10	-500
7 발사관	15	-12	-180
8 평형추	**200**	**10**	**2000**
9 무게 합계	1995		
10 모멘트 합계			-1870
11 전체 무게 중심		-0.94	

있다. 스프레드시트는 평형추의 무게가 증가함에 따라 이 한도에 얼마나 가까워지는지 쉽게 볼 수 있게 해준다. 표 4.7의 셀들은 200g의 평형추를 자동차 중앙지점의 앞쪽 10cm에 위치시켰을 때의 결과를 보여준다. 무게 중심은 이제 중앙지점의 0.94cm 뒤쪽으로 이동하며, 이는 목표범위 ±1cm의 가장자리 바로 안쪽에 든다. 전체 무게는 1,995g으로 증가하였으며, 이는 최대 2kg 한도에서 5g 아래이다. 프리다와 프로다는 무게 한도에 대해 약간의 여유를 갖기 위해 이 값들을 유지하기로 결정한다. 이러한 여유는 경진대회 과정에서 작은 너트, 볼트, 접착제, 테이프 등을 추가할 수 있게 해줄 것이다.

예 제 4.8

스프레드시트를 이용한 비용 관리

스프레드시트는 또한 프리다와 프로다가 마우스 자동차의 전체 비용을 관리하는 데에도 도움이 된다. 이들이 대회에 참가하기 위해 받은 예산은 건전지를 포함한 전체 비용 한도를 $100으로 책정하고 있다. 이들이 구입한 부품비용을 변제받기 위해서는 학생활동지원실에 비용에 대한 결산서를 제출해야 한다. 프로다는 비용을 관리하기 위한 스프레드시트를 작성하였다. 스프레드시트의 화면 출력을 표 4.8에서 보이고 있다.

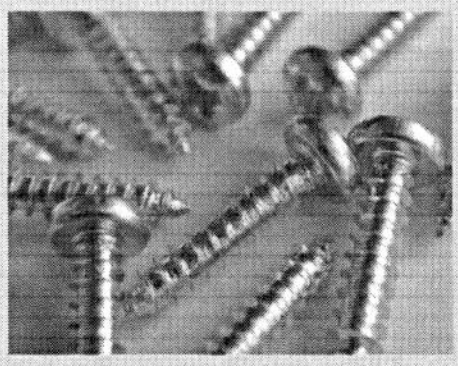

단가 열은 항목 당 비용을 나타내며, 수량 열은 자동차에 쓸 해당 부품의 개수를 나타낸다. 비용 열은 수량과 단가의 곱과 같으며, 부품 종류 별 비용을 나타낸다. 맨 아래의 합계 항목은 비용들을 모두 더한 합을 나타낸다. 각 부품이 자동차에 추가되면 학생들은 스프레드시트를 수정한다. 전체 비용이 $100을

표 4.8 비용관리용 스프레드시트. 단가는 항목 당 비용을 가리키며, 비용은 수량 × 단가와 같다.

항목	수량	단가 ($)	비용 ($)
1 차대	1	12.50	12.50
2 V자 프레임	1	15.00	15.00
3 건전지	12	2.19	26.28
4 스위치	3	2.29	6.87
5 모터	1	3.49	3.49
6 기어박스	1	5.99	5.99
7 발사관	1	0.67	0.67
8 평형추	1	0.85	0.85
9 고무줄	12	0.04	0.48
10 6–32 나사못	24	0.06	1.44
11 6–32 너트	24	0.05	1.20
12 6–32 와셔	24	0.02	0.48
13 에폭시	1	2.29	2.29
14 바퀴	4	1.59	6.36
15 전선 한 타래	1	2.49	2.49
16 테이프	1	2.59	2.59
17 금속 브래킷	6	1.19	7.14
18 나사	1	0.99	0.99
19 날개 너트	2	0.25	0.50
20 합계			$97.61

초과하면 비용 한도가 충족될 때까지 설계의 허용 범위 안에서 추가의 볼트나 너트 등과 같은 다양한 부품들을 없애본다. 처음에 이들은 경진대회 날 사용하기 위해 16개의 건전지를 배정하였으나, 이러한 수량은 전체 비용이 $100을 초과하게 만든다. 학생들은 스프레드시트를 사용함으로써 시행착오 과정을 통해 건전지 수량을 12개로 줄여 전체 비용을 $100 아래로 만드는 결정을 할 수 있었다.

연습문제

1. 표 4.7의 스프레드시트 안의 셀들의 계산 결과를 확인하라.
2. 다음과 같은 위치에 있는 물체들의 집합에 대해 x-y 평면상의 무게 중심을 구하라(괄호 안의 숫자들은 각 물체의 x-y 좌표를 나타낸다.).
   물체 1, 1.2kg (0.2m, 0.4m)
   물체 2, 3.3kg (1.3m, 2.3m)
   물체 3, 0.9kg (0.8m, 0.4m)
   물체 4, 0.2kg (0m, 1.7m)

3. 미국에서 인구가 가장 많은 20대 도시의 인구에 대해 발표되어 있는 데이터를 사용하여 미국의 지리적인 "무게 중심"을 구하라.
4. 가장 최근의 미국 총선 결과에 대해 발표되어 있는 데이터를 사용하여 미국의 정치적 "무게 중심"을 구하라. 즉, 진보적 견해와 보수적 견해 사이의 균형점에 해당하는 지리적 중심을 구하라.
5. 스프레드시트를 사용하여 일주일 동안 자신의 지출내역을 추적해보라. 그런 다음 생활비를 5% 줄이기 위해 지출액에 대한 변경을 실험해보라.
6. 자신의 학점 평균(GPA)을 정확히 계산하기 위한 스프레드시트를 작성하라. 계산 결과가 공식 성적확인서와 일치하는가? 이 데이터를 사용하여 자신의 졸업평점을 계획해보라. 자신의 졸업평점 목표를 달성하기 위해 추후의 과목들에서 어떤 성적을 받아야 하는가?
7. 평균적인 4인 가정에서 일주일 동안 사용한 전기에너지를 추정하기 위한 스프레드시트를 작성하라. 각 장치에 대해 표준 전기 사용량 범위와 가동시간을 포함시켜라.
8. 스프레드시트를 사용하여 현재 자신의 옷장 안에 있는 옷들 전체의 비용을 계산하라. 장신구 비용도 포함시켜야 한다.
9. 스프레드시트를 사용하여 투구 직전 9명의 선수가 각자 수비위치에 있는 야구팀에 대해 홈 플레이트를 기준한 무게 중심을 계산하라.
10. 스프레드시트를 사용하여 보잉 747 항공기의 표면적을 추정하라. 이 정보를 근거로 한 겹의 초벌칠에 필요한 페인트 부피를 추정하라.

예 제 4.9

MEMS 액추에이터

예제 4.6에서는 MATLAB과 C++로 작성된 프로그램을 사용하여 컴퓨터의 반복 계산을 이용한 해법을 보였다. 표 4.9에서는 동일한 문제를 V = 35V인 경우에 대해 엑셀™ 스프레드시트 공식화를 통해 해결하고 있다. 열 1의 각 셀은 y에 대한 "시험" 값을 나타내고 있으며, 바로 위의 값에 비해 B6 셀에 입력되어 있는 증가치 dy 만큼 크다. 이 변수를 스프레드시트 안의 다른 곳에서 사용하고자 할 경우, 엑셀에서 단순한 열-행 표기법인 B6 대신 $ 표기법을 사용하여 B6로 표시된다. 이는 셀 내용을 한 셀에서 다른 셀로 복사할 때 B6에 대한 참조가 유지되도록 보장한다. $ 기호가 없을 경우 셀 좌표 B와 6은 복사 과정에서 자동적으로 증가된다. 스프레드시트의 B 열의 다른 고정 수치들을 참조하기 위한 경우에도 $ 기호가 사용된다.

표 4.9의 열 2와 열 3은 각기 식 (4.27)의 좌변과 우변의 계산 값을 갖는다. 열 4의 항들은 잔여 값이라 불리는데, 열 2와 열 3의 항목 사이의 차를 나타낸다.

표 4.9 예제 4.9의 MEMS 엑추에이터 문제에 대한 답안

전압:		35	값 번호	열 1	열 2	열 3	열 4
1	*k*	30		*y*	F_m	F_e	차
2	갭	= 5*10^ – 6	1	0	= B2*D3	= B7*B5*B1^2/(B3 – D3)^2	= E3 – F3
3	변	= 250*10^ – 6	= C3 + 1	= D3 + B6	= B2*D4	= B7*B5*B1^2/(B3 – D4)^2	= E4 – F4
4	면적	= A4^2	= C4 + 1	= D4 + B6	= B2*D5	= B7*B5*B1^2/(B3 – D5)^2	= E5 – F5
5	*dy*	= B3/20	= C5 + 1	= D5 + B6	= B2*D6	= B7*B5*B1^2/(B3 – D6)^2	= E6 – F6
6	ε_0	= 8.85*10^ – 12	= C6 + 1	= D6 + B6	= B2*D7	= B7*B5*B1^2/(B3 – D7)^2	= E7 – F7
7			= C7 + 1	= D7 + B6	= B2*D8	= B7*B5*B1^2/(B3 – D8)^2	= E8 – F8
8			= C8 + 1	= D8 + B6	= B2*D9	= B7*B5*B1^2/(B3 – D9)^2	= E9 – F9
9			= C9 + 1	= D9 + B6	= B2*D10	= B7*B5*B1^2/(B3 – D10)^2	= E10 – F10
10			= C10 + 1	= D10 + B6	= B2*D11	= B7*B5*B1^2/(B3 – D11)^2	= E11 – F11
11			= C11 + 1	= D11 + B6	= B2*D12	= B7*B5*B1^2/(B3 – D12)^2	= E12 – F12
12			= C12 + 1	= D12 + B6	= B2*D13	= B7*B5*B1^2/(B3 – D13)^2	= E13 – F13
13			= C13 + 1	= D13 + B6	= B2*D14	= B7*B5*B1^2/(B3 – D14)^2	= E14 – F14

우리가 찾는 것은 잔여 값이 0인 행 즉, 기계적 복원력 F_m이 정전기력 F_e와 균형을 이루는 y 값이다. 이 스프레드시트의 실제 출력은 표 4.10에서 보이고 있다. 표에서 어떤 y 값도 잔여 값이 정확히 0이 되지는 않지만, 열 4의 잔여 값이 $y \approx 0.5\mu\text{m}$와 $y \approx 0.75\mu\text{m}$ 사이에서 음에서 양으로 변하므로 이 두 값 사이에 정확한 답이 있을 것임을 알 수 있다.

표 4.11은 표 4.10과 테스트 대상 y 값의 상한과 하한을 $0.55\mu\text{m}$와 $0.61\mu\text{m}$로 선택하고, 증가치 dy를 표 4.10에서 사용된 값의 대략 10분의 1 정도인 $0.01\mu\text{m}$로 줄인 것을 제외하고는 표 4.10과 동일한 스프레드시트를 보여준다. 이

표 4.10 표 4.9의 스프레드시트의 출력. 정확한 답은 행 (5), (6)의 y 값들 사이에 있다.

	A	B	C	D	E	F	G	H
1	전압	35	값 번호	열 1	열 2	열 3	열 4	
2	*k*	60		*y*	F_m	F_e	차	
3	갭	5.00E-06	1	0	0.00E01	2.71E-05	-2.71E-05	
4	변	2.50E-04	2	2.50E-07	1.50E-05	3.00E-05	-1.50E-05	
5	면적	6.25E-08	3	5.00E-07	3.00E-05	3.35E-05	-3.46E-06	← 해답
6	*dy*	2.50E-07	4	7.50E-07	4.50E-05	3.75E-05	7.49E-06	← 범위
7	ε_0	8.85E-12	5	1.00E-06	6.00E-05	4.23E-05	1.77E-05	
8			6	1.25E-06	7.50E-05	4.82E-05	2.68E-05	
9			7	1.50E-06	9.00E-05	5.53E-05	3.47E-05	
10			8	1.75E-06	1.05E-04	6.41E-05	4.09E-05	
11			9	2.00E-06	1.20E-04	7.53E-05	4.47E-05	
12			10	2.25E-06	1.35E-04	8.96E-05	4.54E-05	
13			11	2.50E-06	1.50E-04	1.08E-04	4.16E-05	
14			12	2.75E-06	1.65E-04	1.34E-04	3.12E-05	

표 4.11 표 4.10의 값 (3)에서 시작하고 더 작은 dy를 사용한 표 4.10의 확장

	A	B	C	D	E	F	G	H
1	전압	35	값 번호	열 1	열 2	열 3	열 4	
2	*k*	60		*y*	F_m	F_e	차	
3	갭	5.00E-06	1	5.00E-07	3.00E-05	3.35E-05	-3.46E-06	
4	변	2.50E-04	2	5.10E-07	3.06E-05	3.36E-05	-3.01E-06	
5	면적	6.25E-08	3	5.20E-07	3.12E-05	3.38E-05	-2.56E-06	
6	*dy*	1.00E-08	4	5.30E-07	3.18E-05	3.39E-05	-2.11E-06	
7	ε_0	8.85E-12	5	5.40E-07	3.24E-05	3.41E-05	-1.66E-06	
8			6	5.50E-07	3.30E-05	3.42E-05	-1.22E-06	
9			7	5.60E-07	3.36E-05	3.44E-05	-7.71E-07	
10			8	5.70E-07	3.42E-05	3.45E-05	-3.26E-07	← 해답
11			9	5.80E-07	3.48E-05	3.47E-05	1.17E-07	← 범위
12			10	5.90E-07	3.54E-05	3.48E-05	5.60E-07	
13			11	6.00E-07	3.60E-05	3.50E-05	1.00E-06	
14			12	6.10E-07	3.66E-05	3.52E-05	1.44E-06	

두 번째 스프레드시트의 결과는 실제 평형지점이 $y \approx 0.57\mu m$와 $y \approx 0.58\mu m$ 사이에 있음을 보여준다. 더 정확한 값이 필요하다면, 이 y 값들을 새로운 상한과 하한으로 정하고 dy를 더 작은 값으로 줄일 수 있다.

4.10 입체모델링 및 컴퓨터를 이용한 도면 작성

설계 작업의 최종적 목표가 물리적 제품일 경우, 물체에 대한 공식 도면을 사용하여 추정이나 대략적인 스케치를 보완해야 한다. 공식 도면은 설계 엔지니어, 기술자, 제작기사, 영업전문가, 고객, 기타 관련자 사이의 핵심적 연결고리를 형성한다. 그림을 이용한 문서화는 설계 프로세스의 여러 단계에서 여러 형태로 나타날 수 있다. 이러한 형태에는 등각 투상도, 정 투상도, 분해도, 입체 모델 등이 포함된다. 이러한 도면 형식마다 설계에서 각자의 역할이 있다.

공학도면을 작성하기 위한 여러 방법이 오랜 세월동안 발전해왔다. 컴퓨터가 있기 전에는 모든 공학 분야에서 엔지니어와 기술자들에게 (때로 “기술도면”이라고 불리는) 제도법을 가르쳤다. 제도에 관한 수업은 고등학교나 대학 교과과정에서 흔하게 볼 수 있었으며, 자긍심 있는 공학도들은 완전한 제도용품 세트를 갖고 있었다. 전형적인 제도용품에는 T-자, 삼각자, 샤프연필, 지우개, 잉크펜, 제도용 템플릿 등이 포함된다. 대부분의 공학기업에서 도면작성이 수작업으로 이루어지는 것이 주류였던 당시에는 학교에서 배운 제도법은 곧바로 산업 현장에서 사용될 수 있었다.

오늘날 컴퓨터로 인해 제도법은 거의 필요하지 않게 되었다. 마치 타자기가 필기를 대체하고, 워드프로세서가 타자기를 대체하였듯이 수많은 CAD (computer-aided design; 컴퓨터보조설계) 소프트웨어 도구들이 제도법 실력을 갖춘 엔지니어에 대한 수요를 대체하였다. ProEngineer™나 SolidWorks™ 등의 유명한 CAD 소프트웨어 패키지들이 세계 도처의 공학기업들에 의해 사용되고 있다. 이 절에서는 공학도면의 작성을 위해 이러한 CAD 도구들을 사용할 때의 주요 단계들을 살펴본다.

4.10.1 왜 공학도면을 사용하는가?

그림 4.35에서 보이고 있는 차대에 대한 공학도면을 보자. 이 논의에서 차대의 궁극적 용도는 중요하지 않다. 이 차대는 예제 4.7에서 언급된 마이크로마우스 경진대회에서 사용될 수도 있을 것이다. 아래의 조립 지시사항과 그림에 주어진 상세한 공학도면을 비교해보기 바란다.

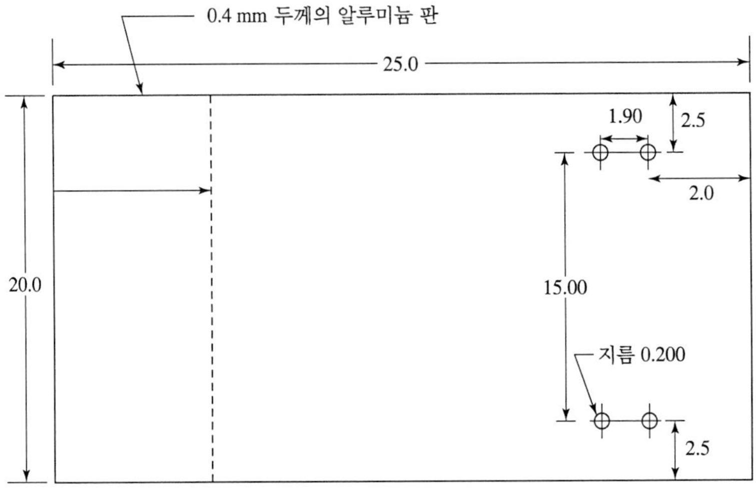

주 차대 판

허용오차 표 모든 크기는 cm 단위	
X	±0.5
X.X	±0.1
X.XX	±0.05
X.XXX	±0.001

그림 4.35
제작을 위해 기계공에게 전달된 차대 판 도면

> 이 판은 0.4mm 두께의 알루미늄 재질로 만들어야 하며 25cm 길이 20cm 폭의 사각형이어야 한다. 이 판에는 4개의 구멍을 뚫어야 하는데, 첫 번째 구멍은 판의 20cm 길이의 오른쪽 가장자리에서 2.0cm, 위쪽의 25cm 가장자리에서 2.5cm에 위치해야 한다. 이 크기들은 0.1cm의 허용오차를 갖는다. 두 번째 구멍은 첫 번째 구멍 왼쪽으로 1.9cm에 위치해야 하며 허용오차는 0.05cm 내에 들어야 한다. 두 구멍 모두 0.2cm의 지름을 갖도록 뚫어져야 하며, 허용오차는 0.001cm이다. 판의 반대편에도 똑같은 크기의 구멍들을 뚫어야 하는데, 이번에는 판의 20cm 길이의 오른쪽 가장자리에서 2.0cm, 아래쪽의 25cm 가장자리에서 2.5cm에 위치해야 한다.

대부분의 사람들에게는 말로 서술한 것보다 도면이 정보를 보다 간명하게 전달한다. 사람의 두뇌는 대단히 효율적인 이미지 처리 기능을 갖고 있으며, 정보 전달 수단으로 대개 그림이 글보다 낫다. 인간의 이미지 처리 능력의 우수성으로 인해 "백문이 불여일견"이라는 말도 생겼다.

4.10.2 도면 유형

앞에서 언급하였듯이 공학도면에 널리 사용되는 형태에는 수작업 스케치, 등각

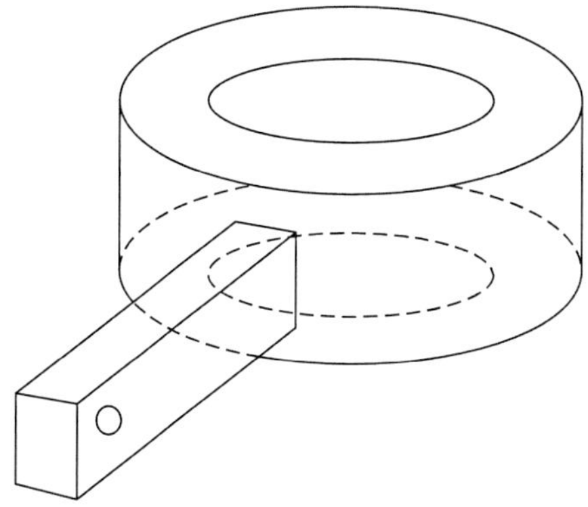

그림 4.36
핀 구멍이 있는 직육면체 손잡이가 있는 원통형 모양에 대한 등각 투상도

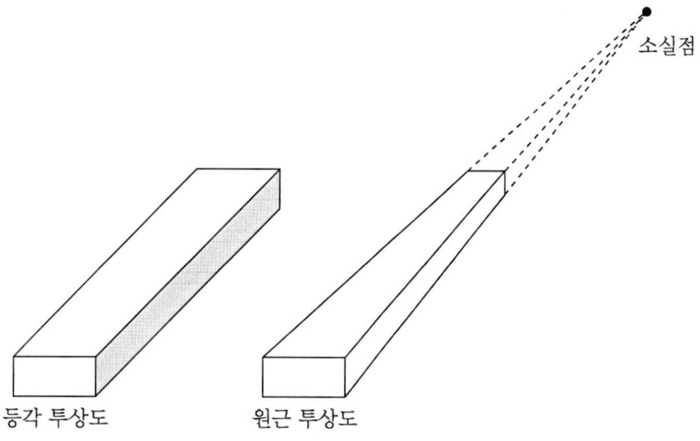

그림 4.37
길고 좁은 직육면체에 대한 등각 투상도와 원근 투상도. 등각 투상도에서 물체 상의 모든 평행선은 도면에서도 평행하게 그려진다. 원근 투상도에서 물체 상의 모든 평행선을 확장하면 동일한 먼 거리의 소실점에서 만나도록 그려진다.

투상도, 정 투상도, 분해도, 입체모델 등 여러 가지가 있다. 각 도면 유형은 공학설계 프로세스에서 각자의 용도가 있다. 아이디어 창출 단계에서는 수작업 스케치가 아주 유용할 수 있다. 종이 위에 신속히 그림으로써 엔지니어는 설계 개념을 다른 팀 구성원들에게 빨리 전달할 수 있다. 때로 스케치를 해보는 것만으로도 아이디어 창출을 위한 기폭제가 될 수 있다. 스케치는 또한 공학 업무일지에 아이디어를 기록하기 위한 좋은 방법이기도 하다.

특정 설계 개념을 추진해보기로 확정한 다음에는 보다 공식적인 유형의 도면들이 필요하다. 그림 4.36의 도면은 간단한 부품에 대한 등각 투상도를 보여주고 있다. **등각 투상도(isometric view)**란 실제 물체상의 평행선들이 도면상에서도 평행하게 나타나는 3차원적 도면이다. 등각 투상도는 미술이나 광고 그래픽에서 가르치는 원근 투상도와는 차이가 있는데, 원근 투상도에서는 평행선들이 먼 거리의 소실점에서 모인다. 원근 투상도에서는 물체가 약간 변형된 모습으로 나타나지만, 물체가 작고 길이가 짧을 경우 차이는 크지 않다. 예를 들면, 그림 4.36의 등각 투상도는 그에 대응되는 원근 투상도와 큰 차이가 없겠지만, 그림 4.37에서 보이고 있는 긴 직육면체에 대한 등각 투상도와 원근 투상도는 상당히 달라 보인다. 등각 투상도의 주된 이점은 원근 투상도에 비해

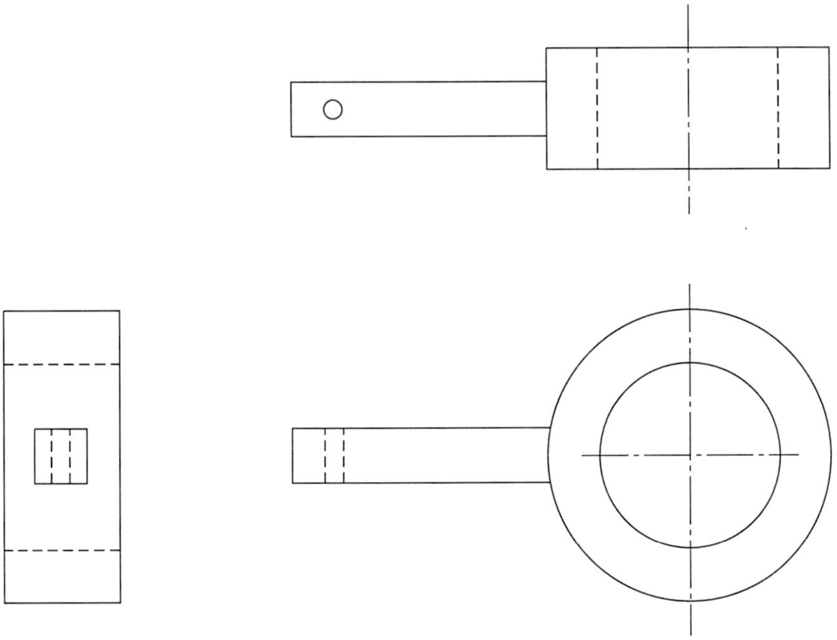

그림 4.38
그림 4.36의 부품에 대한 정 투상도

그리기가 훨씬 쉽다는 점이다. 또한 정 투상도와 비교할 때 등각 투상도는 한눈에 물체의 여러 모습을 전달하는 "조감도"를 제공한다는 장점이 있다.

물체에 대한 2차원적 **정 투상도(orthographic projection)**는 물체의 전면, 측면, 단면 등을 보여준다. 경우에 따라서는 4번째 시점의 도면이 필요할 수도 있다. 그림 4.38은 그림 4.36의 등각 투상도에서 묘사하고 있는 부품에 대한 정 투상도를 보이고 있다. 정 투상도는 실제 부품의 제작에 필요한 모든 정보를 제공하므로 주로 기계공이 사용한다. 크기, 허용오차, 가공 세부사항 등은 정 투상도에서 쉽게 표현될 수 있다. 다른 유형의 도면들에 비하면 정 투상도는 그리기가 대단히 쉽지만, 도면을 읽는 사람 편에서는 해석을 위한 노력이 필요하다.

분해도는 때로 조립도면이라고도 불리며, 완전한 제품을 만들기 위해 여러 부품들이 어떻게 조립되어야 하는지 기술한다. 점선은 연결이나 부착 경로를 표시한다. 그림 4.39의 도면은 그림 4.38의 부품이 다른 관련 부품들과 어떻게 조립되어야 하는지 보여준다. 비록 분해도는 그리기가 어려울 수도 있지만, 복잡한 구조물에 관한 정보를 전달할 때 대단히 유용하다.

CAD 시스템이 생성하는 계산적으로 가장 복잡한 유형의 도면은 **입체모델(solid model)**이라 불리는 유형이다. 물체의 표면만을 표현하는 등각 투상법이나 정 투상법과는 달리 입체모델 도면에서는 물체의 표면뿐만 아니라 내부에 대한 정보까지 표현한다. 입체모델은 단순한 시각화에 그치지 않고, 물체의 내부 및 외부의 크기와 함께 물체의 물질적 성질에 대한 완전한 수학적 서술을

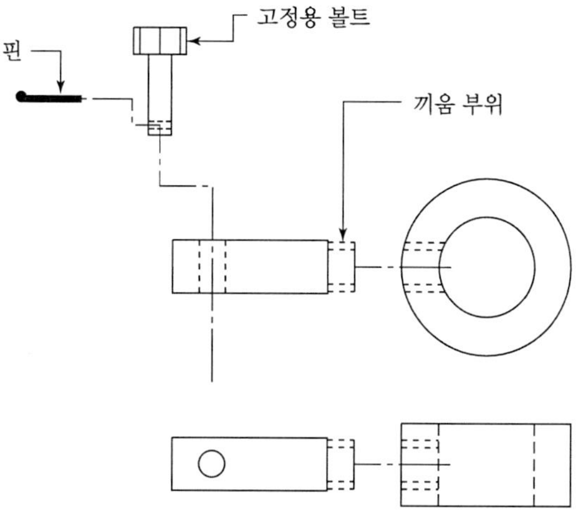

그림 4.39
조립 방법을 보여주는 여러 부품에 대한 분해도

포함한다. 이러한 추가적 정보로 인해 입체모델은 모습의 관찰 외에도 여러 응용 분야에 유용하다. 예를 들면, 압력이 가해질 때 물체의 변형, 온도 변화에 대한 반응, 시스템 안의 다른 요소들과의 상호작용 등을 예측하는 데 이용될 수도 있다. 특정 부분에 대한 입체모델은 컴퓨터 그래픽 애니메이션에서도 매우 중요하다. 입체모델을 통해 사용자는 물체의 회전을 시뮬레이션하면서 그 모습을 관찰할 수도 있고 물체의 보이지 않는 부분을 관찰할 수도 있다.

입체모델링의 중심에는 **유한요소해석(finite element analysis; FEA)**이라는 기법이 있는데, 여기에서는 물체가 서로 연결된 많은 수의 셀 즉, **요소(element)**로 표현된다. 유한요소해석은 각 셀과 이웃 셀 사이의 상호작용을 추적하고 내부나 외부의 자극에 대한 각 셀의 행동을 계산한다. ProEngineer나 SolidWorks 등의 유명한 CAD 도구들은 부품이나 물체에 대한 입체모델에서 유한요소해석을 사용할 수 있다.

CAD 소프트웨어가 물체를 입체모델로 표현해두면, 해당 부품을 제작할 때 대단히 유용하게 이용될 수 있다. 선반이나 밀링머신과 같은 컴퓨터 유도 가공기계들에 연결된 복잡한 소프트웨어는 입체모델 표현에서 직접 부품 제작을 위한 지시를 내릴 수 있다. 이러한 종류의 장비들에서 사용되는 언어를 **CNC(computer numeric control; 컴퓨터 수치제어)**라고 부른다. CNC 시스템에서 엔지니어가 컴퓨터 화면 상에서 부품을 설계하면, CNC 코드가 금속, 플라스틱, 기타 가공재료로 제작을 하는 컴퓨터제어장비에 직접 전송된다. 입체모델에서 물건을 직접 제작하기 위한 또 다른 방법은 **래피드 프로토타이핑(rapid prototyping)**이다. 이 기법에서는 합성수지나 종이로 된 얇은 단면들로부터 부품의 모양을 만드는 레이저빔을 사용하여 프로토타입의 요구사항에 적합한 부품이 만들어진다. 프로토타입 부품은 단면들을 겹겹이 쌓는 방식으로 만들어진다.

예 제 4.10

간단한 부품의 생산

이 예제는 그림 4.36과 4.38에서 보이고 있는 부품의 입체모델 생성에 관련된 단계들을 보여준다. 입체모델 도면을 생성하는 단계들은 일반적인 방식으로 요약되어 있지만, ProEngineer나 SolidWorks 등의 CAD 도구를 사용할 때 따르는 단계들과 비슷하다.

새로운 그리기 화면을 연다. CAD 소프트웨어의 FILE 풀다운 메뉴에서 NEW를 선택하여 새로운 부품을 위한 화면을 열면, 부품을 그릴 수 있는 빈 화면이 나타난다.

주 단면도를 스케치한다 (그림 4.40). 마우스 커서와 키보드를 사용하여 화면 상에서 부품의 기본 단면도를 스케치한다. 이 부품은 모든 3차원 정보를 가질 수 있지만, 이 단계에서는 (예를 들면, 평면도와 같은) 주 단면도만 그리면 된다. 부품에 대한 다른 방향의 단면도는 나중의 단계에서 자동으로 생성될 것이다. 부품의 초기 단면도는 가공 후의 특성 중 일부를 포함할 수 있다. 예를 들면, 그림 4.38의 부품은 중앙에 드릴로 뚫은 구멍을 포함하고 있으며, 그 위치와 크기는 초기 단면도에 규정되어 있다. 이 단계에서 초기 단면도 상의 모퉁이 반지름이나 굴곡 등을 규정할 수도 있다. 가공 프로세스가 고체재료에서 정확한 각을 만들 수 없기 때문에 이 단계가 필요할 수도 있다.

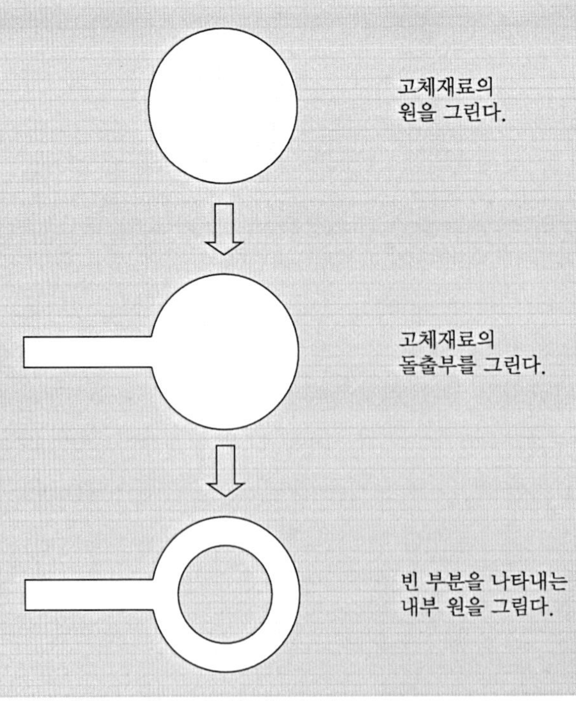

그림 4.40
그림 4.38의 부품에 대한 주 단면도를 컴퓨터 화면 상에 그린다.

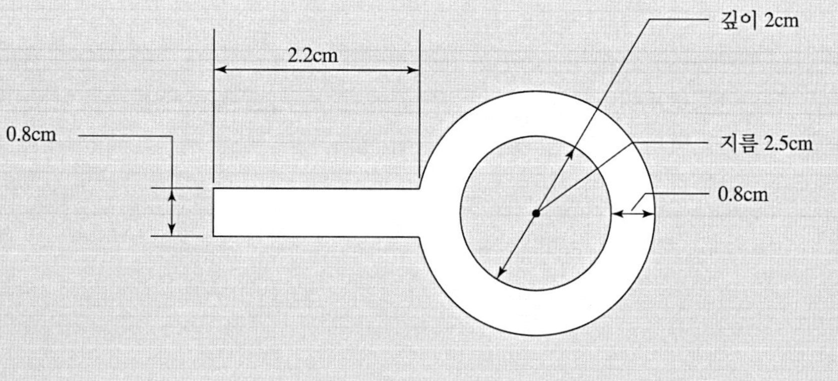

그림 4.41
단면 스케치에 크기 표시가 추가된다.

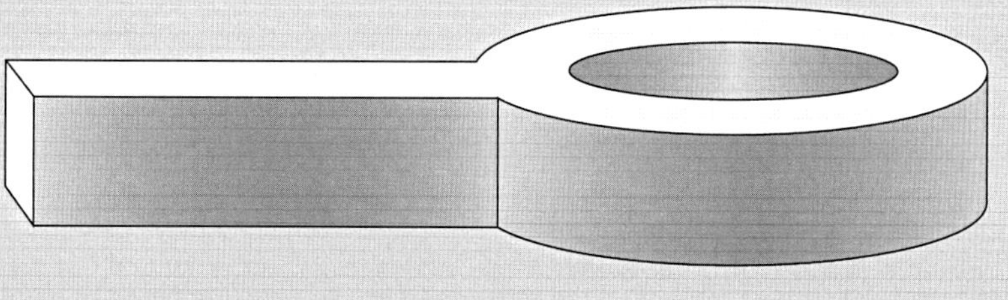

그림 4.42
단면을 돌출시켜 입체 모델을 형성한다.

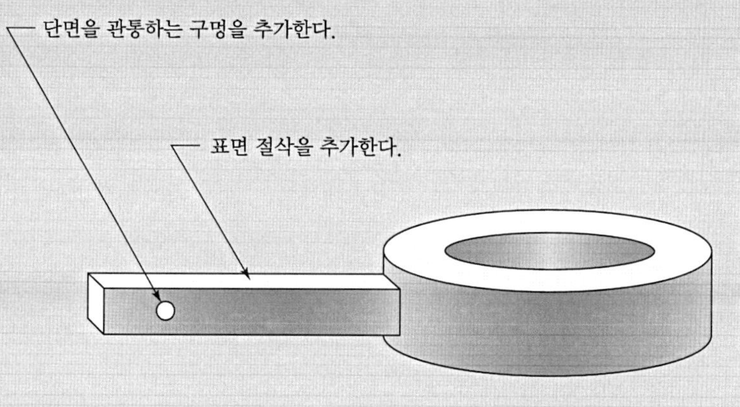

그림 4.43
첫 번째 돌출 작업 동안에 만들어지지 않았던 모양들이 돌출 모델에 추가된다. 이 예제의 경우에는 단면 평면에 평행한 축을 가진 구멍이 직육면체 손잡이를 관통하도록 그려지며, 손잡이의 위쪽과 아래쪽을 깎는다.

스케치에 크기를 표시한다 (그림 4.41). 선, 원, 호 등의 부품의 주요 요소들을 화면에서 선택하고 (mm, cm, in 등과 같은) 도면에서 선택된 단위로 크기를 표시한다. 이 단계에서는 또한 최종 도면을 구성하는 다른 직선이나 곡선을 위한 기준 배율이 정해진다.

단면을 돌출시킨다 (그림 4.42). 이전 단계에서 크기까지 표시한 단면을 부품에 대한 3차원 버전을 형성하기 위해 도면에 수직 방향으로 돌출시킨다. 원을 돌출시키면 원통이 만들어지며, 사각형을 돌출시키면 직육면체가 만들어진다. 그림 4.42로 이어지는 돌출 작업으로 인해 가운데 큰 구멍이 있는 원통형이 만들어지며, 또한 손잡이라 불리는 직육면체의 부속물이 생긴다.

돌출부에 모양을 추가한다 (그림 4.43). 일단 3차원 입체모델을 형성하기 위해 단면이 돌출되면, 세 개의 정 투상이 설계자에게 제공될 수 있다. 수직 구멍이나 재료 절삭, 둥근 모퉁이 등을 포함하는 주 단면도에 들어 있지 않은 모양들이 적당한 정 투상 도면을 사용하여 이 단계에서 추가된다. 이 예제의 경우에는 단면 평면에 평행한 축을 가진 구멍이 직육면체 손잡이를 관통하도록 그려지며, 손잡이의 위쪽과 아래쪽을 깎는다.

파일을 저장한다. 나중에 사용하기 위해 파일을 저장하고, 인쇄하며, 기타 필요한 작업을 수행한다. 이 부품에 대한 입체모델 도출은 이제 완료되었으며, 다른 엔지니어들이 검토할 수 있도록 인쇄본이나 전자 형식으로 전달될 수 있다. 또한 컴퓨터 제어방식의 제작을 위해 CNC 장비나 래피드 프로토타이핑 장비에 전송할 수 있다.

4.11 시스템 시뮬레이션

때로 엔지니어들은 시스템의 동적 행동 즉, 시간의 경과에 따른 시스템 요소들의 상호작용 방식을 모델링해야 할 경우가 있다. 동적 해석은 시스템의 다양한 요소들이 밀도나 탄성과 같은 물리적 성질을 갖는 크기 표시된 물체들로서가 아니라 블록 다이어그램 형태로 수학적으로 표현된다는 점에서 ProEngineer나 SolidWorks와 같은 시뮬레이션 도구가 제공하는 유한요소해석과는 차이가 있다. 시스템 시뮬레이션은 기계장치와 같은 물리적 개체의 해석에도 유용하지만, 교통체계, 제조공정, 금융시스템 등과 같은 비물질적 개체의 해석에서도 아주 중요하다. 어떤 변수의 값이 자신의 미분이나 다른 변수들의 미분에 의존하는 **미분방정식(differential equation)**에 의해 수학적으로 기술되는 시스템의 경우 동적 시뮬레이션 도구가 유용하게 사용될 수 있다. 예를 들면, 간단한 진자나 기타 현도 미분방정식으로 설명될 수 있다.

MATLAB의 부가기능으로 실행되는 Simulink®라는 이름의 유명한 동적 시스템 시뮬레이션 도구가 있다. 프로그래머는 시뮬레이션 할 동적 시스템을 표현하는 블록 다이어그램을 그리기 위해 Simulink를 사용한다. 이 프로그램은 관련 미분방정식을 결정한 다음, 계산 및 화면 표시를 위해 MATLAB에 보낸다. 이렇게 한 프로그램이 생성한 코드를 다른 프로그램에서 해결하는 소프트웨어 계층화는 소프트웨어 공학에서는 흔히 나타난다.

예제 4.11

온도조절장치의 제어

이 예제를 위한 개념은 Simulink의 학생용 버전의 사용자 설명서에 포함된 예제에서 도출된 것이다. 이 예제의 블록 다이어그램들은 실제로 Simulink에서 사용

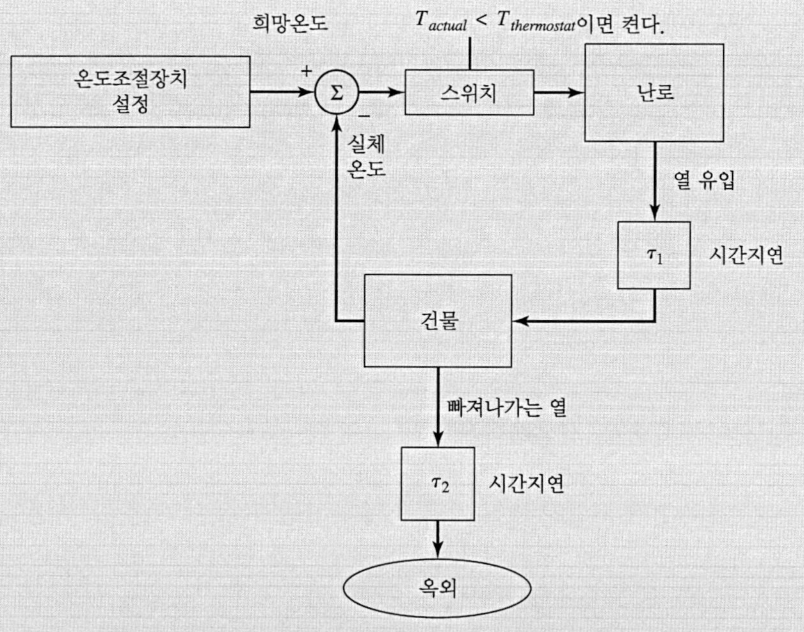

그림 4.44
건물과 난로로 이루어지는 동적 시스템에 대한 블록 다이어그램

되는 것들보다는 일반적 형태이지만 관련된 개념을 충분히 나타내고 있다. 당신이 난로를 사용하여 난방이 제공되는 작은 건물을 위한 온도조절 시스템을 설계하는 일을 맡았다고 하자. 건물은 난로가 꺼진 후에도 일정 시간 열이 남아있으며 난로를 켤 때는 온도를 올리기 위해 시간이 걸리는 "열 메모리" 효과를 가지므로 난로와 건물의 조합은 동적 시스템을 구성한다. 이 시스템의 변수에는 희망온도(온도조절장치의 설정 값)와 실제 실내온도가 포함된다. 이 프로그램은 두 온도 사이의 차를 계산하고 $T_{\text{actual}} < T_{\text{thermostat}}$이면 스위치를 켠다. 스위치를 켜면 난로에서 열이 발생하여 실내온도가 올라가지만, (시간계수라고도 불리는) 시간지연 τ_1를 갖는다. 그러는 동안 난로의 상태에 관계없이 실내온도와 실외온도 사이의 차에 비례하여 열이 건물 밖으로 빠져나간다. 이와 같은 바깥 방향의 열 흐름을 지배하는 시간계수는 τ_2라고 하자.

이러한 시스템에 대한 블록 다이어그램이 그림 4.44에 주어져 있다. $T_{\text{thermostat}} \approx 68°\text{F}$, $T_{\text{outdoor}} \approx 32°\text{F}$, $\tau_1 \approx 4\text{min}$, $\tau_2 \approx 12\text{min}$ 등의 값들에 대한 Simulink의

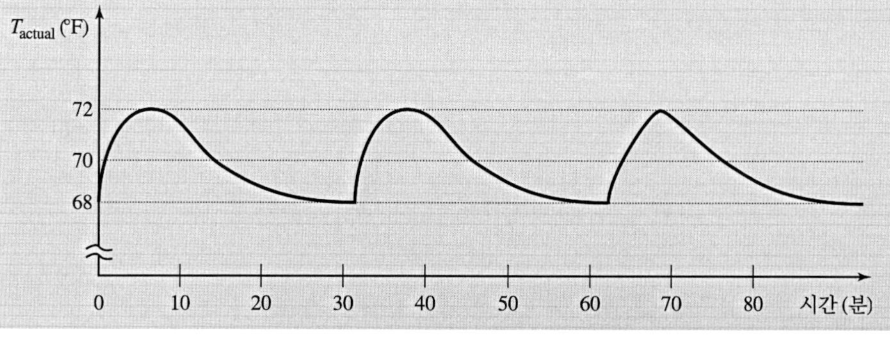

그림 4.45
$T_{\text{thermostat}} = 68°\text{F}$, $T_{\text{outdoor}} = 32°\text{F}$, $\tau_1 = 4$ min, $\tau_2 = 12$ min에 대한 시뮬레이션 결과

출력이 그림 4.45에 주어져 있다. 이 그림은 T_{actual}이 $T_{thermostat}$ 아래로 떨어질 때까지 온도가 천천히 내려갈 것임을 나타낸다. 그 시점에서 난로가 켜지며 온도는 $T_{actual} \approx T_{thermostat}$가 될 때까지 온도가 올라간다. 건물의 온도는 난로가 꺼진 다음에도 잠시 동안 올라가고 있음을 유의하기 바란다. 이러한 현상은 시스템의 시간지연이 0이 아니기 때문에 발생한다. 비록 온도조절장치가 T_{actual}이 $T_{thermostat}$에 도달하였음을 인식하더라도 난로와 건물로부터의 열전달을 지배하는 시간지연으로 인해 추가적인 열이 난로에서 건물로 전달된다.

4.12 전자회로 시뮬레이션

전기에 관련된 회로는 여러 가지 형태를 가질 수 있다. 건전지, 발전기, 연료전지 등으로부터 에너지를 전달하는 회로는 보통 **전기**회로라고 부른다. 전기회로의 예에는 손전등, 지하철을 위한 모터구동, 가정용 전력선, 자동차나 트럭 내부의 배선 등이 포함된다. 이러한 시스템들은 대개 전지, 발전기, 전선, 스위치, 그리고 저항으로 모델링할 수 있는 부하 등과 같은 몇 개의 기본 요소 유형들만을 포함한다. 저항과 같은 장치는 선형성을 가지며 $v = iR$로 표현되는 옴의 법칙을 따르는데, 여기에서 v는 저항에 걸리는 전압, i는 전압에 대한 반응으로 흐르는 전류, R은 저항값이다.

저항과 달리 반도체 장치는 대개 비선형성을 갖는다. 이들에 대한 전압-전류 방정식은 단순한 선형 방정식이기보다는 복잡한 형태를 갖는다. 예를 들면, 간단한 다이오드를 위한 전류-전압 방정식은 아래와 같은 지수 방정식으로 주어진다.

$$i = I_s(e^{v/nV_T} - 1) \tag{4.30}$$

여기에서 n, I_s, V_T 등은 상수이다.[3]

세 개의 단자를 갖는 장치인 트랜지스터는 훨씬 더 복잡한 방정식에 의해 지배된다. 다른 비선형 장치로는 LED(light-emitting diode; 발광다이오드)나 집적회로 등이 있다. 비선형 장치를 포함하는 회로는 "전기" 회로 대신에 **전자**회로라고 불린다.

전자회로에서 전압과 전류를 계산하는 일은, 특히 여러 개의 반도체 장치를 포함하는 경우 엄청난 작업이 될 수 있다. 그림 4.46에서 보이고 있는 단순한 회로조차도 간단한 대수로는 해결할 수 없다. 여러 개의 다이오드, 트랜지

---

[3] $v > V_T$의 경우 이 식은 때로 $i = I_S e^{v/nV_T}$라는 근사식으로 표현되기도 한다,

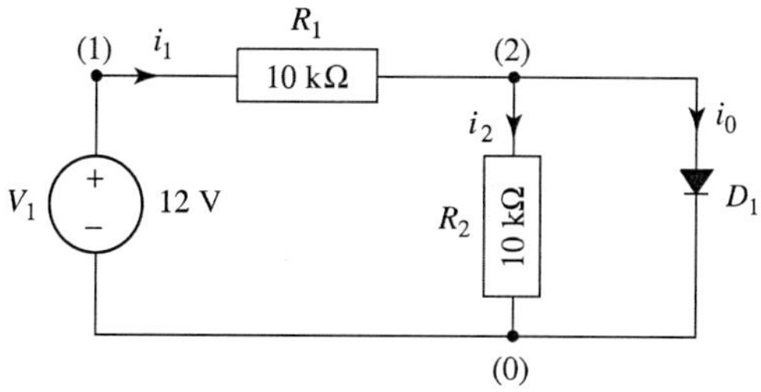

그림 4.46
PSpice를 사용하여 시뮬레이션 되는 회로. 회로 상의 각 노드에는 고유한 숫자가 배정되어 있다. 바닥 쪽의 공통 접지 노드에는 숫자 0이 배정되어 있다.

스터, 집적회로 등을 포함하는 회로를 SPICE라는 회로 시뮬레이션 도구를 사용하여 쉽게 풀 수 있다. PSpice나 OrCAD와 같이 SPICE에서 파생된 몇몇 도구들은 모두 SPICE의 핵심 계산 프로그램을 사용하는데, 이 계산 프로그램은 1970년대에 버클리 소재 캘리포니아 주립대학에서 대형컴퓨터용으로 개발되었다.

SPICE는 (건전지, DC 전기어댑터, AC 변압기 등의 출력과 같은) 전압 소스, 저항, 콘덴서나 인덕터와 같은 선형 회로 요소, 그리고 다이오드나 트랜지스터와 같은 각종 반도체, 연산증폭기 등에 대한 모델을 작성할 수 있다. SPICE는 또한 사용자가 정의한 특성을 갖는 장치를 포함시킬 수도 있다. SPICE는 안정 상태 분석, 시간의 경과에 따른 회로 동작 시뮬레이션, 그리고 온도, 열 노이즈, 무작위 요소 변이 등의 효과에 대한 모델링 등을 수행할 수 있다. SPICE의 출력은 여러 형태로 제공될 수 있으며, 여기에는 회로의 전압, 전류, 에너지 방출 값 등에 대한 텍스트 출력, 선택된 회로변수들에 대해 시간 기준 그래프 등이 포함된다. SPICE 내부의 핵심 프로그램은 회로를 기술하는 텍스트 기반의 입력에 의존하며, 이러한 입력 방식은 천공카드나 라인프린터 출력을 갖는 대형컴퓨터 상의 구현을 위한 공개 소프트웨어로 개발된 SPICE 원형에 기원을 두고 있다. PSpice-A/D나 OrCAD와 같은 최근의 버전들은 강력한 그래픽 인터페이스와 회로 구성에 사용될 수 있는 사전 정의된 상용 부품의 풀다운 리스트를 제공한다. 그러나 이러한 고급 프로그램들도 그래픽 인터페이스를 통해 입력된 회로 정보를 텍스트 기반의 SPICE 코드로 변환시킨다. SPICE의 학생용 평가판은 인터넷에서 다운로드 받을 수 있다(참고: www.orcad.com).

텍스트 기반의 SPICE 코드에서 회로는 FILENAME.CIR이라는 이름의 파일 안에 저장된 프로그램 문장들로 기술되는데, 여기에서 FILENAME은 사용자가 선택하는 이름이다. 프로그램 실행 과정에서 SPICE는 이 데이터 파일을 읽어들인다. 입력 파일의 각 행은 하나의 부품을 기술하거나 SPICE에게 명령을 내리는 프로그램 문장을 담고 있다. 주석 행은 별표(*)나 세미콜론(;)으로 시작된다.

전형적인 입력 파일은 필수적인 한 개의 제목 행, 회로를 기술하는 일련의 요소 문장들, 프로그램 실행 과정에서 SPICE에게 지시하는 제어문장들 등으로 구성된다. 제어문장은 항상 마침표로 시작한다. 전체 파일 끝에는 제어문 .END가 나타난다. SPICE에서 회로를 시뮬레이션하기 위해서는 노드들에 번호를 배정해야 한다. 노드 하나에는 0번이 배정되어야 하는데, 대개 가장 많은 연결을 갖는 노드나 "접지" 노드에 0번이 배정된다.

예 제 4.12

비선형 회로 시뮬레이션

그림 4.46의 회로는 SPICE를 사용하여 쉽게 풀 수 있다. 다음은 각 회로 요소에 대해 양단의 전압, 통과하는 전류, 발출되는 에너지 등을 계산하도록 SPICE에게 지시하는 프로그램 리스트이다. 각 노드에는 번호가 배정되어 있으며, 바닥 쪽의 접지 노드에 0번이 배정되어 있다.

```
그림 4.48에 대한 SPICE 회로 시뮬레이션
*회로상의 각 요소를 규정한다.
V1 1 0 dc 12V                    ;노드 1과 0 사이의 12V 직류 전압 소스
                                 ;  (소스의 + 쪽이 노드 1)
R1 1 2 10000                     ; 노드 1과 2 사이의 10kΩ 저항
R2 2 0 10000                     ; 노드 2와 0 사이의 10kΩ 저항
D1 2 0 diode                     ; 노드 2에서 노드 0쪽을 가리키는 다이오드
.MODEL diode D(Is=1e-5m n=2);다이오드 파라미터를 식별하는 문장
.OP                              ;모든 장치의 동작점(전압과 전류)을 계산한다.
.END
```

시뮬레이션 실행 결과에 대한 텍스트 출력의 일부를 아래에 보인다.

```
********SMALL SIGNAL BIAS SOLUTION TEMPERATURE = 27.000 DEG C
NODE    VOLTAGE    NODE    VOLTAGE
 (1)     12.00      (2)     0.5995
VOLTAGE SOURCE CURRENTS
NAME CURRENT
V1 -1.140E-03
TOTAL POWER DISSIPATION 1.37E-02 WATTS
JOB CONCLUDED
TOTAL JOB TIME .65
****************************************************************
```

위의 출력은 다이오드 전압은 대략 0.6V이며, 소스 쪽의 전류는 대략 1.1mA임을 나타낸다. 전체 회로에서 발출되는 에너지는 13.7mW이다(즉, 이 회로는 13.7밀리와트의 전기에너지를 열로 변환시킨다.).

4.13 그래픽 프로그래밍

특정 종류의 설계 작업에 대단히 유용한 소프트웨어 도구 종류로 그래픽 프로그래밍이 있으며, 이 범주의 상용 소프트웨어 패키지에는 LabVIEW™, HP-VEE, Softwire 등이 있다. 엔지니어는 그래픽 프로그래밍 언어들을 사용하여 컴퓨터 화면 상의 시각화된 객체들을 연결함으로써 프로그램을 작성할 수 있다. 객체들은 공식, 데이터 소스, 디스플레이, 논리 함수 등이 될 수 있다. 객체들은 컴퓨터 프로그램을 나타내는 순서도의 박스와 같이 연결될 수 있다. 일부 그래픽 프로그래밍 언어들은 다중계측기, 함수발생기, 오실로스코프 등과 같은 작업 기기들과의 직접적 인터페이스를 제공하며, 기기들과의 연결에는 IEEE-488 버스와 같은 디지털 제어링크를 사용한다. 그래픽 프로그램 객체를 통해 기기와의 데이터통신이 이루어질 수 있다. 기기와의 연결에 컴퓨터 버스에 직접 연결된 아날로그-디지털 (A/D) 및 디지털-아날로그(D/A) 플러그인 카드가 사용될 수도 있다. 이러한 환경은 아날로그-디지털 및 디지털-아날로그 변환 보드와 데스크톱 PC로부터의 그래픽 프로그래밍 인터페이스로 이루어지는 자동화된 산업용 장치를 만드는 데 이상적이다.

전형적인 그래픽 프로그램의 예를 그림 4.47에 보이고 있다. 이 프로그램은 부하를 걸어 테스트 중인 모터 양단의 전압과 모터를 지나는 전류를 측정하도록

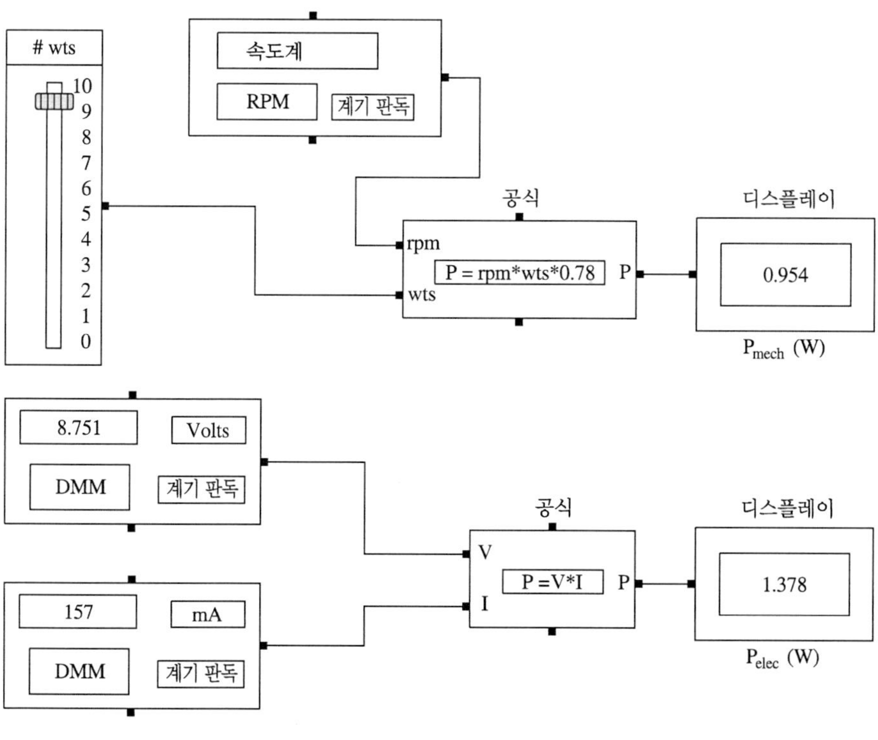

그림 4.47

그래픽 인터페이스 프로그램은 테스트 대상 모터 양단에 걸린 전압과 모터를 지나는 전류를 측정하도록 설계되어 있다. 마찰 브레이크에 올려놓는 추의 개수로 표현되는 기계적 하중은 사용자가 입력하도록 되어 있다.

직업적 성공의 비결: 컴퓨터가 정말 필요한 때는 언제인가?

컴퓨터는 공학문제의 해결에서 중요한 역할을 수행한다. 거의 모든 기술 분야에서 컴퓨터의 사용은 당연시되고 있으며, 공학교육에서도 컴퓨터의 사용은 필수적인 부분이다. 설계에서 컴퓨터의 사용은 대단히 유용하지만, 컴퓨터의 사용이 설계 과정에서 인간의 창의성이나 판단을 대신하려 할 때 위험이 따른다. 이러한 현상은 소위 "할 수 있어" 함정이라고 불리기도 한다. 우리는 단지 **할 수 있다**는 이유만으로 무엇인가를 컴퓨터에서 처리하는 경향이 있다. 우리는 기계적 구조물이나 회로에 대해 시뮬레이션을 수행하고는 시뮬레이션의 배경이 되는 기본 원리를 확인하지도 않고 맹목적으로 결과를 수용하기도 한다. 우리는 상용 소프트웨어 패키지의 출력을 물리적인 테스트와 비교하지도 않고 제대로 된 결과일 것으로 가정한다. 우리는 실질적 내용 없이 그래픽 이미지, 컬러 인쇄, 화려한 글꼴 등으로 이루어진 시각적으로 그럴싸한 문서를 만들기도 한다. 우리는 진짜 정보는 제대로 전달하지 못하면서 움직이는 화살표, 음향 효과, 비디오 등으로 뒤덮인 슬라이드 발표 자료를 만들기도 한다. 훌륭한 엔지니어는 "할 수 있어" 함정에 빠지지 않고 컴퓨터의 능력을 이용하는 방법을 배운다. 컴퓨터는 정밀기기처럼 사용되어야 할 정밀도구이지, 대형 망치가 아니다. 공학설계에서 컴퓨터는 인간의 창의적 프로세스의 보조자가 되어야지 선도자의 역할을 해서는 안 된다. 이 장의 예제들은 컴퓨터가 설계 과정의 의미 있는 부분으로 올바르게 사용될 수 있는 방법들을 보이고 있다.

설계되어 있다. 마찰 브레이크에 올려놓는 추의 개수로 표현되는 기계적 하중은 사용자가 입력하도록 되어있다.

4.14 마이크로프로세서: 또 다른 컴퓨터

우리는 대개 "컴퓨터"라면 데스크톱 PC나 네트워크에 연결된 워크스테이션을 연상한다. 사실 이렇게 완전한 형태를 갖춘 계산 장비는 오늘날 사용되고 있는 컴퓨터의 작은 부분에 지나지 않는다. 가장 많이 사용되는 컴퓨터는 마이크로프로세서이며, 그 수는 데스크톱 PC보다 훨씬 많다. 마이크로프로세서는 기본적인 논리회로 수준에서 디지털 함수 기능을 수행하는 단일 칩 컴퓨터를 말한다. 마이크로프로세서는 많은 설계문제 해결을 위한 훌륭한 대안이며, 특히 컴퓨터에 의한 실시간 제어 분야에 유용하다. 이러한 응용 분야를 종종 **임베디드 컴퓨팅(embedded computing)**이라고 부른다.

마이크로프로세서는 기본적으로 디스크드라이브, 키보드, 모니터, 외부 메모리 칩 등을 갖지 않는 컴퓨터이다. 마이크로프로세서는 플라스틱이나 세라믹 패키지 안에 내장된 실리콘 마이크로회로로 이루어진다. 마이크로프로세서는 지능적 제어를 요하는 거의 모든 기기나 장비의 심장부에 들어 있다. 마이크로프로세서는 자동차, 전자레인지, 세탁기, 어린이용 장난감, 휴대폰, 팩스기, 프린터, PC 등 쓰이지 않는 곳이 없다. 인텔에서 만든 펜티엄® 칩과 AMD에서 만든 애슬론™ 칩 등은 데스크톱 PC를 만들 때 주변장치에 연결되는 고성능 마이크로프로세서의 예이다. 기기나 장비 등에 사용되는 훨씬 많은 수의 마이크로프로세서들은 펜티엄이나 애슬론 칩에 비해 대개 훨씬 간단한 장치이지만, 동작 원리는 동일하다. 마이크로프로세서는 저장되어 있거나 입력되는 디지털 데이터에 기초하여 의사결정을 내리기 위해 **부울 대수(Boolean algebra)**로 불리는 2진 논리 연산 체계에 따라 동작한다.

예제 4.13

마이크로프로세서를 이용한 스피드 제어

이 예제는 타이밍과 스피드 제어 동작에 마이크로프로세서를 사용하는 경우를 보여준다. 관련된 응용은 물체를 사전에 정한 거리만큼 들어 올리는 기중기의 설계에 관한 것이다. 기중기는 회전식 드럼 주위에 유연한 강철 케이블을 감는 방식으로 동작한다. 그림 4.48에 묘사되어 있는 센서는 기중기가 물체를 현재까지 들어 올린 총 거리에 관한 정보를 제공한다. 불투명한 반지름 선이 그려진 투명 원반이 광학 탐지기 아래를 지나가며, 이 원반은 기중기 드럼에 연결되어 있다. 투명 원반이 조금씩 회전할 때마다 반지름 선이 광학 센서 아래를 지나가며, 이 때 센서는 마이크로프로세서에 펄스 신호를 보낸다. 드럼의 둘레와 한 번의 회전 동안 발생할 펄스 횟수가 알려져 있으므로, 케이블의 전체 수축 길이와 이에 따른 물체의 높이 등을 계산할 수 있다. 마이크로프로세서는 펄스 횟수를 세기만 하면 케이블을 얼마만큼 끌어당겼는지 계산할 수 있으며, 원하는 높이에 도달하면 "정지" 명령을 내릴 수 있다. 광학 인코더, 마이크로프로세서, 기중기 모터, 케이블 드럼 등으로 구성된 전체 시스템에 대한 블록 다이어그램이 그림 4.49에 주어져 있다.

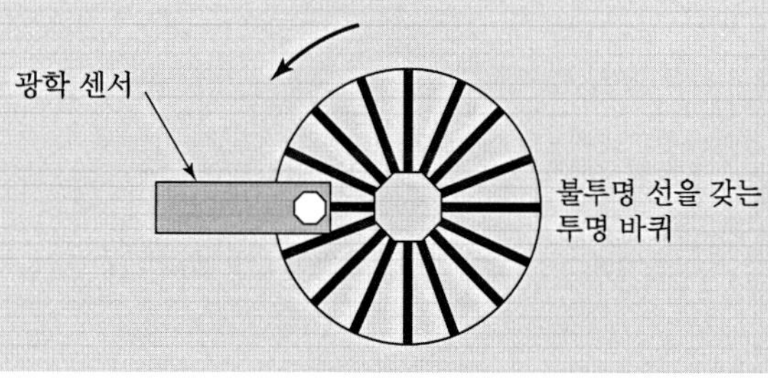

그림 4.48
광학 인코더 바퀴는 22.5° 회전할 때마다 디지털 펄스를 생성한다.

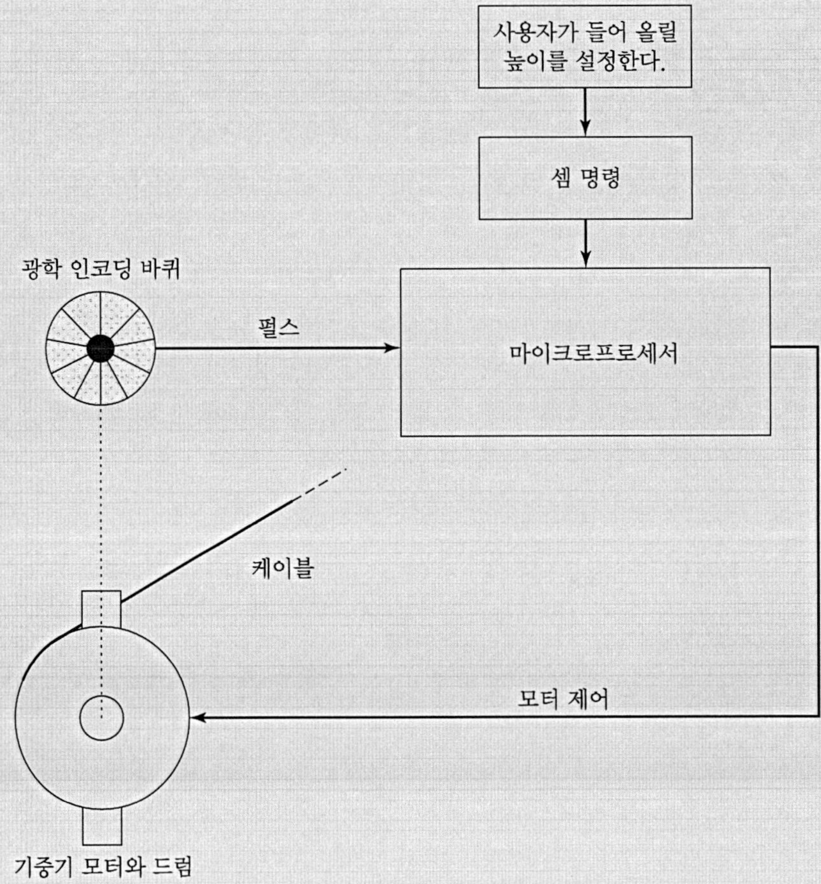

그림 4.49
광학 인코딩 바퀴, 마이크로프로세서, 기중기 모터, 케이블 드럼 등으로 구성된 시스템에 대한 블록 다이어그램

연습문제

1. 신호등 변경순서기를 위한 타이밍 펄스를 자동으로 생성하는 데 마이크로프로세서를 사용하기 위한 방법을 논하라.
2. 디지털 알람시계를 만드는 데 마이크로프로세서를 사용하기 위한 방법을 논하라.
3. 마이크로프로세서를 이용하는 기기나 장비 10개를 찾아보라.
4. 휴대폰은 여러 기능을 제공하기 위한 마이크로프로세서를 포함한다. 휴대폰을 가지고 있다면, 그 안의 마이크로프로세서가 수행하는 모든 기능들에 대한 맵이나 순서도를 작성하라.
5. 마이크로프로세서는 다양한 기능들을 수행하기 위해 내부적으로는 2진 코드를 사용한다. 마이크로프로세서를 프로그램하는 사람들은 종종 2진 숫자를 나타내기 위해 **16진 코드**를 사용한다. 2진 코드와 16진 코드 사이의 관계는 무엇인가?

6. 자동차에서 마이크로프로세서가 사용되는 다양한 방식에 대해 조사하라.
7. 무인판매기에서 마이크로프로세서가 사용될 수 있는 방식에 대한 순서도나 블록 다이어그램을 작성하라.
8. 컴퓨터용 프린터는 내부에 마이크로프로세서를 포함한다. 프린터에 마이크로프로세서가 필요한 이유와 마이크로프로세서가 수행하는 기능을 논하라.
9. 사칙연산 계산기를 만들기 위해 사용될 마이크로프로세서 프로그램을 위한 순서도를 작성하라.
10. 마이크로프로세서와 내장된 마이크로컨트롤러 사이의 차이는 무엇인가?

핵심 용어

크기 표시(Dimensioning)
마이크로프로세서(Microprocessor)
역공학(Reverse Engineering)
유효숫자(Significant Figures)
입체모델(Solid Model)
스프레드시트(Spreadsheet)
단위 일치 확인(Unit Reconciliation)
추정(Estimation)
프로토타입(Prototype)
SI 단위(SI Units)
시뮬레이션(Simulation)
사양서(Specification Sheet)
허용오차(Tolerance)

단원복습문제

추정

4.1 이 문제는 0.9m의 경사로를 15초 이내에 올라가야 하는 1kg 무게 자동차에 관한 것으로 자동차의 동력원으로 건전지를 이용한다.

(a) 9초 만에 올라가기 위해서는 건전지가 얼마만큼의 전력을 자동차에 공급해야 하는가? 15초 만에 올라가기 위한 평균 전력 흐름을 추정하라.

(b) 최대 전류량이 50mA인 건전지가 선택되었다고 가정하자. 그와 같은 결정은 건전지 무게를 줄여 더 가벼운 자동차를 만들기 위한 것이다. 자동차 무게가 0.5kg으로 줄 경우, 전력 흐름에 대한 예상치를 추정하라. 건전지가 허용하는 최대 전류는 얼마이겠는가?

(c) 모터 효율이 95%이고 기계적 손실분이 60%일 경우, 필요한 건전지 전류를 추정하라.

다음 4개의 문제는 벡터 덧셈을 이용한다. 벡터 계산은 기계적 시스템에서 힘에 관한 추정을 위한 중요한 기술이다. 벡터로 표현되는 힘이나 다른 양을 더할 때 벡터 덧셈 규칙을 따라야 한다. 더해야 할 벡터들은 먼저 각기 *x*, *y*, *z* 요소로 분해되어야 한다. 이 요소들을 각기 더한 후 다시 전체 벡터를 형성하기 위해 재결합한다. 때로 벡터들을 *x*, *y*, *z* 요소가 아닌 다른 축 상의 요소들로 분해하는 것이 편리할 수도 있다.

4.2 라디오 안테나를 고정시키기 위해 두 가닥의 버팀줄이 아이볼트에 연결되어 있다. 한 쪽 줄은 수직 방향에 대해 10° 각도로 3000N의 힘을 가하고 있으며, 다른 쪽 줄은 수직 방향에 대해 75° 각도로 2000N의 힘을 가하고 있다. 아이볼트에 작용하는 전체 힘의 크기와 방향을 구하라.

4.3 수평 방향에 대해 30° 각도인 목재 지붕에 나사로 고정된 아이볼트에 한 개의 버팀줄이 힘을 가하고 있다. 버팀줄은 수평 방향에 대해 40° 각도로 매어져 있다. 아이볼트가 지붕에 수직 방향으로 최대 1000N의 힘을 받을 수 있는 등급이면, 버팀줄에 안전하게 작용할 수 있는 최대 장력은 얼마인가?

4.4 지방 축제 행렬에서 풍자적 그림이 그려져 있는 큰 헬륨 풍선을 고정하기 위해 그 중심에 두 개의 로프를 매어 두었다. 한 개의 로프는 수직 방향에 대해 20° 각도로 매어져 있으며, 다른 로프는 첫 번째 로프와는 반대편으로 수직 방향에 대해 30° 각도로 매어져 있다. 풍선의 부양력이 200kN이라고 할 때, 로프들에 작용하는 장력을 계산하라.

4.5 *x*-축에 대해 45° 각도로 기울어져 있는 지붕에 아이볼트 한 개가 고정되어 있다. 이 아이볼트에는 세 개의 버팀 줄이 매어져 있는데, 이 버팀줄들의 방향은 *x*-축에서 시계방향으로 45°, 150°, 195° 각도이며, 각기 300N, 400N, 225N의 힘을 받는다. 아이볼트에 작용하는 전체 힘의 크기와 방향을 구하라. 지붕 선에 평행한 방향과 수직인 방향으로 측정된 힘의 요소들을 구하라.

문제 6에서 22까지는 설계상의 추정 기술을 익히기 위한 것이다. 친구와 함께 토의해보고 둘이 동일한 근사 값을 얻는지 확인해보라.

4.6 보잉 767 항공기를 칠하는 데 필요한 페인트 양을 손으로 계산해보라.

4.7 휘발유 자동차를 10분 동안 공회전시키는 비용을 추정하라.

4.8 기숙사, 사택, 아파트 건물, 집 중 자신의 거주지 형태에 따라 일일 전력 소모량을 추정하라(실제 전기요금 청구서와 비교하여 추정치를 검사하라.).

4.9 매일 24시간 컴퓨터를 켜둘 경우의 비용을 추정하라.

4.10 평균 크기의 4실형(침실 2, 거실, 주방) 아파트 건물에 2중창을 설치할 때 에너지 비용 절감분을 추정하라.

4.11 짐을 가득 실은 18타이어형 화물트레일러의 총 무게를 추정하라.

4.12 자신이 거주하는 지역에 있는 단독주택의 수를 추정하라.

4.13 금문교 조립에 필요한 볼트의 개수를 추정하라.

4.14 평균 크기의 주택 굴뚝에 사용된 벽돌의 개수를 추정하라.

4.15 자신이 살고 있는 기숙사, 아파트 건물, 또는 주택에 있는 모든 창의 표면적에 대한 합을 계산하라.

4.16 시카고의 리글리 구장의 경기장을 덮기 위해 필요한 카펫의 크기를 추정하라.

4.17 매일 자신의 폐를 통과하는 공기의 전체 질량을 추정하라.

4.18 해수면에서 떨어뜨린 공이 지구 해양 중에서 가장 깊은 곳인 마리아나 해구 바닥에 닿는 데 소요되는 시간을 추정하라.

4.19 중형 냉장고를 일 년 동안 돌리는 비용을 추정하라.

(a) 평평한 지붕을 갖는 단독주택을 덮기 위해 필요한 지붕널의 무게를 추정하라.

(b) 위의 계산을 경사지붕으로 고쳐 수행하라.

4.20 표준적인 120분 VHS 비디오테이프의 길이를 추정하라.

4.21 2시간 분량 DVD 상의 미세 홈 수를 추정하라.

4.22 자신이 다니는 대학에서 매주 대출되는 도서 수를 추정하라.

유효숫자

4.23 계산의 수행에서 결과의 정확도는 계산 과정 중 정확도가 가장 낮은 단계의 정확도를 넘지 못한다. 따라서 결과는 계산에서 정확도가 가장 낮은 인수와 동일한 유효숫자 개수를 사용하여 표현되어야 한다.

(a) 아래 각 계산의 결과를 적절한 개수의 유효숫자를 써서 표현하라.

(b) 계산 결과를 적절한 SI 단위로 표현하라.

$$V = (12.9\text{mA})(1500\Omega)$$
$$F = 2.69\text{kg} \times 9.8\text{m/s}^2$$
$$F = -3.41\text{N/mm} \times 6.34\text{mm}$$
$$i = 1.29\text{mA} \ / \ 100$$
$$Q = (6.891 \times 10^{-12}\text{F})(2.34 \times 10^3\text{V})$$

4.24 **(a)** 아래 각 수치 계산의 결과를 적절한 개수의 유효숫자를 써서 표현하라.

(b) 계산 결과를 적절한 SI 단위로 표현하라.

$$F = 1221\text{kg} \times 0.098\text{m/s}^2$$
$$V = 56\text{A} \times 1200\Omega$$
$$x = 76.8\text{m/s} \times 1.000\text{s}$$
$$m = 56.1\text{lb} + 45\text{lb} + 98.2\text{lb}$$
$$i = 91.4\text{V} \ / \ 1.0\Omega$$
$$P = (5.1\text{V})^2 \ / \ 1.0\Omega$$

크기 표시

4.25 일반 코트 단추의 크기를 측정하라. 단추에 대해 허용오차 표와 함께

크기가 표시된 스케치를 작성하라.

4.26 일반 커피 컵에 대해 크기가 표시된 스케치를 작성하라.

4.27 자전거의 크기를 측정하여 크기가 표시된 스케치를 작성하라.

4.28 이 책에 대해 크기가 표시된 스케치를 작성하라.

프로토타이핑

4.29 타이머 회로를 통해 100mA의 일정한 전류가 9V 건전지에서 모터로 간다고 하자. 제어기 회로의 효율이 92%이고 모터 효율이 95%일 경우, (베어링에서의 마찰을 무시할 경우) 얼마만큼의 기계적 에너지가 모터바퀴로 전달되는가?

4.30 옴의 법칙에 따르면, 저항 양단에 걸리는 전압은 저항을 지나는 전류와 저항값의 곱과 같다($V = IR$). 다음의 각 저항들에 대해, 양단에서 측정된 전압이 24V일 경우 저항을 지나는 전류의 세기를 계산하라: 1Ω, 330Ω, 1kΩ, 560kΩ, 1.2MΩ(유의사항: 1kΩ ≡ 10^3Ω, 1MΩ ≡ 10^6Ω).

4.31 옴의 법칙에 따르면, 저항을 지나는 전류는 저항 양단에 걸리는 전압을 저항값으로 나눈 것과 같다($I = V/R$). 다음의 각 저항들에 대해, 측정된 전류가 10mA일 경우 저항 양단에 걸린 전압을 계산하라: 1.2kΩ, 4.7kΩ, 9.1 kΩ, 560kΩ, 1.2MΩ(유의사항: 1kΩ ≡ 10^3Ω, 1MΩ ≡ 10^6Ω).

4.32 키르히호프의 전류에 관한 법칙에 따르면, 동일한 연결점 즉, 노드로 들어오는 전류의 대수적 합은 0이 되어야 한다는 것이다. 4개의 전선이 연결되어 있는 노드에 들어오는 전류 세기가 1.2A, −5.4A, 3.0A일 때, 네 번째 노드로 들어오는 전류의 세기는 얼마라야 하는가?

4.33 키르히호프의 전압에 관한 법칙에 따르면, 폐회로 안의 모든 전압의 합은 0이 되어야 한다는 것이다. 세 개의 저항이 9V 건전지와 직렬로 연결되어 있다. 두 개의 저항 양단에 걸린 전압이 각기 5V와 2.5V로 측정되어 있다.

(a) 세 번째 저항 양단에 걸린 전압은 얼마인가?

(b) 첫 두 개의 저항값이 각기 100Ω과 50Ω이다. 세 번째 저항을 지나는 전류의 세기는 얼마인가?

4.34 방열판은 뜨거운 표면과 주변 공기 사이의 열전도를 향상시켜 장치의 냉각과 에너지 방출 용량의 확대를 돕는다. 과도한 열은 많은 장치에 장애를 초래할 수 있으므로 방열 기능은 중요하다. 방열판의 성능은 열 저항 즉, 열전도계수 θ로 표현되는데, 이 값은 뜨거운 쪽인 방열판에서 주변의 찬 공기 쪽으로의 열 흐름을 기술할 때 사용된다. 이때 주변 공기는 일정한 온도를 유지한다고 가정한다. 이러한 열 흐름은 $P_{therm} = (T_{sink} - T_{air})/\theta$라는 식으로 표현될 수 있는데, 여기에서 P_{therm}은 장치에서 나가는 열에너지 흐름이며, T_{sink}는 방열판의 온도이고, T_{air}는 주변 공기의 온도이다.

(a) 열전도계수가 θ = 4.5°C/W인 방열판 위에 전원장치가 장착되어 있다. 이 장치에서 도합 10W의 에너지가 발출되고 있다. 주변 공기의 온도가 25°C일 경우 장치의 온도는 얼마인가?

(b) 최고 동작 온도가 200°C인 장치가 방열판 위에 장착되어 있다. 주변 공기의 온도가 25°C이고 이 장치에서 25W의 에너지가 발출되어야 할 경우, 이 방열판이 가질 수 있는 최대 열전도계수 θ는 얼마인가?

4.35 스위치는 사용자가 레버나 미끄럼 장치를 움직임으로써 두 개의 전기 단자를 개회로(연결 없음)와 폐회로(완전 연결) 사이를 전환시키는 기계적 장치이다. 스위치 축은 스위치에 대한 기계적 동작을 통해 개폐될 수 있는 접점의 집합을 가리킨다. SPDT(single-pole, double-throw; 단극쌍투) 스위치는 세 개의 단자로 이루어지는데, 공통 연결점으로 기능하는 중앙 단자와 스위치 레버의 위치가 변경됨에 따라 교차적으로 중앙 단자에 연결되는 두 개의 외부 단자가 있다. 외부 단자 중 하나가 중앙 단자에 연결될 때, 남은 외부 단자는 중앙 단자와의 연결이 끊어진다.

(a) 2층 가옥의 계단에 전등 배선이 필요한데, 계단 양쪽에 있는 두 개의 스위치 중 어느 것에서나 선등을 켜고 끌 수 있어야 한다. 어느 스위치에서나 레버 위치를 변경하면 전등 상태가 변경되어야 한다. 이러한 계단 전등 시스템을 위한 배선도를 그려라.

(b) 이제 각 층에 달린 세 개의 스위치 어느 것에서나 계단의 전등들을 켜고 끌 수 있는 3층 가옥을 생각해보자. 두 개의 단극 스위치와 한 개의 쌍극 스위치를 사용한 적절한 스위칭 네트워크를 설계하라 (한 개의 쌍극(DPDT) 스위치는 6개의 단자를 갖고 있으며, 레버들을 동시에 사용할 수 있는 직렬로 연결된 두 개의 SPDT 스위치로 생각할 수 있다.).

4.36 DC 모터는 **전기자(armature)** 또는 회전자(rotor)로 불리는 다극 전자기 코일로 이루어지며, 전기자는 **고정자 자장(stator field)**이라 불리는 일정한 자기 장 내부에서 회전한다. 모형 전기자동차나 장난감 등에서 사용되는 소형 DC 모터에서는 고정자 자 장을 형성하기 위해 영구자석이 사용된다. 자동차 시동장치나 앞유리 와이퍼 등에 사용되는 보다 큰 산업용 모터에서는 2차 코일에 의해 고정자 자장이 형성된다.

접촉판 그룹과 **정류자(commutator)**라고 불리는 고정 브러시를 경유하여 회전하는 전기자 코일로 전기가 흐른다. 회전자 상의 각 접촉판 그룹은 회전자 코일의 각기 다른 부분에 연결된다. 회전자가 회전하면서 매번 다른 정류자 패드 쌍에 브러시 접점이 이루어지면서 브러시로부터 전기를 받는 회전자 코일 부분이 계속 변한다. 이러한 방식을 통해 회전하는 전기자 코일에 의해 생성되는 자장은 고정 상태를 유지하며 고정자 자장에 대해 항상 직각이 된다. 이러한 장의 남극과 북극은 항상 서로를 잡아당긴다. 정류자의 동작에 의해 극들은 자장과 직각을 유지하기 때문에 전기자에 계속 회전력이 작용한다. 힘의 강도는 전기자 전류 값에 비례한다. 따라서 일정한 기계적 부하하의 모터 속도는 전기자 전류에 비례한다.

(a) 취미용품점이나 전자부품 상점에서 소형 DC 모터를 구입하라. 두 개의 D 타입 건전지를 극성을 고려하지 말고 모터에 직렬로 연결하고, 모터의 회전방향을 관찰하라. 이제 건전지 극성을 바꾸어 연결하고 다시 결과를 관찰하라.

(b) 앞의 문제에 기술되어 있는 것과 같은 DPDT(쌍극쌍투) 스위치를 사용하여 스위치 하나로 모터 방향을 바꿀 수 있는 회로를 설계하라.

역공학

4.37 (위쪽에 누름버튼이 있어 볼펜심 부분을 나오게 하거나 들어가게 할 수 있는 종류의) 격납식 볼펜을 분해하라. 내부 장치에 대한 스케치를 그리고, 볼펜의 작동 방법에 대해 짧게 기술하라.

4.38 보통의 플라스틱 CD 케이스를 분해하라. 그 내부 구성에 대한 스케치를 그리고, 다양한 구성요소들을 짧게 요약하라.

4.39 표준적인 탁상용 전화기를 분해하라. 전화기가 어떻게 작동하는지 또 어떻게 외부 세계와 연결되는지를 조사하여 그에 대한 블록 다이어그램을 작성하라.

4.40 탁상용 스테이플러를 설계하는 과제를 받았다고 하자. 경쟁사의 기존 모델을 분해하여 기계적 구성에 대한 스케치를 그리고, 부품 목록을 작성하라.

4.41 일반 손전등을 분해하여 기계적 구성에 대한 스케치를 그리고, 똑같은 손전등을 만들 수 있도록 부품 목록을 작성하라.

4.42 외딴 곳에서 주인 없는 우주선을 발견했다고 하자. 우주선의 기술적 요소들을 알아내기 위해 역공학을 수행한 보고서를 작성하라. 우주선의 추진장치, 원격측정장치, 센서장치 등을 조사하라.

분석도구로서의 컴퓨터

4.43 200kph의 속도로 날아가는 비행기에서 떨어뜨린 조약돌의 궤적을 계산하기 위한 컴퓨터 프로그램을 아무 언어나 선택하여 작성하라. 공기저항의 효과를 포함시켜야 한다.

4.44 찰칵하고 움직이는 마우스트랩 이동체를 생각해보자. $t = 0$, $\theta = \pi$인 상태에서 시작하여 $\theta = 0$이 되며 이동체가 밑판에 닿을 때까지 이동체의 각도 θ를 시간 t의 함수로 나타내는 그래프를 그리기 위한 컴퓨터 프로그램을 아무 언어나 선택하여 작성하라. 이동체의 관성 모멘트는 0.01 kg-m이며 스프링은 $0.5\theta/\pi$N-m의 회전력을 가한다고 가정하라. 여기에서

θ의 단위는 라디안이다.

4.45 콘덴서는 전기에너지를 저장하는 장치이다. 특정 순간에 콘덴서가 충전된 정도는 그 양단에 걸린 전압에 의해 표시된다. 충전된 콘덴서에 저항이 연결되면 콘덴서에서 나와 저항 쪽으로 흐르는 전류 i는 식 $i = v/R$로 주어지는데, 여기에서 v는 콘덴서의 전압이며 R은 저항값이다. 전류의 흐름에 따라 콘덴서의 전압은 점차 낮아지게 되는데, 이는 식 $dv/dt = i/C$를 따른다. 여기에서 t는 시간을 나타낸다. $v(t = 0) = 10\text{V}$, $R = 10\text{k}\Omega$, $C = 100\mu\text{F}$인 경우에 대해 $v(t)$를 나타내는 그래프를 그리기 위한 컴퓨터 프로그램을 아무 언어나 선택하여 작성하라(유의사항: $10\text{k}\Omega \equiv 10{,}000\Omega$, $100\mu\text{F} \equiv 10^{-4}\text{F}$).

4.46 두 개의 길이 만나는 통행량이 많은 교차로에서 교통 제어를 위해 사용될 수 있는 컴퓨터 프로그램을 위한 순서도를 작성하라. 남북 방향으로 진행하는 차가 교차로에 진입하기 위해 멈추어 서 있는 상황이 아니라면 동서 방향으로 진행하는 차는 언제나 지나갈 수 있어야 한다. 이 프로그램을 아무 언어나 선택하여 작성하라. 교차로의 각 방면의 자동차 수를 읽어 들이기 위한 입력 메커니즘을 포함시켜라.

4.47 두 개의 길이 만나는 통행량이 많은 교차로에서 교통 제어를 위해 사용될 수 있는 컴퓨터 프로그램을 위한 순서도를 작성하라. 북쪽 방향에서 교차로로 진입하려고 기다리는 차가 세대 이하이고 남쪽 방향에서 기다리고 있는 차가 한대도 없을 경우, 동서 방향으로 진행하는 차는 언제나 지나갈 수 있어야 한다. 네대 이상의 차가 동서 방향 도로에 멈추게 되었을 경우에는 남북 방향 도로에서 기다리는 차의 수에 상관없이 동서 방향의 진행이 허용되어야 한다. 이 프로그램을 아무 언어나 선택하여 작성하라. 교차로의 각 방면의 자동차 수를 읽어 들이기 위한 입력 메커니즘을 포함시켜라.

4.48 경보장치를 위한 세 자리 비밀번호 복호기로 사용될 수 있는 컴퓨터 프로그램을 위한 순서도를 작성하라. 경보장치에 입력되는 0에서 9 사이의 각 숫자는 2진수로 표현되어야 한다. 자신이 태어난 해의 마지막 세 자리를 비밀번호로 선택하라. 이 프로그램을 아무 언어나 선택하여 작성하라. 입력되는 각 숫자를 읽어 들이기 위한 입력 메커니즘을 포함시켜라.

4.49 10명으로 구성된 시 위원회의 투표 결과를 집계할 수 있는 컴퓨터 프로그램을 위한 순서도를 작성하라. 이 프로그램의 출력은 찬성표가 다수이면 1, 소수이면 0이어야 한다. 찬반 동수일 경우를 어떻게 처리할 것인지 정하여 반영하라. 이 프로그램을 아무 언어나 선택하여 작성하라. 10명의 위원들 각각의 투표를 위한 입력 메커니즘을 포함시켜라.

4.50 기온이 30°C를 넘고 해가 식물들을 비추지 않고 시간이 정오 이후이면 정원 살수장치를 켜는 센서 시스템을 위한 순서도와 블록 다이어그램을

작성하라.

4.51 과학 조사원이 다양한 사건의 확률을 산정하기 위해 사용할 수 있는 컴퓨터 프로그램을 위한 순서도를 작성하라. 이 프로그램은 5개의 입력 신호를 읽어들이고 입력의 과반수의 상태를 나타내는 결과를 출력해야 한다.

4.52 운전자가 안전벨트를 매지 않은 상태에서 시동키를 켜면 경고음을 내기 위해 사용될 수 있는 마이크로프로세서 프로그램을 위한 순서도를 작성하라. 동승자가 안전벨트를 매지 않고 앉아있는 경우에도 경고음을 내야 한다.

4.53 이 문제는 진폭 변수 개념을 설명하기 위한 것이다. 함수 $c(t)$가 최고점 값이 1과 −1이고 주파수가 f_1인 삼각 파형을 나타낸다고 하자. 그리고 $m(t)$는 최고점 값이 1과 −1이고 주파수가 f_2인 사각 파형을 나타낸다고 하자. f_1 = 10Hz, f_2 = 1Hz, a = 0.4인 경우에 대해, 다음 식으로 표현되는 진폭 변조 파형을 그리는 컴퓨터 프로그램을 작성하라.

$$v(t) = c(t)[1 + am(t)]$$

계수 a는 **변조 인덱스(modulation index)**라고 불리며 헤르츠(Hz)는 초 당 사이클 횟수를 나타내는 단위이다.

4.54 아래에 기술된 시스템을 실현할 순서도를 작성하라.

메모:

받는 사람: Xebec 설계팀

보내는 사람: Harry Vigil, 프로젝트 관리자

제목: ATM 시뮬레이터

이 프로젝트의 고객은 은행지점에서 볼 수 있는 현금지급기(ATM)의 기능을 시뮬레이션할 수 있는 장치를 개발해달라고 요청하였다. 당신이 할 일은 스스로 부품과 재료를 선택하여 그와 같은 시뮬레이터를 설계하고 제작하는 일이다. 초기 프로젝트 제안서와 기술 계획을 작성할 때 지침으로 사용할 수 있는 사양은 다음과 같다.

- 이 시뮬레이터는 외부 세계와 실제로 연결되지 않는 독립형이어야 한다.
- 이 시뮬레이터는 사용자 질의, 비밀번호 입력 요청문, 거래 유형, 금액 범위 등의 특성에 대해 실제 ATM과 비슷해야 한다.
- 이 시뮬레이터는 입력 키나 버튼, 디스플레이 장치, 프린터, (모의) 화폐에 대한 배출기 등을 포함해야 한다.
- 이 시뮬레이터는 ATM 타입 현금카드를 삽입하면 작동이 개시되어야 한다. 삽입된 카드에 저장되어 있는 정보의 복호 및 해석 기능은 이 시스템에 요구되지 않는다. 대신에 시뮬레이터 내부에 비밀번호들을 (어쩌면 갱신 가능한 목록 형태로) 저장하는 기능을 갖는 정도로 충분하다.

이러한 목록은 적절한 크기의 임의의 카드를 삽입함으로써 활성화될 것이다.

스프레드시트

4.55 고무줄로 발사된 투사체의 궤적을 계산하는 스프레드시트 프로그램을 작성하라. 이 스프레드시트에는 투사체의 크기, 발사각, 고무줄을 당기는 길이 등의 핵심 변수들을 입력할 수 있는 셀들이 있어야 한다. 이 궤적상의 여러 지점에서 투사체의 위치를 나타내기 위해 셀들의 배열을 사용하라. 투사체의 무게 m과 탄성계수 k에 대해서는 적당한 값을 선택하라.

4.56 당신이 공학설계 프로젝트를 위한 예산을 계획하고 있다고 하자. 당신의 월급은 대략 $6,000 정도이며, 당신과 함께 일하는 기사의 월급은 대략 $3,500 정도이다. 재료와 비품에 $5,000, 판매회의에 참석하기 위한 여비로 $1,200이 필요하며, 직접비용의 8%를 사무직원들을 지원하기 위해 제공해야 한다. 그리고 8%의 사무직원 지원비를 포함한 전체 계약금액의 80%를 회사의 일반운영을 지원하는 간접비로 지불해야 한다. 총 비용이 $100,000을 초과해서는 안 된다고 할 때, 이 프로젝트에 경비를 요청할 수 있는 인원-개월 단위의 최대 연 인원을 결정하는 데 도움이 될 스프레드시트 프로그램을 작성하라. 당신의 기사는 최소한 50% 이상의 시간을 이 프로젝트를 위해 사용해야 한다.

4.57 소형 비행기에 탑승한 모든 승객들의 중력중심을 구하기 위한 스프레드시트 프로그램을 작성하라. 이 비행기의 의자는 10줄로 되어있는데, 각 줄에는 복도 양편에 2개씩의 의자가 있어 총 40개의 의자가 있다. 복도 쪽 의자는 비행기 중심선에서 0.5m 떨어져 있고 창 쪽의 의자는 비행기 중심선에서 1.2m 떨어져 있으며, 각 줄의 간격은 1m이다. 스프레드시트 프로그램은 첫 번째 줄 의자들을 기준으로 중력중심을 계산해야 한다 (y-좌표). 각 승객의 체중을 알고 있다고 가정하고, 무게의 단위는 킬로그램이나 파운드 어느 것을 사용해도 좋다.

4.58 어느 필름 제조공장에서 표준형 35mm 카메라용 사진 필름을 생산하고 있다. 생산되는 필름 롤의 길이는 500m에서 2,000m 사이이다. 각각의 큰 롤의 폭은 0.5m에서 2.0m 사이이며 0.5m 단위로 증가한다. 즉, 폭으로 가능한 값에는 4개가 있다. 큰 롤들은 35mm의 띠 모양의 조각으로 잘라서 조각 당 12, 24, 또는 36장의 사진이 들어갈 수 있도록 소비자 판매용 필름 통으로 포장된다. 각 사진이 필요로 하는 필름 길이는 35mm이며, 각 필름 통에서 전체 길이의 10%는 앞뒤의 (사용되지 않는) 여분으로 할애되어야 한다고 가정하라. 필름 통당 사진 개수의 세 가지 값에 대한 다양한 비율 배정에 따라 하나의 큰 롤에서 크기 별로 필름 통을 몇 개씩 얻을 수 있는지 계산하기 위한 스프레드시트 프로그램을 작성하라. 이

스프레드시트 프로그램에는 큰 롤의 폭, 전체 롤에서 만들 12장, 24장, 36 장 필름 통의 백분율 등을 입력받을 셀들이 있어야 한다. 필름을 자르는 과정에서 버려지는 필름은 없다고 가정하라.

4.59 연락선의 소유주가 자동차나 짐을 최선의 균형을 유지하며 싣는 시스템을 설계하도록 의뢰해왔다고 하자. 연락선 상의 모든 승객과 짐으로 인한 연락선의 중력중심에 관한 관성 모멘트를 계산하기 위한 스프레드시트 프로그램을 작성하라. 이 연락선에는 각각의 크기가 2.7m × 4m인 40개의 주차공간이 있으며, 50m × 100m 크기의 수하물 영역은 2.7m × 8m 크기의 선적 컨테이너들을 수용할 수 있다. 자동차 한 대당 무게는 1,000kg, 선적 컨테이너당 무게는 6,000kg, 사람은 1인당 60kg으로 가정하라.

마이크로프로세서

4.60 톤 다이얼, 재다이얼 버튼, 재발신 버튼, (8개의 레지스터로 된) 메모리, 대기 버튼 등의 기능을 갖는 탁상용 전화기를 실행시키기 위해 필요한 마이크로프로세서 프로그램을 위한 순서도를 작성하라.

4.61 마이크로프로세서들은 직렬 혹은 병렬 데이터 링크를 사용하여 컴퓨터나 주변장치와 통신한다. 병렬 링크가 사용될 경우의 연결은 디지털 워드 안의 각 비트에 대해 한 개씩의 회선들, 한 개의 공통 접지선, 동기화 신호를 전송하기 위한 추가 회선들 등으로 구성된다. 동기화 신호용 회선들은 수신장치에서 송신장치가 전송한 각 디지털 워드를 언제 읽어야 할지 알 수 있도록 하기 위해 필요하다.

직렬 링크가 사용될 경우에는 데이터 비트들이 한 번에 한 개씩 전송된다. 동기 링크 시스템에서는 데이터 비트들을 차례로 전송하기 위한 한 개의 회선, 접지를 위한 한 개의 회선, 그리고 동기화 신호를 전송하기 위한 세 번째의 회선 등이 사용된다. 동기화 신호용 회선은 수신장치에서 각 데이터 비트 사이의 타이밍을 결정하기 위해 사용된다. 전화 모뎀, 무선 네트워크, 인터넷 등에서 사용되는 비동기 링크 시스템에서는 신호 전송에 한 쌍의 회선만 사용할 수 있다. 데이터 비트 동기화는 송신장치와 수신장치가 동일한 baud 즉, 비트 타이밍 속도로 설정될 것을 요구하지만, 이러한 타이밍은 결코 완벽할 수 없다. 보정되지 않을 경우 수신장치의 baud 타이밍은 송신장치의 baud 타이밍에서 점차 어긋날 것이다. 양쪽의 비트 타이밍 순서를 일치시키기 위해 수신장치는 디지털 워드를 받을 때마다 타이머를 재설정한다. 전송된 단어 끝에는 정지 비트 열이 추가되어 있으므로, 수신장치는 수신된 단어가 언제 끝나는지 알 수 있다. 정지 비트들을 전송한 후 송신장치는 다음 단어를 전송하기 위한 준비 작업으로 데이터 회선을 1로 설정한다. 송신장치는 또한 각 단어의

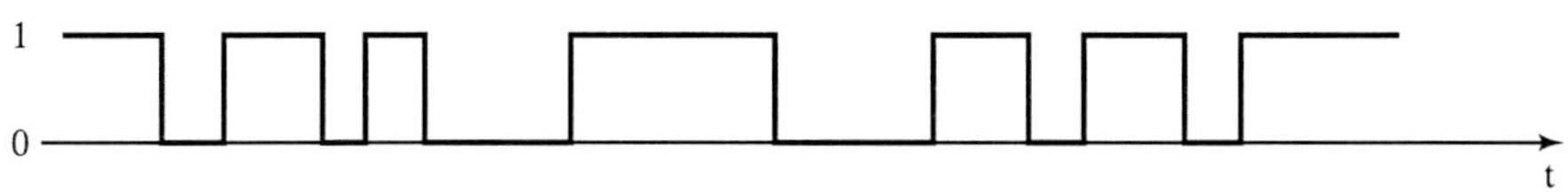

그림 4.50
비동기 직렬 데이터 스트림

시작 부분에 0 값을 갖는 시작 비트를 추가함으로써 단어의 도착을 분명하게 알린다.

- 어떤 마이크로프로세서는 데이터를 8비트 패킷 즉, 바이트 단위로 전송한다. 그림 4.50에서 보이고 있는 데이터 열이 나타내는 두 바이트의 내용을 결정하라. 비트당 시간 간격을 정할 수 있게 해주는 시작 비트가 두 번째 1 값을 갖는 비트 앞에 온다. 정지 비트 열은 높은 상태를 유지하는 두 비트로 구성된다.
- 바이트 열 (1001 1100) (0001 1111) (1010 1010)을 위한 직렬 데이터 스트림을 그려라.

4.62 펄스-진폭 변조 모터 구동장치가 최고 전압이 가해지는 시간 간격 즉, 가동율을 조정하는 동안 모터에 전압을 가하고 있다. 전압이 가해질 때 흐르는 전류는 모터 속도와 내부 저항에 따라 성해신다. 모터의 평균 소비 전력은 전압과 전류의 곱에 대한 시간 평균과 같다. 펄스-진폭 변조 파형은 컴퓨터 모듈로부터의 디지털 데이터 신호에 따라 생성된다. 필요한 전압 파형을 생성하는 프로그램을 위한 마이크로프로세서 순서도를 작성하라. 이 프로그램은 0과 255 사이의 2진수나 10진수를 입력 받아 입력값에 비례하는 시간 동안 높은 상태(논리값 1)의 출력을 생성해야 한다.

4.63 아날로그-디지털 인터페이스는 많은 마이크로프로세서 제어형 공학 시스템에서 중요한 부분이다. 비록 대부분의 물리적 측정이나 제어에는 아날로그 변수들이 관련되어 있지만, 대부분의 데이터 수집, 정보 전송, 데이터 분석 등은 디지털 방식으로 수행된다. A/D 회로와 D/A 회로는 아날로그 세계와 디지털 세계 사이의 인터페이스를 제공한다. D/A 변환기는 여러 비트의 디지털 입력을 하나의 아날로그 출력 신호로 변환시키는데, 대개 전압 신호가 사용된다. 일반적으로 사용되는 변환 알고리즘은 고정된 기준 전압에 비례하는 아날로그 출력을 생성하는데, 그 값은 다음 식에 따라 정해진다.

$$v_{OUT} = nV_{REF} \ / \ (2^N - 1)$$

여기에서 N은 디지털 입력 단어에 들어있는 비트의 개수, n은 디지털 입력 단어에서 **1**로 설정되어 있는 비트들이 나타내는 2진수에 대응되는 10진수 값, V_{REF}는 기준 전압이다. n이 $2^N - 1$일 때, v_{OUT}은 V_{REF}와 같게 된다.

- 8비트 D/A 변환기에 주어진 입력 단어가 **0010 1111**이고 V_{REF} = 5V라고

하자. v_{OUT}의 결과 값을 구하라.

- 10비트 D/A 변환기에 입력 단어 **00 1001 0001**이 주어지고 기준 전압은 5V이다. 변환기의 출력을 구하라.
- 앞에 기술된 알고리즘이 사용되고 기준 전압이 10V일 때, 12비트 D/A 변환기에 의해 생성될 수 있는 아날로그 출력 전압의 최소 증가분은 얼마인가?
- V_{REF} = 12V일 때, 8비트 D/A 변환기에 의해 생성될 수 있는 최대 아날로그 출력 전압은 얼마인가?

4.64 A/D 변환기는 주어진 아날로그 입력 전압을 고정된 기준 전압과 비교하여 다음 식에 의해 정해지는 디지털 출력 단어 B를 생성한다.

$$B = \text{rnd}(v_{IN})(2^N - 1)/V_{REF}$$

여기에서 연산 rnd()는 "가장 가까운 정수로의 반올림"을 의미한다. 이러한 인코딩 연산을 **2진-가중치(binary-weighted)** 인코딩이라고 부른다. (모든 비트가 **1**이 되는) 최대의 2진 출력은 $v_{IN} = V_{REF}$일 때 발생한다.

- 8비트 2진-가중치 A/D 변환기에서 기준 전압이 5 V라고 하자. 2진 출력이 **1111 1110**일 때와 **0001 0000**일 때 해당되는 아날로그 입력을 구하라.
- v_{IN} = 1.1 V일 때의 2진 출력을 구하라.
- 변환기의 해상도(resolution)를 구하라.
- 1V 아날로그 입력 상태에서 디지털 출력 값을 1 증가시키려면 입력 전압은 얼마나 증가되어야 하는가?

4.65 부울 대수는 많은 컴퓨터에서 사용되는 논리 체계이다. 부울 대수에서 변수들은 참(논리 1) 또는 거짓(논리 0)의 두 가지 값 중 하나를 갖는다. 부울 연산에는 AND, OR, NOT 등이 포함된다. AND 연산자는 변수 사이의 도트(•)로 표시된다. 예를 들면, $Y = A \cdot B \cdot C$는 A, B, C 모두가 참일 때 Y가 참이 된다는 것을 의미한다. OR 연산자는 플러스 기호로 표시된다. 예를 들면, $Y = A + B + C$는 A, B, C 중의 한 개 이상이 참일 때 Y가 참이 된다는 것을 의미한다. NOT 연산자는 윗줄( )에 의해 표시되며, 단순히 변수의 상태를 역전시킨다. 예를 들면, A = 1이면 $\overline{A}$ = 0이다.

- 부울 대수에서 다음 등식들을 증명하라.

$$A \cdot B + A \cdot \overline{B} = A$$
$$(A + B) \cdot (B + C) = B + A \cdot C$$
$$\overline{(A + B) \cdot C} = \overline{A + B} + \overline{C}$$

- 드모르강의 정리에 따르면 부울 식 $\overline{A \cdot B \cdot C}$는 $\overline{A} + \overline{B} + \overline{C}$와 같다. 마찬가지로 $\overline{A + B + C}$는 $\overline{A} \cdot \overline{B} \cdot \overline{C}$와 같다. 드모르강의 법칙이 나타내는

이 두 등식을 증명하라.

컴퓨터의 사용

4.66 컴퓨터나 마이크로프로세서(단일 칩 컴퓨터)가 다음 제품들의 설계를 어떻게 개선시킬 수 있을지 설명하라.

- 순수 전자식 전화 응답장치
- 자전거용 속도계 및 주행거리계
- 에너지 절약형 전등 스위치
- 1시간 동안 사용하지 않고 있으면 자동적으로 꺼지는 지능형 다리미
- 품질 제어 시스템에서 부품 무게 측정을 위한 데이터 기록계
- 언어 장애자를 위한 음성합성장치
- 디지털 알람시계
- 숙제를 위한 간트 도표 작성 시스템

4.67 컴퓨터 시스템을 이용하면 크게 도움이 될 수 있는 시스템이나 장치를 학교, 집, 근무처 등에서 찾아보라. 또 그 이유를 설명하는 짧은 요약문을 작성하라.

4.68 컴퓨터 시스템을 부적절하게 이용함으로써 오히려 나빠진 시스템이나 장치를 학교, 집, 근무처 등에서 찾아보라. 또 그 이유를 설명하는 짧은 요약문을 작성하라.

4.69 컴퓨터를 사용하는 특정 그룹의 사람들에 대한 조사를 수행하라(자신과 같은 기숙사 층에 있는 사람들, 같은 수업을 듣는 사람들, 친척 등을 그룹으로 선택할 수 있을 것이다.). 각자 하루에 몇 시간이나 컴퓨터를 사용하는지, 또 컴퓨터에서 보내는 시간을 다양한 작업별로 구분하여 백분율을 대략적으로 구하여 표를 작성하라. 작업에는 워드 작업, 스프레드시트 사용, 계산, 이메일 등을 포함할 수 있다.

4.70 평소에 자주 접하는 가전제품이나 장치들 중에 컴퓨터를 제외하고 마이크로프로세서의 기능을 잘 활용하는 것들을 10개 이상 찾아서 목록을 만들어라. 그리고 평소에 자주 접하는 가전제품이나 장치들 중에 마이크로프로세서를 사용하면 기능을 크게 개선할 수 있는 것들을 5개 이상 찾아서 목록을 만들어라.

CHAPTER

5

인간-기계 인터페이스

목표

이 장에서는 다음과 같은 내용을 다룬다.

- 사람들이 기계들과 어떻게 상호작용 하는지 배운다.
- 인간-기계 인터페이스의 중요성을 이해한다.
- 좋은 인간-기계 인터페이스와 나쁜 인간-기계 인터페이스의 사례를 살펴본다.

어떤 기계들이 얼마나 사용하기 쉬운지 눈여겨본 적이 있는가? 어떤 제품들은 촉각과 시각을 적절히 이용하는 반면, 어떤 제품들은 사용하기가 거북한 경우도 있다. 마찬가지로 소프트웨어 프로그램도 어떤 것들은 사용하기에 아주 편한 반면, 사용하기에 대단히 불편한 것들도 있다. 사용하기 쉬운 것들에는 한 가지 공통적인 속성이 있는데 바로 훌륭한 **인간-기계 인터페이스(human-machine interface)**를 갖고 있다는 점이다. 인간-기계 인터페이스는 사람이 공학 제품과 상호작용하는 방식을 규정한다. 인간-기계 인터페이스는 촉각, 시각, 청각 등의 감각을 이용한다. 훌륭한 제품은 느낌으로도 제대로 되어 있음을 알 수 있으며, 사용자의 손이나 눈을 확장한 것과 같다. 제품의 기능들은 단지 가능하다는 이유로 포함된 것이 아니라 처음부터 최종사용자를 염두에 두고 개발된 것들이다. 훌륭한 제품의 설계자는 제품이 **무엇을** 해야 할 지뿐만 아니라 **어떻게** 사용될 것인지에 대해서도 고민한다. 훌륭한 제품은 장치의 동작과 목적을 조화시키며 설계된다.

경험 많은 엔지니어들은 제품 개발의 초기 단계에서 최우선으로 고려해야 할 사항 중의 하나가 인간-기계 인터페이스라는 것을 알고 있다. 이 장에서는 공학설계에서 인간-기계 인터페이스의 역할을 살펴볼 것이다. 이 장의 곳곳에서 사용되는 "기계"라는 용어는 엔지니어가 설계한 기계, 전기, 산업, 구조, 생명의료, 소프트웨어 등 임의의 공학 분야의 어떤 장치라도 가리킬 수 있다.

5.1 사람들이 기계와 상호작용하는 방식

공학역사를 보면 유용한 기능을 가졌지만 적절한 인간-기계 인터페이스 쪽은 형편없는 제품들에 대한 이야기가 곳곳에 나타난다. 유명한 사례 중 하나는 지금은 사라지고 없는 VCR 기기와 관련된 이야기이다. 1990년대 초에 방송된 TV 광고에서 음성 명령을 통해 VCR을 프로그램 하는 정보가전 장치에 만족한 사용자가 자랑이라도 하듯이 "여보쇼, 나는 **석사학위**가 있는 사람이지만 VCR 프로그램할 줄 몰라요!"라고 말한다. 실제로 외견상 똑똑해 보이는 사람들도 복잡한 프로그램 기능을 배우려 하기보다 VCR을 초기설정도 하지 않고 방치하여 디스플레이가 12:00 표시만 깜박이게 두는 것은 아이러니이다.

소비자 가전제품의 기능들이 제대로 활용되지 않고 있는 것이 사용자의 지능 탓인 경우는 드물다. 우리들 대부분은 제조업체가 제공하는 익히기 어려운 기능을 숙달할 만한 시간이 없을 뿐이다. 이러한 예는 다양한 버전의 디지털 손목시계, 전자레인지, 프로그램 기능이 있는 음악기기, 휴대폰, 워드프로세서 등 무수히 많다. 최근에는 자동차에도 운전만으로도 여념이 없는 차 주인이 알 수 없는 여러 가지 기능들이 달려있다. 간단하고 기억하기 쉬운 프로그래밍 절차가 제공되지 않는다면, 대부분의 난해하고 복잡한 기계의 기능들은 헛되이 놀리게 될 뿐이다.

5.2 인체공학

인간-기계 인터페이스는 단순한 장치들에 대한 우리의 태도에도 영향을 미친다. 예를 들어 문에 대해 생각해보자. 어떤 문들은 열기 쉬운 반면, 어떤 문들은 엄청난 노력을 요한다. 다양한 식탁용 식기류 중에는 특히 식사하는 사람들의 마음을 끄는 것들이 있다. 좋아하는 의자는 가정에서 편안한 안식처 역할을 한다. 이러한 제품들 중 우수한 것들은 인체공학을 세심하게 고려하며 설계된다. **인체공학(ergonomics)**은 인체와 기계와의 상호작용을 다루는 학문이며, 인체와 상호작용하는 물건이나 제어장치의 크기, 무게, 배치 등에 주목한다. 사람 팔의 평균 길이, 팔을 흔드는 주기, 식탁 위의 눈높이, 손가락 끝 사이의 간격 등은 제품상의 물리적 배치를 설계할 때 고려되어야 할 사항들의 예이다. 100년 이상 개선시켜온 자동차에서 운전자의 위치의 경우를 살펴보자. 자동차제조업체들은 운전대, 변속 레버, 브레이크 및 가속기 페달, 냉난방 제어 버튼, 라디오 조절장치, 백미러, 앞유리 등의 배치를 조심스럽게 다루어왔다. 자동차는 다양한 체형의 사람들을 최대한 수용하면서도 평균 인체에 맞게 설계된다. 좌석의 높이나 위치는 얼마나 많이 조정될 수 있어야 하는가? 인체공학적 범위의 가장자리에 드는 운전자들에게 편리할 수 있는 각도 조정이 가능한 운전대를 제공할 경우 시장 점유율을 확대할 수 있을까?

자동차 설계에서 이러한 접근 방식은 대체로 운전자들에게 도움이 되지만,

때로 예측하지 않은 문제가 발생하기도 한다. 예를 들면, 1990년대 중반에 표면화된 에어백 관련 문제는 설계원리가 위험할 수도 있음을 보여준다. 자동차 에어백은 수많은 생명을 구했지만, 자동차 운전석의 다른 모든 장치들처럼 평균적인 운전자를 고려하여 설계되었다. 에어백은 평균 신장을 가진 사람의 "가슴 높이" 정도의 위치를 향해 팽창한다. 초창기의 에어백은 어린이나 키가 작은 성인들의 머리에 치명적인 타격을 입힐 수 있었다. 예측하지 못한 이러한 문제로 인해 조수석에 에어백이 설치되어 있는 자동차에서 어린이들은 반드시 뒷좌석에 앉히라는 권고안이 나오게 되었다. 이러한 권고안은 일시적인 해결방법이 되기는 하겠지만, 키가 작은 성인 운전자나 앞좌석 승객들에 대한 위험은 문제로 남아있으며, 이 때문에 재설계를 통해 소위 "II 세대(SR-2)" 에어백이 나오게 되었다. 최근의 자동차들은 충분한 체중의 사람이 앉아있을 경우에만 에어백을 작동시키는 조수석 센서를 갖추고 있다.

인체공학 연구에서는 사람과 기계의 상호작용이 관련된 장치의 설계에서 사용할 수 있도록 인체측정 데이터들을 만들어내었다. 팔 길이, 팔이 닿는 거리, 관절의 위치, 팔이나 다리를 구부리는 각도, 회전 반경 등에 관한 통계자료 표들을 이 장 끝에 나열된 참고문헌을 포함하여 다양한 문헌에서 찾아볼 수 있다. 이러한 데이터는 손잡이 크기, 구멍의 위치, 누름버튼 사이의 간격, 표시장치의 위치 등을 선택하는 데 사용될 수 있다. 이때의 목표 중 하나는 사용자가 불편한 자세나 행동을 할 필요가 없도록 예방하는 것이다. 보편적으로 사용되는 QWERTY 키보드의 경우 의도적으로 동작이 불편하도록 문자 배치를 설계하였는데, 이는 극히 예외적인 경우이다. 이러한 이상한 문자 배치로 인해 일부 자주 사용되는 문자들 사이를 이동하기 위해 손가락을 뻗쳐야 하는데, 이러한 배치를 한 이유는 1880년경의 초창기 타자기에서 문자 사이에 시간지연이 너무 짧을 경우 잼 현상이 발생할 수 있었기 때문이다. 오늘날까지도 QWERTY 배치가 여전히 사용되고 있는 것은 순전히 관습적인 것이며 이는 역사의 장난이라 볼 수 있다.

5.2.1 인체공학의 응용

인체공학의 기본 규칙을 익히는 것은 어렵지 않다. 비법이라고 할 수 있는 일부 지침들은 전문가의 영역에 속하지만, 대부분의 규칙들은 단순한 상식에 해당된다. 제어 버튼들은 아주 가끔 사용되는 것이 아니라면 손가락이 뻗치는 범위 안에 모여 있어야 한다. 손잡이나 마개는 팔이 닿는 범위 안에 있어야 하며, 공통적인 기능에 연관된 것들은 모여 있어야 한다. 시각적 정보는 시선 범위 안에 배치되어야 하며, 표시장치는 고개를 끊임없이 돌리거나 갑작스럽게 돌릴 필요가 없는 위치에 배치되어야 한다. 명령 순서나 동작들은 논리적 순서를 따라야 하며 기억하기 쉬워야 한다. 이러한 설계 원리들 중 일부는 우리의 잠재의식 깊숙이 내재하고 있어서 이들이 위반될 경우에만 이러한 원리들의 존재를 의식하게 된다. 자동차 운전석에 앉아 운전대의 왼쪽에 점화키가 있는 것을 보면 자동차의 배치가 잘못되었음을 느낄 것이다. 새로운 소프트웨어 프로그램을 실행시킨 후 FILE 풀다운메뉴가 상단의 좌측이 아니라 우측에 배치된 것을 보면 이상하게 생각될 것이다. 인체공학의 원리는 인체 모양, 수족의 크기, 공통적인 기대, 문화적 요소 등을 반영한다.

연습문제

1. 자신의 신체 치수 중 어깨에서 손가락 끝까지의 길이를 측정하라. 이 값을 자신이 사용하는 책상의 높이와 책상의 가장자리에서 컴퓨터 키보드까지의 거리와 비교하라. 이들 사이에 어떤 상관관계가 존재하는가?
2. 미국에서 표준형 책상의 높이는 76cm이다. 바닥에서 자신의 허리까지의 높이를 측정하라. 이들 사이에 어떤 상관관계가 존재하는가?
3. 바닥에서 자신의 어깨까지의 높이를 측정하고 벽의 전기 스위치가 설치되는 표준 높이인 106cm와 비교하라.
4. 손가락을 구부린 상태에서 자신의 손의 길이를 측정하라. 이 값을 자전거 브레이크 레버와 핸들 손잡이 사이의 거리와 비교하라. 이들 사이에 어떤 상관관계가 존재하는가?
5. 자동차 운전석에 앉아서 좌석을 앞뒤로 움직이면서 자신의 발바닥과 가속 페달 사이의 거리를 측정하라. 그 자동차가 수용할 수 있는 운전자 다리 길이의 범위를 구하라.
6. 10개의 컴퓨터 프로그램에서 FILE 메뉴를 조사하여 메뉴항목들이 나타나는 순서를 기록하라. 차이들을 비교하여 일목요연하게 정리한 표를 작성하라.
7. 몇 개의 엘리베이터 안의 제어패널에서 위쪽 버튼과 아래쪽 버튼 사이의 거리를 조사하라. 이 값들과 사람의 팔 길이 범위와 비교하라.
8. 몇 군데 계단에서 한 단의 높이와 깊이의 비율을 측정하라. 어떤 패턴을 관찰할 수 있는가?
9. 표준형의 출입문 높이를 찾아보라. 사람의 키 구간들에 대한 인구 백분율을 조사하라. 고개를 수그리지 않고 표준형 출입문을 통과할 수 있는 성인의 비율을 구하라.
10. 휴대폰의 버튼 사이의 거리를 측정하라. 사람의 검지손가락 폭의 범위를 조사하고 휴대폰 버튼 사이의 거리와 비교하라.

11. 여러 도시 교차로의 통행에 대해 조사하라. 신호등의 보행 신호에 할당된 시간을 기록하라. 또한 인도와 인도 사이의 횡단보도 거리를 측정하라. 성인의 걷는 속도의 범위를 조사하고, 횡단보도를 건널 시간이 충분하지 않은 성인 인구의 비율을 구하라. 이 문제에서 지팡이나 휠체어를 이용하는 사람들은 고려하지 않는다.
12. 한 개 이상의 고무줄과 한 개의 자를 사용하여 힘을 측정할 수 있는 간단한 실험장치를 고안하라. 알려진 질량의 중량체들을 사용하여 고안된 장치에 눈금을 새겨라. 이제 여러 건물들을 찾아다니며 현관문을 열기 위해 필요한 힘을 측정하라. 문을 여는 힘에 대한 어떤 표준 값이 있는가?
13. (자동 회전문이 아니라) 사람이 미는 타입의 회전문이 설치된 건물들을 찾아보라. 문의 회전을 시작시키기 위해 필요한 힘을 측정할 수 있는 간단한 실험장치를 고안하라. 이 장치는 한 개 이상의 고무줄과 알려진 질량의 중량체들을 사용하여 눈금이 새겨진 한 개의 자를 이용해 만들 수도 있다. 문들마다 필요한 힘은 얼마나 차이가 나는가?
14. 사람 귀의 이도에서 살 부분의 지름에 대한 데이터를 찾아보라.
15. 손가락들을 가볍게 구부려 만들어진 곡면의 지름을 측정하라. 인터넷에서 20종류 정도의 서로 다른 글라스의 지름을 조사하라. 글라스 잔들 중에 지름이 손가락 곡면 지름과 거의 일치하는 것들이 몇 개나 있는가?
16. 인터넷에서 총인구에 대한 머리 지름의 분포 데이터를 찾아보라. 그리고 "신축성 단일 사이즈" 야구모자의 최소 지름과 최대 지름을 측정하라(모자 둘레를 측정하여 원주율로 나누는 것이 쉬울 수도 있다. 혹은 머리의 지름 데이터 대신 둘레에 대한 데이터를 찾을 수도 있을 것이다.). 총인구 중 이 모자가 맞지 않는 사람들의 백분율은?
17. 선택된 성별의 총인구에 대한 신발 크기의 분포 데이터를 찾아보라. 이 데이터를 수평 축은 신발 크기, 수직 축은 해당 크기 인구 백분율을 나타내는 간단한 막대그래프로 표현하라. 그런 다음 유명한 온라인 의류판매점의 웹사이트를 방문한다. 각 신발 크기에 대해 그 판매점에서 해당 크기의 신발을 판매하는지 조사하라. 그 판매점의 재고 범위에 대해 어떤 결론을 도출할 수 있는가?
18. 많은 수의 (펜이나 연필 등의) 필기구들에 대해 몸통의 지름을 조사하라. 이제 지름 값들에 대한 백분율을 막대그래프로 표현하라. 이 문제를 위해 50에서 100개 정도의 필기구가 필요할 것이다.
19. 다음 실험을 위해 같은 반 친구들에게 배낭을 빌려주도록 부탁하라. 멜빵을 이용해 배낭을 걸어놓고 건 위치에서 배낭 바닥까지의 거리를

측정하라. 이 거리는 배낭의 멜빵 길이를 맞추어둔 신체 크기에 대한 추정값으로 사용될 수 있을 것이다. 반의 모든 친구들에 대한 데이터를 기록하라. 평균값, 최대값, 최소값, 표준편차 등을 구하라.

20. 다음 실험을 위해 같은 반 친구들에게 배낭을 빌려주도록 부탁하여라. 배낭 멜빵의 전체 길이를 측정하라. 이 길이는 배낭이 수용할 수 있는 최대 신체 크기의 추정값으로 사용될 수 있다. 이에 대한 업계의 표준이 존재하는가?

5.3 인지작용

거의 모든 공학 장치는 작동에 앞서 사용자가 기능에 대해 배워야 한다. 보통의 사용자는 제품을 파악하고 사용법을 완전히 이해하기를 원한다. **인지작용(cognition)**이란 사용자가 장치에 대해 배우고 그 기능을 숙달하는 방식을 가리킨다. 잘 설계된 장치는 짧은 시간 내에 배울 수 있으며 동작 규칙들에 일관성을 갖추고 있다. 이러한 원리의 예로 이제는 표준이 되어 있고 대부분의 소프트웨어에서 구현하고 있는 그래픽 사용자 인터페이스(GUI)에 대해 살펴보기로 하자. 대부분의 GUI에서 풀다운메뉴 FILE과 EDIT는 항상 화면의 상단 좌측에 위치한다. 이 메뉴들이 이 위치에 배치되는 것은 사용자들이 그렇게 기대하기 때문이다. 이들의 메뉴항목들도 거의 표준화되어 있으며, FILE 메뉴의 경우 거의 항상 OPEN과 SAVE를 포함한다. 사용자는 유사 제품을 사용한 경험으로부터 익힌 기능들을 비슷한 방법으로 사용할 수 있는 프로그램을 사용하기 쉽다고 생각할 것이다.

이러한 원리의 또 다른 사례는 자동차에서 찾을 수 있다. 변속장치, 방향표시등 레버, 점화키, 경적 등은 표준적인 위치에 배치된다. 모든 운전자는 이러한 제어장치들을 사용하는 방법을 배우며 이들이 동일한 위치에 있을 것으로 기대한다. 자동차마다 일정하지 않은 것 중의 하나는 헤드라이트 스위치의 위치와 작동 방법이다. 혹시 낯선 차를 운전하며 헤드라이트를 어떻게 켜는지 알아내기 위해 잠시 동안 헤맨 경험이 있는가?

제품이나 시스템을 설계할 때 작동방법을 배우기 쉽도록 만들기 위해 주의를 기울여야 한다. 새로운 장치를 만들 때는 유사한 장치의 작동 원리를 모방하는 것이 좋다. 작동 순서, 구조적 세부사항, 명령 순서 등을 차용하라. 유사한 장비와 같은 위치에 제어장치들을 배치하는 것이 좋으며, 최소한 논리적으로 타당한 위치에 배치해야 한다. 우리는 전등 스위치가 실내 벽의 경첩이 달리지 않은 문틀 가까운 쪽에 있을 것으로 기대한다. 이러한 위치는 우리가 실내로 들어가는 방식을 생각하면 논리적으로 타당한 곳이다. 만일 스위치가 다른 곳에 설치되어 있다면 우리가 익숙해져 있는 동작과 어긋날 것이다. 오디오시스템에서 음량조절장치의 방향에 대해서도 같은 얘기를 할 수 있다. 우리는 무의식 속에서 손잡이를 시계방향으로 돌리거나, 미끄럼 장치를 오른쪽으로 밀거나, 위쪽방향 화살표 버튼을 누를 때 소리가 커질 것으로 기대한다. 이러한 선택에 복잡한 논리가 개입되어 있는 것은 아니지만 아날로그시계의 회전방향은 앞으로 진행하는 것에 해당된다는 개념과 일치한다. 음량이 증가하는 방향은 종이에 글자를 적어나가는 방향과 같아야 한다. 그리고 위쪽방향 화살표는 높이가 증가하는 방향과 음량이 증가하는 방향을 연계시킨다. 공학설계에서 인지작용의 중요성을 인식한다면, 제품이나 시스템을 설계할 때 작동방법이 배우기 쉽고, 기억하기 쉬우며, 다른 유사한 제품들과 작동방법상 일관성이 있어야 한다는 것을 이해하게 될 것이다.

제품 개발자가 인지작용을 고려하지 않은 실패 사례로 유명한 제품 중 하나는 범용 TV 리모컨이다. TV 리모컨의 경우 버튼의 형태, 배치, 기능 등에 관한 어떠한 표준도 존재하지 않는다. 실제로 서로 다른 리모컨 장치의 종류는 수백 개에 이르며, 종류가 너무 많아서 사용자가 임의의 장치를 집어 생각 없이 작동시킨다는 것은 불가능하다. 다기능 ATM의 경우도 관련 업계가 단일 인지작용 표준에 이르지 못한 또 다른 실패 사례이다. 사용자 화면의 배치 내역, 버튼을 누르는 순서, 버튼 자체의 배치 등은 ATM 종류마다 다르며 규칙성도 없다. 이러한 차이로 인해 인지능력이 높은 ATM 사용자들도 때로 어려움을 겪는다.

5.4 인간–기계 인터페이스: 사례 연구

엔지니어들은 다른 엔지니어들의 성공과 실패에 대해 살펴봄으로써 많은 것을 배울 수 있다. 교량이나 지붕의 붕괴와 같은 대형 사고를 수반하는 실패들은 언론을 통해 많이 알려지지만, 소규모의 실패들도 특히 인간-기계 인터페이스 영역에서는 똑같이 연구해볼 가치가 있다. 이러한 연구를 통해 엔지니어들이 매일같이 내리는 작은 의사결정들의 영향에 대해 알 수 있다. 이 절은 잘 설계된 인간-기계 인터페이스와 부실하게 설계된 인간-기계 인터페이스 양쪽의 사례들을 몇 개 제시하고 있다.

아래의 논의에서 사례 제목 옆의 웃는 얼굴 기호는 좋은 인간-기계 인터페이스 사례, 슬픈 얼굴 기호는 나쁜 인간-기계 인터페이스 사례를 나타낸다.

예제 5.1

송수화기의 전화 다이얼 ☹

1970년대 중반까지는 거의 모든 전화에서 그림 5.1에 보이고 있는 형태의 회전식

그림 5.1
오래 전에 사용되었던 회전식 전화 다이얼

다이얼을 사용하였다. 터치 톤(Touch-Tone™)이라 불리기도 하는 DTMF(dual tone, multiple frequency; 듀얼 톤 다중주파수) 기능을 전화에 넣기 위해 필요한 집적회로는 경제성이나 실용성이 부족했다. 선택된 숫자에서 걸이 부분이 있는 곳까지 다이얼을 돌렸다가 놓으면 전화기는 적절한 횟수의 펄스를 중앙전화교환국으로 보내게 된다. 회전식 다이얼의 가장 큰 문제점은 기계식이라는 데 있으며 따라서 오류 발생 가능성이 높다. 또한 뒤이어 나타난 터치 톤 방식에 비해 훨씬 느리기도 했다.

오늘날 휴대폰, 무선전화기, 탁상용 전화기 등에서의 표준은 송수화기에 키패드를 두는 것이다. 그러나 이러한 키패드 배치 방식은 제품의 사용을 훨씬 어렵게 만들며, 따라서 인체공학적 설계의 중요한 원리에 위배된다. 음성 메일이나 자동응답기능을 이용할 때 사용자는 먼저 메시지를 들은 후 적절한 키를 선택하여 누른다. 대부분의 사람들은 이때 선택된 키를 누르는 동안 키패드를 봐야 한다. 사용자는 송수화기를 귀에 대었다가, 키를 누르기 위해 귀에서 떼어 얼굴 앞에 두었다가, 다시 결과나 다음 지시사항을 듣기 위해 귀에 대는 일을 반복해야 한다. 일반 탁상용 전화기처럼 키패드가 사용자 앞에 위치한다면 자동응답 다이얼링이나 음성 메일 지시사항을 처리하는 일이 훨씬 쉬워질 것이다.

최근의 기술에서는 명령이나 숫자를 음성으로 입력함으로써 송수화기에 키패드가 포함된 전화기의 문제점을 해결하기도 한다. 이러한 시스템은 해가 갈수록 발전할 것이며, 언젠가 잘못 배치된 키패드로 인한 문제점을 해소시킬 것이다.

예 제 5.2

펼치기 어려운 휴대폰 ☹

매우 다양한 물리적 형상의 휴대폰들이 있지만, 대부분은 『Star Trek』의 커크 대장이 사용했던 통신장치를 연상시키는 폴더형 설계를 채택하고 있다. 이러한 형태의 전화기를 사용해본 사람이면 한손으로 펼칠 수 있다는 장점이 있음을 알고 있을 것이다. 이러한 기능은 한 강의실에서 다른 강의실로 걸어가며 전화를 받는 학생처럼 이동 중인 사람에게는 대단히 중요하다.[1] 이 기능한 또한 주머니에 들어있는 전화기를 꺼내면서 같은 손으로 전화기를 펼칠 경우에도 편리한 기능이다. 전화기를 펼치는 동작은 대개 사용자의 엄지로 수행된다(자신의 휴대폰으로 한 번 시험해보기 바란다.).

그림 5.2의 폴더형 휴대폰은 인체공학적 설계상 잘못된 것이다. 사용자가

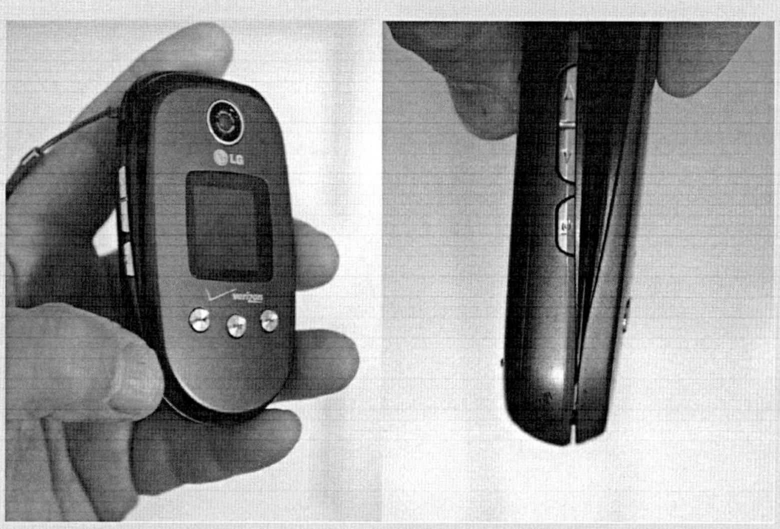

그림 5.2
한손으로 펼치기 어려운 휴대폰 설계. 사용자의 엄지가 닿는 위치에서 휴대폰의 본체와 덮개 사이의 간격이 거의 없다.

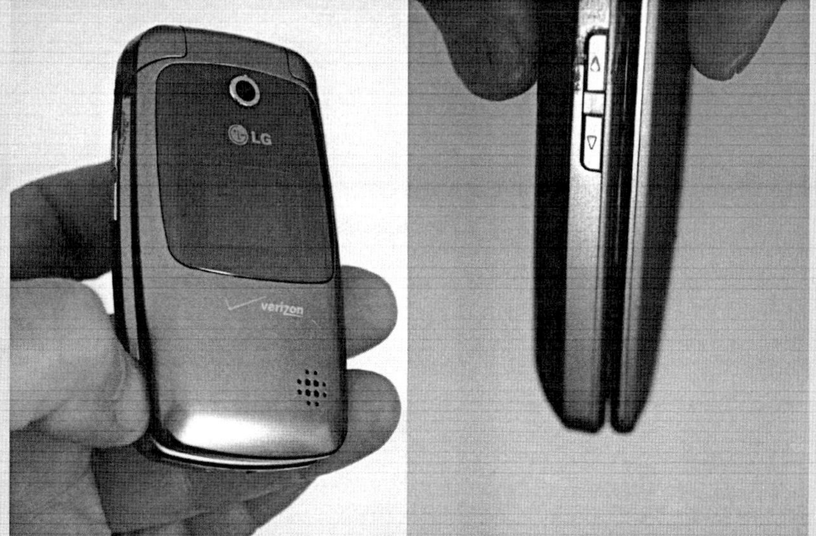

그림 5.3
한손으로 펼치기 쉬운 휴대폰 설계. 사용자의 엄지가 닿는 위치에서 휴대폰의 본체와 덮개 사이에 충분한 간격이 있다.

[1] 한손으로 펼칠 수 있는 기능은 운전 중에 전화를 받는 운전자들에게도 유용한 기능이지만, 필자는 운전 중 휴대폰 사용에 대해 결연히 반대하는 바이다.

한 손 엄지로 펼치는 동작을 수행하기 위해서는 엄지 끝을 끼워 넣을 수 있도록 본체와 덮개 사이에 충분한 공간이 있어야 한다. 그림 5.2의 덮개는 닫혔을 때 거의 본체 부분과 닿아있으며, 사용자에 따라서는 이러한 휴대폰을 펼치기 위해 양손이 필요할 수도 있다.

흥미롭게도 그림 5.3의 휴대폰은 동일한 제조사에서 만든 신 모델이며, 사용자의 엄지 끝이 들어갈 만한 공간이 있어 한손으로 펼치기가 쉽게 되어 있다.

예 제 5.3

산악자전거의 진화 ☺

그림 5.4의 산악자전거는 때로 "도로용 자전거"라고 불리기도 하는데, 1990년대에 자전거 애호가들 사이에서 인기가 있었다. 애호가들은 이 자전거의 편안함, 내구성, 사용 편리성 등에 끌렸다. 이 자전거의 진화는 훌륭한 인체공학적 설계의 사례를 보여준다. 1960년대 이전에 자전거 애호가들이 즐겨 찾던 자전거는 핸들에 장착된 단일 변속 레버를 갖춘 3단 스피드 모델이었다. 영국에서 설계된 이 자전거는 미국에서 "영국식 자전거"로 통했으며, 어린이용으로 격하된 저압 타이어와 페달 역회전 방식의 코스터 브레이크를 사용하던 모델을 대체하였다. 10년 후에는 10단 스피드 자전거가 주류가 되었다. 가벼운 프레임, 기어 비율에 대한 넓은 선택, 얇은 타이어 등을 갖춘 이 자전거는 속도와 효율성을 강조하여 제작되었다. "경주용 자전거"로 불렸던 이 자전거는 곧 애호가들을 위한 표준이 되었다. 이 자전거의 설계는 전문 레이서들이 오랫동안 사용해왔던 경주용 자전거를 모방하였다. 그림 5.5에서 보이고 있듯이 브레이크 레버는 곡선형 핸들 앞쪽에 장착되었으며, 변속 레버는 자전거 프레임의 앞쪽 튜브에 장착되었다. 이러한 제어장치들의 배치로 인해 자전거에 탄 사람은 구부린 자세를 취해야만 했는데, 이 자세는 사실 공기역학적으로는 효율적인 자세이다. 기어를 바꾸기 위해서는 변속 레버를 조작하는 손은 핸들에서 떼어야 한다. 경주나 장거리 주행 등에서는

그림 5.4
산악자전거

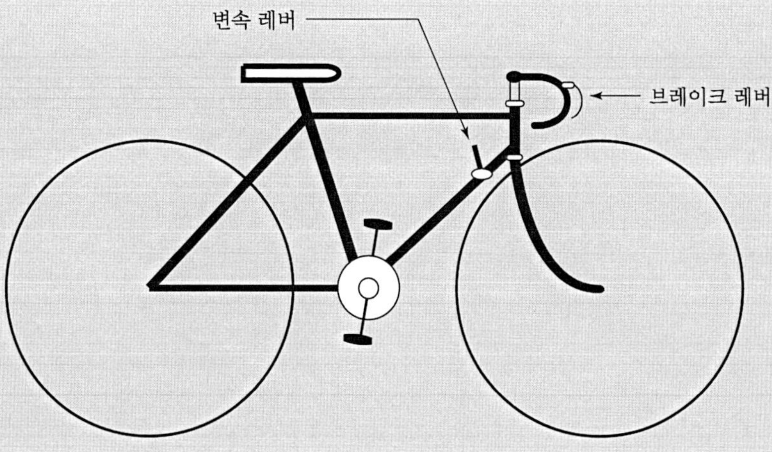

그림 5.5
고전적인 10단 자전거

구부린 자세가 매우 효율적이기는 하지만, 대부분의 일반 사용자들은 불편하게 느꼈다. 10단 자전거의 전성기가 끝나갈 무렵에 변속 레버를 핸들 상에 배치하고 브레이크 레버 확장을 추가하는 등의 작은 개선사항들이 이루어졌다.

1980년대 후반에서 1990년대 전반 사이의 어느 시점엔가 산악자전거가 등장하였다. 산악자전거는 일직선 핸들, 직립 자세의 탑승자가 닿을 수 있는 거리에 배치된 브레이크 레버, 손잡이 부분에 배치된 변속 레버 등을 갖추고 있었다. 탑승자는 더 이상 기어를 바꾸기 위해 핸들에서 손을 뗄 필요가 없게 되었다. 1990년대 중반에는 장거리 주행자나 자전거 경주선수들을 제외한 모든 사람들이 산악자전거를 즐겨 찾게 되었다. 산길에 적합하도록 설계된 튼튼한 프레임과 타이어는 울퉁불퉁한 시내 도로에서도 유용하였다. 산악자전거가 2000년대로 발전하면서 앞바퀴 쪽 완충장치가 도입되었으며, 이는 요즈음의 신형 자전거에서는 표준이 되었다. 산악자전거의 성공은 인체공학에 대한 설계자의 세심한 주의와 사용자의 주행 기능과 요구사항을 고려하는 마음가짐에 힘입은 바 크다고 볼 수 있다.

예 제 5.4

산악자전거 변속 레버 ☹

소비자 측면에서 산악자전거의 성공을 차치하면, 일부 산악자전거 변속장치의 인체공학에 대해서는 개선의 여지가 남아있다. 이 예제는 그림 5.6에서와 같이 핸들 둘레를 감고 있는 변속기를 갖춘 자전거들에 관한 것이다. 표준형 자전거에는 두 개의 드레일러[2] 각각에 대해 한 개씩의 변속장치가 달려 있다. 이 변속기에는

[2] 드레일러(derailleur)는 체인을 서로 다른 지름을 갖는 톱니바퀴들 사이에서 이동시키는 장치이다.

그림 5.6
자전거 변속 레버. 번호가 증가하도록 돌리는 방향이 오른쪽과 왼쪽에서 반대이다.

번호가 달린 여러 위치들이 있고 탑승자가 설정할 수 있는데, 번호가 높을수록 페달이 한 번 돌 때마다 바퀴가 더 많이 돌아간다. 따라서 변속장치를 가장 높은 숫자에 맞추었다면 자전거는 가장 빨리 갈 수 있겠지만 탑승자는 페달에 가장 큰 힘을 가해야 한다. 즉, 번호가 높을수록 빠르지만 힘들게 페달을 밟아야 하며, 번호가 낮을수록 느리겠지만 타기는 쉬울 것이다.

대부분의 변속기 배치에서의 문제는 오른쪽 변속기는 낮은 숫자 쪽으로 이동하기 위해 변속기를 몸 쪽으로 돌려야 하는데, 왼쪽 변속기는 반대쪽으로 돌려야 한다는 점이다. 이렇게 반대방향으로 돌아가도록 배치한 것은 고단 기어로 변속하기 위해 연결선을 당겨줌으로써 기어 변경이 용이하게 하는 데 기여한다. 그러나 이러한 표준형 변속기 배치는 처음 타는 사람이나 어린이, 지적장애인 등에게는 매우 혼란스러울 수 있다. 인체공학적 관점에서 본다면, 숫자를 높이거나 낮출 때 양쪽 변속기에서 동일한 방향으로 회전하는 것이 나은 방법이다.

예 제 5.5

토글 방식 전등 스위치 ☺

전기가 최초로 사용되기 시작한 것은 19세기 말이다. 초창기의 배선 방법들은 조잡하였는데, 이는 오늘날 널리 보급되어 있는 합성수지가 당시에는 흔하지 않았기 때문이다. 실제로 대부분의 합성수지는 아직 발명되지도 않았다. 최초의 벽스위치는 부피가 큰 회전식 장치였으며, 사용자가 세라믹 손잡이를 돌려 전등을 켜거나 껐다. 이러한 초창기 전기 스위치에는 큰 단점이 하나 있었는데, 스위치를 보는 것만으로 켜진 것인지 꺼진 것인지 알 수 없었다는 점이다. 나중의 설계들에서는 회전식 손잡이에 표시를 추가하였지만 자세히 봐야만 스위치 상태를 알 수 있었다. 훨씬 개선된 토글스위치가 사용되기 시작한 것은 1930년대 말에서

1940년대 초 사이의 어느 시기부터이다. 토글스위치의 위-아래 설계는 오늘날까지도 남아있다. 토글스위치의 인지적 기능은 우리 모두에게 습관적인 것으로 "위"는 "켜져 있음"을 "아래"는 "꺼져 있음"을 의미한다(이러한 규칙에 대한 예외는 복도 전등에 사용되는 3단 스위치에서 발생한다.). 만일 당신이 실내 전등 스위치가 거꾸로 달린 것을 보게 되면, 전등을 조작하려 할 때 순간적으로 스위치가 이상하다는 것을 인식하게 될 것이다.

오늘날의 전등 스위치의 토글 기능에는 또 다른 중요한 인체공학적 장점이 있다. 이전의 회전식 스위치와 달리 토글스위치는 손을 사용하지 않고도 스위치를 조작할 수 있다. 팔꿈치, 무릎, 엉덩이, 막대, 심지어 코로도 스위치를 조작할 수 있다. 이러한 특성은 장바구니를 들고 있는 사람이나 장애인, 어린아이, 어린아이를 안고 있는 성인 등에게 도움이 된다.

예 제 5.6

백미러와 햇빛가리개 ☹

어느 인기 있는 차종에 단순하지만 중대한 설계 결함이 있는데, 바로 햇빛가리개를 내리려고 하면 백미러에 부딪친다는 점이다. 이러한 부조화를 그림 5.7에서 보이고 있다. 햇빛가리개를 조금만 내리든지 아니면 햇빛가리개를 완전히 내릴 수 있도록 백미러를 조정 범위 밖으로 밀어두어야 한다. 이 사례는 새로운 설계의 인체공학적 측면은 간단한 것이라 하더라도 시장에 내놓기 전에 테스트해야 할 필요성을 강조하고 있다.

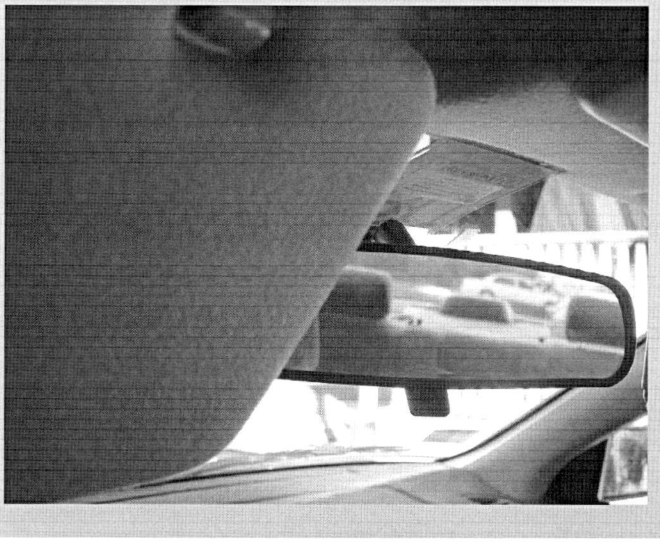

그림 5.7
이 차에서 햇빛가리개는 백미러에 부딪친다.

예 제 5.7

잘못 배치된 전화기 버튼 ☹

많은 전화기에 마련되어 있는 "재발신" 버튼은 사용자가 다음 호출을 위해 전화기를 받침대에 내려놓을 필요 없이 "스위치 훅" 상태를 만들 수 있다. 이 버튼은 발신자번호 서비스에서도 유용하게 사용될 수 있다.

어떤 유명한 무선전화기 중에 "재발신" 버튼을 전화기 전면 맨 아래 열의 가장 왼쪽에 배치한 것이 있다. 사용자가 그림 5.8에서 보이고 있는 것처럼 전화기를 머리와 어깨 사이에 괴고 있을 때 우연히 턱으로 "재발신" 버튼을 누를 수 있다. 이와 같은 인체공학적 이상으로 인해 통화가 끊어지는 성가신 일이 일어날 수 있다.

그림 5.8
"재발신" 버튼이 사용자의 턱에 아주 가까이 있다. 이 버튼은 사고로 눌려질 수 있으며, 특히 사용자가 전화기를 턱과 어깨 사이에 괴고 있을 때 이런 일이 생기기 쉽다.

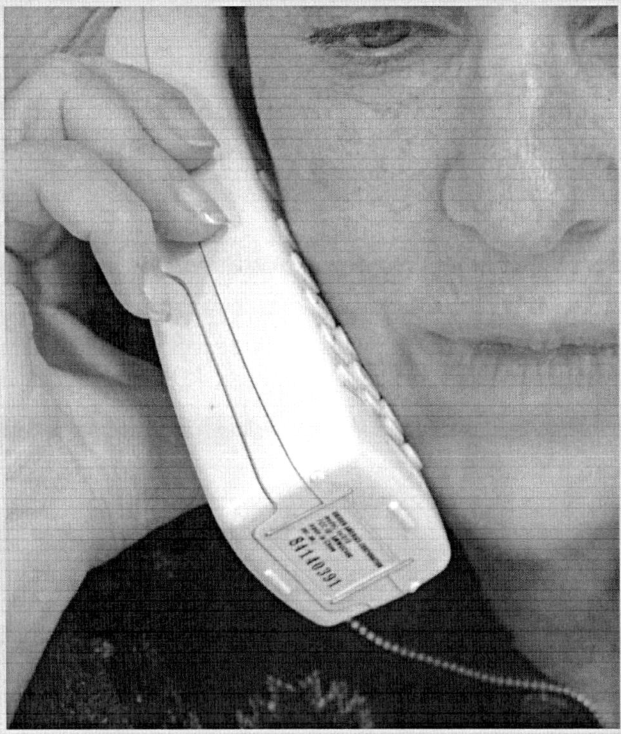

예 제 5.8

건전지 충전기 ☺

여러 개의 건전지를 사용하는 대부분의 장치에서는 건전지를 삽입하는 (음극/양극) 방향이 건전지마다 차례로 달라진다. 사용자는 건전지를 한 개씩 끼울 때마다 멈추고 생각해야 한다. 그림 5.9에서 보이고 있는 건전지 충전기는 디지털

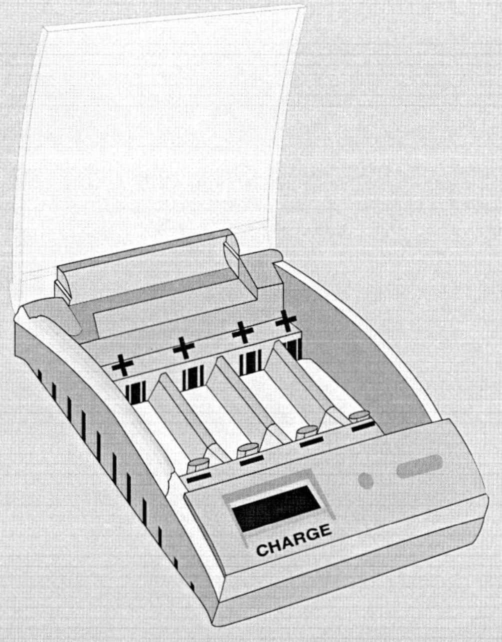

그림 5.9
이 충전기 안의 건전지들은 모두 동일한 방향으로 삽입된다.

카메라용 충전용 건전지 4개를 수용한다. 인접한 건전지들마다 삽입 방향을 바꾸어야 하는 다른 비슷한 제품들과는 달리 이 충전기에서는 4개의 건전지 모두 양극이 동일한 방향을 향하고 있다. 훌륭한 인지공학적 설계를 보여주는 이 예는 제품 사용을 크게 단순화시키고 있다.

예 제 5.9

운영체제 시작메뉴 ☹

이 예제는 윈도TM 운영체제의 장단점을 논의하려는 것은 아니다. 이 책의 현재 버전을 집필하고 있는 2009년 시점에서 마이크로소프트사가 불행한 운명의 비스타로 인해 자신의 발등을 찍은 것인지 여부는 아직 판결이 나지는 않았지만, "Hi, I'm a Mac and I'm a PC"라는 애플 광고문구(참고: www.apple.com/getamac/ads)는 사람들에게 계속 재미거리가 되고 있다. 이 예제의 초점은 윈도 2000에 처음 등장했던 마이크로소프트 운영체제의 주요 변화에 대한 것이다. 특히 시작 메뉴가 화면의 좌측하단으로 이동하였는데, 이러한 변화는 그 이전의 모든 소프트웨어 프로그램을 좌측상단에서 개시하였던 관행에 반하는 것이었다. 오늘날 윈도 사용자들은 이러한 변화를 잘 이해하고 있지만, 처음 등장했을 때는 사용자들에게 충격이었다. 별도의 이야기이지만, 컴퓨터를 종료시키기 위해 왜 시작 메뉴를 클릭해야 하는지도 의문이다.

예 제 5.10

디지털시계 ☹

디지털시계는 오늘날 널리 사용되고 있다. 디지털 기술의 발전으로 인해 저가의 전자식 시간 장치는 동력에 사용되는 건전지 가격보다 싼 경우도 있다. 그러나 항상 이랬던 것은 아니다. 디지털시계의 초창기 모델들은 AC 전원을 쓰는 탁상용 시계에 전기를 많이 소모하는 LED 표시기를 이용하였다. 곧 이어 단일 칩 시계회로와 함께 전기를 많이 쓰지 않는 LCD가 개발되어 싸면서도 정확한 손목시계나 다른 시간장치들의 시대가 열렸다. 전자시계 기술의 매력이나 안정성으로 인해 500년 이상이나 인류에 봉사해온 기계적 시간장치들이 디지털 시간장치로 대체되었다.

인지공학을 공부한 엔지니어들은 아날로그시계와 비교했을 때 디지털시계에 근본적인 단점이 하나 있음을 깨닫게 되었다. 비록 디지털시계가 정확한 시간을 바로 알려주기는 하지만, 사람들은 어떤 중요한 사건이 일어날 때까지 얼마만큼의 시간이 **남아있는지** 더 관심이 있는 경우도 많다. 이와 같은 예로는 "수업이 끝날 때까지 얼마나 남았나?", "약속시간까지 몇 분이나 남았나?" 등을 들 수 있다. 디지털시계로 시간을 볼 경우 머릿속에서 필요한 계산을 해야 한다. 분 단위 정도까지의 시간을 계산하는 데 필요한 두뇌작업으로 인해 몇 초 정도의 시간이 걸릴 수 있다. 예를 들면, 10시에 도착해야 할 곳까지 이동하기 위해 10:00에서 현재 시간 9:48을 뺀 결과는 12분이 될 것이다.

우리 두뇌는 덧셈이나 뺄셈을 쉽게 할 수 있기는 하지만, 계산 작용보다 이미지 처리에 훨씬 능하며 믿을 수 없을 정도로 빠르다. 현재까지 발명된 어떤

기계도 일반적인 패턴 인식에서 사람을 능가하지 못하였다. 아날로그시계의 바늘들이 9:48을 가리키는 것을 보았을 때 한 눈에 약속시간인 10시까지 대략 10분 정도가 남아있음을 계산할 수 있다. 디지털시계와 아날로그시계의 비교를 통해 기술적 진보와 인간의 인지능력 사이에는 때로 간과되는 불일치가 있음을 알 수 있다.

예제 5.11

체육관 조명시설 ☹

필자가 살고 있는 곳에 가까운 마을에서 고등학교 체육관을 리모델링하였다. 새 체육관 시설에는 체육수업이나 스포츠 행사뿐만 아니라 강당으로도 사용하기 위해 다용도 좌석이 설치되었다. 전반적인 에너지 절약 전략의 일환으로 천장 조명에는 동작 감지기가 설치되었다. 체육관 중앙의 경기장에 움직임이 없으면 조명은 점차 어두워져 꺼지도록 되어 있었다.

새로운 체육관은 대성공이었다. 그러나 처음으로 집회행사에 사용되었을 때 결정적인 설계 결함이 드러나게 되었다. 중요한 사회적 이슈에 대해 전체 학생들에게 강연하도록 유명한 연사가 초대되었다. 연단은 강당의 한쪽 끝에 설치되었으며, 학생들과 교사들은 반대편 가장자리 쪽에 앉았다. 연설을 시작한 지 10분쯤 지났을 때 조명이 어두워지더니 곧 전체 강당이 깜깜해졌다. 강당 중앙에 아무런 움직임도 없음을 인식한 동작 감지기가 강당이 빈 것으로 착각하여 조명을 꺼버렸던 것이다. 어쨌든 설계 엔지니어는 동작 감지기에 수동조작을 제공하는 일을 간과한 것이다. 그 행사는 어둠 속에서 계속 진행되었다.

예제 5.12

경고음 기능이 있는 디지털 체온계 ☺

그림 5.10에 있는 것과 같은 사람의 체온을 측정하기 위한 디지털 체온계는 1980년 중반에 등장하였다. 처음에는 가정용으로 사용하기에는 너무 가격이 높았지만, 가격이 많이 내려가서 기존의 (위험스럽기도 한) 수은-유리 체온계를 많이 대체하였다. 일부 제품은 훌륭한 인지공학적 설계를 실현한 대단히 유용한 기능을 포함하고 있다. 환자의 입에서 꺼낸 후 끄지 않고 내버려두면 몇 분 후에 경고음을 내기 시작한다. 이 장치는 자동적으로 꺼지지는 않는데, 이는 사용자가 의도적으로 켜 놓고 나중에 체온을 읽으려 할 경우가 있을 수 있기 때문이다.

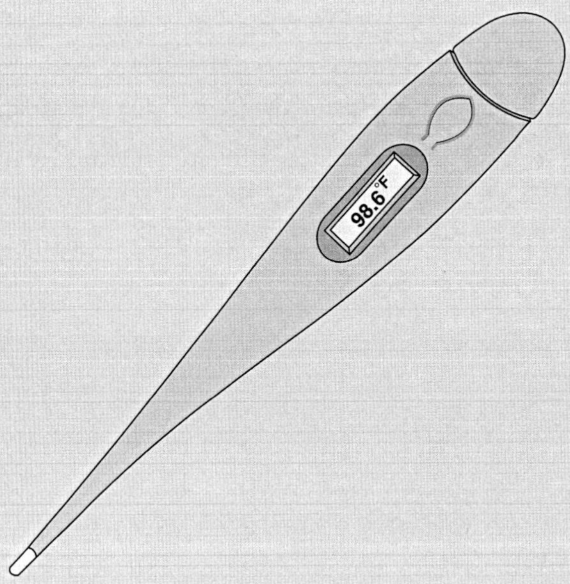

그림 5.10
체온 측정을 위한 디지털 체온계

받침대에 정확히 내려놓지 않으면 경고음을 내는 전화기처럼 이러한 체온계도 사용자가 건전지의 소모를 방지하기 위해 사용자에게 끄도록 알려준다. 이러한 단순한 기능이 이 장치에 포함되지 않았다면, 다음번에 가족 중 누군가 열이 나서 체온계를 이용하려 할 때 건전지가 전부 방전되어 버렸을 수도 있다.

예 제 5.13

세면대용 호화 수도꼭지 ☹

장식용 배관설비 업계의 어느 유명 메이커에서 그림 5.11에서 보이고 있는 세면대용 호화 수도꼭지를 선보였다. 이 설비는 시설이 훌륭한 화장실 장식을 더욱

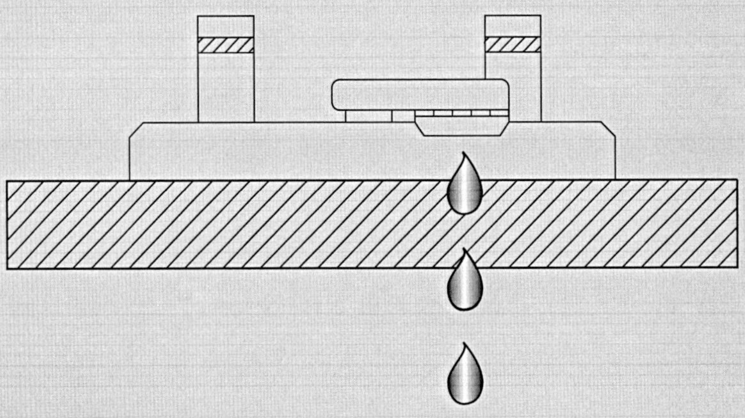

그림 5.11
세면대용 호화 수도꼭지

돋보이게 하는 매혹적인 황동 제품으로 크롬도금 되어 있었다. 이 수도꼭지는 무늬가 새겨진 곡면 받침대 위로 직선 원통형 손잡이가 깔끔하게 솟아 있는 형태를 이루고 있었다. 시각적으로 이렇게 멋진 수도꼭지에 한 가지 문제가 있었다. 부드러운 원통형 손잡이가 약간이라도 젖어 있으면 돌리기가 거의 불가능해진다는 점이다. 이 수도꼭지는 기능보다 모양만 앞세운 좋은 사례이다.

예 제 5.14

해상용 나침반 ☺

훌륭한 인체공학적 설계는 하이테크 분야에만 국한되는 것은 아니다. 오랜 세월 선원들이 사용해온 단순한 해상용 나침반에서도 잘못된 인체공학적 설계를 좋게 고친 사례를 찾아볼 수 있다. 최초의 나침반은 물이나 다른 액체상에 떠 있는 천연자석 조각 형태로 만들어졌다. 어떤 방향으로나 돌 수 있어서 천연자석은 항상 남북 방향을 가리킬 수 있으며, 선원들의 항해에 큰 도움이 되었다. 오랜 세월에 걸쳐 기술이 발전하면서 구하기 어려운 천연자석 대신 인공자석을 사용하게

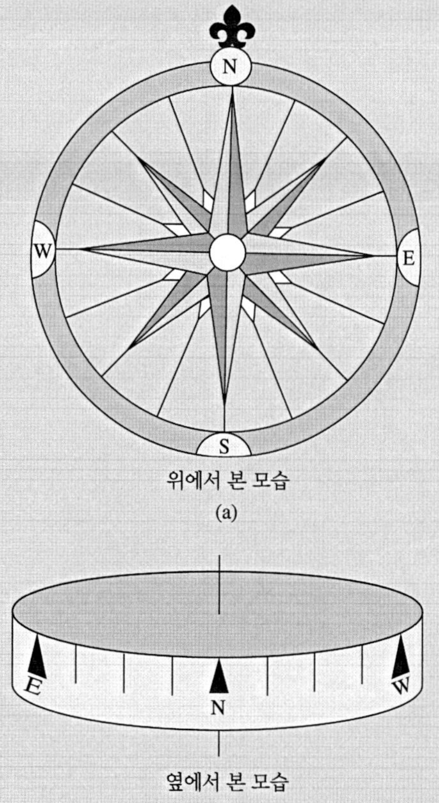

그림 5.12
(a) 해상용 나침반의 초창기 수평식 설계. (b) 벽에 설치할 수 있게 설계된 수정된 모습

되었으며, 그림 5.12(a)에서 보이고 있는 것처럼 방위가 꽃무늬를 형성하고 있으며 떠 있는 형태의 설계로 발전하였다. 수평으로 떠 있는 원반과 유리 덮개를 가진 이러한 기본형 나침반이 오늘날까지도 많은 배에서 사용되고 있다. 이 설계의 문제는 나침반의 방위가 인쇄된 표면이 수평으로 되어 있어 위에서만 방위 원반을 읽을 수 있다는 점이다. 키잡이는 수평선 쪽을 보다가 나침반을 읽기 위해 아래를 내려다보아야 하는데, 대양에서의 긴 항해에서는 피로감을 가중시킬 수 있다. 수평 방향에서 읽을 수 있도록 45° 각도의 거울을 추가할 수도 있지만, 나침반의 회전 방향이 거울에서 거꾸로 나타나기 때문에 키잡이에게 혼동을 줄 수 있어 별로 도움이 되지 않는다. 이 문제에 대한 해결책은 단순한 것으로 그림 5.12(b)에 재설계하여 훨씬 개선된 나침반을 보이고 있다. 이 나침반에서는 떠 있는 원반 대신 보석으로 만든 회전축 위에 원통형 테를 장착하였다. 나침반 방위 표시는 원통형 테 바깥쪽에 표시하여 나침반을 조타실 벽에 설치할 수 있게 하였다. 적절한 위치에 설치하면 키잡이가 고개를 완전히 아래로 젖히지 않고 조금만 아래쪽으로 내려다보면 읽을 수 있으며 긴 항해 중의 피로를 크게 줄일 수 있었다.

예 제 5.15

압출식 케첩 용기 ☺

모양이 대단히 아름다운 것은 아니지만 단순한 압출식 케첩 용기(그림 5.13)는 훌륭한 인체공학적 설계 사례의 하나이다. 이 용기의 부드러운 겉면은 짜내는 데 힘이 들지 않는 적당한 두께로 되어 있어 사용하기에 편리하다. 반투명 용기는

그림 5.13
압출식 케첩 용기

또한 케첩이 얼마나 남아있는지 사용자가 쉽게 알 수 있게 해준다. 이 용기는 작고 뾰족한 주둥이로 인해 필요한 곳에 케첩을 뿌리기가 쉬운데 비해, 유리병의 경우는 사용자가 병을 거꾸로 잡고 바닥 쪽을 탁탁하고 심하게 쳐서 케첩을 부어야 할 수도 있다. 누가 압출식 플라스틱 케첩 용기를 발명했는지는 모르지만 우수 설계상을 받을 만하다.

예 제 5.16

시리얼 디스펜서 ☺

그림 5.14에서 보이고 있는 큰 용기는 아침용 시리얼이나 다른 곡물을 저장하기 위한 것이다. 이 용기의 몸통은 손으로 쥘 수 있는 정도보다는 훨씬 크지만, 부을 때 쉽게 잡을 수 있도록 움푹 들어간 가장자리를 포함하고 있다. 용기의 뚜껑에는 뚜껑 전체를 열지 않아도 되도록 꺾이며 열리는 작은 밀봉 덮개가 달려있다. 용기의 위쪽에서 본 뚜껑이 포함된 모습을 그림 5.14에 보이고 있다. 이 용기에는 한 가지 중요한 인체공학적 결함이 있는데, 사용자가 뚜껑을 어느 방향으로나

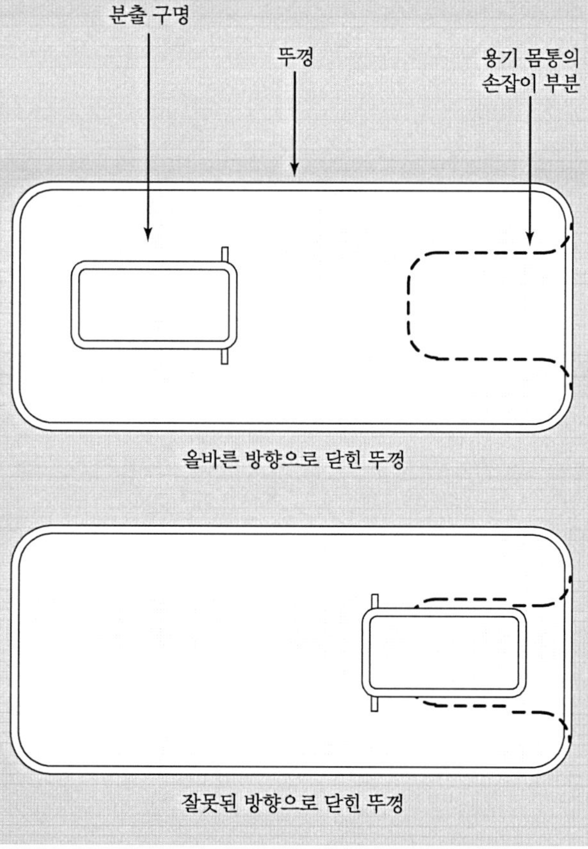

그림 5.14
시리얼 디스펜서. 왼쪽: 분출 구멍이 손잡이 반대편에 위치한 올바른 방향으로 닫힌 뚜껑의 모습. 오른쪽: 분출 구멍이 손잡이와 같은 편에 위치한 잘못된 방향으로 닫힌 뚜껑의 모습

닫을 수 있다는 점이다. 사용자가 분출 구멍이 손잡이 반대편에 위치하게끔 뚜껑을 닫도록 강제하는 메커니즘이 존재하지 않는다. 익숙하지 않은 사용자가 뚜껑을 잘못된 방향으로 닫았을 경우 나중에 시리얼을 부을 때 불편한 상황이 발생한다.

예 제 5.17

병원의 회전문 ☺

어느 대형병원에서 주 현관을 최근에 리모델링하였다. 이전의 건물 설계에는 보행자들이 출입하는 동안 공기흐름을 제한함으로써 에너지를 절약하기 위한 방안으로 회전문들이 포함되어 있었다. 휠체어를 사용하여 출입할 경우에는 회전문들 한쪽에 위치한 자동문을 이용해야 했었다. 이러한 배치의 문제는 병원을 출입하는 사람 중에 휠체어 이용자가 많다는 것이었다. 병원의 정책에 따라 모든 퇴원환자는 차까지 휠체어를 타도록 되어있었다. 그리고 내원 환자 중에는 휠체어를 타는 사람들이 상당수 있으며, 부모들 중에는 아이들을 유모차에 태운 채 병원을 출입하는 경우도 많다. 이 모든 사람들은 에너지 절약 기능을 가진 회전문을 이용하지 못하고 자동문을 이용해야 했다.

그림 5.15의 설계는 이 문제를 해결하고 있다. 건축가는 회전문의 공간을 끝부분이 반원 모양인 긴 사각형으로 설계하고 또 문은 바깥쪽 날개를 갖는 관절형으로 설계함으로써 일반 보행자뿐만 아니라 휠체어나 유모차도 수용할 수 있는 회전문을 만들 수 있었다. 이 새로운 설계로 출입을 원활하게 하면서도 동시에 에너지를 절약할 수 있게 되었다.

그림 5.15
병원의 회전문

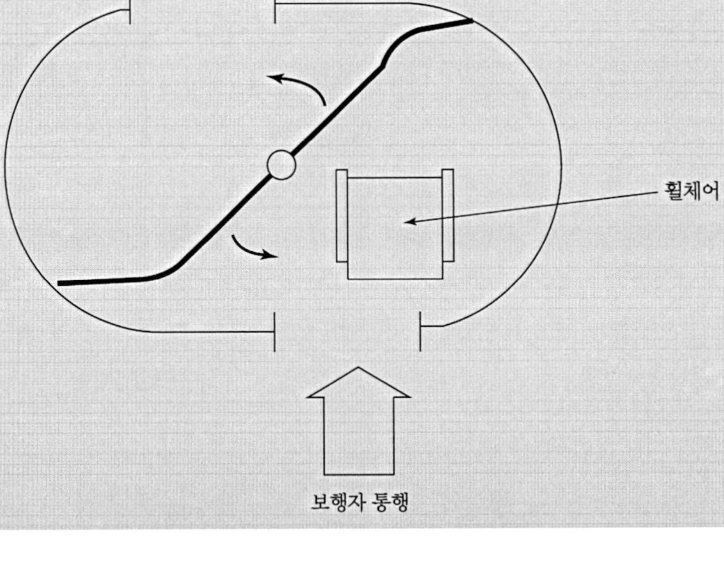

예 제 5.18

종이클립 ☺

단순한 사무용 종이클립도 훌륭한 인체공학적 설계의 놀라운 사례에 든다. 1900년경에 처음 특허를 받은 (대개 개발에 대한 공로는 노르웨이의 과학자요, 수학자이며, 엔지니어인 Johan Vaaler에게 돌리는) 그림 5.16의 기본형 종이클립은 100년 이상의 기간 동안 거의 변한 것이 없다. 길고 짧은 두 혀 부분의 서로 다른 길이로 인해 한 손으로도 여러 장의 종이를 쉽게 끼울 수 있으며, 두 혀의 서로 다른 폭으로 인해 조이는 힘을 강화시킬 수 있다. 제조업체들이 종이클립을 위해 수많은 방법으로 설계를 개선해보았지만 그 어느 것도 필수적인 사무용품이 된 현재의 종이클립을 대체하지 못하였다.

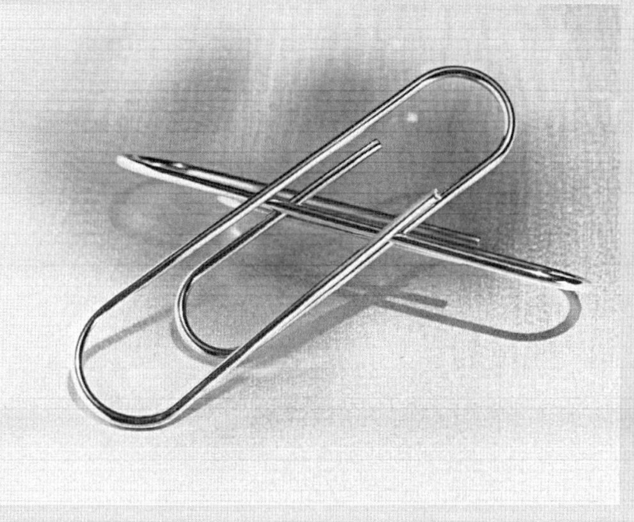

그림 5.16
일반 종이클립

예 제 5.19

헷갈리는 토스터 ☹

보통의 전기 토스터는 사용자가 토스트 색의 짙은 정도를 조절할 수 있는 장치를 갖고 있다. 그림 5.17에서 보이고 있는 토스터의 조절 장치는 검정색 바탕에 흰색의 표시가 달려있다. 이 표시를 보고 시계방향과 시계반대방향 중 어느 방향으로 돌려야 토스트 색이 더 짙어질 지 판단할 수 있겠는가? 한편으로는 검정색 토스트 아이콘이 "짙은 쪽"을 의미하는 것으로 생각할 수도 있을 것이다. 다른 한편으로는 표시가 흰색이기 때문에 흰색 토스트 아이콘이 "완전히 칠해져 있음"을 의미하며 따라서 짙은 색을 의미할 수도 있을 것이다. 혹시 답이 궁금하면 이 토스터 하나를 구입하여 실험해보기 바란다.

그림 5.17
헷갈리게 표시되어 있는 토스터 조절장치. 흰색과 검은색 중 어느 아이콘이 짙은 토스트를 의미할까?

예 제 5.20

웹 프레임 – 조직적 패러다임 ☺

초창기 웹페이지들은 매우 단순하게 설계되었다. 모든 웹페이지들은 직접 HTML로 작성되었으며 한두 개의 그림을 포함하는 경우도 있었다. 긴 페이지를 읽어나가려면 수직 스크롤을 여러 번 반복해야 했으며 이는 상당히 귀찮은 일이었다. 페이지 설계에서 "프레임" 모드의 등장은 웹페이지의 인체공학적 효과와 인지작용 효과 모두를 크게 향상시켰다. 프레임 모드에서는 정확한 정보를 최소한의 스크롤을 통해 받아올 수 있다. 단일 페이지 방식과 웹 프레임 설계의 차이는 순차적으로 접근해야 하는 테이프상의 음악과 임의의 곡에 접근할 수 있는 CD 상의 음악의 관계와 비슷하다. 프레임 기능에서 실현된 이러한 단순한 소프트웨어 설계상의 변경으로 인해 웹상의 정보를 더 많은 사용자층이 보다 쉽게 접근할 수 있게 되었다.

연습문제

1. 두 대의 전화가 있는데, 하나는 송수화기에 키패드가 있으며 다른 하나는 탁상용 본체에 키패드가 있다. 대형 항공사를 위한 도착시간 자동응답 시스템을 이용하려 할 때, 탁상용 본체에 있는 키패드에 비해 송수화기 키패드를 이용하는 데 따른 추가 소요 시간을 추정하라.
2. 일반 탁상용 전화기에서 두 키 사이의 최대 거리를 측정하라. 또 자신의 손에서 검지와 중지의 최대 거리를 측정하라. 어느 값이 더 큰가?

3. 10개 이상의 고객서비스용 무료 자동응답 시스템을 조사하라. 주 메뉴가 끝나기 전에 담당자를 호출하기 위한 0번을 돌려라. 너무 일찍 0번을 돌렸는데도 실제로 담당자가 받는 사이트의 수를 조사하라.
4. 여러 민간항공사의 무료 정보서비스 번호를 호출하라. 항공편 도착시간을 알아보기 위해 전화번호 외에 몇 개의 키를 눌러야 하는지 조사하라.
5. 휴대폰 키패드에서 0에서 9까지의 숫자들의 위치와 계산기 키패드에서 이 숫자들의 위치를 비교하라. 이들 사이에 어떤 상관관계가 존재하는가?
6. 그림 5.11의 화장실 수도꼭지에 대해 그림에서 보이는 현대적인 선 모양들을 유지하면서도 사용하기 쉽도록 설계를 수정한 모습을 그려라.
7. 그림 5.14의 시리얼 디스펜서에 대해 매번 뚜껑이 제대로 닫히도록 보장할 수 있는 수정된 설계의 모습을 그려라.
8. 예제 5.10에서 논의된 인지공학 문제를 해결할 수 있는 디지털시계의 설계를 스케치하라.
9. 예제 5.11에 기술되어 있는 에너지 절약형 전등 시스템이 이동이 거의 없는 집회에서도 사용될 수 있도록 수정한 설계의 세부사항을 기술하라.
10. 인터넷을 이용하여 종이 클립의 종류가 얼마나 많은지 조사하라.
11. 예제 5.19의 토스터에 대해 설정이 명확하도록 아이콘들을 설계하라.

직업적 성공의 비결: 인간-기계 인터페이스에 대한 의식

공식적인 학습을 통해 인간-기계 인터페이스에 대해 배울 수 있겠지만, 생활 속에서 직접 관찰하는 일도 똑같이 중요하다. 따라서 관찰에 주의를 기울일 필요가 있다. 사용하기 어려운 제품을 보게 되면, 그 이유를 알아내기 위해 노력하라. 그 제품을 사용하기 쉽게 만들기 위해 어떻게 재설계할 수 있는지 생각해보라. 또한 머릿속으로 제품을 개선시킬 수 있는 수정방법을 찾아라. 주변의 기계와 기술을 의식하고 다른 사람들이 수행한 설계에서 결함을 찾음으로써 자신의 인간-기계 인터페이스 설계 능력을 향상시킬 수 있다.

핵심 용어

인체공학(Ergonomics)
인지작용(Cognition)
사례 연구(Case Studies)

단원복습문제

5.1 훌륭한 인체공학 설계를 보여주는 물건이나 장치 5개를 찾아 목록을 만들어라. 목록의 각 항목에 대응되는 부실한 인체공학 설계의 예를 찾아보라.

5.2 훌륭한 또는 개선된 인체공학 설계의 예를 하나 찾아 사례 연구를 수행하라.

5.3 부실한 인체공학 설계의 예를 하나 찾아 사례 연구를 수행하라.

5.4 50명의 성인을 무작위로 선택하여 전화 조사를 수행하라. 프로그램 기능이 있는 DVD 플레이어를 소유한 사람들 중에 프로그램 기능을 자주 이용하는 사람들이 몇이나 되는지 질문하라.

5.5 컴퓨터를 사용하는 사람들을 대상으로 다음과 같은 조사를 수행하라. 사람들을 일반 마우스를 사용하는 그룹, 트랙볼을 사용하는 그룹, 그 외의 다른 위치표시 장치를 사용하는 그룹 등으로 분류하라. 첫 두 그룹에 속하는 사람들 중 자신의 장치에 만족하는 사람들과 더 나은 장치가 있었으면 하는 사람들이 각각 얼마나 되는지 조사하라.

5.6 자동차의 운전석에서 보이는 모습을 그리는 실험을 설계하라. 배치도 상에서 (시동 키나 변속기어 레버 등의 위치와 같은) 기능요소 하나의 위치를 변경하라. 여러 명의 테스트 대상자들에게 변경된 그림을 보여주고, 각 테스트 대상자가 제자리를 벗어난 요소를 찾는 데 소요하는 시간을 기록하라.

5.7 문, 창문, 가구 등이 갖추어진 방의 도면을 작성하라. 문의 손잡이를 경첩이 있는 쪽에 배치하라. 여러 명의 테스트 대상자들에게 이 도면을 보여주고, 각 테스트 대상자가 제자리를 벗어난 요소를 찾는 데 소요하는 시간을 기록하라.

인체공학적 측정

5.8 학교에서 강의실의 일반 의자를 측정하여 좌석 앞쪽 가장자리에서 바닥까지의 거리, 좌석 표면의 앞뒤 사이의 길이, 좌석 앞쪽 가장자리에서 등받이까지의 거리, 좌석 뒤쪽 가장자리에서 등받이 중앙부까지의 거리 등을 기록하라. 10명의 신체를 측정한 값들과 이 크기들을 비교한 데이터를 작성하라.

5.9 (동일한 건물의 서로 다른 방이 아니라) 20개의 서로 다른 건물들에서 전등 스위치를 찾아보라. 바닥에서 스위치까지의 높이를 측정하여 평균값과 표준편차를 구하라. 그런 다음 30명의 사람들에 대해 팔꿈치에서 바닥까지의 높이를 측정하라. 이 값들에 대해서도 평균값과 표준편차를 구하고, 이 결과를 전등 스위치 높이에서 구한 값들과 비교하라.

5.10 20명의 성인들에 대해 어깨에서 손가락 끝까지의 거리를 측정하고, 이 값들의 평균값, 최소값, 최대값, 표준편차 등을 구하라. 20명의 표본 크기는 충분한가? 더 많은 사람들을 측정할 필요가 있는가?

5.11 늘 컴퓨터 앞에 앉아 일하는 10명의 사람들에 대해 앉은 자세에서 바닥에서 눈까지의 높이를 측정하라. 이 높이와 이들이 사용하는 컴퓨터의 모니터 화면 중앙에서 바닥까지 측정한 높이와 비교하라. 각 사람에게 얼마나 오랫동안 휴식 없이 컴퓨터 앞에 앉아 일할 수 있는지 질문하라. 피로도와 모니터 위치 사이에 어떤 상관관계가 존재하는가?

5.12 30미터 정도의 고정 거리를 걷는 실험에 대한 자원자를 25명 이상 구하라. 각자 그 거리를 걸어가는 데 소요된 걸음 수를 세어라. 평균값과 표준편차를 구하라.

5.13 30명 이상의 사람들에 대해 머리 둘레를 측정하라. 평균값, 최소값, 최대값, 0.5cm 단위로 가장 많은 수가 해당되는 머리 둘레 등을 구하라.

막대그래프

아래의 문제들은 **막대그래프**의 사용과 관련되어 있다. 막대그래프는 다양한 범주의 데이터 모음의 원소들의 개수를 보여주는 그래프이다. 예를 들면, 그림 5.18은 이 문제에서 현재 문장이 끝나는 곳까지의 알파벳 출현 횟수를 보여주고 있다. 그림 5.19의 막대그래프는 특정 공학 수업에서 기말고사 점수 분포를 보여주고 있다. 엔지니어들은 데이터의 표시나 정보의 분류를 위해 막대그래프를 사용하는 경우가 종종 있다.

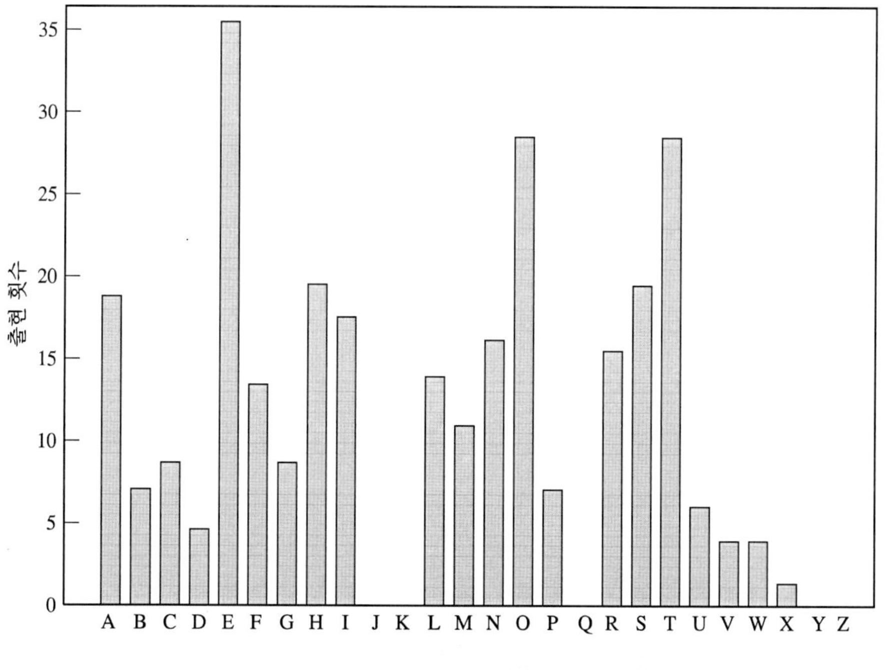

그림 5.18
문단에 나타나는 알파벳 문자 빈도를 보여주는 막대그래프

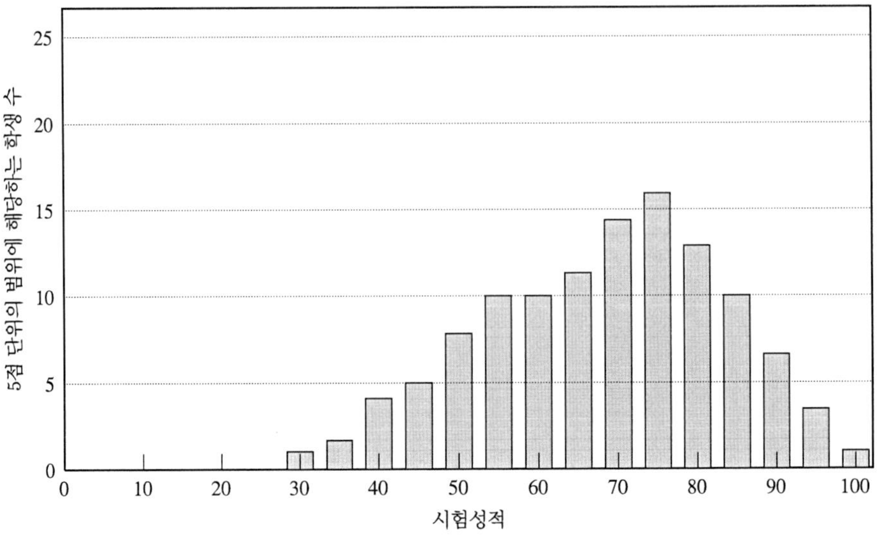

그림 5.19
공학 수업에서 점수 분포를 보여주는 막대그래프

5.14 100명의 성인에게 본인의 키를 알려주도록 요청하라. 조사 표본에 대해 키 분포를 나타내는 막대그래프를 작성하라.

5.15 100명의 성인에게 본인의 체중을 알려주도록 요청하라. 조사 표본에 대해 체중 분포를 나타내는 막대그래프를 작성하라.

5.16 30개의 책상들의 정확한 높이와 폭을 측정한 데이터를 막대그래프 형태로 표현하라.

5.17 50개 이상의 주차공간의 길이와 폭을 측정하라. 장애인 차량을 위한 주차공간은 제외하여라. 주차공간의 크기를 보여주는 두 개의 막대그래프를 작성하되, 하나는 길이에 대해 또 하나는 폭에 대해 작성하라.

5.18 게티즈버그 연설문(또는 다른 문서)을 입력 받아 A에서 Z까지의 문자들이 각각 몇 번씩 나타나는지 구하기 위한 컴퓨터 프로그램을 작성하라. 이 결과를 막대그래프로 작성하라.

5.19 자전거를 타는 사람을 25명 찾아서 이들의 다리 길이를 고관절에서 신발 바닥까지의 거리로 측정하라. 이제 땅에서 이들의 자전거 좌석까지의 높이를 측정하라. 이들 사이에 어떤 명백한 패턴이 존재하는가? 성별에 따른 상관관계가 존재하는가?

5.20 이 문제의 목표는 일반 승용차 색상 중 가장 많이 선택되는 것을 알아내는 것이다. 고속도로나 통행량이 많은 도로상의 어떤 위치를 정하고, 지나가는 100대 이상의 차에 대해 색상을 기록하라. 이렇게 구한 데이터를 가장 많이 나타나는 색상에서 가장 적게 나타나는 색상 순으로 정리하여 막대그래프로 표현하라.

반응 시간

5.21 문서를 컴퓨터에 입력하는 사람의 키 입력을 추적하는 컴퓨터 프로그램을

작성하라. 키 입력 사이의 시간에 대한 평균 시간을 구하라.

5.22 반 친구 몇 명에 대해 다음과 같은 테스트를 수행하라. ON, OFF, LEFT, RIGHT, UP, DOWN, TURN LEFT, TURN RIGHT, STOP 등의 명령이 적혀있는 누름버튼 모양이 들어있는 카드 한 장을 준비하라. 그리고 버튼의 위치와 크기는 동일하지만 버튼에는 단어 대신 그림 5.20의 기호들로 대체된 두 번째의 카드를 준비하라. 이제 가상적인 미로에서 원격제어 로봇의 행로를 모방한 키 입력 순서를 고안하라. 10명 이상의 친구들에게 당신의 구술 명령에 따라 카드상의 버튼들을 누르도록 부탁하고, 각기 키 입력 순서를 마치는 데 소요하는 시간을 기록하라. 단어가 인쇄된 버튼과 기호가 인쇄된 버튼 중 어느 카드를 사용했을 때 반응 시간이 빠른가?

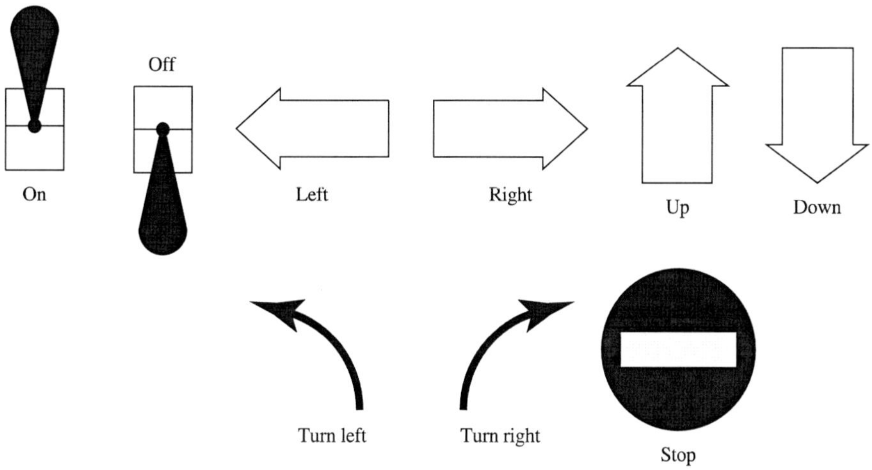

그림 5.20
위로, 아래로 등을 위한 시각적 명령

5.23 20명의 사람들에게 "Six saws saw six cypresses"라는 문장을 불러주고 종이에 받아쓸 때와 컴퓨터에 입력할 때 소요되는 시간을 비교하라.

5.24 가상적인 시계의 시간을 표시하는 컴퓨터 게임을 만들어라. 어떤 참가자에게는 시계바늘이 있는 아날로그시계 형태로 시간을 표시하고 어떤 참가자에게는 디지털 형식으로 시간을 표시한다. 화면에 깜박이는 시간들을 반복적으로 제시하면서 지정한 다른 시간보다 12분(또는 임의의 지정된 시간) 빠른 시간이 나타나면 키를 눌러 깜박임을 정지시키도록 요청한다. 예를 들어 11:20의 5분 전이라고 지정할 경우 올바른 답은 11:15일 것이다. 이 게임 프로그램은 올바른 답이 화면에 나타나는 시간과 정지 버튼을 누르는 시간 사이의 경과 시간을 추적하여 출력한다. 평균적으로 아날로그 표시와 디지털 표시 사이에 반응 시간의 차이가 있는가?

CHAPTER 6

엔지니어와 현실

목표

이 장에서는 다음과 같은 내용을 다룬다.

- 엔지니어에 대한 사회적 시각을 살펴본다.
- 공학설계에서 실패의 역할에 대해 배운다.
- 고전적인 설계 실패들을 사례연구로 논의한다.
- 공학에서 성공으로 나아가는 과정에서 실패를 수용하고 활용하는 방법을 배운다.

6.1 공학에 대한 사회적 시각

이제 여러분은 공학을 진로로 결정하였고 이 책을 이만큼 공부한 것 같으니 이제 안심하고 나쁜 소식을 알려줄 때가 된 것으로 판단된다. 여러분이 엔지니어가 된다면 세상을 바꿀 수 있는 능력을 갖겠지만 여러분의 성취는 누구도 기억하지 않을 것이다. 생각해보라. 신문이나 방송에서 엔지니어의 삶을 다루는 경우는 드물다. 정치가, 범죄자, 배우, 금융가, 매력적인 모델, 스포츠 선수 등이 이룬 개인적 성취에 대해서는 언론의 주목을 받지만, 중요한 엔지니어의 개인적 세부사항에 대해 듣게 되는 경우는 드물다. 엔지니어가 크게 주목을 받는 유일한 경우는 큰 실패로 인해 공공에 재난을 가져올 때뿐이다. TV 쇼프로그램이나 영화에서도 엔지니어가 주요 배역으로 등장하는 경우는 거의 없다. 오히려 엔지니어들은 종종 악당의 큰 음모를 뒷받침하는 영악한 천재나 세상을 구하는 영웅을 기술적으로 지원하는 덜 떨어진 천재의 모습으로 그려진다.

사실 우리 사회는 엔지니어들의 작업에 의존하며 매일을 살아가고 있다. 대중들은 엔지니어들이 설계한 장치나 시스템들이 항상 완벽하게 동작하기를 기대하며 무엇인가 잘못 되었을 때만 엔지니어들에 대해 생각한다. 대부분의 사람들은 어느 벽에 설치된 소켓에서나 마술처럼 전기를 끌어내게 해주는 국가전력망을 당연한 것으로 생각한다. 대규모 정전사태라도 발생하여 이러한 소켓들이 죽을 때만 대중들은 "무언가 했었어야 해"라고 외치며, 마치 전기를 공급한 엔지니어들이 잘못하여 정전사태가 발생한 것처럼 생각한다.

엔지니어에 대한 이렇게 경직된 시각의 원인은 무엇일까? 엔지니어는 상상력도 없고 밋밋한 개성을 가진 로봇 같은 사람이기 때문일까? 고등학교에서 덜떨어진 공부벌레들만이 엔지니어가 되기 때문일까? 엔지니어들은 지도자가 될 수 없기 때문일까? 그 어느 것도 진실과는 거리가 멀다. 사실 공학은 수많은 창의적인 인재들이 모여드는 매력적인 전문직이다. 엔지니어들은 세상을 바꾸어왔으며 셀 수 없이 많은 측면에서 삶의 질을 향상시켜왔다. 많은 포럼에서 인간의 수명을 연장시키는 데는 온갖 종류의 의사들을 다 합친 것보다 엔지니어들이 훨씬 더 크게 기여하였다고 천명되었다.

대중들이 엔지니어들을 우려스럽게 보는 이유는 어쩌면 **엔지니어들이 불가능해 보이는 것들을 일상적인 일처럼 해치운다는** 사실에 기인할 수도 있다. 엔지니어가 하는 일들은 너무 경이적이어서 일반 대중들은 이해할 수가 없다. 1960년대 말에 TV 연속물 『Star Trek』이 처음 방영되었을 때를 생각해보라. 커크 대장이 자신의 벨트에서 작은 상자를 꺼내어 뚜껑을 열고 세상의 누구에게나 말할 수 있다는 개념은 순수한 공상과학이었다. 이제 이러한 시나리오는 현실이 되었다. 오늘날 주머니에 들어갈 수 있는 비싸지 않은 소형 휴대폰을 구입하여 세상의 누구와도 통화할 수 있게 되었다. 수십 년이라는 짧은 기간 동안에 공상과학이 현실화된 것이다.

20세기 전반에 달나라로의 가상적인 여행을 다룬 공상과학소설들이 상당수 있었다. 1930년대에 나온 공상과학소설 『Flash Gordon』에 등장하는 플래시 고든이나 폭군 밍 등은 청소년들과 성인들 모두의 마음을 사로잡았다. 1960년대에 엔지니어들은 미국의 우주인들이 실제로 달에 착륙하는 것을 실현시켰다. 비록 영화 『Apollo 13』은 예기치 않은 재난에 직면한 용감한 우주비행사들의 고된 시련을 강조했지만, 사실 이들을 안전하게 지구로 귀환시킨 것은 지상의 NASA 엔지니어들이었다. 사실 10년 정도의 짧은 기간에 인간이 또 다른 천체에 대한 최초의 방문을 가능케 한 성취를 이룬 것은 엔지니어들이었다.

예비 엔지니어로서 여러분은 공학에 관한 대중들의 오해를 바로 잡아주어야 할 크나큰 책무를 갖는다. 공공건설 사업이 시 정부의 의제가 되었을 때 건전한 기술적 기반 위에서 그 영향을 논의할 수 있는 사람은 엔지니어들일 것이다. 휴대폰 회사에서 교회의 첨탑 안에 전송탑을 설치하고자 할 때, 엔지니어는 대중들이 제기하는 안전문제에 대해 지적으로 논의할 수 있다. 지역의 교육청에서 교실의 IT 환경을 위한 전략적 목표를 설정하는 데 도움을 필요로 할 경우, 지식을 갖추고 기획 작업을 이끌어줄 수 있는 것도 엔지니어일 것이다.

이러한 통찰력은 거저 오는 것이 아니다. 대중들은 자신들을 둘러싸고 있는 기술 세계에 관해 수많은 오해를 품고 있다. 다음의 몇 가지 실화는 기술에 문외한인 대중들이 갖고 있는 잘못된 개념과 엔지니어의 지식 사이의 극명한 괴리를 보여주고 있다.

휴대폰 사용

어느 중서부지역 신문에서 폭풍우 동안 한 아버지가 토네이도 대피소가 잠겨 못 들어갔다고 보도하였다. 이 남자는 전화선이 단절될 경우 그의 가족이 통화할 수 있도록 트럭에 있던 휴대폰을 꺼내러 나갔던 중이었다.

잘못된 개념

휴대폰 자체는 무선이지만 신호는 가까운 휴대폰 전송탑에 보내져서 유선으로 전화망에 전달된다. 전원지역에서 이러한 전화선은 대개 전봇대를 통해 연결된다. 따라서 휴대폰 망의 전송탑이나 연결전화선 모두 토네이도에 취약하다.

MRI (Magnetic Resonance Imaging; 자기공명영상법)

오늘날 없어서는 안 될 의학진단도구인 MRI의 공식명칭은 원래 이 장치의 핵심부를 이루는 물리학적 기본원리를 따라 지은 NMR(nuclear magnetic resonance; 핵자기공명)이었다. 이 이름이 MRI로 변경된 것은 많은 사람들이 핵기술에 관련된 것에 거부감을 느끼기 때문이었다.

잘못된 개념

NMR에서 "핵(nuclear)"은 탐사 대상 원자의 핵을 가리키며, 자장이 존재할 때 이 핵은 공명현상을 일으킨다. 이에 관련된 물리학적 원리는 방사능과는 전혀 상관이 없다.

냅스터에 관한 논쟁

2001년에 무료 음악 다운로드 웹사이트인 napster.com의 합법성과 도덕성에 대한 대규모의 대중적 논쟁이 있었다. 논쟁이 한창일 때 어떤 신문의 사설에 냅스터 애호가들은 일반 음악 CD의 음질보다 웹상에서 제공되는 MP3 디지털 음악의 음질을 선호하는 것이 분명하다는 취지의 언급이 있었다.

잘못된 개념

CD 음악이나 MP3 음악 모두 디지털 형식으로 저장되며, 유일한 차이는 저장매체이다. 동일한 사운드 시스템에서 재생될 때 둘의 형식은 구분될 수 없다. 사설의 집필자는 어쩌면 디지털 저장매체와 오디오 카세트테이프와 혼동했을지 모르는데, 오디오 카세트테이프는 아날로그이며 대개 음질이 떨어진다.

PDA에 대한 라디오 광고

2001년에 방송된 어떤 광고에 고기 냉동실에 갇힌 상태에서 무선 PDA를 사용하여 도움을 청하는 이메일 메시지를 보내는 사람이 등장한다.

잘못된 개념

고기 냉동실의 벽과 문은 금속성분인 스테인리스강으로 만들어져 있어 무선 신호가 고개 냉동실의 벽이나 문을 통과하는 것은 불가능하다.

아주 뜨거운 차 만들기

어느 TV 시트콤에 어떤 할머니가 "특별히 뜨거운" 차를 원하여 찻주전자를 계속 끓도록 내버려두는 장면이 있었다.

잘못된 개념

물은 100°C에서 끓는다. 일단 물이 끓기 시작하면 수증기로 변환되어 주전자를 빠져나가며, 물 자체가 더 뜨거워지지는 않는다.

휴대폰 시스템 장애

어느 자선기관에서는 3일간의 기금마련 경보대회를 연례행사로 개최한다. 60마일에 이르는 경보 트랙의 마지막 구간은 참가자들이 대규모 폐회식이 열리는 종료지점에 함께 도착할 수 있도록 배치되었다. 폐회식이 끝난 후 참가자들은 집으로 돌아가는 교통편을 위해 가족이나 친구를 찾는다. 2,500명 정도가 참가했던 2000년도의 행사 때 수백 명의 참가자와 수백 명의 친구들이 휴대폰으로 서로를 찾으려 시도하는 통에 지역 전체 휴대폰 망에 장애가 발생하였다.

잘못된 개념

특정 휴대폰 망의 통화량은 유한하다. 휴대폰은 서로를 직접 호출하지 않으며, 휴대폰 기지국을 통해 지상 링크로 연결된다. 휴대폰 시스템에서는 기지국마다 유한한 개수의 채널을 제공한다.

전기배선

어느 집주인이 전기공을 불러 "합선되어" 때때로 깜박거리는 전등에 대해 불평하였다.

잘못된 개념

전등 회로는 단속성 개방회로이지 폐쇄회로가 아니다. 공과대학생이면 누구나 알고 있듯이 두 가닥의 반대 방향 전선이 사고로 접촉했을 때 형성되는 합선회로는 과전류를 발생시켜 순간적으로 회로차단기를 작동시키거나 퓨즈가 끊어지게 만들지 전등을 깜박거리게 하지는 않는다.

온도조절장치 제어

긴급전화 처리반(911)에서 눈 속에서 길을 잃었던 어린 자식을 발견한 부모에게 먼 거리에서 오는 구급차를 기다리는 동안 오두막의 온도조절장치를 아주 높게 설정하여 방의 온도를 "아주 빠르게" 올리도록 조언하였다.

잘못된 개념

대부분의 난방시스템은 ON과 OFF라는 두 가지 상태만 갖는다. 내부온도가 온도조절장치에 설정된 온도 아래로 떨어지면 난방장치가 켜지겠지만, 방의 온도가 올라가는 속도는 난로의 출력에 따라 정해질 뿐이며 온도조절장치의 설정과는 무관하다.

레이저 프린터

많은 사람들은 일반 레이저 프린터가 작동하는 원리는 레이저를 사용하여 종이에 글자를 굽는 것이라고 생각한다.

잘못된 개념

레이저 프린터에서 레이저의 유일한 역할은 감광성 드럼을 조절하여 글자가 나타날 부분의 정전기를 띤 토너 입자를 용지 쪽에 달라붙게 만드는 것이다. 이 토너 입자들은 용지상에서 가열된 드럼에 의해 녹게 되는데, 레이저 빔 자체는 결코 종이에 닿지 않는다. 이러한 프로세스는 복사기에서의 프로세스와 같은데, 다만 복사기의 경우는 드럼을 조절하기 위해 밝은 빛을 내는 넓은 램프를 사용하여 토너 입자를 원하는 곳에는 보낸다는 점이 다를 뿐이다.

수소 연료

많은 사람들은 수소 연료가 석유를 대체할 것으로 생각한다.

잘못된 개념

수소는 에너지 수송 매체일 뿐이다. 수소는 석유나 석탄처럼 자연 상태에서 대량으로 발견되지 않는다. 수소는 만들어내야 하며, 이 과정에서 대개 전기를 이용한다.[1] 전기는 석유, 석탄, 천연가스, 원자력, 수력 등의 발전소에서 나온다.

휴대폰

많은 사람들은 휴대폰 사이의 통화는 한 쌍의 워키토키처럼 직접 전화기 사이에서 이루어지는 것으로 생각한다. 따라서 자연재해 동안 일반 전화선이 두절되었을 때에도 휴대폰이 믿음직한 통신수단이 될 것으로 생각한다.

---

[1] 현재 태양광에서 직접 수소를 생산하는 방법에 대한 연구가 진행되고 있다. 이 시나리오에서 수소는 태양에너지를 저장하기 위한 수단이 될 것이다.

잘못된 개념

휴대폰 시스템에서 유일한 무선 링크는 개별 휴대폰과 그에 가까운 지상 기지국 사이의 링크이다. 통화 연결에서 나머지 구간들은 모두 전통적인 지상 전화선을 통해 연결된다.

휴대폰을 영어로는 cellular phone(셀룰러폰)이라고 하는데, 이 이름은 하나의 기지국에 의해 형성되는 무선 연결 범위를 cell(셀)이라고 부르는 데서 연유되었다. 인접 기지국들에 의해 형성되는 셀들은 서로 접해있으며, 셀 사이를 이동하며 통화할 경우 인접 기지국 사이에서 인계된다.

형광등

많은 사람들은 형광등을 켜는 순간 사용하는 전기가 상당 시간 켜 있는 동안 사용하는 전기보다 더 많은 것으로 잘못 알고 있는 사람들을 통해 잘못된 정보를 얻고 있다(필자도 10 분에서 여섯 시간에 이르는 다양한 숫자들에 대해 들어본 적이 있으며, 그런 얘기를 하는 사람 중에는 자격증을 가진 전기공도 있었다.).

잘못된 개념

형광등의 작동에 필요한 안정기는 처음 켤 때 **매우 짧은** 전류 스파이크를 발생시키지만, 이때 끌어들인 에너지의 대부분은 안정기 안의 자기코일에 저장된다. 더욱이 이 스파이크에 관련된 에너지는 전등을 밝히는 데 필요한 에너지와 비교하면 아주 적다. 따라서 에너지 절약을 위해 사용하지 않는 형광등을 켜둔다는 것은 근거 없는 발상이다. 형광등을 켜고 끄다보면 전등이 마멸될 수는 있지만, 이 효과는 형광등을 켜둠으로 인해 낭비되는 에너지에 비하면 사소하다.

6.2 엔지니어들은 어떻게 실수를 통해 배우는가

설계 경진대회를 위한 건전지 동력 자동차를 만드는 두 학생의 경험을 기술한 다음 시나리오를 살펴보자.

- 학생들은 거의 일주일 동안 자동차에 대한 작업을 계속하고 있었다. 이들은 상대 자동차를 집어 올려 트랙 밖으로 던지기 위한 관절형 팔의 설계를 위한 노력을 기울이고 있었다. 이들은 먼저 종이에 자신들의 설계 개요를 작성한 다음 컴퓨터실에 있는 CAD 소프트웨어를 사용하여 설계를 테스트하였다. 이들은 CAD 도면에 기초하여 학교 공작실에서 모든 부품을 제작하였다. 이들의 설계 스케치를 그림 6.1에 보이고 있다. 학생들은 58개 부품 모두를 조립한 후 첫 시도에서 팔이 완벽하게 동작하는 것을 보고 기뻐하였다.

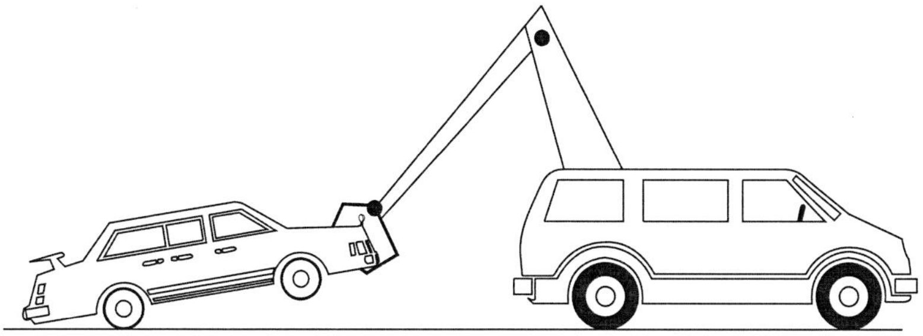

그림 6.1
현실성 없는 가상적 자동차의 설계에 관절형 팔이 포함되어 있다.

위의 문단에서 묘사하고 있는 시나리오처럼 공학이 단순하고 실패가 없는 일이라면 얼마나 좋을까? 현실에서 처음부터 제대로 동작하는 경우는 거의 없다. 완벽하게 동작시키는 일은 항상 예상보다 오래 걸린다. 조립된 부품들이 서로 맞지 않고, 회로에는 배선 오류가 있으며, 소프트웨어 모듈들은 호환성이 없으며, 구조적 요소들은 크기가 맞지 않는다. 숙련된 엔지니어들은 설계가 처음에 제대로 동작하는 경우는 드물다는 것을 알고 있으며, 처음의 실패로 인해 좌절하지도 않는다.

공학 작업은 예상한 것보다 오래 걸리기 마련인데, 이는 **실패**가 설계 프로세스에서 피할 수 없는 부분이기 때문이다. 새로운 설계가 처음부터 작동할 것으로 기대하는 것은 비현실적이다. 장치가 계획대로 동작하지 않는 것은 무언가를 간과했음을 나타내는 확실한 징후이다. 어쩌면 움직이는 두 부품이 서로 부딪칠 수도 있다. 어쩌면 설계 모형에서 2차적 효과를 감안하지 않았기 때문에 회로나 기계가 제대로 동작하지 않을 수도 있다. 소프트웨어 프로그램은 예상되지 않은 키보드 입력 조합으로 인해 논리적 파국에 이르러 장애를 일으킬 수도 있다. 교량의 축소 모형을 통해 누락된 교각 하나로 인해 과도한 압력을 받는 들보가 드러날 수도 있다. 세포조직 사이의 상호작용을 과소평가한 탓으로 생체 이식에서 거부현상이 발생할 수도 있다. 실패의 형태가 어떤 것이건 장치가 현장에서 사용될 때 나타나는 것보다는 설계 **도중에** 나타나는 것이 낫다. 실패로 인한 재설계는 최종 제품의 최적화에서 중요한 과정이며 엔지니어들에게 시스템에서 결함을 교정하고 오류를 고치는 데 필요한 시간을 제공한다. 앞의 설계 시나리오에 대한 보다 현실적인 버전은 다음과 같을 것이다.

- 학생들은 거의 한달 동안 설계 경진대회용 자동차에 대한 작업을 계속하고 있었다. 이들이 시도한 첫 번째 버전에서는 상대 자동차를 집어 올려 트랙 밖으로 던지기 위한 관절형 팔을 포함하고 있었다. 여러 번의 시행착오 끝에 이들은 물체를 들어 올릴 수 있는 팔을 제작하는 데 성공하였다. 처음에 학생들은 한 개의 마우스트랩의 스프링을 사용하여 팔을 구동하려고 시도하였지만, 여러 번 테스트해본 결과 이들은 마찰 효과를 간과하였음을 깨닫게

되었다. 충분한 기계적 동력을 얻기 위해서는 두 개의 마우스트랩이 필요했던 것이다. 수많은 테스트를 거친 후 이들은 작은 전기모터와 기어장치를 사용하여 팔을 구동하는 것이 훨씬 미세한 동작제어를 제공한다는 것을 알게 되었다. 이들의 첫 번째 조립 시도에서는 구멍들의 위치가 잘못 되어 몇 개는 다시 뚫어야 했다. 도상설계에서나 CAD 프로그램상에서 이 팔의 최종 버전은 제대로 동작했지만, 자동차에 장착했을 때는 완전한 실패작이었다. 상대 차량을 들어 올렸을 때 중력중심이 차의 바퀴 축을 벗어나 **두 차 모두** 트랙 밖으로 떨어져 나갔다. 학생들은 팔을 포함시키는 설계를 버리고 결국 공격 전략으로 그림 6.2에서 보이고 있는 타격해머를 사용하기로 결론을 내렸다.

그림 6.2
공격 전략으로 보다 현실적인 타격해머 설계

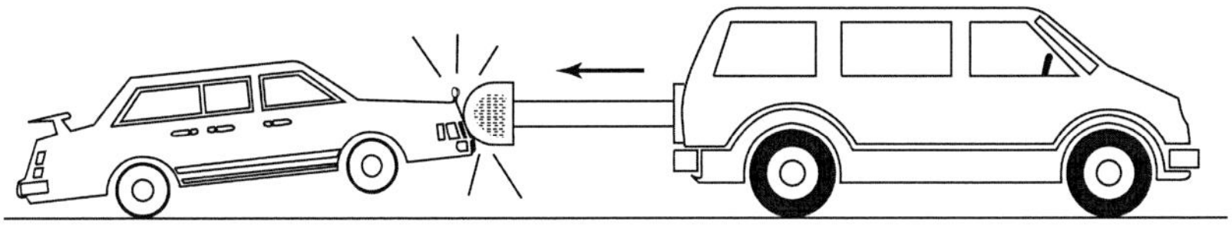

6.3 공학설계에서 실패의 역할: 사례 연구

공학 역사의 많은 단원들은 설계 단계에서는 드러나지 않다가 장치의 실제 사용과정에서 드러난 수많은 사례들로 채워져 있다. 많은 장치들은 사소한 설계 결함으로 사용과정에서 가끔씩 문제를 일으키는 정도지만, 많은 인명 손실을 초래하거나 재산상의 큰 피해로 이어지거나 공학 관행에 전면적인 변화를 가져왔기 때문에 유명해진 몇 가지 실패 사례들도 있다. 이 절에서는 공학연보에 실린 몇 가지 실패 사례들에 대해 살펴본다. 각 사건은 인명 손실이나 대규모의 재산상 피해를 수반한 것으로 공학설계의 실패가 원인이 되었다. 이러한 실수들은 나름대로 최선을 다했지만 사전 경험이 부족했거나 공학적 판단에서 중대한 착오를 저지른 엔지니어들에 의한 것들이다. 각 사건이 발생한 후 엔지니어들은 문제의 원인을 조사하고 관련된 공학 표준이나 지침을 새로 확립하거나 수정함으로써 유사한 재난들을 방지할 수 있었다. 이러한 고전적인 엔지니어들의 실패나 실수에 대해 학습함으로써 여러분들은 자신의 작업에서 유사한 실수를 피할 수 있을 것이다.

여기에 나오는 실패 사례들은 모두 끔찍한 결과를 초래하였으며, 사고들은 초기 설계, 테스트, 평가 등의 단계가 끝난 훨씬 뒤인 결과물의 사용 과정에서 발생하였다. 문제는 제품이 사용되기 **전에** 드러나는 것이 항상 좋은 일이라는 유념하기 바란다. 설계상의 문제는 테스트나 시스템 평가 도중에는 쉽게 고칠 수 있다. 제품이나 시스템이 이미 사용을 위해 전달된 후에 설계 결함이 드러날 경우 결과는 훨씬 심각해진다. 이 절의 사례들을 읽어가면서 이러한 실패들의 원인이 명백했었다든가 혹은 그와 같은 일이 발생한 것은 관련 엔지니어의 부주의로 인한 것으로 결론 내릴지 모른다. 실제로 그와 같은 일이 발생한 **후에** 되짚어보고 실패 원인을 분석하는 것은 상대적으로 쉬운 일이다. 그러나 숙련된 엔지니어라면, 장치나 시스템이 복잡하며 많은 부품이나 서브시스템들이 포함되어 있고 이들이 복잡하게 상호작용할 경우 테스트 단계에서 숨어 있는 결함을 짚어내는 것이 항상 쉬운 일이 아니라고 한결같이 말해줄 것이다. 간단한 장치들에서도 테스트나 평가 단계에서 잡히지 않는 설계 결함들이 숨어있을 수 있다. 훌륭한 엔지니어의 특징 중 하나는 제품이 최종사용자에게 이르기 전에 결함이나 오류를 찾아내는 능력이다. 이 절에서 논의되는 고전적인 실패 사고들을 학습함으로써 결함을 찾아내는 직관적 능력을 강화시킬 수 있을 것이다. 이러한 사례들에 관한 보다 자세한 정보를 알고 싶다면, 이 장의 끝에 나열된 참고문헌들을 찾아보기 바란다.

6.3.1 사례 1: 타코마 해협의 다리

1940년 워싱턴 주 푸겟사운드를 가로지르도록 건설된 타코마 해협 다리는 당시로서는 가장 긴 현수교였다. 설계 엔지니어들은 그보다 작은 규모의 기존 현수교들을 베껴 길이만 늘려 이 다리를 건설하였다. 수많은 짧은 현수교들에서 그랬던 것처럼 교량의 외형 구조 깊숙이 위치할 보강 트러스를 생략하였는데, 이는 현수교를 더욱 우아하고 멋있게 보이게 하기 위함이었다. 내부의 보강 트러스가 없는 보다 긴 교량의 경우 구조적 문제가 없는지 증명하기 위한 계산은 수행되지 않았다. 짧은 현수교에서 실제 건설을 통해 수없이 검증된 설계 방법이었기 때문에 엔지니어들은 더 긴 현수교에서도 이러한 설계 방법에 문제가 없을 것으로 가정하였다. 그러나 그들의 생각은 틀렸던 것이다. 1940년 11월 7일

그림 6.3
요동치는 타코마 해협의 다리

바람이 심했던 그날 이 다리는 흔들리며 뒤틀리더니 그림 6.3에서 보이는 것처럼 장엄하게 요동치기 시작하였다. 몇 시간이 흐른 후 다리는 마른 점토로 만든 것처럼 형체도 없이 산산조각 나버렸다.

무엇이 잘못 되었던 것일까? 이 다리의 건설을 맡았던 엔지니어들은 소형 현수교들에 적용되었던 계산 이면의 전제조건들이 타코마 해협 다리와 같이 긴 현수교에는 적용되지 않음에도 불구하고 그러한 계산들에 의존하였던 것이다. 이 엔지니들에게 과학적 직관력이 좀 있었다면, 3차원 구조물은 무한정 확장할 수 있는 것이 아니라는 점에 주의했을 것이다.

6.3.2 사례 2: 하트포드 시립센터

하트포드 시립센터는 동종의 건물 중 최초로 지어진 것이다. 1970년대 중반 이 건물이 지어질 당시까지 유사한 건물이 지어진 적이 없었다. 이 건물의 지붕은 전통적인 아이빔 건설 방법 대신 상호 연결된 트러스와 접합부로 이루어진 프레임 구조를 사용하여 만들어졌다. 수백 개의 봉을 상호 연결하여 수평 강철봉과 대각선 연결봉의 배열로 이루어진 멋진 2겹 패턴을 형성하였다. 세부적인 계산을 손으로 수행하는 대신 설계 엔지니어들은 지붕 구조의 각 요소에 대한 하중을 계산하기 위해 최신의 컴퓨터 모델을 이용하였는데, 당시의 컴퓨터는 오늘날의 컴퓨터에 비해 훨씬 조잡하였다. PC가 발명되기 전이며 모든 작업은 오늘의 기준으로 보면 아주 느린 대형 컴퓨터에서 수행되었다. 따라서 엔지니어들은 단순화된 계산 모델을 사용하였는데, 이 모델에서는 지붕구조가 통째로 휘어지는 좌굴 현상이 발생할 가능성이 있음을 간과하였다. 시립센터 건물의 붕괴를 촉발시킨 원인이 바로 이러한 좌굴 현상 때문이었지만, 이러한 설계상의 결함이 컴퓨터 시뮬레이션에서는 발견되지 않았다.

1978년 1월 18일 폭설이 쌓여 지붕이 붕괴되며 건물이 무너졌는데, 몇 시간 전만 해도 농구경기를 관람하는 수천 명의 관중이 있었던 터였다. 이 붕괴사고로 인해 다친 사람이 없었던 것은 기적이었다.

이러한 붕괴사고가 발생한 원인은 무엇이었을까? 어떤 사람들은 이 건물을 설계하면서 오랜 건설 경험에서 얻은 기초적 판단과 직관을 따르지 않은 엔지니어들에게 사고의 책임이 있다고 생각한다. 붕괴사고에 대한 조사를 통해, 현장 엔지니어들이 지붕을 조립하여 세우는 과정에서 구조상의 이상을 감지하였지만 컴퓨터 모델에 의존하기로 선택했던 프로젝트 관리자들이 이들의 우려를 무시했다는 사실이 드러났다. 사용된 컴퓨터 모델은 컴퓨터 모델링의 초창기 시절이었던 그 당시에 구조 엔지니어가 아니라 프로그래머들에 의해 작성되었다. 프로그래머들은 교재에 있는 구조 공식에 기초하여 알고리즘을 만들어 프로그램을 작성하였다. 컴퓨터 모델에서 좌굴 현상을 빠뜨린 외에도 프로그래머들은 복잡한 구조물을 실제로 제작할 때 발생하는 배치상의 (각도, 길이, 연결부, 제작방법 등과 같은) 작은 변화들을 감안하기 위해 구조물 접합부에서 기초적 절하율을 포함시키는 것도 하지 않았다. 설계 엔지니어들은 한 번도 완전하게 테스트된 적이 없는 컴퓨터 모델의 출력을 신뢰하였다. 정상적인 지붕 하중만으로도 이 지붕 트러스 접합부의 다수에 가해지는 압력은 안전 한계를 벗어나 있었다. 여기에 폭설로 인한 하중의 추가로 인해 이 구조물은 더 이상 지탱할 수 없었던 것이다.

6.3.3 사례 3: 우주왕복선 챌린저

NASA의 우주왕복선 **챌린저**는 1986년 1월 플로리다 주 케이프케네디에서 어느 추운 날의 발사 과정에서 폭발하였으며, 수천 명의 사람들이 이 폭발을 목격하였다(참고: 그림 6.4). 이후 몇 주 동안 수억 명의 사람들이 뉴스를 통해 이 사고를 시청하였다. 몇 달에 걸친 조사 후에 NASA는 다단식 추진 로켓의 구간들 사이를 밀폐하기 위해 사용된 O형 링들이 문제의 원인이었음을 밝혀내었다. 이 링들은 추운 날씨에 사용할 수 있도록 설계되지 않았으며, 발사일의 기온은 28°F(−2°C)였는데 플로리다 주에서는 매우 추운 날씨였다. 지나치게 차갑게 된 O형 링들은 추진 로켓의 구간들 사이를 제대로 밀폐하기에는 너무 딱딱해지거나 지나치게 찬 기온으로 인해 바삭바삭해져 부스러졌다. 가속 과정에서 밀폐가 풀리며 스며 나온 불꽃이 인접 연료 탱크를 점화시키는 바람에 전체 우주선이 폭발하면서 고등학교 교사 한 명을 포함하여 승선 중이던 7명의 우주비행사 전원이 사망하였다. 이것은 당시로서는 미국역사상 최악의 우주선 사고였다.

그림 6.4
우주왕복선 **챌린저**의 발사 중 폭발 장면 (사진제공: RJS Associates)

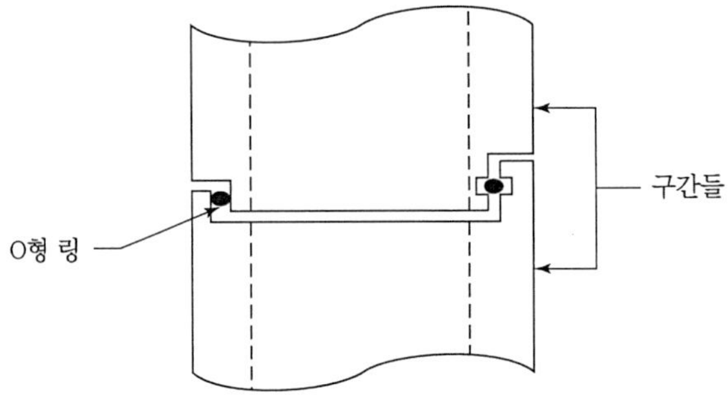

그림 6.5
O형 링 밀폐장치의 개략도

그림 6.5에서 묘사하고 있는 것과 같이 인접한 원통형 표면을 밀폐하기 위해 O형 링을 사용할 때 엔지니어들은 표준적인 로켓 설계 기법을 이용하였다. 그러나 O형 링들은 **챌린저**의 추진 로켓들만큼 큰 로켓에는 사용된 적이 없었다. 이러한 요인이 유난히 찬 기온과 결합되어 밀폐장치를 한계상황까지 이르게 함으로써 실패를 초래하였던 것이다.

그러나 이 실패에는 또 다른 측면이 있었다. 애초에 **왜** 추진 로켓은 여러 구간으로 제작되어 O형 링을 필요하게 만들었는가? 이에 대한 대답은 복잡하지만, 그 원인은 대체로 하나의 요인으로 모아질 수 있는데, 바로 다단식 추진 로켓을 제작하기로 한 결정은 부분적으로는 **정치적**이었던 것이다. 공학적 상식이 유일한 고려 요소였다면, 추진 로켓은 O형 링 없이 하나의 추진체로 제작되었을 것이다. 접합부는 항상 취약한 부분이며, 하나의 몸체가 여러 구간을 조립하여 만든 것보다는 거의 모든 상황에서 강도가 높다. 당시에 올바른 크기의 일체형 로켓을 제작하는 제조기술은 이미 존재하였다. 그러나 유타 주의 한 상원의원이 추진 로켓 제작 계약이 자신의 주에 있는 어떤 회사에 수여될 수 있도록 맹렬하게 로비활동을 하였다. 기존의 철도를 이용해 대형의 일체형 추진 로켓을 유타 주에서 플로리다 주까지 수송하는 것은 물리적으로 불가능하였다. 트럭은 너무 작았으며, 내륙 한가운데 있는 유타 주에 배를 이용할 수도 없었다. 유타 주에 있는 회사에 계약을 수여하기로 한 NASA의 결정으로 인해 철도나 트럭으로 쉽게 수송할 수 있는 여러 조각들로 구성되는 다단식 O형 링 밀폐 방식의 추진 로켓이 탄생하였던 것이다.

어떤 사람들은 O형 링 설계에 잠재적 문제가 있을 가능성을 어렴풋이 짐작하고 있었던 설계 엔지니어들의 윤리성 결여가 재난을 낳았다고 말한다. 어떤 사람들은 NASA의 예산을 다루는 의회로부터의 정치적 압력에 굴복한 NASA의 잘못이라고 말하는 사람들도 있다. 또 기술적 이슈를 제대로 이해하지 못하여 추운 날씨에 관한 엔지니어들의 경고를 수용하지 않았던 발사 관리자들의 책임을 거론하는 사람들도 있다. 개중에는 유타 주 상원의원이나 설계 엔지니어들이 알면서 기준에 미치지 못하는 제품을 밀어붙인 것은 아니며, 이 사고는 여러 상황들이 예외적으로 한꺼번에 몰아닥쳐 발생한 일이라고 말하는 사람들도 있다. 다단식 추진 로켓은 이전의 여러 번의 비행에서 아무 문제없이 작동하였는데, 단지 이들 경우에는 혹한의 날씨에 발사되지 않았을 뿐이었다. 그렇지만 또 다른 사람들은 순수한 공학적 고려보다 프로젝트의 정치적 요소에 더 무게를 둠으로써 엔지니어들이 이와 같은 대형 로켓에 시도된 적이 없으며 최선이 아닌 설계 개념에 타협했다고 주장한다.

6.3.4 사례 4: 캔자스시티의 하얏트 호텔

하얏트 호텔 내부에 들어가 본 적이 있다면 내부 구조가 독특하다는 것을 알게 될 것이다. 대개의 하얏트 호텔은 내부에 사다리꼴 아트리움을 형성하는 외팔보 플로어를 갖고 있으며 통로와 홀은 개방되어 있어 손님을 초대하는 모양의 구조를 갖는다. 1981년에 개장한 캔자스시티 하얏트 호텔의 경우, 허공에 떠 있으며 발코니와 발코니를 연결하는 두 층의 통로가 설계에 포함되어 있었으며, 이 연결통로들의 길이는 전체 로비의 길이와 같았다. 호텔이 개장한지 얼마 안 되어 개최된 파티에서 연결통로에는 음악에 맞추어 춤추는 사람들로 채워졌다. 사람들의 무게와 율동이 연결통로에 가져온 흔들림으로 인해 급기야는 연결통로가 갑작스럽게 붕괴되기에 이르렀다. 백 명이 넘는 사람이 사망한 이 사고는 호텔관리의 역사에서 두고두고 기억될 것이다. 이 호텔은 다시 개장했지만 오늘날까지 연결통로는 다시 복구되지 않았다.

하얏트 호텔 연결통로의 붕괴는 시공 경험의 부족으로 인한 전형적인 실패 사례의 하나이다. 그러나 이 경우 오류는 시공 단계가 아니라 **설계** 단계에 그 뿌리를 두고 있다. 연결통로 붕괴가 어떻게 일어났는지 설명하기 위해 설계 엔지니어가 기술한 그림 6.6의 연결통로의 골격 구조를 살펴보기로 하자.

각각의 상자형 들보는 천장에 연결된 나사식 강철 연결봉에 별도의 너트를 이용하여 받치도록 되어 있었다. 각 너트-들보 접합부의 하중 등급은 사고 당시의 최대 하중보다 높게 책정되어 있었다. 이 상황에서 무엇이 잘못 되었던 것일까? 문제는 지정된 구조가 제작상 비현실적이었다는 것이다. 이 설계는 두 개의 연결통로 바닥의 지지점마다 천장에서 내려온 단일 연결봉에 의해 걸려 있도록 요구하고 있었다. 이 연결봉들은 나삿니가 깎여 있지 않은 평범한 강철봉에 나사절삭 작업을 통해 만들어야 했는데, 이렇게 함으로써 연결봉의 지름은 줄어들 것이었다. 그리고 위층 연결통로를 너트로 지지하기 위해서는 너트를 연결봉의 중간 부분까지 끼워 올려야 하는데. 이를 위해서는 최소한 연결봉 길이의 절반까지는 나사절삭을 해야 했다. 지정된 대로 연결통로를 제작하기 위해서는 연결봉마다 20피트 이상의 나사절삭 작업이 필요하였으며, 연결통로의 긴 길이로 인해 수많은 연결봉에 대한 나사절삭 작업이 필요하였다. 전기 나사절삭기를 이용하더라도 필요한 연결봉들에 나사절삭 작업을 하기 위해서는

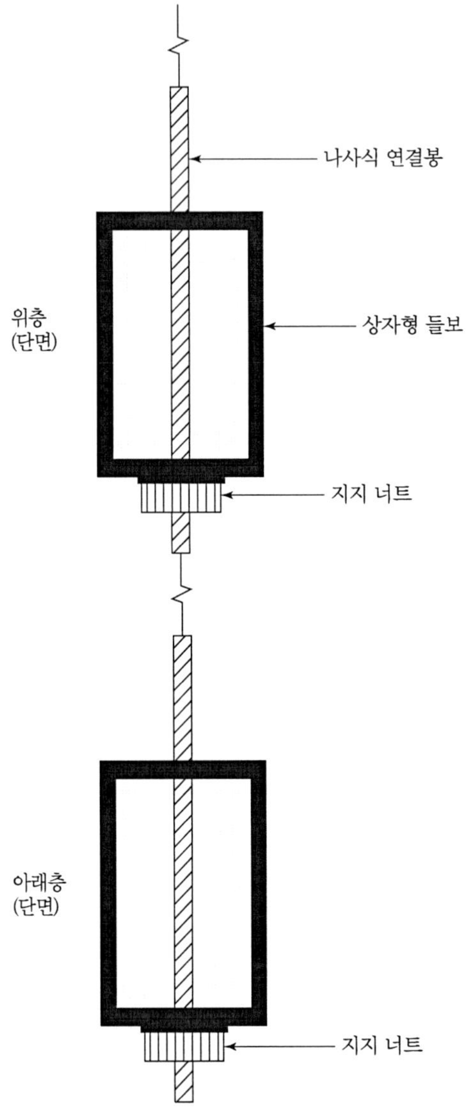

그림 6.6
설계 원안의 캔자스시티 하얏트 호텔 지지 구조

많은 시일이 소요될 것이었다. 실제 연결통로 제작을 맡은 하청업자는 연결봉 끝부분에만 나사절삭을 해도 되도록 시공 상의 변경을 제안하였다. 변경된 시공방법을 그림 6.7에서 보이고 있다.

이 변경에 따른 문제는 위쪽 연결봉의 하단에 위치한 너트(A)가 두 개의 연결통로 **모두**의 하중을 지지해야 한다는 점이다. 이러한 상황을 설명하기 위해 하나의 로프에 매달린 두 명의 등반가의 경우를 살펴보기로 하자. 두 사람 모두 로프를 동시에 그렇지만 독립적으로 잡고 있다면 로프가 두 사람의 무게를 지탱하게 될 것이다. 그러나 아래쪽의 사람이 위쪽 사람의 발목을 잡고 있다면, 위쪽 사람의 손이 **두 명**의 등반가 체중을 지탱해야 할 것이다. 그 날의 과중한 하중 상황으로 인해 하얏트 호텔 연결통로의 너트(A)에 걸린 무게가

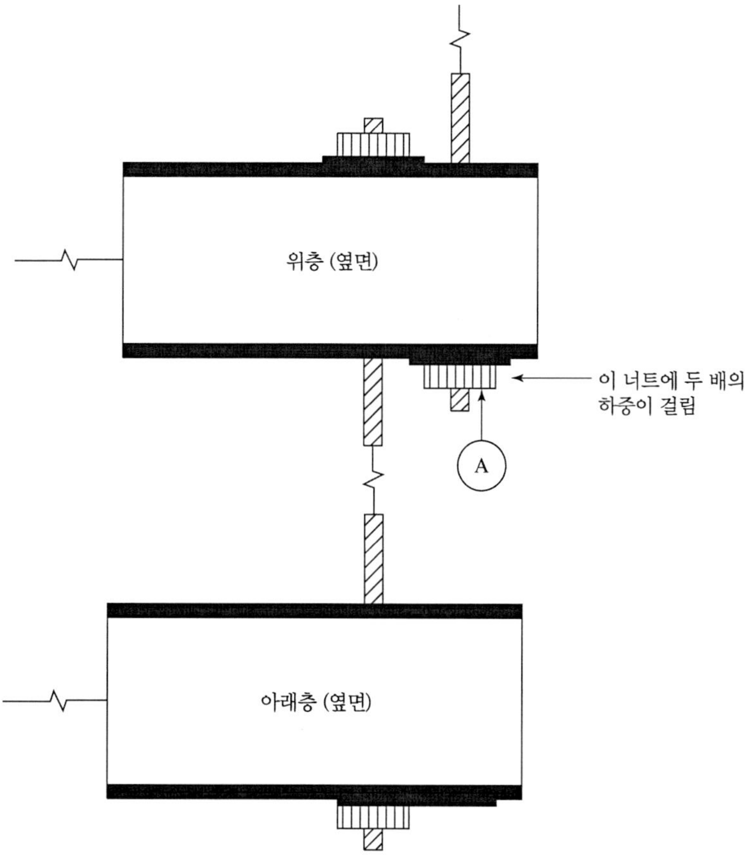

그림 6.7
실제 제작된 캔자스시티 하얏트 호텔 지지 구조

과중하여 접합부가 망가지게 되었다. 일단 한 연결봉의 접합부가 손상되면서 나머지 접합부들과 전체 연결통로의 붕괴가 순식간에 잇따랐다.

어떤 사람들은 20피트의 나사절삭을 요하는 단일 연결봉들을 지정했던 고참 설계 엔지니어에게 치명적 결함에 대한 책임이 있다고 주장한다. 어떤 사람들은 시공현장에서 시공업자 측에서 제시한 변경을 승인했던 신참 엔지니어와 지정된 연결봉 구조의 중요한 특성에 대해 신참 엔지니어에게 충분히 설명하지 않은 고참 엔지니어를 함께 탓하기도 한다. 아마 두 엔지니어 모두 현실에서 시공이 어떻게 진행되는지 이해하기 위해 실제 시공현장에 부딪쳐본 경험이 충분하지 않았을 것이다.

누구에게 잘못이 있든 지와 별개로 이 설계는 **안전 여백(safety margin)**을 위한 여유 공간이 너무 없었다. 구조 설계에서 계산된 최대 하중과 예상 하중 사이에는 **최소한** 두 배 정도의 안전 여백을 두는 것이 일반적인 관행이다. 안전 여백은 하중 계산에 근사치의 사용, 재료 강도의 변이, 제작과정의 사소한 오류 등에 따른 부정확성을 보완한다. 연결통로에 이와 같은 일반적인 안전 여백이 포함되어 있었더라면, 시공상의 변경에도 불구하고 연결통로에 대한 두 배의 압력으로도 접합부가 망가지지는 않았을 것이다. 설계 엔지니어들이 지정한 연결통로 구조는 제작 가능한 것이었지만 실용적인 것은 아니었던 것이다. 시공 감독은 구조적 의미에 대해 모르고 있었으며 단지 작업을 끝내는 데 열심이었다. 따라서 외견상 별 문제가 없어 보이지만 실제로는 치명적인 시공방법 상의 변경을 지시하였다. 설계 엔지니어 중 한 명이 시공현장 경험이 풍부했다면, 이러한 결함을 발견했을 수도 있었다. 설계 과정에 시공 단계의 작업자들을 참여시켜 모든 계층의 고용인들 사이의 충분한 의사소통을 확보하고 공공의 안전이 걸려있는 상황에서는 최소한의 안전 여백을 크게 웃도는 안전 여백을 둠으로써 캔자스시티 하얏트 호텔의 연결통로 붕괴와 같은 오류를 방지할 수 있다.

6.3.5 사례 5: 쓰리마일 아일랜드

쓰리마일 아일랜드는 펜실베이니아 주에 있는 대형 원자력발전소이다(참고: 그림 6.8). 이곳은 미국에서 최악의 원자력사고 현장이며, 우크라이나 체르노빌에서의 전면적 폭발에 버금가는 것이었다. 다행히 쓰리마일 아일랜드 사고에서는 폭발을 간신히 모면하였다. 그러나 이 사고로 인해 10억불 대의 비용을 들인 발전소가 폐쇄되어 미국 동부지역 전력망의 발전 용량이 격감되었다.

사고 당일 원자로 내부에 압력 상승이 발생하였으며, 이와 같은 상황에서 압력을 안전 수준까지 낮추기 위해 감압 밸브를 여는 것이 정상적인 절차였다. 문제의 밸브는 스프링에 의해 닫힌 상태를 유지하다가 전자기 장치에 전압을 가하게 되면 열리게 된다. 그러나 전기제어장치의 설계자는 한 가지 중대한 실수를 저질렀다. 그림 6.9의 개략도에서 보여주듯이, 밸브장치 코일에 전기가 흐르거나 끊어지면 제어실의 표시등들이 켜지도록 되어있었으며, 유감스럽게도 제어패널은 밸브의 **실제** 상태에 관한 정보를 표시하지 못하였다. 감압 작용이 완료된 후에도 쓰리마일 아일랜드의 밸브는 열린 상태로 고정되어 있었다. 밸브장치 가동 전압이 끊어지고 제어실에 표시등은 밸브가 닫힌 상태를 가리키고 있었지만, 실제로 밸브는 무엇인가 들러붙어 열린 채로 있었다. 밸브를

그림 6.8
쓰리마일 아일랜드 발전소

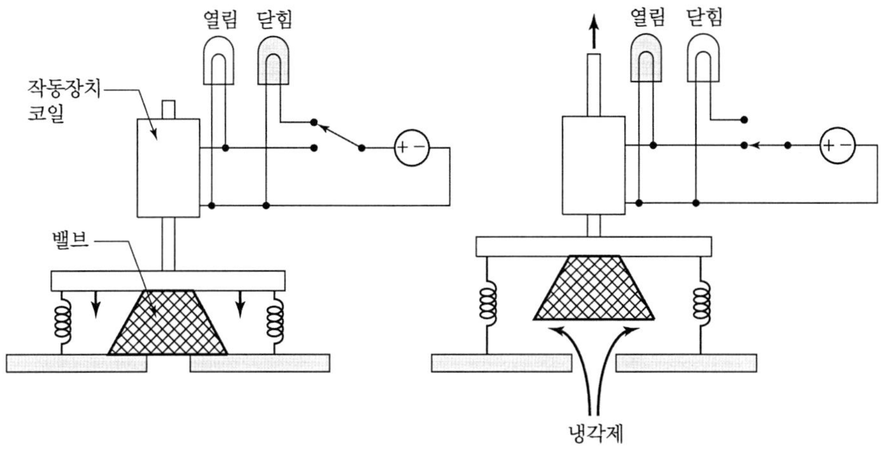

그림 6.9
실제 설계대로의 밸브 표시등 시스템

닫아주어야 할 기계식 스프링은 들러붙은 것을 밀쳐낼 만큼의 힘을 발휘하지 못하였다. 운영자들은 밸브가 닫혀 있는 것으로 생각하고 문제를 진단하였다, 그러는 동안 거의 두 시간 동안이나 원자로에서 냉각제가 새고 있었다. 밸브가 열려 있는 것을 운영자가 알았더라면 수동으로 닫거나 다른 조치를 취했을 것이다. 그러나 이후의 혼란 과정에서 운영자들은 제어판의 표시등을 믿고 밸브가 닫혀 있는 것으로 생각하였다. 결국 원자로가 끓어 넘치기 직전에서야 문제를 찾아 해결하였다. 이러한 사고로 인해 원자로 노심이 완전히 녹아내리고 방사능 가스를 대기에 유출시킬 수도 있었다. 이 정도 선에서 그쳤지만 원자로 노심의 손상이 심각하여 이 발전소는 영구히 폐쇄되었으며 다시 개장하지 못하였다.

쓰리마일 아일랜드의 밸브 작동장치는 인간-기계 인터페이스 측면에서 부실하게 설계되었다. 결국 절대적으로 정확한 정보가 필요한 긴급 상황에서 이 장치에 대한 테스트가 이루어진 셈이다. 운영자들은 자신들이 받은 부정확한 정보를 정확한 것으로 믿었다. 발전소의 제어패널은 직접적 확인을 통하는 대신

그림 6.10
바람직한 설계에서의 밸브 표시등 시스템

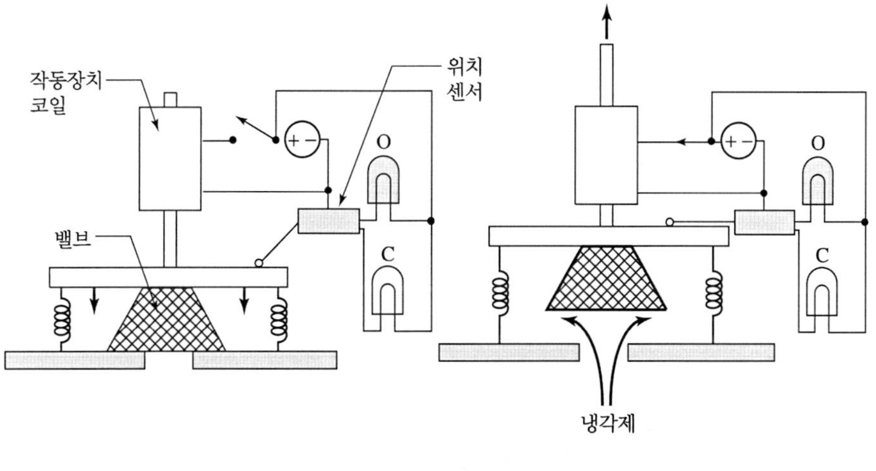

유추에 의해 핵심정보를 제공하였다. 개선된 설계에서는 그림 6.10의 다이어그램에서 제시하고 있듯이, 밸브의 정확한 상태를 분명히 확인하기 위한 별도의 센서를 포함해야 할 것이다.

6.3.6 사례 6: 미군함 빈센트호

빈센트호는 이란-이라크 전쟁 중에 페르시아 만에 주둔하고 있던 미국의 유도미사일 순양함이었다. 1988년 7월 3일 페르시아 만을 순찰하던 중 **빈센트호**는 이지스 방공 시스템상에서 2개의 피아식별 신호를 받게 된다. 이지스는 해군의 어떤 운영자도 도저히 다 소화할 수 없는 수많은 정보를 표시하는 최첨단 정보처리시스템으로서 10억불 대의 복잡한 시스템이었다. 이지스 시스템 운영자들 사이에서 정보의 포화상태는 흔한 일이었다. **빈센트호**가 받은 두 개의 피아식별 신호 중 하나는 민간항공기용이었고 다른 하나는 군용기용이었다. 임박한 공격의 예측에 압력을 느끼고 있던 흥분한 운영자가 복잡한 레이더 표시를 잘못 읽고 한 대의 비행기만이 **빈센트호**에 접근하고 있는 것으로 판단하였다. 존재하지 않는 전투기와의 반복된 교신 시도는 실패하였다. 함장은 자신의 배가 공격당하고 있는 것으로 판단하고 민간항공기를 격추시킬 결정을 급박하게 내렸으며, 이로 인해 290명의 무고한 민간인들이 사망하게 되었다.

이러한 재난적 결과를 초래한 원인은 무엇이었을까? 잘못된 군사적 판단 때문이었을까? 운영상의 실수인가? 시스템을 설계한 엔지니어들의 잘못인가? 해군은 공식 발표를 통해 이 사고를 해군병사의 "운영상 실수"의 탓으로 돌렸지만, 일각에서는 이지스 시스템을 설계한 엔지니어들에게 책임이 있다고 주장하고 있다. 임박한 공격의 압박과 쇄도하는 정보 속에서 운영자는 부실하게 설계된 인간-기계 인터페이스를 감당할 수 없다. 위기의 순간 동안 필요한 중대한 정보는 정리된 모습으로 제시되어야 하며 쉽게 해석할 수 있어야 한다. 이지스 시스템의 복잡한 화면은 기술적으로 가능하다는 이유만으로 설계된 것을 보여주는 사례의 하나이며, 이로 인해 인간-기계 인터페이스가 시스템의 약한 고리가 되는 결과를 초래하였다.

6.3.7 사례 7: 허블망원경

10억불이 넘는 허블천체망원경을 우주에 쏘아 올린 바 있다. 지상의 망원경이 대기의 불안정으로 인해 발생하는 왜곡현상의 영향을 받지 않는 허블망원경은 경이로운 우주 사진을 제공하였으며 수많은 천문학적 발견을 가능하게 하였다. 그렇지만 허블망원경에도 설계상의 결함들이 존재한다. 처음 몇 년 동안 허블망원경을 괴롭힌 여러 문제들 중에서 가장 유명한 것은 부적절하게 제작된 반사경이었다. 반사경이 일그러져 있어 구면수차를 보정하는 보조 광학 반사경을 사용하여 교정해야 했다. 정비작업은 NASA의 우주왕복선 승무원들에 의해 수행되었다. 이 결함은 대개 허블망원경과 함께 언급되지만, 설계상의 오류이기보다는 반사경 제작상의 잘못에 해당한다.

많이 알려지지 않은 또 다른 설계 오류는 이 장의 교훈들을 보다 긴밀하게 보여준다. 허블망원경의 태양전지판은 망원경이 지구 그림자에 가렸다 빠져나왔다 하면서 가열상태와 냉각상태가 교차되는 우주상에서 이용된다. 그 결과로 펼쳤다 오므리기를 반복하는 태양전지판은 새의 날개처럼 퍼덕이게 된다. 예상치 않은 동작에 대해 우주선의 컴퓨터가 제어하는 안정화 프로그램에 의한 보정 시도들로 인해 양의 피드백 효과가 발생하며 이는 문제를 더욱 악화시킬 뿐이다. 설계 엔지니어들이 망원경이 운용되는 환경을 예상했더라면, 가열 및 냉각 주기를 보정하여 이러한 문제를 피할 수 있었을 것이다. 이 사례는 장치나 시스템이 운용될 수 있는 모든 조건을 예상하기는 어렵다는 것을 보여준다. 그렇지만 운용환경 상의 한계상황으로 인해 종종 공학적 장애가 발생할 수 있다. 엔지니어들은 여러 다른 온도, 하중 조건, 운용 환경, 기상 조건 등에 대해 테스트하고 또 테스트함으로써 이러한 문제에 대비해야 한다. (허블망원경의 경우에는 불가능했겠지만) 가능한 범위 내에서 시스템은 여러 다른 환경 조건에서 테스트되어야 하며, 특히 현장에서 직면할 수 있는 조건들에 대해서는 더더욱 테스트를 거쳐야 할 것이다.

6.3.8 사례 8: 드하빌랜드 코멧 제트여객기

드하빌랜드 코멧은 최초의 민간 제트여객기였다. 영국에서 설계된 코멧은

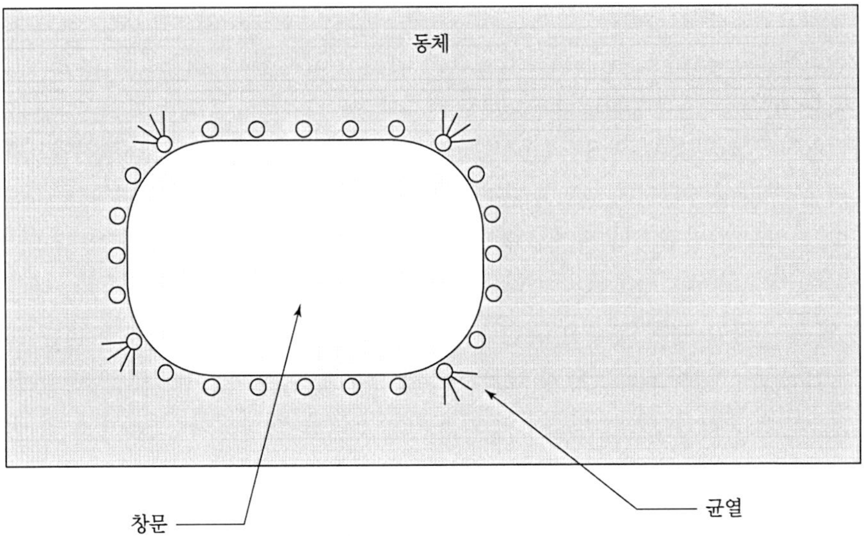

그림 6.11
드하빌랜드 코멧에서 창문 주위 리벳 위치에 생긴 압력에 의한 균열

몇 대가 설명되지 않은 이유로 추락하기 전까지는 1950년대에 상당 기간 비행에 아무런 문제도 없었다. 조사에 의하면 비행 도중에 추락한 비행기들의 동체가 갈가리 찢겨져 나갔다고 한다. 수년 동안 추락 원인의 조사를 맡은 엔지니어들은 오리무중의 상태에 있었다. 폭발이 아닌 대체 무엇이 항공기의 동체를 산산조각낼 수 있었을까? 비행기 잔해 현장 어디에서도 고의적인 파괴활동의 흔적은 없었다. 얼마가 지난 후 추락의 원인이 밝혀졌다. 누구도 이륙과 착륙에 불가피하게 수반되는 가압과 감압이 수없이 반복되었을 때의 효과를 예상하지 못하였다. 제트항공기 이전에는 비행기들이 낮은 고도에서 비행하였으므로 일상적으로 가압 상태에서 비행한 것은 아니었다. 높은 고도로 비행하는 제트비행기에서는 객실에 압력을 높여줄 필요가 있었으며, 코멧의 경우 이로 인해 창문 리벳의 위치에 동체 외판의 약화로 인한 균열이 생기기 시작하였다. 가압과 감압이 계속 반복되면서 이러한 균열은 동체 전체의 균열로 발전하였으며, 이러한 실패 상황을 그림 6.11에서 묘사하고 있다.

설계 엔지니어들이 최종 제품이 어떤 환경에서 사용될지 생각했었더라면 이 문제를 피할 수 있었을지도 모른다. 실제의 가압 및 감압 사이클을 모방하지 않은 실험실의 압력 테스트만으로 만족했던 엔지니어들은 자신들의 설계의 안전성에 대한 잘못된 판단에 안주하고 있었다. 이 실패 사례 또한 최대한 현실적인 조건하에서 설계를 테스트해야 한다는 것과 환경 조건이 성능과 안정성에 영향을 미칠 것을 가정해야 한다는 것 등의 중요한 공학적 교훈을 강조하고 있다.

6.3.9 사례 9: 빅딕 터널 천장 패널의 붕괴

2006년 7월 10일 어느 부부가 보스턴의 유명한 빅딕(Big Dig) 터널 중 하나를

그림 6.12
빅딕 내부에서 붕괴된 천장 패널 (사진제공: 미국연방교통안전위원회)

운전해 가고 있었다. 정확하게는 이들은 사우스보스턴의 테드윌리엄스 터널로 이어지는 연결터널 속에서 I-90 고속도로의 마지막 동쪽방향 구간을 지나고 있었다. 갑자기 각각의 무게가 3톤 정도에 이르는 네 개의 콘크리트 패널이 터널 천장에서 떨어져 내려와 아래를 지나던 이들의 차를 박살내었다. 도합 26톤에 이르는 콘크리트 및 관련 고정장치 등이 이들이 운전하던 차와 도로로 떨어져 내렸다. 남편은 목숨을 건졌으나 부인은 사망하였다 (참고: 그림 6.12).

가장 초보적인 엔지니어들도 몇 가지 질문을 금방 떠올릴 것이다. 이 패널들을 어떻게 붙였을까? 왜 이 패널들을 콘크리트로 이렇게 무겁게 만들었을까? 어떻게 이 패널들은 아무런 사전 징후도 없이 갑자기 떨어졌을까? 이러한 질문들에 대한 대답은 복잡하지만, 설계자, 엔지니어, 설치기사 등이 저지른 몇 가지 기초적인 잘못은 윤리적 행동의 위반, 경제성에 관한 압력, 금전적 이익에 대한 유혹 등이 이 사고에 연관되어 있음을 밝혀주고 있다.

배경

매사추세츠 주 보스턴에서는 중앙간선도로로 알려져 있는 6차선 고가 고속도로상의 교통 혼잡이 큰 문제가 되고 있었다. 1950년대에 건설된 이 도로는

(사진제공: 미국연방교통안전위원회)

보스턴의 심장부를 관통하고 있었다. 1959년 개통 당시 중앙간선도로는 매일 75,000대 정도의 차량을 여유 있게 소통시키고 있었다. 1980년대에 와서 통행량은 200,000대를 넘어섰으며 미국에서 가장 혼잡한 고속도로 중의 하나가 되었다. 전국에서 가장 심각한 교통 문제를 개선하기 위한 대형 프로젝트로 중앙간선도로/터널 프로젝트가 착안되었다. 이 프로젝트를 1980년대에 시작했을 때 2005년까지의 예상 비용은 천문학적인 수준인 32억 불이었지만, 2008년 현재 건설 및 유지보수를 위한 누적 비용은 210억 불에 이르고 있다.

이 이야기의 등장인물들

매사추세츠 유료도로관리국. 빅딕 구간들을 포함하여 주를 동서로 가로지르는 130마일의 유료고속도로를 감독한다.

벡텔/파슨즈 브린커호프. 빅딕의 개념설계, 최상층의 설계 및 시공의 관리 등을 맡은 회사. 천장의 설치 방법이나 패널의 무게 등의 세부 시공은 하청업체들에게 위임되었다.

가넷플레밍. 공학 설계 및 시공 관리를 전문으로 하는 국제 컨설팅 회사. I-90 터널에서 사용된 매달기 방식 천장 시스템을 설계하였다.

모던콘티넨탈. 대형건설회사. I-90 터널 및 매달기 방식 천장의 실제 시공을 담당하였다.

파워페이스너즈. 콘크리트, 석조, 철강 등을 위한 고정장치를 전문으로 하는 회사. 불운으로 끝난 천장 볼트를 지탱하기 위해 사용된 에폭시 접착제를 공급하였다.

미국연방교통안전위원회(National Transportation Safety Board; NTSB). 미국 내 항공, 고속도로, 해상, 파이프라인, 철도 등이 관련된 사고 조사를 담당하는 독립적인 연방 기구. 빅딕 터널 천장 붕괴 원인을 조사하였다.

마사 코클리. 매사추세츠 주 법무장관. 위에 언급된 몇몇 등장인물들의 기소로 이어지는 수사를 감독하였다.

후속 조사 과정에서 밝혀진 사실들

이 사례에 사용된 정보의 주요 출처는 보스턴글로브(www.boston.com)와 매사추세츠 유료도로관리국 웹사이트(www.masspike.com)이다. 이 이야기의 등장인물들의 진의야 누구도 알 수 없겠지만, 이 출처들은 이 사고를 둘러싸고 있는 의혹들을 다루고 있다. 배우는 과정에 있는 공학도로서 여러분은 이러한 내용들을 읽고 자신의 독립적인 견해를 정리하기 바란다. 어쨌든 여기에서 제시하는 사실들은 사고에 대한 조사과정에서 명확히 확립된 것들이다.

콘크리트 패널들은 터널 천장에 매달려 있도록 설계되었다. 패널들은 천장에

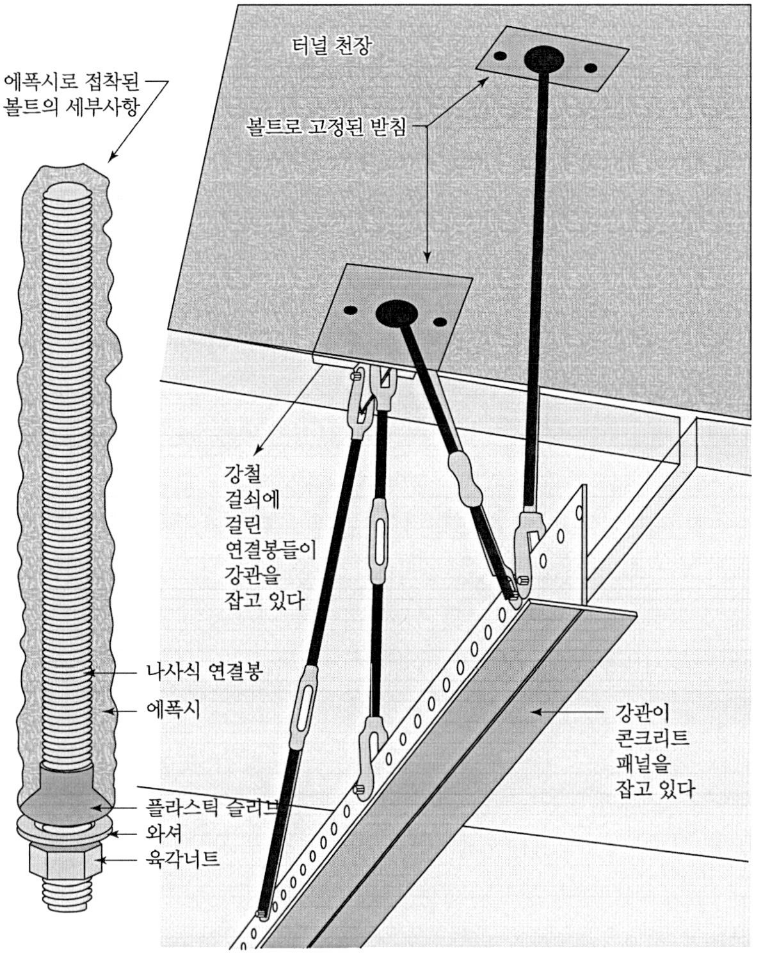

그림 6.13
콘크리트 천장 패널을 위한 지지 시스템 세부사항. 위쪽의 받침대는 드릴로 콘크리트 천장 속으로 뚫은 구멍에 삽입된 볼트에 의해 고정되어 있다. 볼트와 구멍 사이의 빈틈은 에폭시 접착제로 채운다.

매달린 연결봉에 부착된 금속제 받침대로 받치도록 지정되었으며, 이러한 형상을 그림 6.13에서 표현하고 있다. 패널들을 받치는 받침대는 드릴로 뚫은 구멍을 통해 삽입된 볼트와 에폭시 접착제를 통해 콘크리트 천장에 고정되도록 되어 있었다.

에폭시는 경도가 시간이나 온도에 따라 변하는 고분자화합물이다. 갑작스런 하중에 대해 에폭시는 짧은 기간 동안 잘 버틴다. 그 이후 하중이 지속적으로 작용할 경우(즉, 정적 하중), 고분자화합물 안의 분자들이 서로에 대해 미끄러지기 시작하며 점차 크리프(creep)라는 프로세스를 통해 변형을 일으킨다. 이 터널에서 사용된 종류의 에폭시는 크리프 저항력이 낮은 것이었지만, 설치를 담당한 엔지니어들은 이러한 사실을 간과하였다. 정적 하중 하에서의 에폭시 크리프에 대한 시공 관계자들의 이해 부족은 엄밀성의 결여로 이어지게 되었다.

모던콘티넨탈은 천장 속에 심은 볼트 설치에 파워페이스너즈의 Fast Set™

에폭시를 사용하였다. 이 에폭시는 이전의 테스트를 통해 장기간 인장 하중이 작용할 경우 크리프로 인한 파손에 취약하다는 것이 밝혀진 바 있었다. 모던콘티넨탈의 계약은 I-90 터널에 "천장 버팀대를 위한 접착식 고정장치"의 설치에서 변경사항들을 허용하기 위해 설치 작업 전에 몇 번이나 변경되었다. 사고 후 이 회사의 대변인은 "우리의 작업은 중앙간선도로/터널 프로젝트에 의해 마련된 계획과 사양을 완벽하게 준수하였음을 확신하고 있다"고 발표하면서 빅딕 담당 공무원들이 터널 천장을 검사하고 승인하였다고 첨언하였다.

파워페이스너즈는 이 작업을 위해 구입된 특정 에폭시의 크리프 저항력 결여에 대해 모던콘티넨탈에 알려주는 것을 소홀히 하였다. 흥미롭게도 빅딕의 이전 공사 구간에서도 다른 비슷한 고정장치에서 볼트들이 에폭시 크리프로 인해 빠져나올 징후가 있어 정비를 받았던 적이 있었다.

이 사고가 있기 7년 전인 1999년에 모던콘티넨탈에서 근무하던 안전담당관이 자신의 상사에게 그 볼트들이 무거운 천장 패널을 지탱할 수 없을 것이라고 경고하였었다. 관련 메모에는 "이러한 구조물이 어떻게 오랜 세월을 버틸 수 있을지 이해할 수 없다"고 적혀 있었다.

매사추세츠 유료도로관리국은 빅딕이 개통된 후에 터널 요소들에 대해 지속적이고 시간적으로 적절한 점검을 이행하지 못하였다. 마찬가지로 모던콘티넨탈도 설치된 천장 고정장치들의 상태를 확인하기 위한 시공 과정 및 이후의 점검 프로그램을 시행하지 못하였다.

프로젝트 감리를 맡은 가넷플레밍과 벡텔/파슨즈 브린커호프도 에폭시 크리프가 장기간 사용에 따른 결정적 손상을 초래할 수 있음을 지적하지 못하였다. 이들의 설계 명세와 에폭시 고정장치에 대한 승인 과정에서 크리프에 대한 저항력이 있는 에폭시를 지정하거나 콘크리트 천장 패널을 지탱하기 위한 다른 (비용이 더 많이 드는) 방법을 지정하지 않았다.

사건의 결말

NTSB는 천장에 생긴 문제의 가능성 있는 원인은 크리프 저항력이 없는 에폭시 고정장치 접착제를 부적절하게 사용한 것이라는 당연한 결론을 내렸다. 시간이 지나면서 에폭시에 변형이 생기고 균열이 발생하여 여러 개의 천장 고정장치들이 빠져나와 일부 천장이 붕괴되기에 이르렀다.

조사 결과물로 NTSB는 인장 하중이 있는 곳에 에폭시를 사용하는 것에 관한 새로운 권고사항들을 내놓았다. 권고사항 중의 하나는 접착제의 손상으로 인해 공공에 위험을 초래할 수 있는 장기간 인장 하중이 있는 고속도로 터널 위쪽과 같은 곳에는 접착식 고정장치의 사용을 금지하거나 최소한 사용할 모든 고정장치 접착제에 대해 크리프 테스트를 의무화하는 것이었다.

매사추세츠 주 법무장관은 벡텔/파슨즈 브린커호프, 모던콘티넨탈, 파워페이스너즈 등 세 회사에 대해서만 과실치사 소송을 추진하였다.

벡텔/파슨즈 브린커호프는 천장 수리비용, 기타 알려진 주요 누수 및 설계 결함 등의 비용으로 4.5억 불을 매사추세츠 유료도로관리국에 지불하는 것에 동의하였으며, 이에 따라 주 법무장관은 이 회사에 대해서는 형사소송을 취하하였다. 이 합의에는 희생자 가족에 대한 직접적 보상은 포함되어 있지 않았다. 벡텔/파슨즈 브린커호프 측 대변인은 이 합의가 "모든 당사자의 최선의 이익"을 고려한 것이라고 주장하였다.

사망자 가족은 600만 불에 파워페이스너즈 측과 합의하였다. 파워페이스너즈는 책임을 부인했지만, 회사 대변인은 "이 합의로 인해 치유 과정이 시작될 수 있을 것이다. 우리는 이러한 합의가 파워페이스너즈와 달리 이 사고에 진정한 책임이 있는 다른 당사자들도 똑같이 행동하도록 이끌 수 있기를 희망한다."라고 발표하였다.

빅딕 계약자들 중에 가장 많은 자금을 배정받은 모던콘티넨탈은 2008년 6월 10억 불의 채무가 있음을 주장하며 연방 파산법정에 피난처를 모색하였다. 이 책의 집필 시점까지 이 회사에 대한 과실치사 소송은 계류 중이지만, 어떠한 합의도 진행되고 있지 않다.

현재까지 벡텔/파슨즈 브린커호프, 가넷플레밍, 모던콘티넨탈, 파워페이스너즈 어디에서도 빅딕 천장 붕괴사고와 관련하여 사직한 임원은 없다.

맺음말 (원전에는 미안한 마음을 갖고 씀)

어느 날 리틀꼬꼬가 떨어진 천장 패널들을 조사하고 있었다.

"이건 재난이야. 누구의 책임이지?"라고 그녀가 물었다.

"나는 아니야."라고 오리가 대답했다.

"나도 아니야."라고 야옹이가 대답했다.

"나도 아니야."라고 멍멍이가 대답했다.

"그렇다면 대중들을 달래기 위해 누구에겐가 책임을 떠넘길 위원회를 소집할 테야."라고 리틀꼬꼬가 말했다. 실제로 그녀는 그렇게 했다.

6.4 설계 실패에 대한 대비

처음 설계를 한 경우 한동안 별 문제없이 사용되다가 숨겨진 결함이 드러나는 경우가 종종 있다. 운용 환경이 변했거나, 이전에 시도되지 않았던 순서의 사건들이 발생했거나, 설계물의 약한 부분이 반복된 압력을 받았거나 등의 이유로 설계 결함이 언젠가 드러난다. 때로 단순한 확률로 인해 결함이 드러날 수도 있다. 속담에서 말해주고 있듯이 "잘못되도록 되어 있는 것은 언젠가 잘못

되기 마련이다." 실패가 발생한 후에 원인을 찾고, 문제를 고치고, 다시 테스트를 시작하는 것은 엔지니어의 일이다. 그와 동시에 설계 프로세스의 초반 동안에 최대한 많은 오류와 약점을 찾아내는 것도 설계 엔지니어의 몫이다. 모든 종류의 운용 조건하에서 철저한 테스트를 반복하는 것은 필수적이다. 성공적이지 못한 초기 프로토타입은 장치의 최종 버전을 시장에 내보내기 전에 오류를 발견하고 제거하기 위한 훌륭한 기회를 제공한다.

영리 분야에서 경쟁사에 앞서 제품을 출시하려고 서두르는 것이 엔지니어에게 테스트 및 평가 단계를 최대한 신속히 완료해야 하는 압력으로 작용한다. 이러한 이유로 많은 소비자 제품들에서 출시된 직후 문제들이 나타난다. 제품이 출시된 첫 해에 구입할 경우 제조과정에서 발견되지 않은 오류나 약점을 발견할 것을 예상해야 한다.

이러한 충고에도 불구하고 아마 여러분은 자신의 설계 능력을 새로운 기술이나 혁신에 적용할 의욕에 불타있을 것이다. 모든 엔지니어들이 검증된 설계에 안주하고 있다면, 기술적 진보는 멈출 것이다. 전통적인 설계 영역 안에 머물러 있어야 할 때가 언제이고 창의적으로 새로운 영역을 개척해야 할 때가 언제인지 알기 위해서는 경험, 지식, 직관 등이 필요하다. 자신의 설계 프로젝트에서 실패에 직면할 경우 낙담해서는 안 된다. 실패는 설계 프로세스에서 불가피하다는 점을 이해하고, 실패를 배움과 발견, 또 엔지니어로서 자신의 역량을 확장시킬 기회로 이용하라.

핵심 용어

오류(Bugs)
실패(Failure)
결함(Flaw)
안전 여백(Safety margin)

참고문헌

J. Feld, and K. L. Carper, *Construction Failure, Wiley Series of Practical Construction Guides*. New York: John Wiley & Sons, 1996.

E. S. Ferguson, "How Engineers Lose Touch," *Invention and Technology*. Vol. 8 (3),Winter 1993, pp. 16-24.

H. Petroski, *To Engineer Is Human: The Role of Failure in Successful Design*. New York:Vintage Books, 1992.

H. Petroski, *Design Paradigms: Case Histories of Error and Judgment in Engineering*. Cambridge, U.K.: Cambridge Univ. Press, 1994.

D. D. A. Piesold, *Civil Engineering Practice: Engineering Success by Analysis of Failure*. New York: McGraw-Hill, 1991.

R. Uhl, G.M. Davidson, and K. A. ESAKLUL, *Handbook of Case Histories in Failure Analysis*. ASM International, 1992.

P. Viswanadham and P. Singh, *Failure Modes and Mechanisms in Electronic Packages*. New York: Chapman & Hall, 1998.

단원복습문제

6.1 본인이 경험한 실패한 제품이나 시스템의 사례를 들어보라. 실패의 원인과 설계 개선 방안을 담은 짧은 요약문을 작성하라.

6.2 다음의 고전적인 공학 실패 사고들에 대해 조사하여 개요를 작성하라.

(a) 뉴저지 주 린덴에서의 Exxon Bayway 정제소 (1990)
(b) 제너럴일렉트릭 회전식 컴프레서 냉장고 (1990)
(c) 그린뱅크 무선망원경 (1989)
(d) 인도 보팔에서의 유니언카바이드 화학약품 누출사고 (1984)
(e) 대한항공 007편 (1983)
(f) 코네티컷 주 Mianus 강의 I-95 고속도로 다리 (1983)
(g) 북해 Alexander L. Kielland 석유기지 (1980)
(h) 아메리칸 항공 DC-10 (1979)
(i) 스카이랩 (1979)
(j) 뉴욕 시 정전사고 (1976)
(k) 매사추세츠 주 보스턴의 John Hancock 타워의 창문 (1976)
(l) 런던의 빅벤 (1976)
(m) BART(Bay Area Rapid Transit) (1973)
(n) 웨스트버지니아 주 오하이오 강의 Point Pleasant 다리 (1967)
(o) 아폴로 1호의 캡슐 화재 (1967)
(p) 북동부 대규모 정전 (1965)
(q) 퀘벡 시 다리 (1907)
(r) Johnstown의 홍수 (1889)
(s) 필라델피아의 자유의 종 (1835)

6.3 타코마 해협의 다리의 경우에 대해, 오늘날 구조 설계에 관해 알려진 지식과 세부적인 컴퓨터 모델링 기술 등을 이용할 경우 동일한 종류의 실수가 가능하다고 보는가? 이 질문에 대답한 후 인터넷에서 런던 밀레니엄 인도교를 찾아보라.

6.4 우주왕복선 챌린저호 참사에 대해 다음 질문에 답하라.

(a) 이 사고를 방지하기 위해 행동할 수 있었던 또는 행동했어야 했던 사람은 누구인가? 혹은 이 사고는 예측할 수 없었던 사고인가?
(b) 과실 책임이 있는 회사나 당사자가 있었나?
(c) 기술적 요인 이외의 다른 (경제적, 사회적, 기타 등등의) 실패 요인이 있었나? 최선의 공학 관행을 이행하기 위해 이러한 요인들에

어떻게 대처할 수 있었을까?

6.5 캔자스시티 하얏트 호텔 연결통로 사고에 대해 신참 엔지니어, 고참 엔지니어, 건축사, 시공 책임자 중에서 누구의 책임이 가장 크다고 생각하는가?

6.6 원자력발전소의 안전성에 대한 끊임없는 논란을 감안하면서, 쓰리마일 아일랜드 원자력발전소의 사고나 우크라이나 체르노빌의 원자력발전소 융용 사고에 대해 생각해보자. 이 사고들은 다른 원자력 사고들이 임박해있음을 의미하는 전조인가? 혹은 현재나 미래의 발전소들의 안전성을 확보하는 데 도움이 되는가?

6.7 미군함 빈센트호의 경우를 인지작용과 인체공학의 관점에서 논하라. 이 시스템의 설계자와 이 시스템에 배치된 해군 중 누구의 잘못이 더 큰가?

6.8 허블망원경 설계상의 실수들을 감안하면서, 공학설계상의 의사결정이 어느 선까지 평가되고 구현 전에 테스트되어야 하는지에 대해 어떤 결론을 얻을 수 있는가? 설계 사이클을 따른 반복 횟수를 증가시킴으로써 이러한 결함을 방지할 수 있었을 것으로 생각하는가?

6.9 드하빌랜드 코멧의 경우에 대해 첫 번째 추락의 원인이 밝혀질 때까지 추가적인 비행을 즉시 중단했어야 한다고 생각하는가?

6.10 6.3.9절에서 사례로 소개한 빅딕 천장의 붕괴 사고와 관련된 다음 질문들에 답하라.

(a) 이 사고를 방지하기 위해 행동할 수 있었던 사람은 누구인가?

(b) 이 사고는 예측할 수 없었던 사고인가?

(c) 누구에게 과실의 책임이 있는가?

(d) 관련자 중 누군가 과실치사로 기소되었어야 하지 않는가?

(e) 금전적 합의는 적절하였나?

CHAPTER 7

말하는 법, 쓰는 법, 프레젠테이션 등의 학습

목표

이 장에서는 다음과 같은 내용을 다룬다.

- 효과적인 이메일 메시지 및 메모의 작성
- 회의, 프레젠테이션, 콘퍼런스 등을 위한 자료 작성
- 기술 제안서, 보고서, 학술논문 등의 작성
- 사용설명서의 작성
- 훌륭한 구술 및 서면 통신의 특성 식별
- 훌륭한 집필 스타일과 나쁜 집필 스타일에 대한 사례 연구

가장 빠른 프로세서, 수 기가바이트의 메인 메모리, 대용량의 디스크드라이브, 고성능 사운드카드 등을 갖춘 최신형 컴퓨터를 이제 막 구입했다고 하자. 판매점에서 컴퓨터를 집으로 가져와서 보니 구입한 모델에는 모니터가 포함되어 있지 않은 것을 발견하였다. 사실 이 컴퓨터에는 모니터를 연결할 수 있는 소켓조차도 없었다. 이점을 제외하고는 모든 면에서 이 컴퓨터는 최첨단의 완벽한 상태였다. 이런 경우 여러분은 어떻게 반응할 것인가? 아마 컴퓨터를 판매점에 다시 갖고 가서는 아무리 빠르고 성능이 좋은 컴퓨터라도 생성하는 정보를 외부에 전달할 수단이 없는 컴퓨터라면 아무 쓸모가 없다는 당연한 불평을 하게 될 것이다. 이번에는 이 컴퓨터에 모니터는 포함되어 있지만 모뎀의 성능이 아주 낮아 최대 전송 속도가 (초당 30글자 정도에 해당하는) 300baud에 불과한 경우를 생각해보자. 이렇게 느린 모뎀이라면 인터넷상에서 다른 컴퓨터와 통신하기에는 어려울 것이다. 이메일을 읽는 것도 너무 느릴 것이며 웹페이지에 접근하는 것은 거의 불가능할 것이다. 아마 이 경우에도 컴퓨터를 판매점에 가져가서 다른 컴퓨터와 통신도 할 수 없는 컴퓨터라고 불평할 것이다.

사람들은 이런 면에서 컴퓨터와 약간 비슷하다. 이 세상에서 가장 영리한 사람, 빠른 사고능력을 갖춘 사람, 가장 업적이 많은 과학자나 엔지니어 등이 다른 사람과의 의사소통 측면에서는 심각한 장애가 있을 수도 있다. 유명한 물리학자이며 『시간에 관한 짧은 역사』[1]와 우주론에 관한 다른 책들을 저술한 스티븐 호킹 박사는 현대물리학 분야의 최고 천재 중 한 사람으로 인정받고 있다. ALS라는 쇠약성 질병을 앓고 있는 호킹 박사는

[1] Stephen W. Hawking, *A Brief History of Time*. Toronto: Bantam Books, 1988.

말하거나 사지 또는 안면근육을 움직이는 능력을 상실하였으며, 따라서 모든 정상적인 의사소통 수단이 단절되었다. 그의 생각이나 아이디어는 컴퓨터 음성 합성을 통해 한 번에 한 단어씩 고투를 거쳐 세상에 나오게 되었다. 만일 호킹 박사가 정상적인 언어 표현이나 신체언어라도 사용할 수 있었다면 세상은 우주의 모습에 대해 훨씬 더 많은 것들을 이해할 수 있게 되었을 것이다.

7.1 의사소통 기술의 중요성

작업장에서 새로운 엔지니어에게 가장 중요한 기술이 무엇인지 질문을 받았을 때 대부분의 고용주는 **의사소통 기술**을 꼽는다(그림 7.1). 팀의 구성원들이 서로 의사소통을 잘할 수 없다면 팀워크가 이루어지지 않을 것이다. 세상 제일의 소프트웨어 프로그래머가 만든 소프트웨어라 할지라도 소프트웨어의 배경 아이디어를 사용자가 이해할 수 없다면 좋은 소프트웨어가 될 수 없을 것이다. 가장 뛰어난 기계 엔지니어가 설계한 것도 설치 기사가 제대로 설치하지 못하였거나 잘못 사용될 경우 제대로 작동하지 못할 것이다. 의사소통 기술은 참으로 중요하여 미국과 캐나다의 공과대학 교육과정 인증업무를 담당하고 있는 미국 공학기술인증원(Accreditation Board for Engineering and Technology; ABET)에서 전공에 상관없이 모든 공학 교육과정에 구술 및 서면 의사소통을 필수 요소로 지정하고 있다. 듣는 법도 모든 분야의 학생들에게 대단히 중요한 기술이다. 공과대학 학과들에서는 작문 워크숍이나 영문과에서 개설하는 과목들, 핵심 전공과목에서 학생들의 구술 프레젠테이션의 의무화 등 다양한 방법으로 의사소통 기술을 가르침으로써 이에 대처하고 있다.

그림 7.1
훌륭한 의사소통 기술은 공학의 모든 측면에서 중요하다.

이 장에서는 가장 기본적인 구술 및 서면 의사소통 기술 몇 가지를 살펴볼 것이다. 모든 측면을 다 다루지는 못하지만, 이 장에서 소개되는 시나리오들을 통해 공학 직업에 종사하는 동안 만나게 될 여러 의사소통 상황을 접하게 될 것이다. 다루는 주제에는 회의, 콘퍼런스, 프레젠테이션 등을 위한 자료 준비, 간단한 메모의 작성, 편지나 이메일의 작성, 기술보고서와 학술논문의 작성 등이 포함된다.

7.2 회의, 프레젠테이션, 콘퍼런스 등을 위한 자료 준비

사교적 모임에 가는 것도 일종의 비공식 회의에 참석하는 것과 같다. 또한 현재 진행 중인 프로젝트의 진행 상황을 논의하기 위해 상사나 동료들과 만나는 것도 비공식 회의에 참석하는 것이다. 이 두 가지 상황은 비슷한가? 이 둘은 동일한 수준의 준비 작업을 필요로 하는가? 전자의 경우 친구들과의 사교 모임에 가면서 미리 자료를 준비한다는 것은 우스운 일로 생각될 것이다. 그와 같은 모임의 목적은 긴장을 풀고 형식을 벗어나기 위한 것이다. 상사와 만나는 경우에는 당신의 업무, 경쟁력, 사내에서의 역할이나 지위 등에 반영될 수 있으므로 미리 자료를 준비하는 데 **시간을 들여야 한다**. 학생으로서 과제에 대해 의논하기 위해 교수를 만날 때에도 마찬가지일 수 있다. 비공식 회의를 준비할 경우 긴 연설이나 공식 프레젠테이션이 요구되지 않으므로 약간의 사전 생각이나 계획만으로 충분할 것이다. 반면에 당신의 대화가 너무 잘 준비되어 있거나 조직화되어 있다면 작위적인 느낌을 줄 수 있다. 비공식 회의에서는 자연스러운 대화와 손짓 등이 바람직하다. 그러나 회의의 내용에 대해서는 미리 생각해두는 시간을 들여야 한다. 대화의 주제는 무엇이 되어야 하나? 그와 같은 주제들에 대한 당신의 의견이나 생각은 무엇인가? 정보를 제공해야 할 입장인가? 그렇다면 중요한 요지를 강조하거나 최신 데이터를 요약하는 목록 같은 것을 준비하는 데 시간을 들여야 한다. 어쩌면 현재까지 진척 상황을 한 페이지 정도로 정리해두는 것이 도움이 될 수 있다. 혹은 향후 작업 계획에 대한 목록이 필요할 수도 있다. 어떤 상황이든 사교적 모임이 아닌 비공식 회의라면 짧고, 요지가 분명하며, 한 페이지 분량의 문서는 언제나 도움이 될 것이다. 다음 리스트는 다양한 유형의 비공식 회의의 예와 그와 같은 회의 참석자들에 전달할 만한 문서에 대한 제안을 담고 있다.

- 프로젝트 현황 검토: 한 페이지 분량의 마지막 회의 이후에 이행된 사항들에 대한 목록을 준비한다.
- 최근의 테스트에 관한 보고: 테스트 결과를 담은 한 두 페이지 분량의 보고서를 준비한다.

- 고객의 시장 잠재력에 관한 논의: 최근 5년 동안 10대 주요 고객의 목록을 준비한다.
- 제품 설계에 대한 검토: 개발 중인 제품을 위한 설계 개념의 핵심 특성에 대한 한 페이지 분량의 요약문을 작성한다.
- 회사 업무절차의 변경: 제안하고자 하는 조직도를 작성한다.

7.3 공식 프레젠테이션을 위한 준비

엔지니어들은 설계팀, 경영층의 임원, 고객, 기타 다수의 참석자 등을 대상으로 공식 프레젠테이션을 해야 할 경우가 자주 있다. 때로 엔지니어들은 기술 콘퍼런스에서 공식 논문을 발표해야 할 경우도 있다. 비공식 프레젠테이션과 달리 공식 프레젠테이션은 세심한 준비를 필요로 한다. 발표를 서면 문서와 비슷하게 잘 구성해야 하며, 여기에는 서론, 본문, 요약문, 제안사항이나 결론 등이 포함되어야 한다. 아래의 사항들은 목적에 맞는 흥미로운 발표를 준비하는 데 도움이 될 것이다.

1. 청중을 파악하여 적절한 수준의 세부사항을 계획한다.
2. 고객은 당신이 말하는 주제를 처음 듣는 것으로 가정한다.
3. 청중이 도착하기 전에 시청각 장비를 점검한다. 슬라이드 발표를 위해 노트북컴퓨터를 사용할 경우 발표장의 빔 프로젝터와 잘 연결되는지 **미리** 확인한다.
4. 적절한 복장을 갖춘다.
5. 처음 몇 분 동안에 발표의 목적을 언급한다.
6. 왜 당신이 발표를 맡았는지 청중들에게 알려준다.
7. 시작 부분에서 발표의 개요를 제시한다. 프레젠테이션에서 다룰 내용들에 대한 대략적 개요를 제시한다. 간단한 일화 같은 것으로 청중의 긴장을 풀게 하고 친밀감을 줄 수 있다.
8. 발표는 단순해야 한다. 기술적 세부사항에 빠지다보면 프레젠테이션의 주된 요지를 놓치기 쉽다. 세부사항에 대한 논의는 청중의 질문거리로 남겨둔다. 이러한 방식으로 청중이 진정으로 관심을 갖고 있는 기술적 이슈들에 대해서만 강조할 수 있을 것이다.
9. 발표는 짧아야 한다. 할당된 시간의 50 내지 60퍼센트 정도만 사용하겠다고 계획한다면, 아마 제 시간에 끝낼 수 있을 것이다.
10. 스스로 질문하고 답하는 형식으로 발표를 진행하며, 내용 전개를 위해 자신에게 보내는 신호로 이용할 시각적 보조물을 준비한다. 사고의 시작점이나 휴지점으로 글머리표(•)를 이용하라. 발표가 진행되면서 주의를 끌기

위해 시각적 보조물을 이용하라. 모든 슬라이드를 동일한 형식으로 구성하라. 시선의 접촉을 유지하라. 읽지 마라. 메모를 준비했을 경우에도 가급적 이용하지 않도록 하라.

11. 청중에게 식을 보여주어서는 안 된다. 청중들에게는 식을 이해할 시간이 없다. 가끔은 이 규칙을 어길 수도 있다.
12. "감사합니다. 질문 있으세요?"라는 말이나 그와 같은 내용의 슬라이드로 발표를 끝낸다. 이렇게 함으로써 청중들이 발표가 끝났음을 알 수 있게 된다.
13. 발표가 끝난 후 질문을 받으면, 질문을 전체 청중이 들을 수 있도록 반복한다. 질문을 반복하는 일을 통해 그 내용을 명확히 할 수 있으며, 또 대답을 정리하는 데 필요한 여유 시간을 확보할 수 있다.

다음의 예제는 좋은 구술 프레젠테이션의 요소들을 보여준다. 여기에 제시된 상황은 최근의 기계적 하중 시험의 결과를 교수와 학생들에게 발표하는 엔지니어에 관한 것이다.

예 제 7.1

기계적 하중 시험

다니엘은 발표의 목적을 설명하는 짤막한 도입부로 시작한다. "제 발표에 참석해 주신 모든 분들께 감사드립니다. 이 발표에서 저는 우리가 새로 개발한 자동차 차대의 후보로 고려하고 있는 재료들의 샘플에 대한 시험결과를 요약해서 말씀드리겠습니다. 모두들 알고 계시겠지만, 우리는 자동차의 주요 구조물들에 유리, 광섬유, 에폭시 수지 등으로 이루어진 복합재료를 사용하기로 정한 바 있습니다. 이러한 재료들은 알루미늄, 플라스틱, 강철 등에 비해 비싸기 때문에 비용은 조금 추가되겠지만, 결과적으로 보다 성능이 우수하고 경쟁력 있는 자동차를 만들게 될 것입니다. 우리는 복합재료 샘플들에 대한 초보적인 시험을 수행하였으며 그 결과를 소개하고자 합니다." 다니엘은 다음과 같은 내용의 첫 번째 슬라이드를 보여준다.

L-타입 탄소 복합재료에 대한 하중 시험
다니엘 리틀
전기자동차 프로젝트
팀명: Xebec

다니엘의 다음 슬라이드는 청중들에게 발표 개요를 제시하기 위한 발표 내용 요약을 담고 있다.

발표 진행 순서

- **복합재료에 대한 서술**
- **시험용 샘플의 선택**
- **응력-변형 특성 (비파괴 시험)**
- **최대 허용 하중 (파괴 시험)**
- **피로 시험 (파괴 시험)**

"먼저 복합재료에 대해 간단히 소개하겠습니다. 복합재료는 원래 티타늄이나 마그네슘과 같은 고가의 금속에 대한 경량형의 대안으로 항공업계에서 이용하던 것이었습니다. 오늘날 복합재료는 자전거에서 요트의 돛대에 이르기까지 많은 분야에서 이용되고 있습니다. 복합재료는 탄소섬유나 유리섬유를 원하는 모양으로 짠 다음 인장강도가 높은 에폭시 수지를 스며들게 하여 만듭니다." 다니엘은 몇 개의 복합재료 샘플을 나누어준다. 다니엘은 표 7.1과 발표 중에 스스로 답할 질문 두 개가 포함된 슬라이드를 보여준다.

"Peak Performance" 설계 경진대회를 위한 구조적 프레임

- **복합재료의 사용이 필요한가?**
- **탄소섬유와 에폭시의 최적 구성 비율은?**

표 7.1 다양한 복합재료에 대한 기술

제품	탄소 비율(%)	파운드당 가격
L-8	8	$96
L-10	10	$102
L-12	12	$113
L-16	16	$120
L-20	20	$136
L-24	2	$141

"복합재료의 조성에서 중요한 요소는 에폭시에 대해 탄소섬유의 무게가 차지하는 백분율이며, 섬유의 지름도 하나의 요소입니다. 기본적으로 섬유가 많이 들어갈수록 재료 가격이 올라갑니다. 중요한 것은 강도와 비용을 **함께** 고려하여 최적의 조성을 찾는 것입니다. 복합재료에서 주로 많이 사용되는 것은 탄소섬유이므로 여기에 탄소 조성에 관한 데이터를 보여드리겠습니다." 다니엘은 자신이 시험한 다양한 복합재료들을 기술하고 있는 슬라이드를 보여준다.

"탄소섬유의 비중이 24퍼센트를 초과할 경우 에폭시 수지 비율이 너무 낮아 접착성을 유지할 수 없으며, 8퍼센트 미만일 경우에는 인장강도를 유지하기 위한 탄소섬유가 부족하게 됩니다."라고 다니엘은 설명하였다.

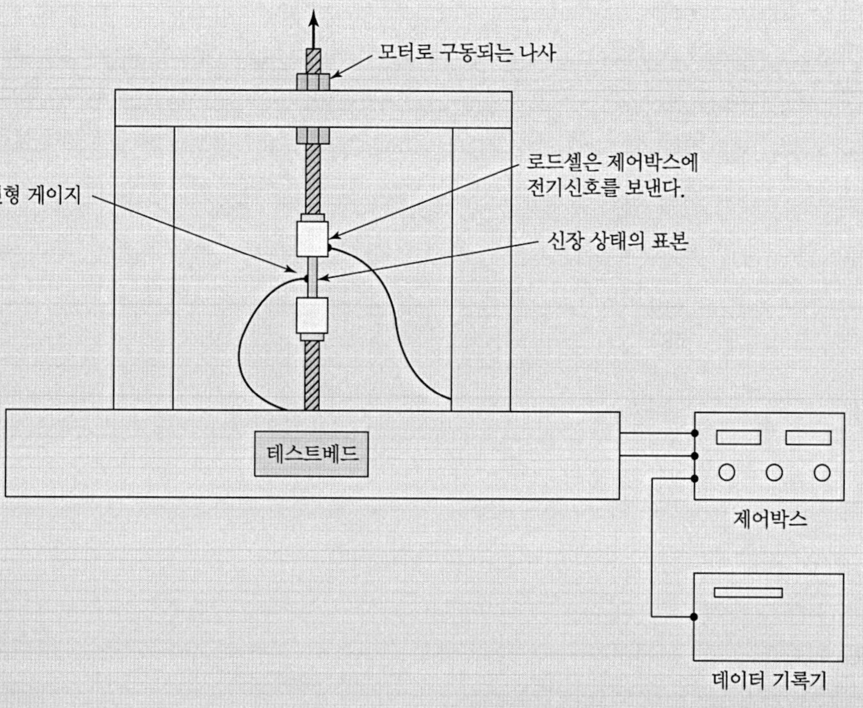

그림 7.2
Instron™ 테스트베드와 전산화된 데이터 기록기. 인장 테스트 표본은 내부에 있다.

다니엘은 샘플들에 대해 수행된 시험들 중 첫 번째 것에 대해 설명하기 시작한다. "첫 번째의 시험은 여러 다른 섬유 지름들에 대해 샘플 목록 안의 각 재료에서 응력-변형 관계를 정하기 위한 것이었습니다. **응력(stress)**이란 가해지는 힘을 고급스럽게 부르는 단어이며, **변형(strain)**이란 가해지는 힘에 대한 반응으로 재료가 신장되거나 축소되는 양을 지칭하는 단어입니다. **선형(linear)** 재료에서는 변형이나 신장 정도는 가해지는 응력에 직접 비례하게 됩니다. 응력이 두 배로 증가하면 변형도 두 배가 됩니다. 가해지는 응력이 과도하여 변형도 과도해질 경우, 재료는 추가 응력으로 인해 변형에서 비가역적 증가를 초래하는 비선형 영역에 들게 됩니다."

"이제 제가 수행하였던 시험에 대해 설명 드리겠습니다. 첫 번째의 시험은 다음에 말씀 드릴 배치를 통한 재료의 응력-변형 특성 즉, 힘과 변위의 관계를 조사하기 위한 것입니다." 다니엘은 그림 7.2를 담고 있는 슬라이드를 띄운다.

"시험 대상 샘플은 먼저 4mm 지름의 원형 봉으로 가공된 후, 봉에 인장력을 가할 수 있는 인장시험 장치 안에 설치됩니다. 가해지는 힘은 그에 비례하는 전압을 생성하는 로드셀(load cell)로 측정됩니다. 변형의 측정에는 변형 게이지가 사용되는데, 이 게이지는 실제로 시험용 샘플 옆면에 접착제로 부착시킨 박막 저항입니다. 이 저항은 샘플이 평소 길이에 비해 얼마나 늘어났는지에 비례하여 변합니다. 여기에 L-8의 경우 샘플을 조사하여 얻은 데이터에 대한 그래프가 있습니다." 다니엘은 그림 7.3을 담고 있는 슬라이드를 띄운다.

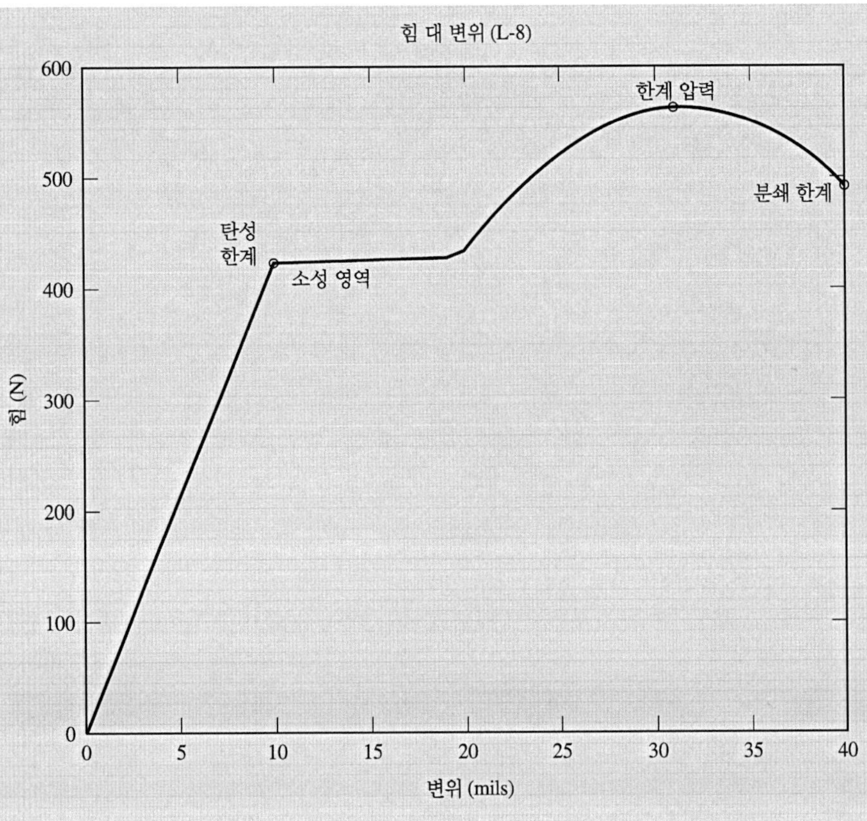

그림 7.3
선형 영역과 탄성 한계를 보여주는 다니엘의 막대 샘플에 대한 힘–변위 곡선

"이 곡선의 선형 구간의 기울기는 재료의 탄성 계수의 역과 일치하며, 이 구간이 끝나는 위치는 탄성 한계에 해당됩니다. 우리의 자동차에 사용하기 위해서는 자동차 부품들에 작용할 것으로 예상되는 최대 응력의 다섯 배 정도의 충분한 안전 여백을 확보할 수 있도록 전체 봉의 탄성 계수는 대략 6kN/mm이며 탄성 한계는 최소한 400N 정도는 되어야 합니다."

"이제 시험 행렬들[2] 중의 하나에서 얻은 측정 결과를 보여드리겠습니다." 다니엘은 표 7.2를 화면에 띄운다. 다니엘이 띄운 이 표는 데이터를 기록하는 데 사용되었던 엔지니어 업무일지를 복사한 것이다.

"첫 번째 시험 행렬 표의 항목들은 각 샘플에 대해 측정된 탄성 계수를 변위 밀리미터 당 킬로 뉴턴 단위로 표시하고 있습니다. 그 다음 표는 각 샘플에 대한 탄성 한계를 킬로 뉴턴 단위로 표시하고 있습니다." 다니엘은 표 7.3을 화면에 띄운다.

"다음 그림은 섬유 지름을 제3의 변수로 두고 가장 중요한 변수인 탄성 계수 대 탄소 함유 비율을 그래프로 작성한 것입니다." 다니엘은 그림 7.4의 그래프를 화면에 띄운다.

---

[2] **시험 행렬(test matrix)**은 각기 수평 축과 수직 축을 따라 변화하는 두 개의 변수에 대해 체계적으로 시험을 수행하기 위한 테이블로 구성된다.

표 7.2 4mm 지름의 탄소복합재료 시험용 샘플에 대한 인장력 하에서 측정된 탄성 계수 (kN/mm)

	탄소섬유 지름 (mil)				
샘플	3	4	5	6	탄소 함유 비율 (%)
L-8	8.4	7.1	6.5	6.0	8
L-10	9.0	7.6	6.6	6.2	10
L-12	9.5	8.2	6.9	6.5	12
L-16	9.7	8.8	7.2	6.8	16
L-20	9.9	9.2	7.5	7.1	20
L-24	10.1	9.7	7.8	7.4	24

표 7.3 4mm 지름의 탄소복합재료 시험용 샘플에 대한 인장력 하에서 측정된 탄성 한계 (kN)

	탄소섬유 지름 (mil)				
샘플	3	4	5	6	탄소 함유 비율 (%)
L-8	0.28	0.33	0.41	0.52	8
L-10	0.29	0.34	0.42	0.53	10
L-12	0.30	0.36	0.43	0.56	12
L-16	0.32	0.38	0.46	0.58	16
L-20	0.30	0.36	0.44	0.56	20
L-24	0.29	0.34	0.42	0.53	24

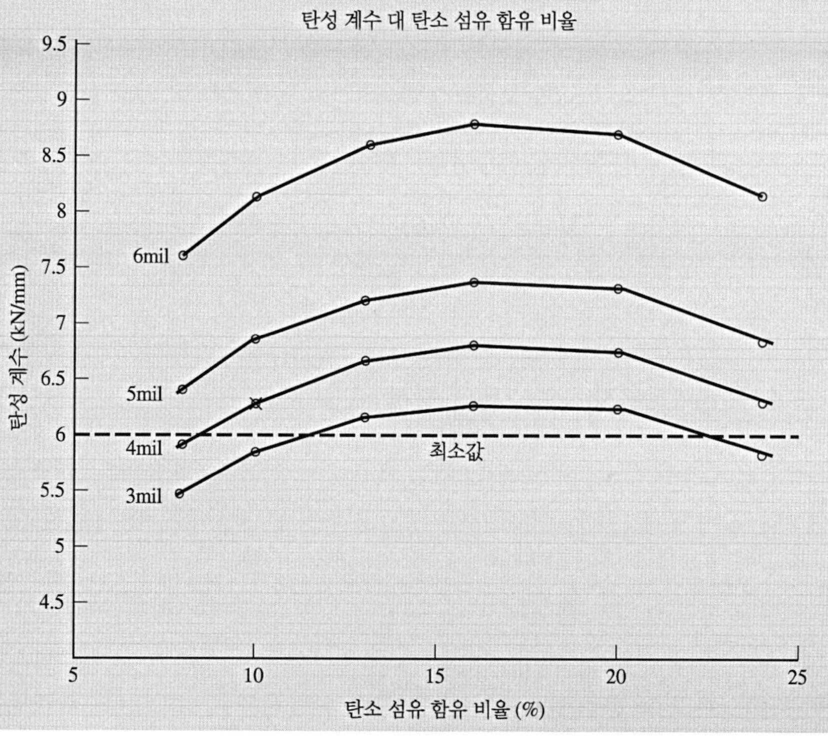

그림 7.4
다니엘의 봉 샘플을 위한 힘-변위 비율 대 탄소 함유 비율

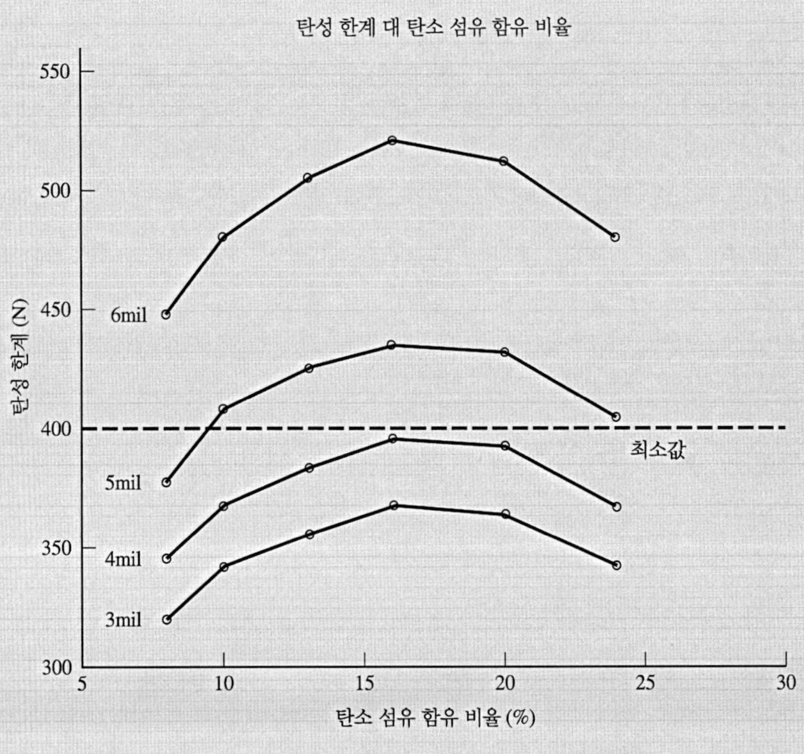

그림 7.5
다니엘의 봉 샘플을 위한 탄성 한계 대 탄소 함유 비율

"다음 슬라이드의 그래프에서도 섬유 지름을 제3의 변수로 두고, 탄성 한계 대 탄소 함유 비율을 표시하고 있습니다." 다니엘은 그림 7.5의 그래프를 화면에 띄운다.

"0.4kN 이상의 탄성 한계를 필요로 하므로 탄소섬유의 지름은 5mil 이상으로 제한합니다. 그리고 6mil 섬유일 때 탄성 계수가 최대로 되지만 5mil 섬유로도 충분합니다. 이상의 시험에 근거하여 우리 자동차의 프로토타입 버전에 5mil 탄소섬유를 사용하는 16퍼센트 탄소복합재료를 사용할 것을 제안합니다. 들어주셔서 감사합니다. 혹시 질문이 있으십니까?"

7.4 이메일, 편지, 메모 등의 작성

엔지니어로서 여러분들은 종종 동료 엔지니어, 상급자, 피고용인, 고객 등에게 보낼 짧은 메모, 팩스, 이메일 메시지, 편지 등을 작성하게 될 것이다. 종이로 보내든 전자적으로 보내든 메모는 명확하고 간결해야 한다. 메모는 모호성이나 잘못 해석할 여지가 없어야 하며, 문법에 맞게 작성되어야 한다. 얼굴을 맞대고 대화할 경우에는 상대의 반응에 따라 즉석에서 의사소통 방식을 변경할 수 있지만, 메모의 경우에는 이를 받은 사람의 반응을 알 수 없다. 따라서 서면 메모는 처음 읽을 때 원하는 반응을 이끌어낼 수 있도록 조심스럽게 작성되어야 한다.

7.4.1 이메일 메시지의 작성

이메일은 전 세계 수많은 사람들이 이용하는 의사소통 도구가 되었으며, 엔지니어들도 당연히 이메일 이용자 그룹에 포함된다. 이메일은 엔지니어의 작업환경에서 빠질 수 없는 부분이 되었으며 또한 설계 프로세스의 핵심적 부분이기도 하다. 이메일에는 여러 가지 용도가 있지만, 가장 보편적인 용도는 서류 메모를 대체하는 것이다. 이메일을 이용하기 전에는 직원들 사이의 의사소통은 서류를 각 수신자에게 전달하는 방법으로 이루어졌다. 이 방법은 시간도 걸리고 노력도 많이 필요하였다.

이메일을 통한 배포는 즉각적이며 힘이 들지도 않는다. 이메일을 이용할 경우 송신자 편에서 가장 많은 시간을 소요하는 부분은 메시지를 작성하는 일이다. 이메일의 시대에 송신자는 문서의 복사나 배포에 소요되는 시간이 없으므로 무엇을 써야 할지 생각하는 데 더 많은 시간을 보낼 수 있게 되었다. 그러나 이메일 작성에서 가장 흔한 실수의 하나는 전자적으로 전송되는 메시지의 작성에는 다른 서면 문서만큼의 주의를 요하지 않는 것으로 가정하는 것이다. 엉성하고 부실하게 작성된 이메일 메시지는 전문적으로 작성된 메시지만큼 진지한 대접을 받지 못할 것이다. 현명한 작성자는 서류 메모를 작성할 때와 똑같은 세심함을 가지고 이메일 메시지를 작성할 것이며, 이메일 메시지를 받는 사람도 서류 메모와 똑같이 혼자서 읽고 동일한 격식을 갖추어 취급할 것이다. 그리고 이메일 메모는 즉각적으로 다수의 추가적인 수신자들에게 재송신되어 더 많은 사람들이 보게 될 수도 있다. 어떤 사람들은 수신한 이메일 메시지를 프린트하기도 하는데, 이를 통해 서류 메모와 이메일 메모 사이의 구분은 더욱 희미해진다.

적절하고 효과적인 이메일 메시지를 작성하기 위한 비결은 배우기 어렵지 않다. 훌륭한 메시지는 다음 세 가지 항목을 포함해야 한다.

- 수신자, 송신자, 제목, 날짜 등을 포함하는 **헤더**
- 메시지의 의도를 표현하는 **첫 문장**
- 메시지의 요지를 담은 **본문**

7.4.2 헤더

오늘날 같이 정보로 넘쳐나는 세상에서는 문서의 조직화가 사업이나 영업, 그리고 모든 공학 분야에서 대단히 중요한 요소의 하나이다. 이메일에서 **수신자**,

송신자, 제목, 날짜 등을 알려주는 헤더(header)는 송신자와 수신자 모두에게 나중에 참조하기 위해 메시지를 분류하고 적절하게 보관하는 데 도움이 된다. 헤더에 포함되는 메시지 제목을 통해 논조가 정해지며 수신자는 메시지를 읽을 준비를 할 수 있다. 메시지가 일반 배포용인지 특정 사람만 보도록 된 것인지도 헤더를 통해 알 수 있다. 적절히 작성된 헤더를 통해 공식적인지, 비공식적인지, 경고성인지, 익살스러운지 등의 논조를 알 수 있고, 그에 따른 마음의 준비를 하고 읽을 수 있을 것이다. 메모의 헤더 모습은 대개 다음과 같을 것이다.

받는 사람: 카린 피터슨
보내는 사람: 프레더릭 운루
제목: 모터 평가를 위한 시험 데이터
날짜: 2009년 4월 12일

여러 사람으로 이루어진 그룹을 대상으로 보내는 메시지라면 다음과 같은 모습일 수도 있다.

받는 사람: 배포용
보내는 사람: 티나 울레트, 팀장
관련사항: 차기 팀 회의
2009년 4월 12일

이메일 시스템에서는 대개 헤더 항목들에 대한 입력란이 주어지며, 날짜는 송신자가 입력하든 말든 자체적으로 날짜를 메시지에 표시한다. 그렇지만 인터넷 시스템은 종종 자동적으로 작성되는 헤더와 메시지 본문 사이에 네트워크 라우팅 정보 등을 추가하므로 위의 예제와 같은 형식의 헤더를 별도로 포함하는 것이 좋을 것이다.

7.4.3 첫 문장

훌륭한 메시지는 첫 번째 혹은 두 번째 문장에서 의도를 명확히 표현해야 한다. "...를 알려드리기 위해 이 메시지를 보냅니다."와 같은 문장을 보면 메시지를 읽는 사람이 왜 메시지를 보냈는지 명확히 이해하는 데 도움이 될 것이다. 시작 부분에서 바로 메시지의 의도를 표현함으로써 메시지의 논조를 설정하고 목표를 서술하는 데 도움이 될 것이다. 이 메시지는 정보를 제공하기 위한 것인가, 응답을 요청하는 것인가, 허락을 구하는 것인가, 지시사항을 전달하는 것인가? 첫 번째 문장을 통해 본문을 어떻게 받아들일지 결정된다. 또한 읽는 사람이 메시지를 보낸 이유를 잘못 이해하지 않게 해줄 것이다.

예 제 7.2

출장 신청

첫 문장의 위력을 보여주기 위한 사례로 어떤 공학기업의 사원이 보낸 다음 메모를 살펴보자. 이 엔지니어는 자신의 상사에게 미국 기계학회(ASME) 콘퍼런스에 참석하기 위한 허가를 구하기 위해 자신의 상사에게 보낼 메시지를 작성하였다.

> 받는 사람: 로스코 바킨
> 보내는 사람: 해리 코츠
> 제목: 다가오는 ASME 콘퍼런스
>
> 날짜: 2009년 1월 14일
>
> 로스코 님,
>
> 알고 계시겠지만, ASME는 6월 말에 오하이오 주 데이턴에서 경량성 복합재료에 관한 콘퍼런스를 개최합니다. 제 생각에는 우리 회사에서 누군가 이 콘퍼런스에 참석해야 할 것 같습니다. 지난 몇 년간 복합재료는 강철이나 알루미늄의 뚜렷한 대안으로 유망함을 보여주었습니다. 복합재료는 강철의 강도와 알루미늄의 경량성을 결합한 특성을 갖고 있습니다. 이제 우리도 이 중요한 소재에 대해 더 많이 배워야 할 때라고 생각됩니다.
>
> 이 콘퍼런스는 데이턴 부에나비스타에서 개최될 것입니다. 여행사 직원과 얘기해본 결과 왕복항공료는 대략 400불, 호텔은 1박에 82불, 콘퍼런스 등록비는 180불입니다. 어떻게 생각하시는지 알려주시기 바랍니다.

비평. 해리는 다가오는 콘퍼런스에 대해 설명하는 것으로 시작하여 이 출장에 소요될 비용에 대한 정보를 제시하였다. 명확한 설명처럼 보였지만 해리는 이 콘퍼런스에 참석하지 못했다. 로스코는 이 콘퍼런스가 회사에 대해 갖는 가치를 납득하였지만, 해리는 첫 번째 문단에서 정보를 제공하기만 하고 자신이 콘퍼런스에 참석하고 싶다는 얘기는 명확히 표현하지 않았다. 이 메시지는 로스코의 주의를 끌었으며 결국 콘퍼런스에 참석한 것은 로스코 자신이었다. 이러한 혼동이 생긴 것은 해리가 자신이 보낸 메모의 의도를 명확히 표현하지 않았기 때문이다. 해리의 이메일 메시지가 "제가 6월에 열리는 ASME 콘퍼런스에 참석할 수 있도록 출장허가를 요청 드립니다."라는 간단한 문장으로 시작했다면 **훨씬** 더 효과적이었을 것이다. 해리는 시간이 한참 지난 후에 첫 문장에서 메모의 의도를 표현하는 것이 중요하다는 사실을 깨닫게 되었다. 그가 로스코를 대면하여 얘기했더라면 현장에서 상사의 반응을 살펴 혼동을 감지했었겠지만, 그가 선택한 의사전달 방법은 대면 접촉 기회가 결여된 것이었다.

7.4.4 본문

이메일 메시지의 본문을 작성할 때 스타일과 문법의 기본 규칙들을 따라야 한다. 아이디어나 개념 각각에 대해 별도의 문단을 할애해야 하며, 문단 안에 한 개의 문장만 들어있는 경우는 피해야 한다. 읽는 사람에게 생각의 흐름이 논리적이 될 수 있도록 각 문단은 앞 문단에 논리적으로 연결되어 있어야 한다. 메시지를 작성할 때 메시지의 구성과 논리적 연결성 등을 갖출 수 있도록 생각의 순서를 고려해야 한다. 일부 이메일 시스템에서 이용하는 행 단위 편집기보다는 전체 화면 단위의 편집 기능을 이용하라. 이렇게 함으로써 메시지를 전송하기 전에 본문의 앞부분으로 돌아가서 수정하거나 메시지 본문을 재구성할 수 있을 것이다.

예 제 7.3

고객 작업장의 방문

훌륭한 이메일 메시지의 특징 하나는 해당 주제의 모든 섬세한 측면을 전달할 수 있어야 한다는 것이다. 의사소통을 보완하기 위한 대면 접촉이 없는 이메일 메시지는 정확해야 하며 처음 읽었을 때 쉽게 이해될 수 있어야 한다. 어느 소프트웨어 엔지니어가 고객 작업장을 방문했던 내용을 기술한 다음의 부실하게 작성된 메시지를 살펴보자. 이 메모에서 부족한 점을 찾아보라. 이 메모의 주제는 종합정보시스템(UIS)이라고 불리는 프로그램에 관한 것이다. 이 작업은 원래의 유닉스용 프로그램을 마이크로소프트 윈도 98에서 실행할 수 있도록 고치는 일이다. 이 소프트웨어 프로그램은 고객 측에서 손님들의 신용카드 기록을 관리하기 위해 사용된다. 담당 소프트웨어 엔지니어는 탐색을 위한 고객사 방문 결과를 요약한 내용을 상사에게 전달하기 위한 메모를 작성하였다.

받는 사람: 로스코 바킨
보내는 사람: 로라 버킨
제목: 종합정보시스템(Universal Information System)

2009년 2월 26일

2월 25일 우리 그룹은 고객과 만났습니다. 고객의 UIS 상의 계정 기록을 보기 위해 사용자 ID를 사용할 수 있도록 허가 받았습니다. 고객은 자신의 정보가 담겨 있는 시트에서 자신의 이름에 횡선을 그어 지웠지만, UIS는 그의 계정에 대해 이름뿐만 아니라 사회보장번호도 함께 표시하고 있었습니다. 우리 그룹은 우리 프로그램에서도 동일한 표제를 사용할 수 있도록 시스템이 어떻게 설정되어 있는지 기록해 두었습니다.

UIS 갤럭시 시스템에서 사용되는 몇 가지 명령도 배웠습니다. TR14 명령은 지정된 사용자의 계정을 찾아 내용을 화면에 표시합니다. TR33 명령은 지정된 날짜 이후 사용자가 행한 모든 트랜잭션을 표시합니다. 그리고 TR35 명령은 지정된 날짜 이후에 이행된 모든 지불을 표시합니다. 이 명령은 최근에 설계되고 구현되었는데, 이 작업을 담당했던 우리의 동료 직원은 최근에 회사를 떠났습니다. 계속적인 근무가 보장되지 않는 그 동료 직원을 제외하고는 누구도 이 명령을 최신 상태로 유지하지 못할 것 같지만, 우리 프로그램에서는 고객이 이 명령을 사용할 것으로 가정하겠습니다.

고객 사무실에서 고객과 가진 회의를 통해 이들이 이 제품에 무엇을 기대하는지 더 명확해졌습니다. 이들은 사용하기 쉬운 제품을 원합니다. 이들은 또한 아직 지불이 이행되지 않은 모든 트랜잭션을 강조해 보여주는 계정 일람표를 원합니다. 정리하자면, 우리는 몇 가지 명령을 배웠고 UIS 시스템에 조금 익숙해졌습니다. 이것은 유익한 회합이었습니다.

비평. 엉성한 문법과 생각의 흐름에도 불구하고 메시지 본문은 다음과 같은 요지를 담고 있다.

- UIS 시스템의 시연을 볼 기회가 있었다.
- 고객은 실수로 샘플 계정 소유자의 신원을 알 수 있게 하였다.
- UIS 시스템 안에 "갤럭시"라고 불리는 프로그램이 있다.
- UIS 시스템은 다음 명령들을 포함한다.
  - TR14: 고객 계정
  - TR33: 트랜잭션 표시
  - TR35: 지불 이력
- TR35 명령은 이 회사의 옛 직원이 설계하였다.
- 회의는 유용했다.
- 고객은 지불이 이행되지 않은 트랜잭션들에 강조 표시를 원한다.

그러나 이와 같은 내용이 담겨져 있음에도 불구하고 정보의 제시 순서에 규칙성이 없다는 점에서 본문은 부족한 점이 있다. 메시지에서 논리적 전개가 결여되어 있으며, 도입부도 없고, 이해를 도울 추가 설명도 포함되어 있지 않다. 개별 사실은 메모의 전체 맥락에 어떻게 조화되는지에 대한 부속 설명 없이 제시되어 있다. 게다가 첫 문단에 포함된 정보는 시스템을 이용하는 동안 고객이 저지른 실수에 대해 관심이 없을 것이 분명한 메시지 작성자의 상사의 입장에서는 전혀 불필요한 내용을 담고 있다. 작성자는 머릿속에 들어있던 여러 가지 사실을 생각나는 대로 종이 위에 적어나간 것처럼 보인다. 이 메시지는 또한 핵심적인 정보도 누락하고 있다. 이 메모의 작성자를 안내하고 시스템을 시연해 준 고객의 신원에 대해 언급하지 않고 있다. UIS라는 단어가 무엇을 나타내는지 언급되어 있지 않으며, "갤럭시"라는 용어도 설명 없이 사용되고 있다. 이 메모는 화면상의 편집이나 수정 등을 거치지 않았을 가능성이 크며, 아마 상사에게 좋은 느낌을 주지 못했을 것이다.

이제 전송 전에 문법, 구성, 형식 등을 적절히 고쳐 쓴 다음 버전을 살펴보자.

받는 사람: 로스코 바킨
보내는 사람: 로라 버킨
제목: 볼톤 인더스트리에서 가진 고객과의 회합 결과 보고
2009년 2월 26일

로스코 님,

이 메모는 2009년 2월 25일 볼톤 인더스트리를 방문하여 파악한 것들을 요약하고 있습니다. 우리 프로젝트 팀은 볼톤 인더스트리의 웨스턴 사무실에서 볼톤 측 담당자인 코니 도널슨 양을 만났습니다. 이 회합을 통해 우리는 기존의 UIS(Universal Information System; 종합정보시스템) 개요를 파악하게 되었으며, 도널슨 양의 사무실에서 자주 사용되는 절차들에 대해서도 소개를 받았습니다. 우리는 실제 계정 기록을 사용하여 UIS 시스템을 도널슨 양과 함께 사용해보았습니다.

UIS 시스템은 고객의 계정 기록을 보여주는 갤럭시라는 응용 프로그램을 포함하고 있습니다. 계정 소지자의 기록에 접근하기 위해서는 갤럭시 시스템의 메뉴에 따라 ID 번호를 입력해야 합니다. 계정 데이터는 고객에게 유용한 여러 가지 형식으로 볼 수 있도록 되어 있습니다.

트랜잭션(TR) 화면이라고 불리는 몇 개의 유용한 프로그램이 갤럭시 안에 들어 있으며 사용자에게 계정 정보를 보여줍니다. 이러한 TR 화면들은 볼톤 직원들이 월 단위 청구서를 처리하거나 고객의 전화 문의에 응대하기 위해 일상적으로 사용되고 있습니다. 우리가 만들 PC 기반 윈도 98 버전의 UIS 시스템에서도 동일한 표제를 생성할 수 있도록 이번 회합 동안 중요한 TR 화면의 표제들을 기록해 두었습니다.

이번 방문 활동의 한 부분으로 도널슨 양이 자주 사용되는 몇 가지 TR 화면들을 시연해주었습니다. 예를 들면, TR14라고 불리는 명령은 지정된 계정의 기록을 읽어 와서 표준적인 우편물 형식으로 모니터에 표시합니다. 두 번째의 명령인 TR33은 사용자가 지정한 날짜 이후에 일어난 모든 트랜잭션을 표시합니다. 세 번째의 명령인 TR35는 사용자가 지정한 날짜 이후에 이행된 모든 지불을 표시합니다. 마지막 명령은 우리 직원 중의 한 명이 볼톤을 위해 만들어준 것입니다. 우리가 새로운 버전의 프로그램을 작성할 때 이 명령은 기록들을 처리하기 위해 볼톤이 사용할 것으로 가정해야 하며, 따라서 이 기능을 윈도 버전에도 포함시키는 것으로 계획해야 합니다.

제 생각으로는 볼톤 UIS 프로젝트를 진행하기 위해 필요한 사항들을 이 회합을 통해 충분히 파악한 것 같습니다. 필요하다면 추가적인 정보를 얻기 위해 나중에 도널슨 양의 사무실을 다시 방문할 수 있습니다.

감사합니다.
로라 버킨

소프트웨어 본부

7.4.5 공식 메모와 편지의 작성

이메일 메시지는 그 비형식성으로 인해 모든 의사소통에 적합하지는 않다. 때로 서면을 통한 편지가 갖는 형식성이 필요한 경우가 있다. 형식성은 중요한 것처럼 보이게 해준다. 예를 들면, 취업 지원서나 행사 후의 감사 편지 등은 형식을 갖춘 서면 편지를 요하는 상황들이다. 마찬가지로 장기 보관을 요하는 정보가 담겨있거나 법률적 의미가 담긴 메시지의 경우라면 종이에 작성된 메모 형태로 보내야 한다. 이메일 메시지에 비해 사회적인 중량감도 있지만, 종이 편지에는 서명을 포함시킬 수 있다.

서면 편지를 작성하고 보낼 때 따라야 할 규칙은 이메일을 보낼 때와 거의 동일하다. 한 가지 중요한 차이는 형식을 갖춘 편지에서는 대개 헤더 부분에 "받는 사람", "보내는 사람" 등의 문구를 쓰지 않으며, 대신 수신자의 주소와 형식을 갖춘 인사말로 시작한다는 점이다. 편지는 좋은 편지지나 기관명과 주소 등이 상단에 인쇄된 용지를 사용하고 멋진 형식으로 인쇄하여 모양을 갖추어야 한다. 다음의 예는 효과적인 공식적 편지를 작성할 때 따라야 할 요점 몇 가지를 보여준다. 첫 번째 버전은 원문을 보여주고 있으며, 두 번째 편지는 필요한 수정을 거친 결과이다.

예 제 7.4

시험결과의 요약

아래의 편지는 고객을 위한 기계적 하중 시험의 결과를 요약하고자 하는 엔지니어가 작성한 것이다. 이 편지는 다음 사항들에 기초하고 있으며, 이 내용은 엔지니어의 업무일지에 기록된 순서대로 제시되어 있다.

- 기초적 하중 시험이 완료되었다.
- 시험용 샘플들은 탄소와 에폭시로 만든 복합재료이다.

- 통제 샘플은 강철이다.
- 샘플들의 모양은 동일하다. 강철의 경우는 가공을 통해 제작되었고, 복합재료의 경우는 몰딩을 통해 제작되었다.
- 샘플들은 복합재료와 강철이었다.
- 샘플들을 시험장비에 장착시키는 것이 처음에는 어려웠다.
- 시험작업을 위해 고정장치를 만들었다.
- 복합재료의 지름을 약간 늘려야 할 것이다.
- 시험결과로 얻은 수치 데이터는 다음과 같다.

지름	복합재료	강철
0.25in	245lbf	321lbf
0.375in	1644lbf	1790lbf
0.50in	3021lbf	3229lbf

이 엔지니어가 작성한 편지는 다음과 같다.

에이펙스 시스템즈
구조시험실
730 Commonwealth Ave.,
West Roxbury, MA 02132

헬렌 브릭랜드
액세스 엔지니어링
44 Cummington St.
Boston, MA 02215
2009년 1월 18일

친애하는 브랙랜드 양께.

복합재료 샘플과 강철 샘플에 대한 기초적인 하중 시험을 완료하였습니다. 샘플들의 모양은 동일하며, 강철의 경우는 가공을 통해 제작되었고, 복합재료의 경우는 몰딩을 통해 제작되었습니다. 샘플들을 시험장비에 장착시키는 것이 처음에는 어려웠지만, 고정장치를 만들어 시험 작업이 가능하게 되었습니다. 제 생각에는 복합재료의 지름을 약간 늘려야 할 것 같습니다.

여기에 몇 개의 데이터를 기록합니다.

- 지름 25인치: 복합재료 245lbf, 강철 321lbf
- 지름 37.5인치: 복합재료 1644lbf, 강철 1790lbf
- 지름 50인치: 복합재료 3021lbf, 강철 3229lbf

감사합니다.

에드 가버
기계 엔지니어

비평. 이 편지는 정확한 형식을 갖고 있고 필요한 정보도 모두 포함하고 있지만, 편지의 첫 문장에서 편지의 진정한 의도 즉, 강철 대신 복합재료를 사용해야 한다는 권고안을 브릭랜드 양에게 제시하기 위한 것임을 언급했다면 편지의 의도가 더 분명해졌을 것이다. 개선된 서두는 다음과 같다.

친애하는 브릭랜드 양께.

지난 한 달 동안 에이펙스 시스템즈에서는 액세스 엔지니어링을 위해 복합재료 샘플과 강철 샘플에 대해 하중 시험을 수행하였습니다. 우리의 시험결과에 기초하여 이 프로젝트에서는 복합재료를 선택할 것을 권고하고 싶습니다.

원래의 편지는 첫 문장 외에도 몇 가지 문제를 안고 있다. 예를 들면, 본문의 구성은 아주 혼란스럽다. 비록 저자는 자신의 업무일지에 기록된 생각들을 거의 그대로 따르고 있지만, 이 생각들 자체가 애초에 순서에 맞게 정리되어 있지 않다. 이 편지는 제대로 편집을 거치지 않아서인지 뒤죽박죽인 느낌을 준다. 문체에 일관성이 없으며, 문장 사이가 잘 연결되지 않는다. 수치 데이터도 표를 만들어 깔끔하게 정리했다면 좋았을 것이다. 마지막으로는 작성자가 시험의 목적을 기술하지 않았으며, 시험을 어떻게 수행하였는지 자세히 알려주지 않았고, 복합재료와 강철이 포함되었다는 것 외에 시험용 샘플에 대해서도 별다른 서술이 없다. 샘플들의 크기나 복합재료의 혼합 내용, 각 샘플을 몇 개씩 시험했는지 등에 대한 정보도 제공하는 것이 좋았을 것이다.

이러한 부족사항들을 고쳐 수정한 편지는 다음과 같다.

에이펙스 시스템즈
구조시험실
730 Commonwealth Ave.,
West Roxbury, MA 02132

헬렌 브릭랜드
액세스 엔지니어링

44 Cummington St.
Boston, MA 02215
2009년 1월 18일

친애하는 브랙랜드 양께.

액세스 엔지니어링과의 델타 자동차 프로젝트에 참여하고 있는 기계 그룹에서는 프레임의 주 구조물에 사용하기 위해 평가가 진행 중인 복합재료와 강철의 샘플들에 대한 시험을 완료하였습니다. 이 시험결과에 근거하여 우리 그룹에서는 구조용 재료로 지름을 약간 늘린 복합재료를 선택할 것을 권고합니다. 시험의 세부사항은 다음과 같습니다.

기계가공으로 제작된 강철 샘플과 몰딩을 통해 제작된 복합재료 샘플을 표준 인장시험 표본 봉 모양으로 제작하였는데 지름은 0.25인치에서 0.50인치 사이의 여러 값들을 사용하였습니다(참조: ASME 규격 246). 이 샘플들을 우리 시험소의 Instron 시험장비에 장착하여 파괴될 때까지 압력을 가해보았습니다. 0.5인치 지름의 것 외의 샘플들을 시험장비에 장착시키는 것이 처음에는 어려웠지만, 모든 샘플들을 시험할 수 있도록 고정장치를 만들 수 있었습니다. 시험을 통해 얻은 수치 데이터는 다음 표에 요약되어 있습니다.

파괴 시작 시점의 인장력

지름 (in):	0.250	0.375	0.500
복합재료 (lbf):	245	1644	3021
강철 (lbf):	321	1790	3229

그렇지만 복합재료가 훨씬 가볍다는 점을 고려하면, 복합재료의 강도 대 무게 비율이 강철의 경우보다 훨씬 높습니다. 따라서 귀사에서 이 프로젝트에 복합재료를 사용할 것을 권고합니다.

감사합니다.

에드 가버
기계 엔지니어

이상의 두 번째 버전은 원문보다 크게 개선되었다. 작성자는 첫 번째 문장이 아니라 두 번째 문장에 편지의 의도를 분명히 서술하였지만, 편지의 흐름이 매끄러운 것으로 보아 잘 된 것이다. 첫 번째의 문장은 "이 시험결과에 근거하여 ..."로 시작하는 문장에서 드러나는 편지의 진정한 의도에 대한 도입부 역할을 하고 있다.

데이터는 또한 편지에 포함된 표를 사용하여 깔끔하게 제시되어 있다. 에드는 각 항목마다 단위를 붙이는 대신 왼쪽의 표제어 다음에 한 번만 표시하고 있다. 이러한 형식은 데이터를 훨씬 깔끔하게 표시해준다. 에드는 또한 시험 데이터의 세부사항에 대해서도 설명을 덧붙였다. 브리랜드 양이 이 편지를 읽으면 시험이 수행된 상황을 명확히 이해할 수 있을 것이며, 이 점은 대단히 중요하다. 에드는 자신이 지난 한 달 동안 맡은 일이 재료들에 대한 시험과 데이터를 모으는 일이었으므로 브릭랜드 양도 시험의 상황을 잘 이해할 것으로 잘못 판단할 수도 있다. 그렇지만 브릭랜드 양은 관리자이며 관여하고 있는 프로젝트가 수십 개에 이를 수도 있다. 따라서 서두에 상황이나 배경에 대해 상기시켜주는 편지를 좋아할 것이다. 그리고 그녀는 나중에 시험 절차의 배경에 관한 세부사항이 기억에서 희미해질 무렵 이 편지를 다시 읽게 될 수도 있다. 혹은 에드가 정확히 제공하고 있는 세부사항들에 익숙하지 않은 다른 사람에게 이 편지를 넘길 수도 있다.

직업적 성공의 비결: 기술적 지식이 없는 청중들을 위한 프레젠테이션 준비

때로 엔지니어는 기술적 지식이 없는 청중들 앞에서 프레젠테이션을 해야 할 수도 있다. 여러분도 재학 중에 그와 같은 상황에 직면할 수도 있다. 어쩌면 여러분은 출신 고등학교에 초청받아 발표를 하게 될 수도 있다. 어쩌면 실험실을 방문한 학부형이나 예비 신입생들에게 연구 활동에 대해 설명하도록 요청받을 수도 있다. 혹은 일반 청중을 대상으로 기술적 주제에 대한 발표를 준비해보라는 수업 과제를 받을 수도 있다. 이러한 상황이나 다른 유사한 상황들에서 다음과 같은 몇 가지 기본원칙이 도움이 될 수 있다.

- 청중들이 여러분의 주제에 대해 전혀 아는 것이 없다고 가정한다.
- 특수 용어들을 사용하지 않고 배경 자료를 설명한다(보편적으로 통용되는 단어처럼 보이는 것들 중에 실제로는 엔지니어들의 전용 어휘에 속하는 것들이 얼마나 많은지 알게 되면 놀랄 것이다.).
- 서두에서 전반적 개요를 제시한다.
- 초등학교 4학년들을 대상으로 발표한다고 가정한다.
- 기술적 지식이 없는 청중들에게 식을 보여주는 것은 피한다(식을 사용하면 청중들의 수학불안증만 자극하게 될 것이다.).

7.5 기술보고서, 제안서, 학술논문 등의 작성

기술보고서, 제안서, 학술논문 등은 여러분의 기말보고서에 해당하는 엔지니어의 작업이다. 여러분이 엔지니어가 되면 언젠가 이러한 문서들 중의 하나를 작성하는 작업을 맡게 될 것이다. 대개 몇 개의 문단 정도로 이루어지는 짧은 이메일 메시지, 메모, 편지 등과는 달리 긴 기술 문서들은 상당한 준비와 생각을 요하며 대개 한 번에 끝나지 않는다. 아래의 절들에서 이러한 긴 문서들의 핵심 요소 몇 가지를 살펴볼 것이다.

7.5.1 기술보고서

기술보고서는 제한된 청중을 대상으로 중요한 발견이나 시험결과 등을 전달하기 위해 사용된다. 기술보고서가 전문가심사를 거치는 경우는 드물며, 보고서의 배포 대상은 작성자나 고용주가 판단하여 정한다.

전형적인 기술보고서는 2페이지에서 20페이지 정도의 분량을 가지며, 내용이나 형식면에서 대학 수업에서 작성하는 실험보고서와 크게 다르지 않다. 비록 형식은 조금씩 차이가 있지만, 대부분의 기술보고서는 서론(또는 배경), (해당여부에 따라) 실험 준비, 이론, 데이터, 분석, 결론 등의 요소들을 포함한다.

서론은 문서의 도입부 역할을 하며, 문서의 작성 이유를 제시한다. 간단한 메모의 첫 문장과는 달리 기술보고서의 서론의 한 문단, 한 페이지, 또는 여러 페이지를 차지할 수도 있다. 시간이 없는 사람이라면 전체 보고서에서 서론만 훑어볼 수도 있으므로 결론 부분과 함께 전체 보고서의 개요를 제공해야 한다.

실험결과를 기술하는 보고서의 경우에는 실험을 위한 장치 준비를 기술하는 절이 포함되어야 하며, 이 절은 상당한 능력을 갖춘 사람이 실험장치를 재구성하여 비슷한 결과를 얻을 수 있도록 충분한 세부사항을 제공해야 한다. 이러한 보고서에서는 실험 기구, 장치, 기계적 기법, 기타 핵심 변수들 등에 대해 기술해야 한다.

데이터 관련 절에는 수행된 실험이나 시험의 결과들을 싣는다. 이 절에서는 각 데이터를 왜 제시하는지, 어떻게 얻었는지, 그리고 문서의 전체 목적에 어떤 연관성이 있는지 등을 설명해야 한다. 보고서나 학술논문은 나중에 참고문헌으로 사용될 수도 있으므로 데이터를 완전하고도 정확하게 제시해야 한다. 제시된 데이터는 프로젝트의 세부사항에 익숙하지 않은 사람도 쉽게 이해할 수 있어야 한다.

분석 관련 절은 데이터에 대한 평가와 해석이 이루어지는 곳이며, 또한 보고서의 주장을 뒷받침하기 위해 사용된다. 수학적 계산, 데이터에서 도출되는 그래프나 도표 등은 이 절에 포함된다. 설계 작업을 기술하는 보고서 등에서는 분석 절과 데이터 절의 순서가 바뀌는 경우도 있다. 먼저 설계에 대한 분석이 제시되고, 설계가 분석에서 예측된 사항들을 충족하고 있음을 보이기 위해 시험 데이터가 제시된다.

끝으로 결론 부분은 보고서에 포함되어 있는 주장, 결과, 관찰 등을 요약하기 위해 사용된다. 어떤 사람들은 전체 보고서를 읽을 시간은 없지만 그 내용을 파악할 필요가 있을 수도 있다. 결론 부분은 보고서를 대충 훑어볼 시간밖에 없는 사람들의 수요에 맞춰 작성되어야 한다. 결론 부분은 보고서의 모든 핵심사항들을 요약하는 독립적인 절이어야 한다.

7.5.2 학술논문

학술논문은 엔지니어들이 다른 엔지니어들이 관심을 가질 만한 정보를 배포하기 위한 한 방법이다. 학술논문은 또한 엔지니어들이나 과학자들이 새로운 기술이나 발견에 대해 "최초 발명" 지위를 공표할 수 있는 공론의 장을 제공한다. 대부분의 학술지들, 특히 학회들이 후원하는 학술지들은 발행 전에 전문가 심사(peer review) 과정을 거치며, 이러한 절차를 통해 학술논문의 수준과 정확성을 보장한다. 서론, 이론, 실험, 데이터, 분석, 결론 등으로 구성된 표준 형식이 학술논문에 적합하지만, 학술지에 따라서는 자체적인 제출형식을 지정하고 있는 경우도 많다.

7.5.3 제안서

제안서는 대개 주된 목적이 **자금**의 확보라는 점에서 보고서나 학술논문과는 차이가 있다. 제안서에서는 당신의 소속기관이 어떤 연구나 설계 업무를 가장 잘 수행할 수 있다거나 어쩌면 당신네 제품이 특정 응용에 가장 적합하다는 점을 고객이나 자금지원기관에 납득시키려고 시도한다. 기술보고서의 다양한 절 외에도 제안서에서는 종종 목표, 예산, 회사 소개, 인적 구성 등의 내용을 포함한다.

7.6 사용설명서의 작성

엔지니어들이 가장 많이 작성하는 문서 중 하나는 사용설명서이다. 사용설명서는 사용자에게 제품을 소개하고 제품의 설정, 동작, 사용법 등에 관한 정보를 제공한다. 우수한 사용설명서는 또한 해당여부에 따라 안전 관련 정보, 장애 진단방법, 수리방법, 작동 원리 등에 관한 절들을 포함할 수도 있다. 따로 설명을 듣지 않아도 사용방법이 명백한 제설용 삽의 경우와 같이 사용설명서가 필요 없는 공학 장치들도 있지만, 복잡한 운영 절차를 수반하는 장치들에는 사용설명서가 갖추어져 있어야 한다. 실제로 사용자의 제품 인식이 사용설명서의 품질에 따라 정해지는 경우도 많다.

전형적인 사용설명서의 절들에 대해 아래에 소개한다. 사용설명서가 길 경우에는 페이지 번호가 기재된 목차가 포함되어야 한다. 당연하겠지만 각 절의 필요 여부는 사용설명서가 기술하는 개별 제품에 따라 달라질 수 있다.

7.6.1 서론

서론에서는 제품 개요를 제공한다. 서론에서 제품의 용도, 사용자에 대한 유용성,

특별한 기능, 사용설명서 자체의 적절한 이용방법 등을 설명해야 한다. 서론 절에 "시작하기", "제품 X에 오신 것을 환영합니다", "장치를 사용하기 전에" 등의 제목을 붙일 수도 있다.

7.6.2 설정

설정 관련 절에서는 제품을 사용할 수 있기 전에 사용자가 수행해야 할 절차들을 설명한다. 이 절은 찾기 쉽도록 사용설명서의 앞부분에 나타나야 한다. 이 절은 설정 절차를 단계별로 안내해야 하며 그림들을 잘 활용해야 한다.

7.6.3 작동방법

사용설명서의 작동방법 절은 가장 중요한 부분이다. 처음 사용하는 사람은 제품을 작동시키는 방법을 배우기 위해 이 절을 이용할 것이며, 나중에도 정확한 작동방법을 찾아보기 위해 이 절을 참조할 것이다. 이 절은 참조용으로 자주 쓰이게 될 것이므로 사용자가 전체 사용설명서를 뒤적이지 않고도 필요한 정보를 찾을 수 있도록 배치와 구성을 세심하게 처리해야 한다.

7.6.4 안전성

안전성은 공학설계에서 대단히 중요한 측면이며, 사용자의 안전에 관련된 모든 정보가 사용설명서에 포함되어야 한다. 제품에 위험하게 움직이는 부분이 있거나 고압 전기가 흐르는 부분이 있을 경우, 제거해서는 안될 안전 덮개나 방호물이 있을 경우, 또는 튀어나갈 부분이 있거나 옷자락을 잡아챌 우려가 있을 경우, 이들에 대한 적절한 경고가 사용설명서에 포함되어야 한다. 개인상해 전담 변호사들이 라디오나 TV에 자유롭게 광고를 내보내는 오늘날의 소송만능 사회에서 안전에 대한 경고는 빠지는 곳이 없다. 일부 안전 경고는 지나치게 조심스럽거나 심지어 우스꽝스러울 경우도 있지만(예: 회전하는 칼날에 손가락을 대면 다칠 수 있습니다.), 안전 경고는 공학에서 필수적인 부분으로 자리 잡아가고 있다.

7.6.5 장애 진단방법

제품을 아무리 잘 만들어도 고장을 일으킬 수 있음을 예상해야 한다. 제품이 사용되는 동안 한 번도 고장 나지 않는다면, 운이 좋아서일 뿐이다. 제품들은 고장이 나게 마련이며 장애 진단방법 절은 고장의 원인을 찾고 시스템을 다시 동작시키는 일에 도움을 줄 수 있는 간단한 시험 방법 등을 안내할 수 있어야 한다. 이 절은 사용자가 제품을 반품하는 보다 극적인 조치를 취하기 전에 시도할 수 있는 간단한 수리 방법을 소개해야 한다. 사용자가 스스로 문제를 해결할 수 없을 경우 제조업체를 접촉하는 방법을 설명하는 절을 포함하는 것도 좋다.

명확하게 제시되어 있지 않은 사항을 사용자가 이해할 것으로 가정해서는 안 된다. 아래의 장애 진단방법 항목들은 우습게 보일 수도 있겠지만, 많은 사용설명서들에 유사한 내용이 포함되어 있다.

증상: 어떤 표시등이나 화면도 켜지지 않으며, 장치가 죽은 것 같다.
가능한 원인: 전원이 연결되어 있지 않거나 퓨즈가 끊어졌다.
조치: 전원 코드를 적절한 콘센트에 꽂는다. 퓨즈를 교체한다.

증상: 스피커에서 아무 소리도 들리지 않는다.
가능한 원인: 볼륨 손잡이가 끝까지 돌려져 있다.
조치: 볼륨 손잡이를 시계방향으로 돌린다.

증상: 구동축이 돌아가지 않는다.
가능한 원인: 클러치가 걸려 있지 않다.
조치: 클러치 레버를 ON 위치로 움직인다.

증상: 버너에서 불꽃이 나오지 않는다.
가능한 원인: 점화용 불씨가 꺼져있다.
조치: 점화용 불씨를 새로 피운다(참고: 2.1절 점화용 불씨 피우기).

증상: 점화용 불씨를 새로 피울 수 없다.
가능한 원인: 가스 공급이 끊어져 있다.
조치: 가스 주 밸브를 연다. 프로판 탱크를 교체한다.

7.6.6 부록

특별한 독자층만 관심을 가질 정보는 부록으로 포함되어야 한다. 회로 개략도, 조립을 위한 분해도, 작동 원리, 부품 번호 목록 등이 이에 해당할 수 있다.

7.6.7 반복

좋은 사용설명서의 특성 중의 하나는 독자가 어느 부분에서 읽기 시작하든지 독자의 흥미를 끌 수 있어야 한다는 것이다. 이러한 특성을 달성하기 위해서는 문서 도처의 몇 개 주요 지점에서 세부적인 정보를 반복할 필요가 있다. 사용설명서를 작성하면서 문서의 중간쯤부터 읽기 시작한 독자의 관점을 상상해보라. 주제의 전환 지점이나 주요 절의 서두에서 핵심정보를 반복하는 것이 이전

절들을 참조하게 하는 것보다 나은 방법이다. 현재 절에 관련 있는 내용이라면 독자가 이전 절에서 다룬 세부적인 내용을 기억할 것으로 가정해서는 안 된다.

예 제 7.5

ATM 시뮬레이터

다음 사례는 보스턴대학의 전기컴퓨터공학과 4년차 프로젝트를 수행하는 학생들이 작성한 사용설명서를 (약간의 편집을 거쳐) 발췌한 내용이다.[3] 여기에는 앞에서 언급한 여러 요소들이 포함되어 있으며 훌륭한 사용설명서로서의 전반적 특징을 잘 보여주고 있다. 이 사용설명서는 초등학생이나 장애학생들에게 은행 이용 절차를 가르치기 위해 설계된 ATM(현금지급기) 시뮬레이터의 작동방법을 설명하고 있다.

ATM 시뮬레이터
사용설명서
TTB(Terrier Technologies of Boston)

TTB ATM 시뮬레이터의 세계에 오신 것을 환영합니다

TTB의 ATM 시뮬레이터는 학생들에게 은행 이용 기술의 중요한 측면들을 가르치는 일을 돕도록 설계되었습니다. 이 장치는 단순하고 사용하기 쉽도록 설계되었습니다. 이 장치는 여러 해 동안 고장 없이 사용할 수 있을 것입니다.

설명서의 구성

TTB ATM 사용자 설명서는 몇 개의 절과 한 개의 부록으로 구성되어 있습니다. 처음 두 절은 각기 설정과 시스템 가동에 대한 일반적 개요를 다루고 있습니다. 세 번째 절은 ATM 시뮬레이터의 내부 구성을 소개하고 그 속에 포함되어 있는 다양한 모듈들을 설명합니다. 나머지 두 절은 장치의 관리방법과 장애 진단 방법을 다루고 있습니다. 부록에는 배선도와 컴퓨터 소프트웨어 코드를 싣고 있습니다.

사용법 개요

TTB ATM 시뮬레이터는 독립적 제품이며, 그 안의 각 모듈은 실제 은행의 ATM 기계의 동작을 그대로 따라합니다. 계좌정보는 ATM 패널을 통해 연결된 컴퓨터 안에 저장되어 있습니다. 은행 거래 세션은 사용자가 카드를 카드 투입구에 넣도록 요청하는 메시지를 표시하는 것으로 시작합니다. 일단 카드가 적절히 삽입되면, 사용자에게 키패드를 통해 비밀번호를 입력하도록 요청합니다. 정확한 비밀번호가 입력되면, 사용자에게 다음 네 가지 거래 중에서 선택하도록 요청합니다.

---

[3] "G. DeBernardi, R. DeMayo, M. Givens, M. Magne, E. McMorrow, and S. Tansi, *Automated Teller Machine Simulator Instruction Manual*. Terriers Technologies of Boston, 1992.

1. 입금
2. 출금
3. 간편 현금 출금
4. 계좌잔액 조회

일단 거래 유형이 선택되면, 시뮬레이터는 사용자에게 저축계좌와 수표발행계좌 중에서 선택하도록 요청합니다. 사용자는 현금배출기에서 복제화폐를 꺼낼 수도 있고 입금봉투 투입구 안으로 봉투를 넣을 수도 있습니다. 거래가 끝나면 곧바로 해당 세션에 대한 전표가 출력되며 사용자의 계좌는 컴퓨터 내부에서 갱신됩니다.

시스템의 운영자는 사용자의 메인메뉴에는 보이지 않는 추가적인 기능을 선택할 수 있습니다. 이러한 추가적인 기능에는 매개변수 수정, 장애 진단, 계좌정보 인쇄 등이 포함됩니다. 매개변수 수정 명령은 시스템 운영자가 사용자 계정을 갱신할 수 있게 해줍니다. 장애 진단 명령은 ATM 시뮬레이터 안의 개별 모듈을 검사합니다. 계좌정보 인쇄 명령은 모든 사용자의 이름과 계좌 잔액을 인쇄합니다. ATM 시뮬레이터는 또한 두 개의 미닫이 패널을 갖고 있습니다. 위쪽 패널은 시스템 운영자가 계좌들을 생성하고 갱신하기 위해 사용하는 키보드에 접근하기 위한 것입니다. 아래쪽 패널은 전표 프린터에 종이를 교체하거나 현금 적재함에 접근하기 위해 사용됩니다.

초기 가동 (시스템 운영자)

전원 스위치는 장치 뒤쪽에 위치하고 있습니다. 전원 코드를 꽂은 다음 전원 스위치를 ON 위치로 바꾸십시오. 아마 내부의 디스크드라이브가 가동하기 시작하며 윙하는 소리가 들릴 것입니다. 사용자 계좌의 생성이나 갱신을 시작하려면 먼저 키보드를 사용할 수 있도록 상단 덮개를 올려야 합니다. 화면에는 어떻게 진행해야 할지에 관한 설명이 나타날 것입니다.

계좌의 생성이나 변경

새로운 계좌를 생성하거나 기존 계좌를 변경하기 위해서는 메인메뉴에서 매개변수 수정을 선택하며, 이에 따라 화면에 다음과 같은 선택사항들이 나타날 것입니다.

1. ID 번호와 비밀번호
2. 저축계좌
3. 수표발행계좌
4. 계좌잔액

숫자 키패드에서 적절한 숫자를 눌러 항목을 선택합니다. 화살표 키를 사용하여 편집할 계좌를 나타내는 항목으로 커서를 이동시킬 수 있습니다. 데이터

필드의 입력이나 편집을 위한 명령들은 다음과 같습니다.

Enter: 추가하거나 편집할 필요가 있는 필드에 접근합니다.
Ins: 사용자 필드에 정보를 추가합니다.
Del: 사용자 필드에서 정보를 삭제합니다.
Esc: 메인메뉴로 돌아갑니다.

시스템이 사용자 계좌에 적절히 접근할 수 있기 위해서는 모든 필드가 채워져야 합니다. 일단 계좌정보가 입력되면, 메뉴에서 계좌정보 인쇄를 선택하여 전체 내용을 인쇄할 수 있습니다.

은행 거래 세션의 시작

모든 사용자 계좌들이 입력되면 이 장치는 모의 은행 거래 세션의 준비가 된 것입니다. 메인메뉴에서 시뮬레이션을 시작하기 위해 세션 개시 항목을 선택하면, 화면은 실제 ATM과 아주 유사한 방식으로 전체 과정을 통해 사용자를 안내할 것입니다.

ATM 시뮬레이터의 내부

시뮬레이터 동작의 모든 측면을 제어하기 위해 8088 컴퓨터가 사용됩니다. 시스템 운영자는 키보드를 사용하여 계좌잔액이나 기타 프로그램 기능들을 제어합니다. 디스플레이는 13인치 단색 모니터로 구성됩니다. 화면은 전체 과정을 통해 사용자를 안내하며 필요할 때는 언제나 도움말을 제공합니다. 디스플레이 화면은 실제 ATM 기계와 비슷하며, 시스템 운영자가 계좌정보 처리에 이용하는 화면들이 추가되어 있습니다.

키패드

TTB ATM 키패드는 실제 Diebold ATM 기계의 키패드와 동일하며, (11개의 청색 키와 4개의 흰색 키 등의) 15개의 키들로 구성됩니다. 0에서 9까지의 키와 소수점 키는 청색이며 금액의 입력에 사용됩니다. A, B, C, D 등의 라벨이 붙어있는 4개의 흰색 키들은 거래 유형의 선택에 사용됩니다. 청색의 CANCEL 키를 누르면 아무 때라도 현재 세션을 종료시킵니다.

카드 투입구

시스템 운영자가 사용자 계좌를 설정한 후, 시뮬레이터는 은행카드의 삽입을 기다립니다. 카드는 ATM 전면 패널 상의 그림이 가리키는 적절한 방향을 지키면서 삽입되어야 합니다. TTB ATM은 투입구 속으로 카드를 잡아당기며, 카드의 삽입 방향이 틀리거나 사용자가 거래를 종료시키거나 시스템이 종료되거나 전원이 꺼지는 상황이 아니라면 카드는 삽입된 상태를 유지합니다.

현금 배출기

사용자는 10달러 단위의 금액에 대한 출금을 ATM에 요청할 수 있습니다.

10달러의 배수가 아닌 금액을 사용자가 요청할 경우, 시뮬레이터는 사용자에게 그와 같은 금액의 거래는 허용되지 않음을 알려주고 다시 시도할 것을 제안할 것입니다. 일단 출금 금액이 정해지면, 현금 배출기는 10달러짜리 복제화폐들을 현금함에 넣어줍니다. 시스템 운영자는 필요할 경우 ATM 기계에 화폐를 다시 채울 수 있습니다.

화폐 보충

지폐를 다시 채울 필요가 있을 때, 운영자는 TTB ATM 뒤쪽의 현금 배출기를 열고 스프링을 아래로 밀어 가지런히 정리된 복제화폐를 장치 안에 넣으면 됩니다. 지폐들이 쉽게 움직일 수 있을 때까지 배출 바퀴를 손으로 돌려 지폐들이 자유롭게 빠져나올 수 있는지 확인해야 합니다.

입금봉투 투입구

대부분의 ATM 기계에서와 같이 현금이나 수표는 입금봉투 안에 넣고 입금봉투 투입구에 집어넣음으로써 입금될 수 있습니다. 시뮬레이터는 사용자에게 입금을 받아들일 준비가 되었음을 알린 후에 봉투가 들어오기를 기다립니다. 입금봉투 투입구 모듈은 봉투를 장치 안으로 잡아당깁니다. 입금봉투들은 나중에 시스템 운영자가 입금함에서 꺼낼 것입니다. TTB ATM의 뒷면 패널에 위치한 표시등은 입금봉투가 들어있는지를 시스템 운영자에게 알려줄 것입니다. 일단 ATM이 확실하게 봉투를 받으면, 사용자의 계좌는 자동적으로 갱신될 것입니다.

프린터

거래가 완료된 후 시뮬레이터는 거래내역 및 잔액이 포함된 전표를 출력할 것입니다. 프린터는 쉽게 접근할 수 있도록 장치 옆면에 장착되어 있습니다. 프린터 용지는 덧셈 기계에서 사용되는 것과 같은 유형이며, 용지 롤을 바에 걸어두면 프린터 안으로 들어갑니다. 용지가 떨어지면 새로운 롤을 바에 밀어 넣어 교체하면 됩니다. 프린터는 표준형 센트로닉스 프린터 인터페이스 케이블로 컴퓨터에 연결됩니다.

장비의 유지보수

장치 본체는 축축한 (물이 흐르는 정도는 아닌) 린트 성분이 없는 천으로 청소할 수 있습니다. 청소를 위해 에어로솔 스프레이나 기타 세척액을 사용하는 것은 권장되지 않습니다. 화면이 더러워져 있을 경우 깨끗한 천이나 종이타월로 닦아 주십시오. 이 장치에는 사용자가 수리할 수 있는 내부 부품이 없으며, 수리는 반드시 자격을 갖춘 TTB 기사만이 수행할 수 있습니다. TTB ATM의 어떤 부품이라도 움직이거나 건드리면 전체 시스템의 작동에 나쁜 영향을 미칠 수 있습니다.

안전 주의사항

TTB ATM 장치는 가능한 한 안전하게 설계되어 있지만, 위험한 상황을 초래할 수 있는 몇 가지 경우가 있습니다. 귀하 자신과 장비의 안전을 위해 다음 주의사항을 반드시 지키기 바랍니다. 다음과 같은 상황에서는 전원 플러그를 뽑아야 합니다.

- 전원 코드나 플러그가 손상되었을 경우
- 은행카드 투입구, 프린터, 봉투 투입구, 현금 배출구 등에 옷이 끼인 경우
- 장비에 액체를 흘린 경우
- ATM 시뮬레이터를 떨어뜨린 경우

고장 진단방법

문제: 어떤 종류의 표시등이나 디스플레이도 켜지지 않는다. 장치가 죽은 것 처럼 보인다.
가능한 원인: 장치의 전원이 연결되어 있지 않거나 퓨즈가 끊어졌을 수 있습니다.

문제: 키가 들러붙어 움직이지 않는다.
가능한 원인: 기온이나 오랜 사용으로 인해 키가 들러붙어 있을 수 있습니다. 부드럽게 당겨 들러붙은 키를 풀려고 시도해볼 수 있습니다.
경고: 너무 심하게 잡아당기면 키가 부러질 수 있습니다.

문제: 키패드에서 아무 반응이 없다.
가능한 원인: TTB ATM이 거래 시뮬레이션 모드에 있지 않을 수 있습니다.

문제: 봉투가 투입구 안으로 빨려 들어가지 않는다.
가능한 원인: 구동 모터의 바퀴가 들러붙어 움직이지 않는 일이 발생했을 수 있습니다. 견인 바퀴를 잡아당기거나 봉투를 꺼낸 다음 봉투를 손으로 투입구 안으로 밀어 넣어 봅니다.

문제: 지폐가 나오지 않습니다.
가능한 원인: 지폐 적재함이 비어 있을 수 있습니다.

서비스 및 지원

ATM 시뮬레이터에 대한 서비스는 지역 현장 서비스 네트워크를 통해 제공됩니다. 아래 주소로 연락하시기 바랍니다.

Terrier Technologies of Boston
ECE Department, Boston University
8 Saint Mary's St.
Boston, MA 02215
617-353-9052

7.7 훌륭한 기술문서 작성을 위한 전략

짧은 메모나 이메일 메시지와 같은 예외들이 있지만, 훌륭한 문서를 작성하기 위해서는 준비, 시간, 노력 등을 필요로 한다. 사용설명서, 기술보고서, 학술논문, 연차보고서, 일반서적 등 어떤 경우이든 잘 작성되어야 작성 목적을 달성할 가능성이 높아진다. 다른 기술들과 마찬가지로 글쓰기를 배우는 일도 연습, 끈기, 세부사항에 대한 주의 등을 요한다. 이 절에서는 여러분의 글쓰기 능력을 향상시키기 위한 몇 가지 검증된 기법을 살펴볼 것이다. 비록 집필자마다 각자의 스타일을 갖고 있겠지만, 대부분은 아래에 제시되는 동일한 기본 규칙들을 따른다.

7.7.1 글쓰기 작업에 대한 계획을 세운다

글쓰기를 위해 자리에 앉기 전에 관련 정보들을 모두 모은다. 설계 계산의 결과, 테스트, 실험, 사용자 명세사항, 기타 수집 가능한 모든 자료 등을 모은다. 엔지니어 업무일지도 현재의 작성 작업에 관련이 있다면 가까이 두어야 한다. 해당여부에 따라 참고자료, 그림, 그래픽 이미지 등도 갖추어둔다. 글쓰기를 시작하기 전에 모든 자료를 이용할 수 있도록 준비해둔다.

7.7.2 작업을 위한 장소를 찾는다

긴 문서들을 작성할 때 유념해야 할 중요한 교훈의 하나는 방해받지 않는 상태에서 상당 시간 동안 쓰기 작업에 전념해야 한다는 것이다. 전화, 이메일, TV, 방문자 등에 의해 신경이 분산될 경우 글을 잘 쓰기란 불가능하다. 복잡한 문서를 작성하는 일은 오랜 시간을 요하며, 여러 시간이 걸릴 수도 있고 여러 날이 걸릴 수도 있다. 글쓰기 작업을 할 때 장시간 집중할 수 있다면 창의성을 발휘할 수 있는 상태에 진입하게 된다. 글을 쓸 때는 생각을 분류하고 생각 사이의 흐름을 정리하여 잘 다듬어진 글로 표현해야 한다. 꼭 맞는 단어를 선택하는 일은 미술, 조각, 작곡 등과 비슷한 예술의 일종이다. 이러한 글쓰기 작업은 어떠한 방해도 받지 않을 격리된 장소를 찾을 수 있다면 보다 순조롭게 진행될 것이다. 전화, 이메일 단말기, 방문자 등은 글쓰기 동안의 집중을 단절시킬 것이며 창의적 과정을 방해할 것이다. 이상적인 세상이라면 글 쓰는 작업을 하고 있는 사람이 "글쓰기 작업 중임. 방해하지 마시오."라는 표지판을 사무실 문이나 사무실 칸막이 한편에 걸어두는 것으로 충분해야겠지만, 현실에서는 그와 같은 격리된 장소를 구하기가 쉽지 않다. 프라이버시를 누릴 수 있는 곳이라면 어디라도 좋다. 도서관, (식사시간이 아닐 때의) 구내식당, 실험실의 벤치, 혹은 가까운 도넛 가게 등이 작업 동안 방해받지 않을 수만 있다면 이러한 장소들의 공공적 특성에도 불구하고 격리된 공간처럼 이용될 수 있다.

7.7.3 독자층을 정한다

작성된 문서를 읽을 사람이 누구인지 정한다. 어떤 독자들은 작성자보다 해당 주제에 대해 더 많은 지식을 갖고 있을 수도 있다. 어떤 독자들은 해당 주제에 대한 지식이 전혀 없을 수도 있다. 문서의 **논조(tone)**를 정하려면 독자의 기술적 수준을 파악하는 것이 중요하다. 예를 들어 엔지니어가 아닌 사람들에게 하중시험에 대해 보고하는 경우를 가정해보자. 이러한 경우 스프링 상수, 시험방법, 영의 탄성계수 등에 관한 자료를 포함하지는 않을 것이다. 보고서가 공과대학 학생들이나 교수들을 대상으로 하는 경우에는 그와 같은 항목들을 포함하고 싶을 것이다.

독자들의 기술적 수준에 상관없이 독자들이 해당 주제에 대해 얼마나 자세한 내용을 필요로 할지 결정해야 한다. 또한 독자들이 그 문서를 어떻게 처리할지에 대해서도 고려할 필요가 있다. 이 문서는 재배포될 것인가? 누군가 다른 사람이 읽을 것인가? 이러한 질문들에 대한 대답도 문서의 논조를 정하는 데 영향을 미칠 것이다.

7.7.4 메모의 작성

전문 집필자들이 작성한 문서들을 읽어보면 잘 갖추어진 느낌을 준다. 여러분도 전문가들이 사용하는 한 가지 귀중한 방법만 터득하면 그와 같이 잘 조직되고 읽기 쉬운 문서를 작성할 수 있다. 실제 문서를 작성하기에 앞서 문서에 들어갈 필요가 있는 **모든** 사항들에 대해 한 줄씩이라도 적어 무작위의 의식의 흐름을 만들어둔다. 이 단계에서 순서나 강조해야 할 사항 등은 고려하지 않는다. 명백한 요지들을 포함시키며 때로 중요하지 않은 사소한 사항들도 포함시킨다. 많은 집필자들은 이러한 일을 할 때 컴퓨터를 이용하기보다 전통적인 종이와 펜을 사용하는 것이 효과적이라고 믿는데, 이는 키보드 입력 행위가 상당한 두뇌활동을 차지하여 창의적이며 조직적인 두뇌활동을 위한 여지를 줄이는 것으로 알려져 있기 때문이다. 생각의 기록에 어떤 방법을 사용하든 관계없이 이 단계에서의 핵심은 생각들을 적는 순서에 대해 신경을 쓰지 말라는 것이다. 떠오른 모든 생각들을 종이에 적어두면, 나중의 집필 과정에서 이들을 찬찬히 살펴볼 수 있을 것이다.

7.7.5 표제들을 정한다

다음 단계는 문서의 전체 구조를 형성하는 것이다. 이를 위해 최종 문서에 들어갈 필요가 있는 표제들을 작성해야 한다. 이 단계에서도 구성이나 순서에 관계없이 항목들을 써내려간다. 각각의 표제는 나중에 최종 문서에서 한 개 이상의 문단을 이룰 것이다. 표제 목록을 작성한 후에는 각 표제를 검토하며 추가 표제들이 더 있는지 생각해본다. 내용상 관련성이 없는 표제들을 지운 다음 남아있는 표제들을 문서의 주요 주제 영역들로 나눈다. 이렇게 표제 목록들이 완성되면 이들을 적당한 순서에 따라 배열한다. 어떤 순서로 전개하는 것이 가장 흥미롭고, 논리적이며, 이해하기 쉬운지 결정한다. 이 시점에서 문서의 구조적 뼈대가 모양을 갖추기 시작한다.

7.7.6 휴식시간을 갖는다

실제 문서를 작성하는 일을 시작하기 전에 휴식시간을 갖고 머리를 정리한다.

7.7.7 초안을 작성한다

한 줄짜리 메모들의 목록을 작성하는 일을 잘 마무리했다면 이제 집필 과정을 시작할 준비가 된 것이다. 방해받지 않을 작업 장소를 찾아 집필을 시작한다. 이 단계에서 완벽한 형태로 집필하기 위해 고민할 필요는 없으며, 문서가 완성될 때까지 몇 번이고 수정할 것을 각오해야 한다. 초안 작성 단계에서 중요한 것은 머릿속의 단어들을 종이에 옮기는 일이다. 초안 작성을 위해 워드프로세서를 사용해도 좋고 손으로 썼다가 나중에 입력해도 좋다. 앞에서 언급했듯이 사람에 따라서는 키보드를 사용하는 것이 창의적 에너지를 분산시킬 수 있으므로 초안을 꼭 워드프로세서로 작성할 필요는 없다. 물론 워드프로세서는 집필 작업에 필수불가결한 도구이지만, 그 주된 이점은 수정이 쉽다는 것이다. 초안을 직접 워드프로세서로 작성할 수 있다면, 손으로 작성한 페이지들을 나중에 다시 입력하기 위해 소요되는 많은 시간을 절약할 수 있을 것이다.

집필 과정의 이 시점에서 철자법이나 정확한 문구 등을 지나치게 의식할 필요는 없다. 문서의 그와 같은 측면은 나중의 수정 단계에서 고칠 수 있다.

짧은 글의 경우에는 초안을 한 번에 작성한다. 긴 문서의 경우에는 적당한 길이의 여러 회차로 나누어 작성해나간다. 각 집필 회차의 끝에 초안을 대충 훑어보고 **명백한** 변경만을 실행한다. 이 시점에서 큰 줄기를 바꾸어서는 안 된다. 초안이 완성되면, 다시 머리를 정리하기 위해 휴식시간을 갖는다. 시간 여유가 있다면 새로운 시각으로 문서 작업에 임할 수 있도록 하루 정도 문서를 치워놓는다.

7.7.8 초안을 읽어본다

휴식을 통해 문서에 집중하는 상태를 벗어나게 되었을 때, 마치 그 문서를 처음 보는 기분으로 문서를 다시 읽는다. 문서상의 표현들이 명확한지 점검한다. 표현들 중에 모호하거나, 혼동을 일으킬 염려가 있거나, 두 가지 이상의 의미로 해석될 수 있는 구절들이 있는가? 문장들의 전개 순서는 올바른가? 각 문단 안에서 또는 문단들 사이의 논리적 흐름이 존재하는가? 논조는 적절한가? 주제나 독자를 감안할 때 문체는 적절한가?

컴퓨터 화면에서 초안을 읽는 것은 가급적 피하도록 한다. 문서를 출력하여 읽으면 한 번에 볼 수 있는 범위가 넓어지며 전체 문장의 구성이 더 잘 파악되므로 컴퓨터 화면에서 읽을 때보다 효과적이다.

7.7.9 초안을 수정한다

문서의 초안이 배포해도 될 정도로 완성도가 높은 경우는 드물다. 초안을 작성한 후 내용을 검토하는 시간을 갖는다. 단어를 고치고, 문장의 표현을 바꾸며, 문단의 배열을 변경하며, 의미를 가다듬고 명확히 하기 위해 절들을 재구성한다. 수정 작업을 진행하는 동안 불필요한 단어나 문장들은 과감하게 지운다. 각 단어나 구절을 평가하여 중요한 의미를 전달하는 단어와 문장만을 남긴다. 기술문서의 집필은 직접적이고 요점이 분명해야 하며, 각 문단은 주제 관련성이 명확해야 한다. 복잡한 표현은 단순한 단어들로 대체하며 과장된 표현은 피한다. 최소한 한 번은 문서 전체를 다시 읽어가면서 전체적인 내용은 무시하고 단어, 문장, 문단 등에 대해 문법적 구성만을 살펴본다. "정보 함유량"이 낮은 불필요한 단어들이나 세부사항들을 지운다. 또한 사실 관계를 나타내는 문장, 공식, 계산 등이 정확한지 점검한다. 다른 문서들에서 인용된 부분도 정확하게 인용되었는지 꼼꼼히 읽어본다. 거의 모든 워드프로세서에는 철자법검사 기능이 포함되어 있으므로 문서를 다른 사람에게 보내기 전에 이러한 도구를 이용하는 습관을 들여야 한다.

7.7.10 수정에 수정을 반복한다

첫 번째 수정을 마친 후에도 수정을 여러 차례 반복한다. 대부분의 훌륭한 집필자들은 제대로 된 문서를 얻기 위해 서너 차례, 많을 때에는 열 번도 넘게 고쳐 쓴다. 여러분이 지금 읽고 있는 이 책의 각 장도 출판을 위해 편집자에게 보내기 전에 최소한 여섯 번씩은 수정된 것이다. 일부 오타가 남아있겠지만, 내용이나 표현 형식은 책의 처음부터 끝까지 상당한 변경들을 거친 것이다.

7.7.11 최종 원고를 검토한다

이제 문서가 완성되었다고 생각되면 일단 치워두었다가 나중에 집필 과정의 집중으로 인한 선입견을 벗어날 때쯤 원고를 다시 검토하는데, 이때 최소한 하루 이상의 휴식기를 갖는 것이 바람직하다. 문서를 읽고 마치 외부의 독자인 것처럼 문서를 평가한다. 열린 마음을 유지하며, "나라면 이러한 문서에 어떻게 반응할까? 독자들은 내가 의도한 대로 반응할 것인가?" 등과 같은 질문을 스스로에게 던진다. 이러한 질문에 "예"라고 대답할 수 있다면 이 문서는 바깥세상에 나갈 준비가 된 것이다.

7.7.12 흔히 나타나는 집필상의 오류

학생들이 작성한 문서에는 용법이나 문법 관련 오류들이 흔히 나타난다. 글쓰기를 잘 하기 위해서는 연습, 훈련, 훌륭한 교사의 세심한 조언 등이 필요하다. 그렇지만 좋은 글쓰기의 일부 요소는 비교적 쉽게 배울 수 있다. 특히 일반적인 집필상의 오류들을 파악하고 피한다면 글쓰기를 크게 향상시킬 수 있을 것이다. 아래에 나열할 글쓰기 오류들은 공과대학 학생들이 제출한 과제보고서에서 흔히 발견되는 것들이다. 자신의 글에서는 비슷한 실수를 하지 않도록 이들을 잘 검토하기 바란다. 『영어 글쓰기의 기본』(1979)[4]과 같은 참고문헌들에서 더 많은 올바른 용법과 잘못된 용법의 예들을 찾아볼 수 있을 것이다.

병렬적 구성. 여러 항목이나 생각을 포함하는 문장은 병렬적 구성을 따라야 한다.

올바른 용법: "우리의 모듈은 데이터통신을 제공하며, 최소한의 에너지를 소비하며, 고객들의 수요를 충족시킬 것이다." (세 개의 절 모두 동사구이다.)

틀린 용법: "우리의 모듈은 데이터통신을 제공하며, 최소한의 에너지가 이 모듈에 의해 소비될 것이며, 이 모듈은 고객의 수요를 충족시킬 것이다." (세 개의 절이 동일한 구성을 갖고 있지 않다.)

콤마. 두 번째 부분이 자체적으로 완전한 문장이 될 수 있을 경우에만 문장을 둘로 나누기 위해 콤마를 사용한다.

올바른 용법(콤마를 사용함): "우리는 로봇에 다섯 가지 명령을 제공할 것이며, 또한 우리는 이 로봇의 동력원으로 건전지를 사용할 것이다." (이 문장의 두 번째 부분인 "우리는 이 로봇의 동력원으로 건전지를 사용할 것이다."는 완전한 문장이다.)

틀린 용법(콤마를 사용하지 않음): "우리는 로봇에 다섯 가지 명령을 제공할 것이며, 이 로봇의 동력원으로 건전지를 사용할 것이다." (이 문장의

[4] W. Strunk and E.B.White, *The Elements of Style*. New York: MacMillan, 1979.

두 번째 부분인 "이 로봇의 동력원으로 건전지를 사용할 것이다(and power it with batteries)." 부분은 주어가 없어 자체적으로 독립된 문장이 될 수 없다. "것이며" 다음에 오는 콤마는 지워야 한다.)

과거, 현재, 미래 등의 시제. 글쓰기를 진행하면서 또는 최소한 한 문단 안에서 (과거, 현재, 미래 등의) 시제의 사용에 일관성을 유지해야 한다.

올바른 용법: "이 경로는 일단 메모리에 프로그램되면 변경하기가 어려울 것이다. 이러한 단점은 로봇의 추후 버전에도 적용될 것이다." (미래, 미래)

틀린 용법: "이 경로는 일단 메모리에 프로그램되면 변경하기가 어려울 것이다. 이러한 단점은 로봇의 추후 버전에도 적용된다." (미래, 현재)

이것(this)이라는 단어의 용법. "this"라는 단어는 명사나 대명사로 사용하기보다 형용사로 사용하는 것이 좋다. 즉, 이 단어 뒤에 지칭되는 사물이 수반되어야 한다.

올바른 용법: "이 문제는 새로운 시스템을 설계함으로써 해결될 수 있다."

틀린 용법: "이것은 새로운 시스템을 설계함으로써 해결될 수 있다." (이것이 무엇을 가리키는가?)

"입력"과 "출력"이라는 단어의 용법. "입력"과 "출력"은 명사로 사용되는 것이 좋으며, 동사로 사용하는 것은 어색하고 전문가의 표현처럼 보이지 않는다.

올바른 용법: "혼합 회로의 입력은 세 개의 마이크 전압 신호로 구성된다. 출력은 전압의 합의 형태로 증폭기로 들어간다."

틀린 용법: "마이크 신호들이 혼합기에 입력된다. 이들이 결합된 합은 증폭기로 출력된다."

괄호 주위의 구두점. 괄호 안의 단어들이 독립된 문장을 이룰 경우 닫는 괄호 앞에 마침표를 찍어야 한다.

올바른 용법: "우리의 설계는 제시간에 완료되었다(이 설계를 완성하기 위해 일주일을 소요하였다.).

틀린 용법: "우리의 설계는 제시간에 완료되었다(이 설계를 완성하기 위해 일주일을 소요하였다.).

to 부정사. to와 동사 사이에 다른 단어들을 넣어서는 안 된다.

올바른 용법: "The purpose of this section is also to help you with your homework." (이 절의 또 다른 목적은 여러분의 과제 수행을 돕는 것이다.)

틀린 용법: "The purpose of this section is to also help you with your homework."

핵심 용어

이메일(E-mail)
메모(Memorandum)
프레젠테이션(Presentation)
보고서(Report)
사용설명서(Instruction manual)

단원복습문제

7.1 전기-휘발유 하이브리드 자동차 설계 경진대회에 관한 개요 보고서를 작성하라.

7.2 다음 문서는 공학설계 경진대회의 한 부분으로서 대회 참가자를 3분 간격으로 호출하기 위한 시스템의 설계에서 취할 방법을 요약하고 있다. 이 문서는 매우 부실한 작성 사례이다. 이 장에서 소개한 작성 원칙이나 권고사항들을 반영하여 이 제안서를 다시 쓰라.

3분 호출기는 수신자별로 다른 무선주파수로 설정되어 있는 단순한 대역 필터를 이용해야 한다. 또한 각 수신기는 음성 메시지나 음향 신호를 방송할 수 있는 일반 공지 대역에도 맞추어져 있어야 한다. 수신기 회로를 자체 제작함으로써 비용을 낮추어야 한다.

전력소모는 수면모드를 통해 최소화될 수 있다. 수면모드에서는 수신기의 PA 대역 증폭기가 계전기나 전원 모니터 스위치 등을 통해 전원에서 분리된다. 기상 대역의 기상신호를 탐지하면 PA 대역 증폭기와 스피커 사이의 회로를 연결해준다.

그리고 비용에 대한 예비조사를 통해 3분 카운트다운 회로와 LCD 화면을 100개 단위로 주문할 경우 9불 이내의 비용으로 제작될 수 있음을 알 수 있었다. 스피커와 깜박이 LED도 최소 비용으로 제공될 수 있다.

카운트다운 자체도 기상신호의 수신에 의해 개시될 것이다. 내부 카운트다운이 끝나거나 기상 대역의 신호가 두 번째로 탐지될 경우에도 PA 대역 증폭기의 전원을 내릴 것이다.

장치 자체를 착용할 수도 있으며, 호출기나 스마트카드 스타일로 만들 수도 있다. 회의 시간은 1월 21일 오전 11시로 예정되어 있다.

7.3 다음 메모는 부품 개수를 세는 장치의 설계를 맡은 엔지니어가 작성한 것인데, 작성 스타일이 대단히 조잡하다. 이 장에서 논의된 지침들을 사용하여 이 메모를 고쳐 쓰라.

고객과의 첫 대화를 통해 프로젝트를 위한 초기 설계에 도달하였으며 고객들과의 다음 회의를 화요일로 잡았습니다. 이 장치로 처음 떠오른 것은 분류장치를 통해 떨어져 내리는 부품들의 개수를 세는 탐지기이며, 우리가 일반적으로 선호하는 것은 광학센서를 사용하는 것입니다. 개수를 세는 장치를 위해 두 가지 방법이 제안되어 있지만 아직은 결정하지 않고 있습니다. 한 가지 방법은 PLA를 프로그램하는 것인데, 프로그램 변경 프로세스가 최종 사용자에게 너무 복잡할 수 있습니다. 그러나 이 방법은 설계가 단순하고 비용이 적게 든다는 장점이 있습니다. 또 다른 방식은 개수를 세는 작업에 마이크로프로세서를 사용하는 것입니다. 그러나 우리 팀은 마이크로프로세서에 대한 경험이 전혀 없으므로 현재 자문과 참고자료를 구하고 있습니다. 끝으로, 지정된 개수의 부품을 센 후에는 카운터가 사용자에게 부품들이 포장될 준비가 되었음을 알리는 시각적 신호와 청각적 신호를 작동시킬 것입니다. 그러면 사용자는 용기 아래에 비닐 백을 놓고 용기 바닥이 열리도록 버튼을 누르면 됩니다.

우리의 초기 아이디어는 이상과 같으며, 다음 회의를 위해 추가적인 세부사항과 사양 등을 준비할 것입니다.

7.4 가상의 상사에게 기술 콘퍼런스 참석을 위한 허가를 구하는 메모를 작성하라.

7.5 VCR 작동법을 설명하는 짧은 사용설명서를 작성하라.

7.6 실험실을 이용하는 모든 학생들에게 안전절차와 규약의 중요성을 강조하는 메모를 작성하라.

7.7 아래의 데이터통신 프로토콜을 요약하는 메모를 작성하라.

데이터 프로토콜:
*DCE = Data Communication Equipment (암 커넥터)
컴퓨터, 프로세서, 호스트 - 데이터를 수신하고, 복호하고, 통신을 확립함
*DTE = Data Terminal Equipment (수 커넥터)
터미널, 프린터, 데이터 보드 - 데이터를 전송하고 출력을 디스플레이함
병렬 데이터: DTE에서 DCE로 DR (Data Ready) 신호와 함께 동시에 8비트나 16비트의 데이터를 전송하며, DCE에서는 CTS (Clear to Send) 신호를 보냄
직렬 데이터: 1개의 시작 비트, 8개의 데이터 비트, 2개의 종료 비트, 14,400baud, 패리티는 사용하지 않음
동기 데이터 - DCE와 DTE 사이에 한 개의 클록 회선이 확립되어야 함
비동기 데이터 - 거의 정확한 타이밍과 시작/종료 비트에 의존함
RS-232 표준 (비동기 데이터를 주고받음)
양의 전압과 음의 전압 (MARK = 1 = NEG; ZERO = 0 = POS)
사용 중이 아닐 때는 MARK 상태로 있음
DB-25 커넥터: 1번 핀 - 차폐
2번 핀 - DCE로 데이터 전송
3번 핀 - DTE에서 데이터 수신
5번 핀 - DCE에서 DTE로 CTS 전송
7번 핀 - 신호 접지
유의사항: DTE는 2번 핀으로 데이터를 전송함

7.8 학생회에 캠퍼스 내 아마추어 무선 동아리를 출범시키기 위해 필요한 자금을 요청하는 제안서를 작성하라.

7.9 아래의 메모는 신체적 장애가 있는 사람들을 위한 적응형 보조물을 전문으로 하는 작은 회사의 직원이 제출한 것인데, 잘 작성된 것은 아니다. 이 장에서 제시된 원칙과 지침을 사용하여 이 메모를 고쳐 쓰라.

받는 사람: Xebec 경영진

보내는 사람: H. Chew

이 프로젝트는 말을 못하며 신체 능력도 제한적인 47세의 사람에 관한 작업입니다. 이 환자는 불편함, 불만, 요청, 거부 등의 의사를 신음 소리나 끙끙거림으로 표현합니다. 저녁을 먹으며 우리 고객은 환자가 "더 갖고 싶습니다", "다른 것을 갖고 싶습니다", "고리를 갖고 싶습니다" 등의 의사를 표현할 수단을 우리가 제공해줄 것을 요청하였습니다.

이 문제를 해결하기 위해 우리는 고객에게 추가적인 정보를 요청하였으며, 그녀는 문제의 환자를 설명하는 비디오테이프를 보내주기로 하였습니다. 우리는 또한 이 프로젝트를 토의하기 위한 팀 회의를 가졌습니다. 이 회의 말미에서 인터페이스 패널과 데이터 제어장치로 이루어지는 상자를 설계하는 것을 고려하고 있습니다. 인터페이스 패널은 4개의 2.5″ 버튼들로 구성될 것입니다. 각 버튼은 사전 녹음된 문구를 나타냅니다. 버튼에서 출력되는 내용은 선택된 모드에 따라 정해집니다. 데이터 제어장치는 전원공급, 음성문구 메모리, 음성합성기, 음성증폭기 등으로 구성됩니다.

7.10 다음 항목들은 대규모 소프트웨어 프로젝트에서 작업 중인 설계팀이 모은 것들이다. 이 메모는 프로젝트 관리자에게 제출할 최종 제품의 기능 요약 보고서를 작성하기 위해 설계팀이 사용할 것이다. 이 소프트웨어는 언어 장애가 있고 운동 능력이 제한된 사람이 간단한 컴퓨터 마우스를 사용하여 의사소통을 할 수 있게 해주는 음성합성기로 사용될 것이다. 설계팀이 제공한 대략적인 메모에 기초하여 프로젝트 관리자에게 제출할 최종 보고서를 작성하라.

- 다룰 주제는 사용자 인터페이스의 경보, 요청, 인사 부분을 포함한다.
- 요청 프레임은 사용자가 일반적인 요청을 표현할 수 있도록 구성되어야 한다.
- 인사 프레임은 가장 보편적인 인사말들을 갖고 있어야 하며, 쉽게 이용할 수 있도록 설계되어야 한다.
- 모든 프레임은 사용자가 원하는 순서로 재구성할 수 있는 옵션이 제공되어야 한다.
- 경보 프레임은 긴급 상황에서만 사용할 5개의 버튼으로 구성될 것이다.
- 경보 메시지는 도움, 고통, 화재, 경찰, 구급차 등을 포함한다.

- 요청은 음료, 음식, 화장실, 책, 펜, TV, 라디오, 음악 등을 포함한다.
- 인사말은 안녕하세요, 안녕히 가세요, 좋은 아침, 좋은 저녁, 좋은 밤 등을 포함한다.

7.11 "Peak Performance"라는 이름의 설계 경진대회에 참가하기 위해 당신의 설계팀 회의를 공고하는 이메일 메시지를 작성하라.

7.12 급여 인상 문제를 의논하기 위해 상사에게 면담을 요청하는 이메일 메시지를 작성하라.

7.13 학점을 올려줄 수 있는지 의논하기 위해 교수에게 면담을 요청하는 이메일 메시지를 작성하라.

7.14 반도체 제조업체에 마이크로프로세서 칩 샘플을 보내주도록 요청하는 이메일 메시지를 작성하라.

7.15 다가오는 기술 검토회의에 대한 당신의 출장계획을 고객에게 알리는 이메일 메시지를 작성하라.

7.16 현장 실사를 위해 당신의 실험실을 방문하는 정부 측 계약담당자를 위한 도착 안내 정보를 제공하는 이메일 메시지를 작성하라.

7.17 회사의 안전기준을 검토하기 위한 위원회에 참여할 자원자를 요청하는 이메일 메시지를 작성하라.

7.18 지역 병원을 위한 연례 사내 헌혈행사에 참여할 자원자를 요청하는 이메일 메시지를 작성하라.

7.19 IEEE의 제어 및 자동화 그룹의 연례 콘퍼런스에 참석할 수 있도록 상사에게 허락을 구하는 이메일 메시지를 작성하라.

7.20 조급해하는 고객에게 제조 시스템을 위한 당신의 프로토타입이 제 날짜에 납품될 것임을 보장하며 안심시키는 이메일 메시지를 작성하라.

7.21 "Peak Performance"라는 이름의 자동차 설계 경진대회를 위한 자신의 설계 방식을 요약하는 발표용 슬라이드들을 작성하라.

7.22 새로운 항공기 엔진에 대한 연소 시험의 결과를 기술하는 발표용 슬라이드들을 작성하라.

7.23 광역도시의 새로 제안된 경전철 시스템을 위한 계획을 요약하는 발표용 슬라이드들을 작성하라.

7.24 부동산 회사를 위한 장부정리 시스템의 새로 제안된 그래픽 사용자 인터페이스의 이점을 설명하는 발표용 슬라이드들을 작성하라.

7.25 전문가 수준의 산악자전거의 중요한 기능을 기술하는 발표용 슬라이드들을 작성하라.

7.26 휴대폰의 접속 경로를 사이트 단위로 전달하기 위한 고속 데이터 링크에 대한 시험결과를 보고하는 발표용 슬라이드들을 작성하라.

7.27 소프트웨어 엔지니어를 모집하는 광고에 대한 응답으로 Alpha Corporation의

인사부장에게 보낼 편지를 작성하라.

7.28 초급 기계 설계 엔지니어를 모집하는 광고에 대한 응답으로 Beta Corporation의 인사부장에게 보낼 편지를 작성하라.

7.29 합성 의약품 개발을 위한 생명의료 엔지니어를 모집하는 광고에 대한 응답으로 Gamma Corporation의 인사부장에게 보낼 편지를 작성하라.

7.30 제트 엔진의 개발에 참여할 기계 엔지니어를 모집하는 광고에 대한 응답으로 Delta Corporation의 인사부장에게 보낼 편지를 작성하라.

7.31 제조 시스템을 설계할 산업 엔지니어를 모집하는 광고에 대한 응답으로 XYZ Corporation의 인사부장에게 보낼 편지를 작성하라.

7.32 고속도로 건설을 위한 토목 엔지니어를 모집하는 광고에 대한 응답으로 Omega State Highway Department의 인사부장에게 보낼 편지를 작성하라.

7.33 주립대학의 대학원입학처장에게 보낼 석사과정을 위한 재정지원에 관한 정보를 요청하는 편지를 작성하라.

7.34 회사 내에서 당신이 발견하게 된 비윤리적 업무처리의 세부사항에 대해 회사의 CEO에게 보낼 편지를 작성하라.

7.35 당신의 공학부서가 설계한 새로운 연필이 갖는 장점의 세부사항에 대해 회사의 판매부장에게 보낼 편지를 작성하라.

찾아보기

한국어판 공학입문 창의적 공학설계 (4/e)

인 쇄 일 : 2010년 1월 25일
발 행 일 : 2010년 1월 30일
저 자 : MARK N. HORENSTEIN
역 자 : 이광수 . 이승기 . 윤효진 .
양순용 . 안동규
등록번호 : 제2008-20호
등 록 일 : 2008.10.13
발 행 자 : 박 주 옥
발 행 처 : 휴먼싸이언스
주 소 : 서울시 도봉구 도봉동 613-14 숙진빌딩 B1
전 화 : (02) 955-0244
팩 스 : (02) 955-0245
e-mail : humansci@naver.com

정 가 : **20,000원**

I S B N : 978-89-93712-08-7

역자와의 협의하에 인지생략